面向"十二五"计

AutoCAD 2012 建筑设计与制作标准实训教程

◎ 牟永明 苗广娜 陈艳华 编著

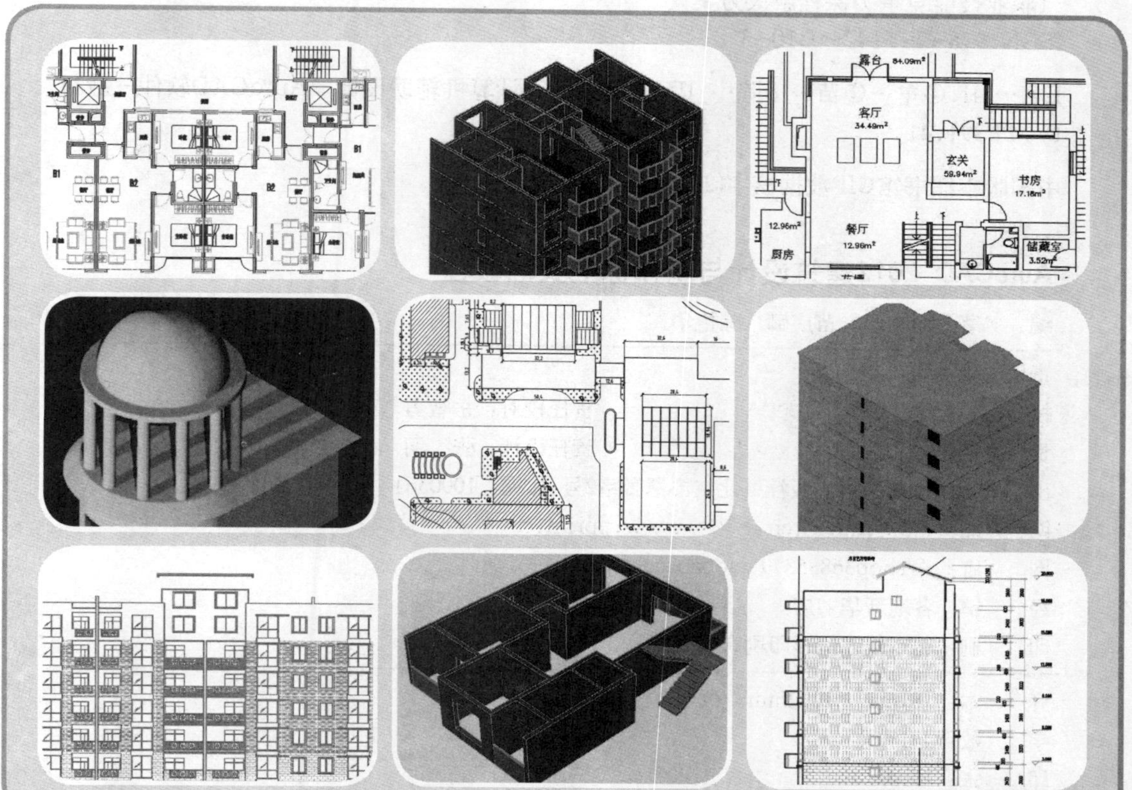

印刷工业出版社

内容提要

本书以AutoCAD 2012为基础，通过实例的形式，详细介绍了中文版AutoCAD 2012在建筑设计领域中的应用方法，主要内容包括AutoCAD 2012的安装及工作界面的认识和建筑基础知识，建筑绘图环境和控制图形显示，利用AutoCAD 2012绘制简单二维图形，修改和编辑简单的二维图形，创建图块，编辑图块属性及外部参照，添加文字说明，标注和绘制表格，绘制建筑平、立、剖面图，绘制规划图，绘制建筑三维实体图和建筑设计领域相关的各种知识等。每个模块均由3个部分组成，模拟任务制作部分详细介绍具体制作步骤，使读者真实体会使用AutoCAD解决实际问题的工作流程和操作方法；知识点拓展部分介绍前一部分中涉及的重要知识点并进行分析，使学生系统化地掌握AutoCAD的知识体系；实践任务部分是习题，供读者熟悉、练习、提高所用。本书以真实案例贯穿全书，重点培养AutoCAD建筑设计与制作的实践能力，提高解决实际问题的能力。

本书以学有所依、学有所用为宗旨，采用任务驱动知识点讲解的方式，实例丰富、情景生动、图文并茂、内容翔实，可以带给读者独特而高效的学习体验。

本书可作为大、中专院校和各类电脑培训班AutoCAD辅助设计培训教材，也可供广大电脑初级、中级用户和爱好机械设计人员参考使用。

图书在版编目（CIP）数据

AutoCAD 2012建筑设计与制作标准实训教程/牟永明，苗广娜，陈艳华编著.－北京：印刷工业出版社，2011.11

（职业技能竞争力课程解决方案）

ISBN 978-7-5142-0310-3

I.A… II.①牟…②苗…③陈… III.建筑设计：计算机辅助设计－AutoCAD软件－教材 IV.TP391.41

中国版本图书馆CIP数据核字(2011)第206357号

AutoCAD 2012建筑设计与制作标准实训教程

编　　著：牟永明　苗广娜　陈艳华

责任编辑：张　鑫

执行编辑：李　毅　　　责任校对：岳智勇

责任印制：张利君　　　责任设计：张　羽

出版发行：印刷工业出版社（北京市翠微路2号 邮编：100036）

网　　址：www.keyin.cn　　www.pprint.cn

网　　店：//shop36885379.taobao.com

经　　销：各地新华书店

印　　刷：北京佳艺恒彩印刷有限公司

开　　本：787mm×1092mm　1/16

字　　数：421千字

印　　张：15.5

印　　数：1～3000

印　　次：2011年11月第1版　2011年11月第1次印刷

定　　价：39.00元

ISBN：978-7-5142-0310-3

如发现印装质量问题请与我社发行部联系　发行部电话：010-88275602

前言
Preface

随着计算机技术的飞速发展，Autodesk所推出的AutoCAD 2012软件，除了能帮助建筑师、工程师和设计师更充分地实现他们的想法外，更是以其功能强大、易学易用和技术创新的三大特点，成为当前建筑设计领域中领先的、主流的绘图软件。AutoCAD 2012采用了大家所熟悉的Microsoft Windows图形用户界面。因此，只要熟悉微软的Windows系统，就基本上可以用AutoCAD来进行设计了。

学习软件的最直接、最有效的方式是在实际操作中的使用和练习。基于这种思想，采用让读者在练习中去学习的方法成为贯穿本书的一条主线，也是本书所反映出来的高等院校和职业院校教育特色。本书密切联系实际应用的需求，结合高等院校专业课程改革的发展趋势，在编写上突出项目实训的特点，力图将实际职业岗位上的工作要求融合到专业技能的训练中。项目式教学是以工作过程和工作任务为项目来组织教学的一种形式，该教学过程以任务引领的方式，在几乎真实的工作情景中完成教学任务。这种教学方式完全贴近实际工作的培养过程，能够激发兴趣，以适应真实的工作要求。

本书的内容安排和写法与目前市场上建筑设计实训类图书有所不同，本书采用了模拟制作任务+知识点拓展+实践部分相互结合的新模式。模拟制作任务部分详细介绍实例具体制作步骤，使读者真实体会AutoCAD 2012解决实际问题的工作流程和操作方法；知识点拓展部分介绍前一部分中涉及的重要知识点并进行分析，使读者系统化地掌握AutoCAD 2012的知识体系；实践任务部分是习题，供读者熟悉、练习、提高所用。本书对相应的实例进行了时间的安排，以丰富的图示、大量清晰的操作步骤和典型的应用案例帮助读者尽快掌握使用AutoCAD 2012进行建筑设计与制作的方法。

本书实例丰富、图文并茂、内容详实、步骤清晰，与实践结合非常密切。本书共12个模块，模块01～06为基础知识讲解加实例练习，介绍了AutoCAD 2012建筑设计入门基础、建筑绘图环境与图形显示、二维图形的绘制、图块的使用与外部参照、创建文字和标注图形尺寸；模块07～12为重点实例练习，分别介绍了建筑平面图、立面图、剖面图、总平面图、三维图形的绘制实例，最后介绍了数据转换与打印输出的方法。

本书专为AutoCAD 2012的初、中级读者编写，适合于以下读者学习使用：

（1）需要学习建筑设计、城市规划设计、工业设计的初学者；

（2）需要对 AutoCAD 2012 软件知识进行提高的初级用户；

（3）大中专院校相关专业学生。

本书由牟永明、苗广娜、陈艳华编著。其中牟永明编写了模块 01 ～ 05，河南工业大学苗广娜编写了模块 06、07、12，陈艳华编写了模块 08 ～ 11 并统稿。参编的人员还有张航、封超、赵晓明、刘伟等，在此一并向他们表示感谢。

由于作者水平有限，书中难免有疏漏和不足之处，敬请广大读者批评指正。

编　者

2011 年 9 月

目录

CONTENTS

模块04

绘制古典镂空窗格——二维图形的绘制

模块05

绘制会议室平面图——图块的使用与外部参照

模块06

为别墅底层平面添加标注和说明——创建文字和标注图形尺寸

模块07

住宅楼平面图绘制——建筑平面图的绘制

模块08

住宅楼立面图绘制——建筑立面图的绘制

模块09

住宅楼剖面图绘制——建筑剖面图的绘制

模块10

住宅楼总平面图绘制——建筑总平面图绘制

模块11

住宅楼模型——绘制三维图形

模块12

数据转换与打印输出

模块01

AutoCAD 2012 建筑设计入门基础

● **能力目标**

掌握安装AutoCAD 2012软件

● **专业知识目标**

1. 建筑设计的基础知识
2. 建筑结构设计的基础知识

● **软件知识目标**

1. 启动和退出AutoCAD 2012文件
2. 为AutoCAD 2012文件加密
3. 认识AutoCAD 2012的基本功能

● **课时安排**

4课时（讲课2课时，实践2课时）

模拟制作任务

任务一　AutoCAD 2012安装与启动退出

任务背景

当前有一台计算机上没有安装AutoCAD 2012程序，要求设计人员使用AutoCAD 2012的安装光盘，为该计算机安装AutoCAD 2012软件。

任务要求

了解AutoCAD 2012安装的过程，并熟悉如何启动和退出AutoCAD 2012。

任务分析

安装AutoCAD 2012时，根据个人需要，安装与AutoCAD 2012并存的插件。由于AutoCAD 2012软件所需的空间较大，在安装过程中，根据个人情况和使用习惯选择安装位置。

本案例的重点、难点

AutoCAD 2012的安装、启动和退出。

【技术要领】安装AutoCAD 2012、认识和了解AutoCAD 2012的界面和基本操作。
【解决问题】为计算机安装AutoCAD 2012软件。
【应用领域】建筑设计、家装设计。

操作步骤详解

安装AutoCAD 2012[01]

❶ 将AutoCAD 2012的安装光盘放入计算机光驱中，系统会自动执行安装向导，如图1-1所示。

图1-1　AutoCAD 2012安装向导

❷ 单击“安装”按钮，进入“接受许可协议”界面，选择“我接受”，再单击“下一步”按钮，如图1-2所示。

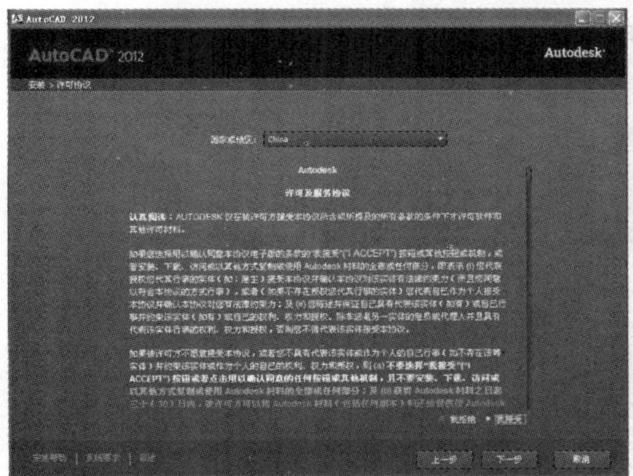

图1-2 “接受许可协议”界面

❸ 进入“产品信息”界面，将“产品信息”填写完整，单击“下一步”按钮，如图1-3所示。

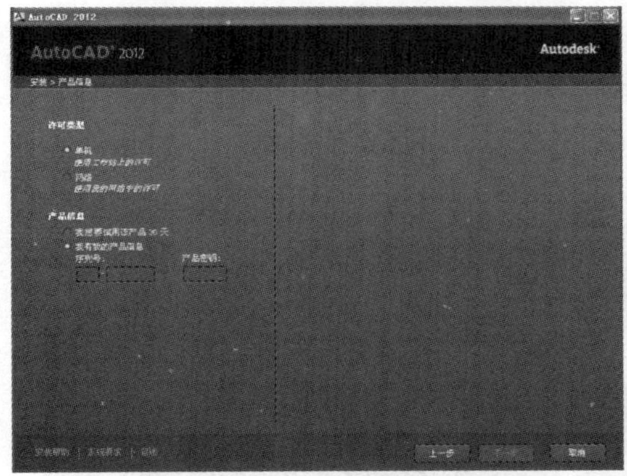

图1-3 “产品信息”界面

❹ 进入“配置安装”界面，在此界面中，选择需要安装的产品，设置安装路径，将鼠标指针放在安装的产品上，显示“单击以打开并进行配置”，如图1-4所示。

❺ 在打开的界面中所显示的配置都为默认配置，也可以根据个人需要进行更改，修改完成后，单击“退出”按钮，返回原界面，如图1-5所示。

❻ 单击“安装”按钮，进行AutoCAD 2012的安装，耐心等待安装过程，最后进入“安装完成”界面，单击“完成”按钮，完成AutoCAD 2012的安装，如图1-6所示。

图1-4 “配置安装”界面

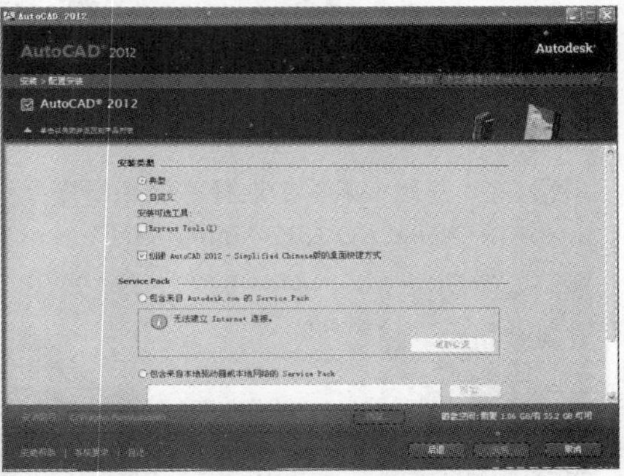

图1-5 “选择安装类型”界面

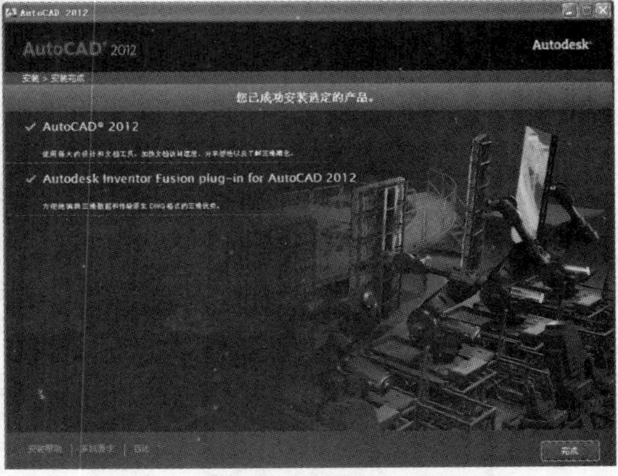

图1-6 完成AutoCAD 2012安装

启动AutoCAD 2012

❼ AutoCAD 2012是基于Windows NT、Windows 98、Windows XP和Windows Vista操作系统的应用软件，像其他应用程序一样，安装完成后会在桌面上创建快捷方式图标，双击快捷方式图标或右键单击快捷方式图标在弹出的快捷菜单中选择“打开” 命令后即可启动AutoCAD 2012，如图1-7所示。

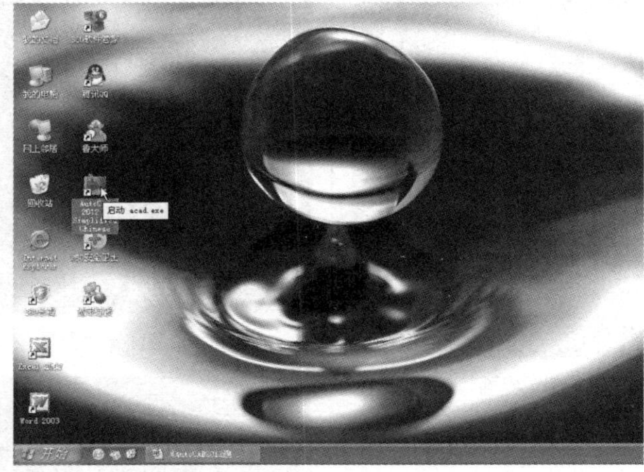

图1-7　双击快捷方式图标启动AutoCAD 2012

❽ 在“开始”菜单中选择“所有程序”>“Autodesk”>“AutoCAD 2012-Simplified Chinese”>“AutoCAD 2012-Simplified Chinese”，也可以启动AutoCAD 2012，如图1-8所示。

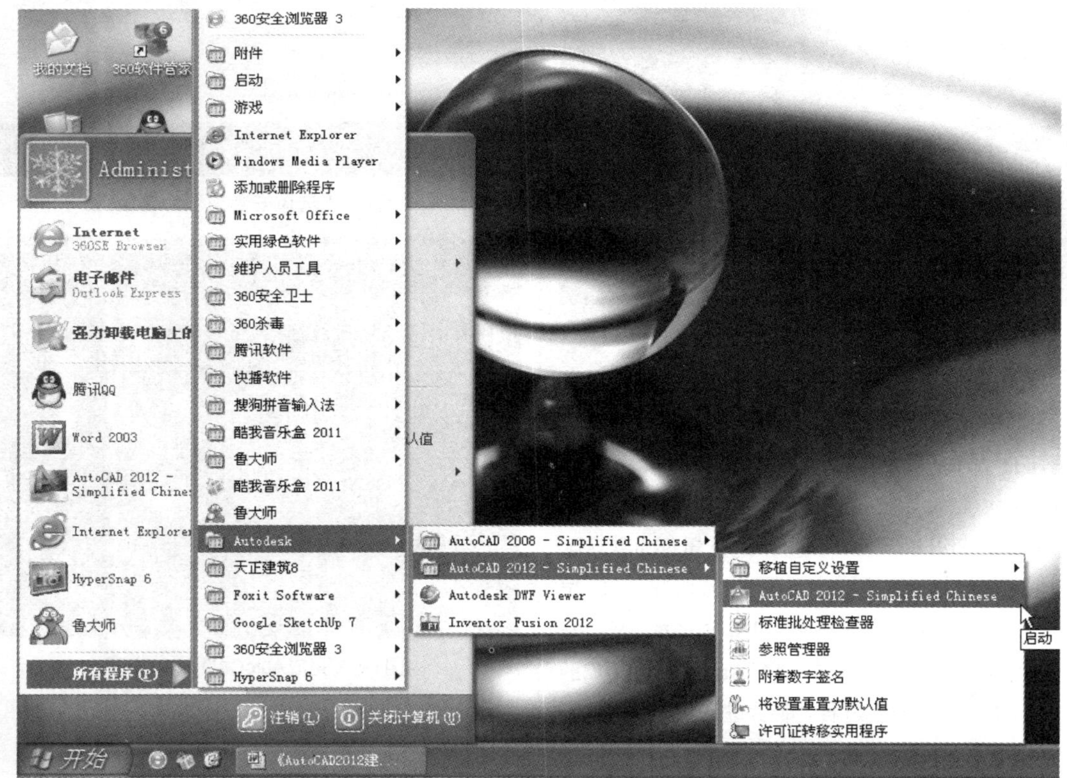

图1-8　通过“开始”菜单启动AutoCAD 2012

认识AutoCAD 2012的界面

❾ 启动AutoCAD 2012软件，会出现图1-9所示的界面。

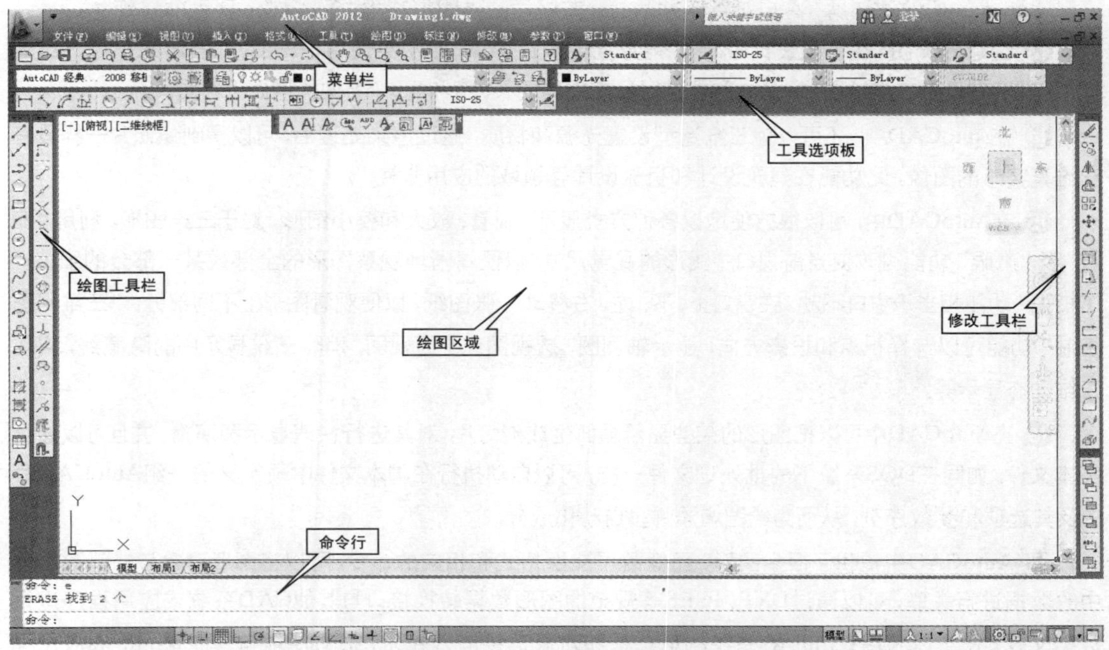

图1-9 AutoCAD 2012操作界面

退出AutoCAD 2012

❿ 退出AutoCAD 2012的方式有很多种，下面为几种常用的退出方式，具体执行方法如下。

①命令行：在命令行输入“QUIT”或“EXIT”命令。

②标题栏：单击标题栏上的关闭按钮 。

③菜单栏：依次单击菜单栏中的“文件”>“退出”命令。

④快捷键：同时按下“Alt+F4”组合键。

通过以上任何一种操作，都将会退出AutoCAD 2012软件，在退出之前大家要注意保存已经操作的文件。

在退出软件之前若没有保存已经绘制好的图形文件，CAD系统会弹出图1-10所示的提示框，提示是否保存已经操作的图形文件，如要保存，单击“是”按钮即可；如不想保存，则单击“否”；若单击“取消”按钮，则取消退出操作。

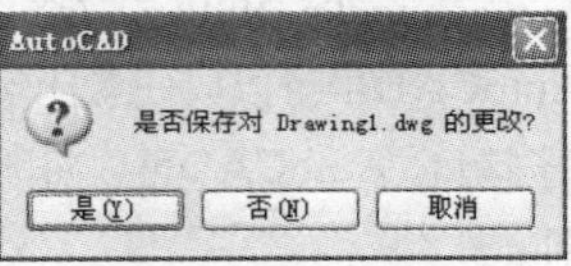

图1-10 “保存”提示框

了解AutoCAD的基本功能

⓫ 创建和编辑二维平面图形。绘图是AutoCAD的核心功能，其中二维绘图功能尤其强大。它提供了一系列二维图形绘制命令，可以绘制直线、多线段、样条曲线、矩形、多边形等基本图形，也可以将绘制的图形转换为面域并对其进行填充，如剖面线、非金属材料、涂黑、砖、沙石、渐变色填充等。AutoCAD提供了丰富的图形编辑和修改功能，如“移动”、“旋转”、“缩放”、“延长”、“修剪”、“倒角”、“倒圆角”、“复制”、“阵列”、“镜像”和“删除”等，用户可以灵活方便地对选定的图形对象进行编辑和修改，利用这些工具还可以极大地提高绘图效率。

⑫ 标注图形尺寸。AutoCAD提供了"线性"、"半径"、"角度"3种基本的标注类型，可以进行"水平"、"垂直"、"对齐"、"旋转"、"坐标"、"基线"或"连续"等标注。除此之外，也可以进行"引线标注"、"公差标注"及自定义粗糙标注。无论是二维图形还是三维图形，均可进行标注。

⑬ 创建轴测图。在工程设计中，为了能形象地表达形体，经常会使用轴测图，它看起来很像三维图形，但其实它只是二维绘图形，是一种能同时反应物体的长、宽和高3个方向的单面投影图。

⑭ 在AutoCAD中，还可以为三维造型设置光源和材质，通过渲染处理后，可以得到像照片一样具有三维真实感的图像。此功能在建筑设计和机械设计等领域的应用非常广泛。

⑮ 在AutoCAD中，可以很方便地以各种方式显示、观看、放大和缩小图形。对于三维图形，利用"缩放"及"鹰眼"功能可改变当前视口中图形的视觉尺寸，以便清晰地观察图形的全部或某一部分的细节；"扫视"功能相当于窗口不动，在窗口上、下、左、右移动一张图纸，以便观看图形上不同部分；"三维视图控制"功能可以选择视点和投影方向，显示轴测图、透视图或平面视图，消除三维显示中的隐藏线，实现三维动态显示等。

⑯ 在AutoCAD中可以把图形的某些显示画面生成幻灯片，对其进行快速显示和演播。并且可以建立脚本文件，如同在DOS系统下的批处理文件一样，可以自动执行在脚本文件中预定义的一组AutoCAD命令及其选项和参数序列，从而为绘图增添许多自动化成分。

⑰ AutoCAD中提供了很多图形、图像数据交换格式和相应的命令，可以将图形对象与外部数据库中的数据进行关联，可以通过DXF、IGES等规范的图形数据转换接口与其他CAD系统或应用程序进行数据交换，还可以利用Windows系统的剪贴板和对象链接嵌入技术，很方便地与其他Windows应用程序交换数据。通过将对象链接到外部数据库中实现图形智能化，帮助使用者在设计中管理和实时提供更新的信息。除此之外，AutoCAD还可以直接对光栅图像进行插入和编辑操作。

⑱ 在AutoCAD中可以以任意比例将所绘图形的全部或部分输出到图纸或文件中，从而获得图形的硬拷贝及电子拷贝。AutoCAD可以将图形输出为图元文件、位图文件、平板印刷文件、AutoCAD块、三维Studio文件等。

AutoCAD 2012图形文件的基本操作

⑲ 设置系统变量。在命令行中输入"startup"，按"Enter"键确定后输入"1"，按"Enter"键确定，将STARTUP 的新值设为"1"；在命令行中输入"filedia"，按"Enter"键确定后输入"1"，按"Enter"键确定，将FILEDIA 的新值设为"1"。

⑳ 创建新图形。在菜单栏中选择"文件">"新建"命令，弹出"创建新图形"对话框，在对话框中选择"公制"单选按钮，默认的图形边界为429×297，单击"确定"按钮，如图1-11所示。

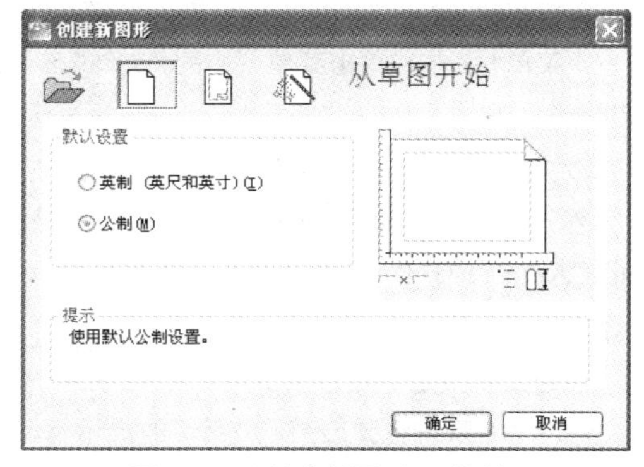

图1-11　"创建新图形"对话框

㉑ 保存图形文件可单击"标准"工具栏中的"保存"按钮，保存文件；如果是第一次保存

图形文件，则当保存时会弹出“图形另存为”对话框，在“图形另存为”对话框中，可以进行选择保存位置、修改“文件名”、选择保存文件类型设置，设置完毕后，单击“保存”按钮进行保存，如图1-12所示。[04]

㉒ 设置图形密码与设置“自动保存”图形文件一样，在菜单栏中选择“工具”>“选项”命令，弹出“选项”对话框；同样与“自动保存”图形文件相似，在“选项”对话框中，切换到“打开和保存”选项卡，在“文件安全措施”区中单击“安全选项”按钮，弹出“安全选项”对话框，在“用于打开此图形的密码或短语”文本框中输入密码，勾选“加密图形特性”复选框，单击“确定”按钮，如图1-13所示。

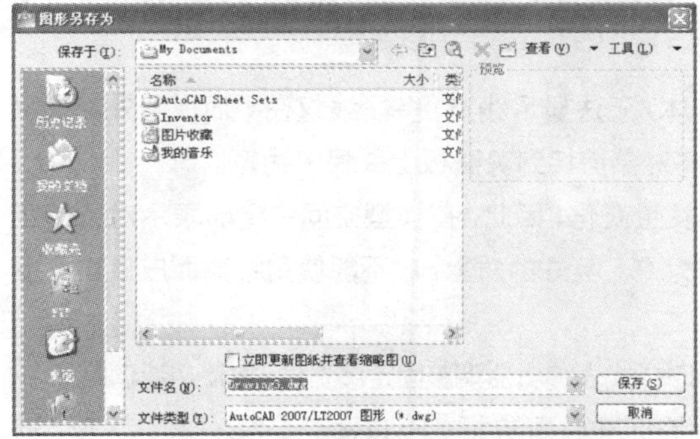

图1-12 保存图形文件

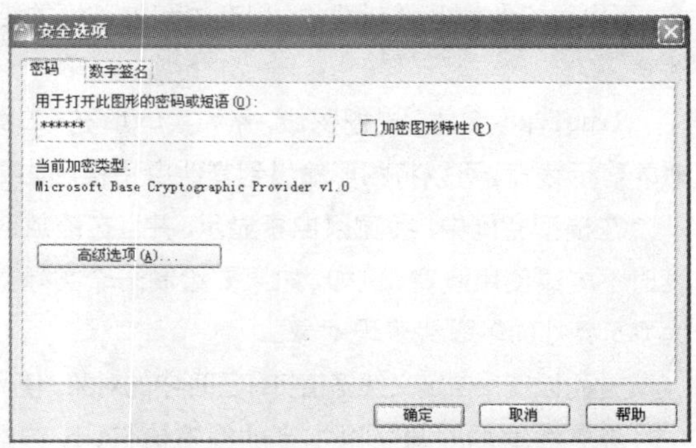

图1-13 “安全选项”对话框

㉓ 弹出“确认密码”对话框，重复输入上一步中在“用于打开此图形的密码或短语”文本框中所输入的密码，单击“确定”按钮，结束“图形密码”的设置，如图1-14所示。

㉔ 关闭图形后，再次打开此图形文件时，就会弹出“密码”对话框，只有输入正确的密码，才能打开图形文件。

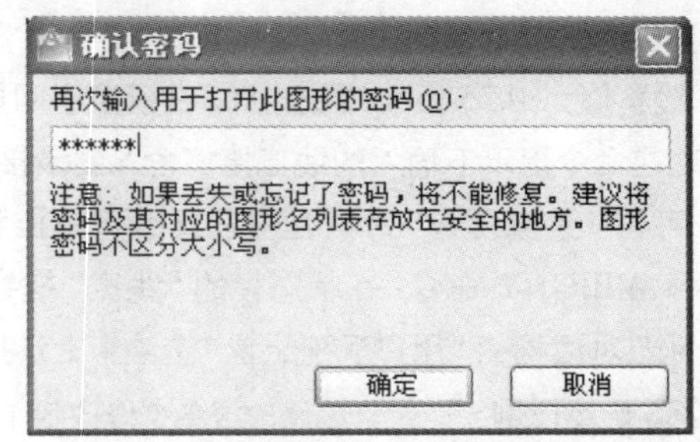

图1-14 “确认密码”对话框

任务二 建筑设计的基本知识和结构设计的基础知识

AutoCAD是在建筑制图中经常使用的一款绘图软件，常用于建筑设计、城市规划等领域，在本次任务中，将简单介绍一些AutoCAD在建筑设计中的基本知识和结构设计的基础知识。

建筑设计的基本知识

㉕ 标题栏一般由更改区（一般由更改标记、处数、分区、更改文件号、签名和年月日等组成，应按由下而上的顺序填写，也可根据实际情况顺延或放在图样中其他的地方，但应有表头）、签字区（一般由设计、审核、工艺、标准化、批准、签名和年月日等组成，一般按设计审核、工艺、标准化、批准等有关规定签署姓名和年月日）、其他区（一般由材料标记、阶段标记、重量、比例、共几张、第几张等组成）、名称及代号区（一般由单位名称、图样名称和图样代号等组成）组成，也可按实际需要增加或减少。[05]

㉖ 明细栏一般由序号（图样中相应组成部分的序号）、代号名称（图样中相应组成部分的图样代号或标准号）、名称填写（图样中相应组成部分的名称或其型式与尺寸）、数量（图样中相应组成部分在装配中

所需要的数量）、材料（图样中相应组成部分的材料标记）、重量（图样中相应组成部分单件和总件数的计算重量，以千克或公斤为计量单位时允许不写出其计量单位分区，必要时应按照有关规定将分区代号填写在备注栏中）、单件、总计分区、备注等组成，也可按实际需要增加或减少。

㉗ 在建筑制图中，经常需要修改对象的线宽，所以线宽是绘图过程中非常重要的环节，通常配合线型比例等特性共同使用。06

线宽是指定给图形对象和某些类型的文字的宽度值。使用线宽，可以用粗线和细线清楚地表现出截面的剖切方式、标高的深度、尺寸线和小标记，以及细节上的不同。例如，通过为不同图层指定不同的线宽，可以很方便地区分新建的、现有的和被破坏的结构。除非选择了状态栏上的“线宽”按钮，否则不显示线宽。

TrueType 字体、光栅图像、点和实体填充（二维实体）无法显示线宽。多段线仅在平面视图外部显示时才显示线宽。可以将图形输出到其他应用程序，或者将对象剪切到剪贴板上并保留线宽信息。

在模型空间中，线宽以像素显示，并且在缩放时不发生变化。因此，在模型空间中精确表示对象的宽度时不应该使用线宽。例如，如果要绘制一个实际宽度为 0.5 英寸的对象，就不能使用线宽而应该用宽度为 0.5 英寸的多段线表现对象。

也可以使用自定义线宽值打印图形中的对象。使用打印样式表编辑器调整固定线宽值，以使用新值打印。

具有线宽的对象将以指定的线宽值打印。这些值的标准设置包括“Bylayer”、“Byblock”和“默认”。它们的单位可以是英寸或毫米，默认单位是毫米。所有图层的初始设置均由 Lwdefault 系统变量控制，其值为 0.25 mm。

线宽值为 0.25 mm 或更小时，在模型空间显示为 1 个像素宽，并将以指定打印设备允许的最细宽度打印。在命令提示下输入的线宽值将舍入到最接近的预定义值。

可在“线宽设置”对话框中设置线宽单位和默认值。通过以下方法可以访问“线宽设置”对话框：使用 LWEIGHT 命令；在状态栏的“线宽”按钮上单击鼠标右键，在弹出的快捷菜单中选择“设置”；在“选项”对话框的“用户系统配置”选项卡上选择“线宽设置”。

㉘ 线型比例是通过全局修改或单个修改每个对象的线型比例因子，可以以不同的比例使用同一个线型。07

默认情况下，全局线型和单个线型比例均设置为 1.0。比例越小，每个绘图单位中生成的重复图案就越多。例如，设置为 0.5 时，每一个图形单位在线型定义中显示重复两次的同一图案。不能显示完整线型图案的短线段显示为连续线。对于太短，甚至不能显示一个虚线小段的线段，可以使用更小的线型比例。

线型管理器显示“全局比例因子”和“当前对象比例”。

①“全局比例因子”的值控制 LTSCALE 系统变量，该系统变量可以全局修改新建和现有对象的线型比例。

②“当前对象比例”的值控制 CELTSCALE 系统变量，该系统变量可设置新建对象的线型比例。

将用 LTSCALE 的值与 CELTSCALE 的值相乘以获得显示的线型比例。在图形中，可以很方便地单独或全局修改线型比例。

在布局中，可以通过 PSLTSCALE 在不同的视口中调节线型比例，线型比例修改前、后的效果如图1-15所示。

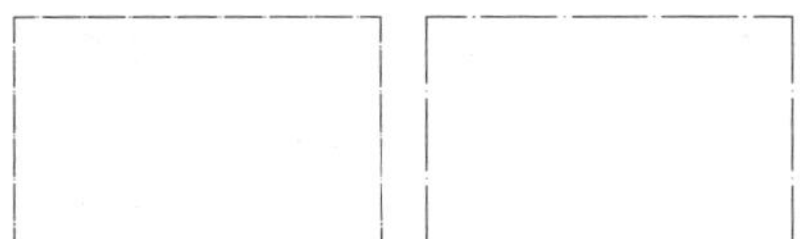

默认线型比例　修改线型比例后的效果

图1-15　修改线型比例

㉙ 图形中的文字要求。在绘制建筑图纸中，对标注文字和尺寸也做了相关要求（GB/T 14691—1993），下面来简单介绍对文字方面的要求。

①书写字体必须做到字体工整、笔画清楚、间隔均匀、排列整齐。

②字体高度（用h表示）的公称尺寸系列为：1.8、2.5、3.5、5、7、10、14、20（单位为mm）。如需要书写更大的字其字体高度应按$\sqrt{2}$的比率递增。字体高度代表字体的号数。

③汉字应写成长仿宋体，并应采用中华人民共和国国务院正式公布推行的汉字简化方案中规定的简化字汉字，高度h不应小于3.5mm，其字宽一般为h/2。

④字母和数字分A型和B型，A型字体的笔画宽度d为字高h的1/14，B型字体的笔画宽度d为字高h的1/10。

⑤在同一图样上只允许选用一种型式的字体。

⑥字母和数字可写成斜体和直体斜体字，字头向右倾斜，与水平基准线呈75°。

⑦汉字、拉丁字母、希腊字母、阿拉伯数字和罗马数字等组合书写时，其排列格式和间距应符合表1-1和表1-2的规定。

表1-1 A型字体

mm

书写格式		基本比例	尺寸							
大写字母高度	h	(14/14) h	1.8	2.5	3.5	5	7	10	14	20
小写字母高度	C1	(10/14) h	1.3	1.8	2.5	3.5	5	7	10	14
小写字母伸出尾部	C2	(4/14) h	0.5	0.72	1.0	1.43	2	2.8	4	5.7
小写字母伸出头部	C3	(4/14) h	0.5	0.72	1.0	1.43	2	2.8	4	5.7
发音符号范围	f	(5/14) h	0.64	0.89	1.25	1.78	2.5	3.6	5	7
字母间间距	a	(2/14) h	0.26	0.36	0.5	0.7	1	1.4	2	2.8
基准线最小间距（有发音符号）	B1	(25/14) h	3.2	4.46	6.25	8.9	12.5	17.8	25	35.7
基准线最小间距（无发音符号）	B2	(21/14) h	2.73	3.78	5.25	7.35	10.5	14.7	21	29.4
基准线最小间距（仅为大写字母）	B3	(17/14) h	2.21	3.06	4.25	5.95	8.5	11.9	17	23.8
词间距	e	(6/14) h	0.78	1.08	1.5	2.1	3	4.2	6	8.4
笔画宽度	d	(1/14) h	0.13	0.18	0.25	0.35	0.5	0.7	1	1.4

表1-2 B型字体

mm

书写格式		基本比例	尺寸							
大写字母高度	h	(10/10) h	1.8	2.5	5.5	5	7	10	14	20
小写字母高度	C1	(7/10) h	1.26	1.75	2.5	3.5	5	7	10	14
小写字母伸出尾部	C2	(3/10) h	0.54	0.75	1.05	1.5	2.1	3	4.2	6
小写字母伸出头部	C3	(3/10) h	0.54	0.75	1.05	1.5	2.1	3	4.2	6
发音符号范围	f	(4/10) h	0.72	1	1.4	2.0	2.8	4	5.6	8
字母间间距	a	(2/10) h	0.36	0.5	0.7	1	1.4	2	2	4
基准线最小间距（有发音符号）	B1	(19/10) h	3.42	4.75	6.65	9.5	13.3	19	19	38
基准线最小间距（无发音符号）	B2	(15/10) h	2.7	3.75	5.25	7.5	10.5	15	15	30
基准线最小间距（仅为大写字母）	B3	(13/10) h	2.34	3.25	4.55	6.5	9.1	13	13	26
词间距	e	(6/10) h	1.08	1.5	2.1	3	4.2	6	6	12
笔画宽度	d	(1/10) h	0.18	0.25	0.25	0.35	0.5	0.7	0.7	2

建筑结构设计的基本概述

建造一栋建筑物是一个复杂的过程，在施工之前必须对建筑物的构造进行整体的研究，制订出一个合理的方案，编制一套完整的施工图纸和文件，为施工提供依据，这就是建筑的设计工作。建造房屋，从拟订计划到建成使用，通常需要编制计划任务书、选择和勘测基地、设计、施工，以及交付使用后的回访总结等几个阶段。设计工作又是其中比较关键的环节，它必须严格执行国家基本建设计划，并且具体贯彻建设方针和政策。通过设计这个环节，把计划中关于设计任务的文字资料，编制成表达整栋或成组房屋立体形象的全套图纸。

㉚ 建筑构造设计的原则

建筑结构设计中，应综合处理好各种技术因素，必须全面综合考虑坚固适用、技术先进、经济合理、美观大方等，应遵循以下原则。

1. 必须满足建筑物使用功能要求。由于建筑物的使用性质和所在地区的不同、环境不同，因而对建筑结构设计有不同的技术要求。如在保温性能、通风采光及防潮防水方面的要求，各种不同使用要求的建筑物都有所不同。北方地区要求建筑在冬季保温；南方地区要求建筑能通风、隔热；而剧场等建筑则要求考虑吸声、隔音等要求。

2. 必须有利于结构安全。在建筑物的设计过程中，除了要根据荷载大小和结构要求确定构件的基本尺寸之外，还要根据一些受力构件在结构中的具体受力情况，如阳台、悬挑板等构件，都必须采取必要的措施，以确保建筑物的安全。

3. 必须适用建筑工业化的要求。在建筑设计中，应大力改进传统的建筑方法，广泛使用标准设计、标准构配件及其制品，使构配件生产工业化、节点构造定型化。与此同时，在开发新材料、新结构、新设备的基础上，注意促进对传统材料、结构、设备和施工方法的更新和改造。

4. 必须考虑建筑的经济、社会和环境的综合效益。在建筑结构设计中，应综合考虑建筑物的整体经济效益，在经济上注意降低造价，降低材料的能源消耗。

5. 必须注意建筑物整体美观。建筑物的形象主要取决于建筑设计的体型组合和立面组合，一些细部构造处理对整体美观也有很大的影响。

6. 必须符合总体规划的要求。单体建筑是总体规划的组成部分，必须充分考虑和周围环境的关系。

㉛ 建筑构造设计的内容

房屋的设计，一般包括建筑设计、结构设计和设备设计等几部分，它们之间既有分工又相互密切配合。由于建筑设计是建筑功能、工程技术和建筑艺术的综合，因此它必须综合考虑建筑、结构、设备等工种的要求，以及这些工种的相互联系和制约。设计人员必须贯彻执行建筑方针和政策，正确掌握建筑标准，重视调查研究和群众路线的工作方法。建筑设计还和城市建设、建筑施工、材料供应以及环境保护等部门的关系极为密切。

建筑设计的依据文件包括：主管部门有关建筑任务的使用要求、建筑面积、单方造价和总投资的批文，以及有关部、委或省、市、地区规定的有关设计定额和指标；工程设计任务书；城市建设部门同意设计的批文；委托设计工程项目表等。

设计人员根据上述设计的有关文件，通过调查研究，收集必要的原始资料和勘测设计资料，综合考虑总体规划、基地环境、功能要求、结构施工、材料设备、建筑经济以及建筑艺术等多方面的问题，进行设计并绘制出建筑图纸，编写主要设计意图的说明书，其他工种也相应设计并绘制各类图纸，编制各工种的计算书、说明书以及概算和预算书。上述整套设计图纸和文件便成为房屋施工的依据。

㉜ 建筑结构设计的过程

建筑结构设计一般分为初步设计和施工图设计两个阶段，对于大型的、比较复杂的工程，也有采用三个设计阶段，即在两个设计阶段之间，还有一个技术设计阶段，用来深入解决各工种之间的协调等技术问题。

设计前的准备工作包括熟习设计任务书、收集必要的设计原始资料、设计前的调查研究、学习有关的方针和政策。

初步设计阶段是建筑设计的第一阶段，它的主要任务是提出设计方案，即在已定的基础范围内，按照设计任务书所拟定的房屋使用要求，综合考虑技术经济条件和建筑艺术方面的要求，提出设计方案。

初步设计要完成以下内容：设计说明书、设计图纸、工程概预算书。设计说明书应包括建筑设计总说明和各专业设计说明两部分。设计图纸应包括建筑总平面图和各层的平面图及主要剖面、立面图。

技术设计阶段是三阶段建筑设计的中间阶段。它的主要任务是在初步设计的基础上，进一步确定房屋各工种之间的技术问题。

施工图设计是建筑设计的最后阶段。它的主要任务是满足施工要求，即在初步设计或技术设计的基础上，综合考虑建筑、结构、设备各工种，相互交底、核实核对，深入了解材料供应、施工技术、设备等条件，把满足工程施工的各项具体要求反映在图纸中，做到整套图纸齐全统一，明确无误。本书后面章节就涉及本阶段在建筑结构施工图方面的内容。

㉝ 建筑结构设计的要求和依据

建筑结构设计的要求包括满足建筑功能要求，采用合理的技术措施，具有良好的经济效果，考虑建筑美观要求和符合总体规划要求。

建筑设计的依据包括人体尺度和人体活动所需的空间尺度，家具、设备的尺寸和使用它们的必要空间，温度、湿度、日照、雨雪、风向、风速等气候条件，地形、地质条件和地震烈度，建筑模数和模数制。

知识点拓展

01 安装的不同情况[①]

默认情况下不需再安装 Adobe Flash Player。如果操作系统上当前未安装 Flash 的适当版本，系统将显示一条消息请求用户从 Adobe 网站进行下载。如果无法访问 Internet，同样可以访问 AutoCAD 2012 产品介质上的 Flash 安装程序。

若安装程序属于网络下载版本，其文件格式为ISO，不能直接在虚拟驱动器里打开文件，这样将会提示插入第二张光盘，安装不成功。需要将光盘里的文件直接拷贝到根目录下，然后单击“setup”程序文件进行安装。

①经验

在安装软件的时候，系统默认的“产品安装路径”一般都是把软件安装到系统盘内，占用较大系统盘资源，所以建议在安装过程中，将“产品安装路径”修改到一个可用空间较大的磁盘分区，方法为单击“浏览”按钮，选择要安装的路径。

02 选择安装AutoCAD 2012的类型[②]

在安装过程中会出现“选择安装类型”分别为“典型”和“自定义”，对于初学者来说，选择“典型”安装相对比较妥当。

03 系统变量

系统默认的系统变量是0，此时当打开新图形[③]时，将不出现“创建新图形”对话框，而是直接显示系统默认的图形。

04 保存图形文件[④]

在AutoCAD 2012中，可以设置自动保存。使用“自动保存”选项，将以指定的时间间隔保存图形文件。自动保存操作也可以在出现电源故障或发生其他意外事件时防止图形及其数据丢失，是AutoCAD产品一直保留的一个很实用的功能。

调整“自动保存”的方法如下：选择“工具”>“选项”命令，弹出“选项”对话框，在“选项”对话框中，打开“打开和保存”选项卡，在“文件安全措施”一区中勾选“自动保存”复选框，并设置“保存间隔分钟数”，单击“确定”按钮完成自动保存设置，如图1-16所示。

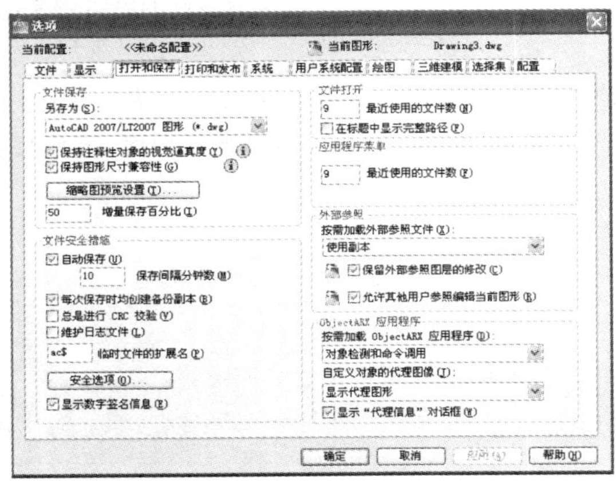

图1-16　设置“自动保存”

05 其他区中的内容填写

①材料标记：对于需要该项目的图样一般应按照相应标准或规定填写所使用的材料。

②阶段标记：按有关规定由左向右填写图样的各生产阶段。

③重量：填写所绘制图样相应产品的计算重量，以千克或公斤为计量单位时允许不写出其计量单位。

④比例：填写绘制图样时所采用的比例。

⑤共几张第几张：填写同一图样代号中图样的总张数及该张所在的张次。

②注意

在安装中单击左侧“信息”一栏中的两个链接，可以查看这一步安装所涉及的问题和疑惑。

③技巧

启用新建图形的方法有以下几种。

- 菜单栏依次选择“文件”>“新建命令”；
- 在命令行直接输入“new”，按“Enter”键确定；
- 单击“标准”工具栏中的“新建”命令按钮。

④技巧

保存文件的方法有以下几种。

- 单击“标准”工具栏中的“保存”按钮，保存文件；
- 在命令行直接输入“save”，按“Enter”键确定；
- 直接同时按下“Ctrl+S”组合键，进行保存。

06 设计布局的线宽比例

在具有打印比例的布局中，线宽可以按比例缩放。

通常，线宽指定打印对象的线条宽度，在打印时将使用该宽度而不受打印比例的影响。在更多情况下，打印布局时会使用默认的打印比例 1:1。但是，如果要在 E 号图纸上打印按 A 号图纸缩放的布局，就需要按比例缩放线宽，以适应新的打印比例。

07 修改线型比例的方法

①在AutoCAD 2012中，选中对象后，软件会自动调出“特性”选项板，在其中可以修改线型比例。

②单击“标准”工具栏中的“特性”命令按钮，可以修改线型比例。

③直接按键盘上的“Ctrl+1”组合键，调出“特性”选项板，在其中可以修改线型比例。

实践部分 （2课时）

任务三 将“北立面”另存并添加密码

任务背景

某设计人员进入新岗位后，总工程师要求他将已经绘制好的图形以“北立面”另存一份，并将图形添加一个密码，防止被人盗用。

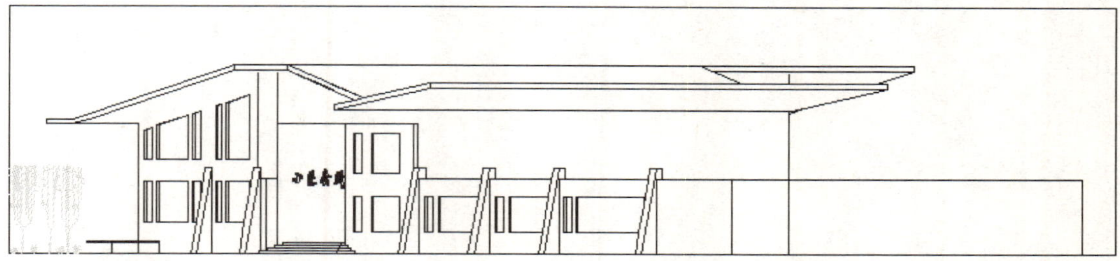

任务要求

将此立面图另存一份文件。

为图形添加密码。

【技术要领】“Ctrl+Shift+S”组合键另存文件。

【解决问题】利用已有素材使用“另存为”命令和添加密码。

【应用领域】建筑设计和装潢设计。

【素材来源】素材/模块01/任务三/立面图.dwg。

课后作业

1. 判断题

(1) 安装AutoCAD 2012时，可以选择“经典”和“自定义”两种模式。( )

(2) 安装AutoCAD 2012时，在“接受许可协议”步骤，可以不接受许可也能够进行安装。( )

(3) 在“开始”菜单中选择“所有程序”>“Autodesk”>“AutoCAD 2012-Simplified Chinese” >“AutoCAD 2012”，可以启动AutoCAD 2012。( )

2. 填空题

(1) 安装AutoCAD 2012时，“产品安装路径”需要在____中进行修改。

(2) AutoCAD 2012的用户界面主要包括菜单栏、工具栏、命令行、绘图区和____。

3. 操作题

重新安装AutoCAD 2012软件，创建一个新图形并进行简单绘制后加密保存。

模块 02

设置AutoCAD 2012 建筑绘图环境与图形显示

● **能力目标**

设置图形界限和图层管理

● **专业知识目标**

1. 绘制建筑图纸的前期准备
2. 针对不同内容对建筑图纸进行缩放调整

● **软件知识目标**

1. 掌握图形界限的设置方法
2. 掌握图层管理和图层特性
3. 掌握视图的操作

● **课时安排**

4课时（讲课2课时，实践2课时）

模拟制作任务

任务一 图形管理

任务背景

AutoCAD 2012是一个非常精确的专业绘图软件，它所应用的主要领域，如建筑绘图设计、电子线路设计、机械制造等，对图形精度的要求也非常高。

任务要求

在开始绘图之前，应该首先确定图形中要使用的测量单位，并设置坐标和距离的使用格式、精度和其他惯例等。

任务分析

在AutoCAD 2012中绘制图形时，首先要对AutoCAD 2012中的视图操作有一定的了解，如设置绘图环境的图形界限和单位，对图形进行图层管理，视图窗口的缩放，不同视图的显示方法等，如立面图、轴测图等，如图2-1所示。

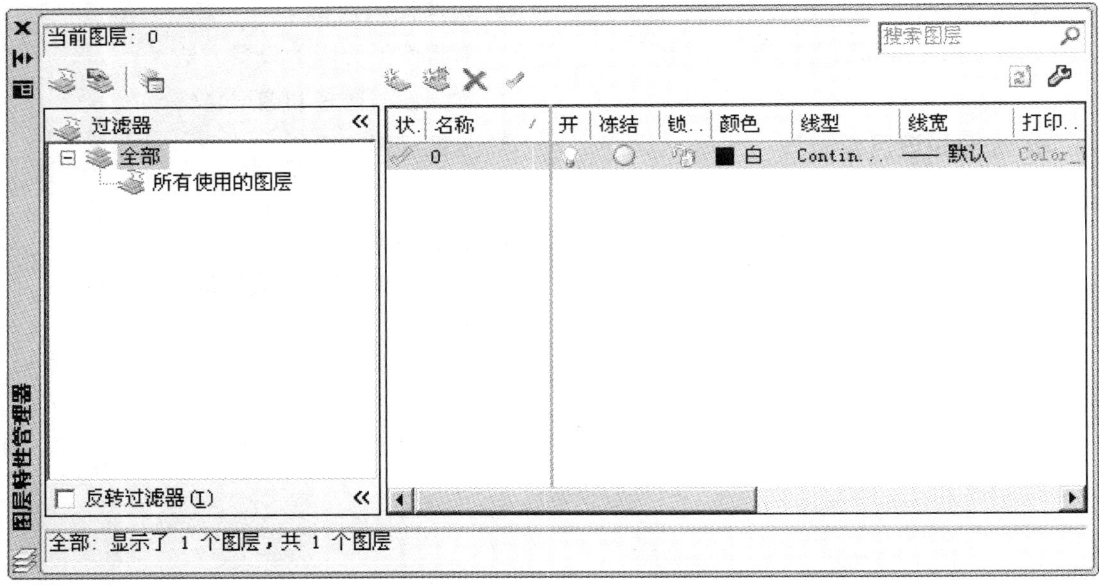

图2-1 “图层特性管理器”对话框图2-2 “鸟瞰视图”窗口

本案例的重点、难点

设置图形界限和单位。

【技术要领】设置图形的界限和单位、图层管理器、视图的平移和缩放。

【解决问题】利用已学的内容控制图形。

【应用领域】建筑设计、装潢设计。

操作步骤详解

设置图形界限和单位[01]

❶ 在命令行中输入“Limits”命令或菜单栏选择“格式”>“图形界限”命令，通过以上两种方式都可以设置并控制栅格显示的界限。

❷ 在命令行中输入“Units”命令或菜单栏选择“格式”>“单位”命令，系统将会弹出图2-2所示的“图形单位”对话框。通过该对话框，可以设置图形的长度、角度、插入时的缩放单位、光源和方向控制等。

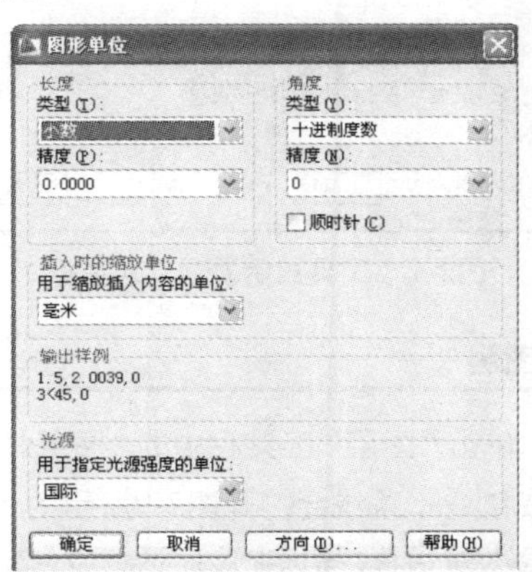

图2-2 “图形单位”对话框

精确绘制图形的设置

❸ 菜单栏选择“工具”>“草图设置”命令，如图2-3所示，在状态栏上的“捕捉”、“栅格”、“极轴”、“对象捕捉”和“对象追踪”等任意功能按钮上单击鼠标右键，在弹出的快捷菜单中选择“设置”命令，系统都将会弹出如图2-4所示的“草图设置”对话框。在“草图设置”对话框中可以对“捕捉和栅格”、“极轴追踪”、“对象捕捉”和“动态输入”进行设置。

图2-3 “草图设置”状态栏

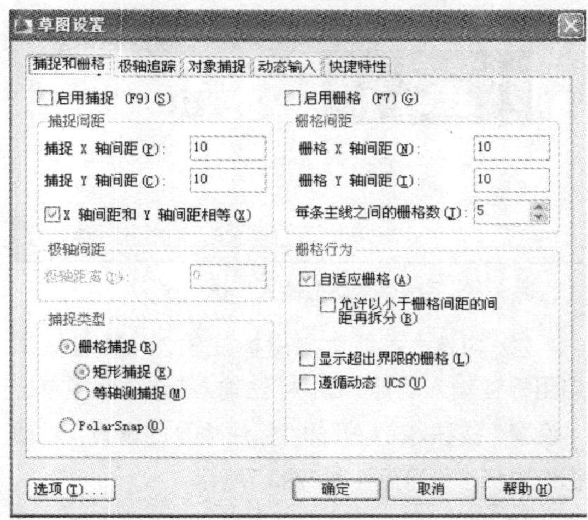

图2-4 “草图设置”对话框

❹ 在图2-4所示的“草图设置”对话框中，选择“极轴追踪”选项卡，在其中可以控制自动追踪的设置，如图2-5所示。[02]

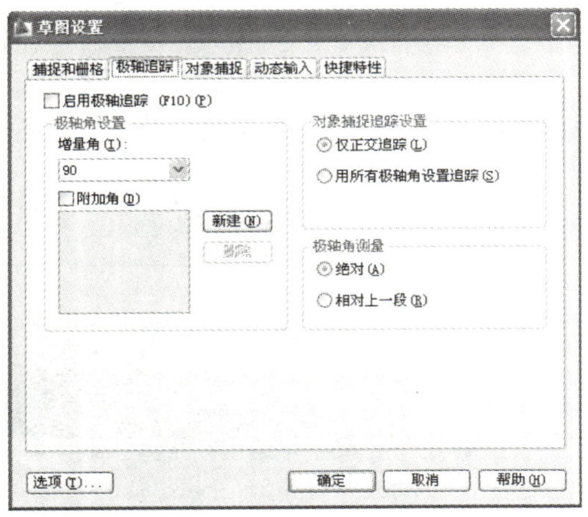

图2-5 “极轴追踪”选项卡

❺ 选择“草图设置”对话框中的“动态输入”选项卡，勾选“启用指针输入”复选框来启用指针输入功能，如图2-6所示。

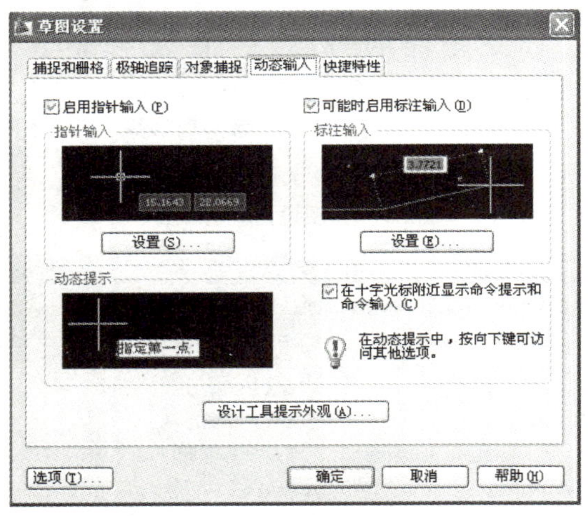

图2-6 “动态输入”选项卡

❻ 勾选“可能时启用标注输入”复选框来启用标注输入功能。在“标注输入”选项组中单击“设置”按钮，在打开的“标注输入的设置”对话框设置标注的可见性，如图2-7所示。

❼ 若单击“动态输入”选项卡中的“设置工具提示外观”按钮，在弹出的“工具栏提示外观”对话框中可设置工具栏提示的颜色、大小、透明度及应用范围，如图2-8所示。启用动态提示时，提示会显示在光标附近的工具栏提示中。用户可以在工具栏提示（而不是在命令行）中输入响应。按下箭头键可以查看和选择选项，按上箭头键可以显示最近的输入。

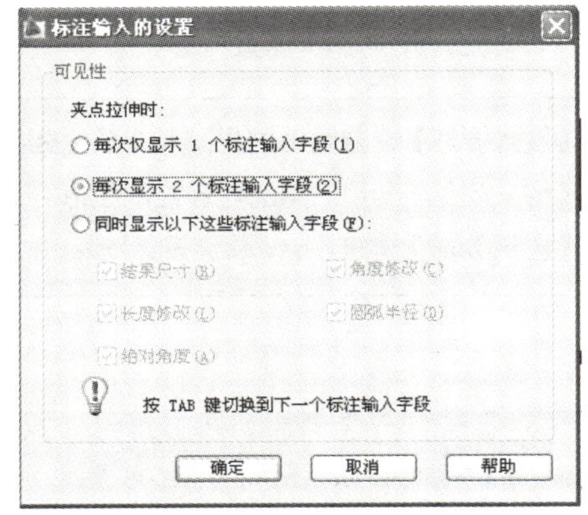

图2-7 “标注输入的设置”对话框

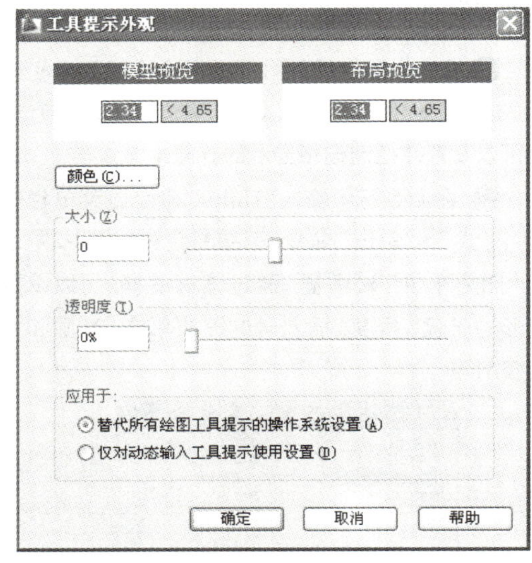

图2-8 “工具提示外观”对话框

创建新图层

❽ 单击“图层”工具栏中的“图层特性管理器”按钮，系统会打开图2-9所示的“图层特性管理器”对话框，可以在该对话框中创建新的图层和进行其他设置。

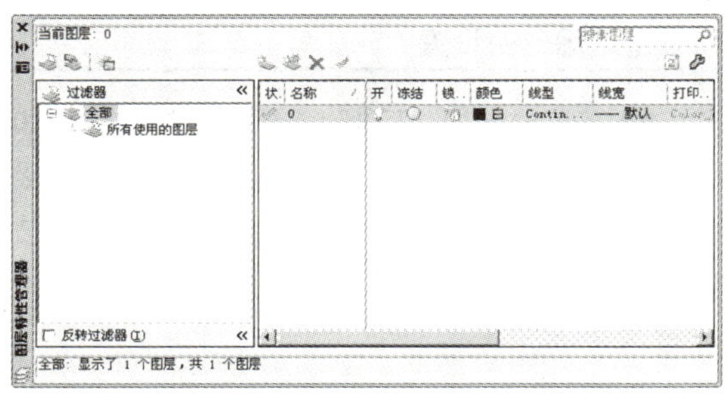

图2-9 “图层特性管理器”对话框

❾ 设置图层的颜色，可根据需要为图形对象设置不同的颜色，从而把不同类型的对象区分开来。单击色块图标，系统都将会弹出图2-10所示的“选择颜色”对话框，根据需求对每个图层设置相同或不同的颜色。

图2-10 “选择颜色”对话框

❿ 在“图层特性管理器”对话框中，单击图层“线型”特性图标，打开“选择线型”对话框，如图2-11所示。在该对话框中选择一种线型，单击“确定”按钮，完成设置。

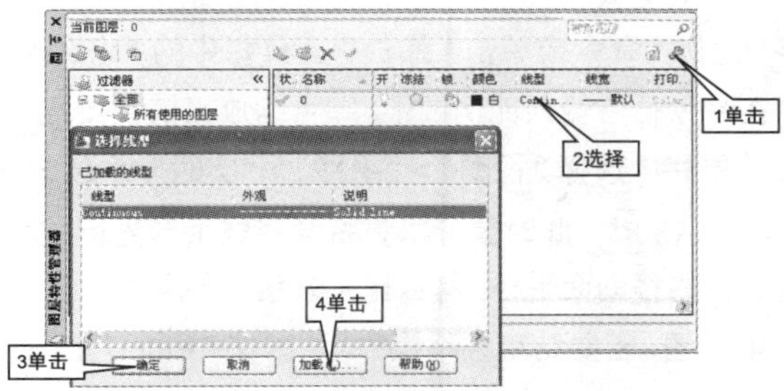

图2-11 “选择线型”对话框

⓫ 在命令行中输入“Lweight”命令或选择“格式”>“线宽”命令，系统都将会弹出图2-12所示的“线宽设置”对话框，可以设置和管理线宽。

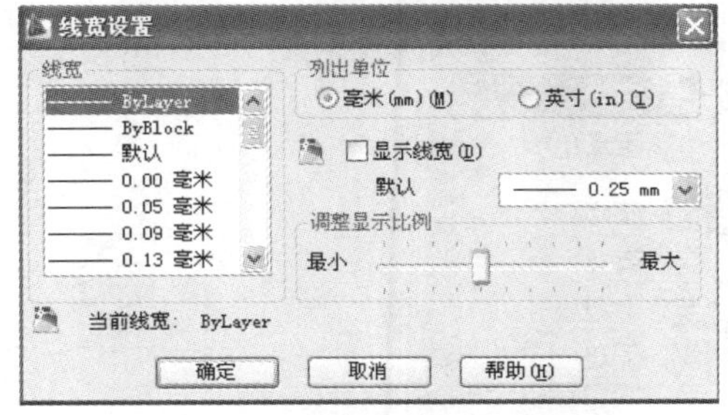

图2-12 “线宽设置”对话框

管理图层[05]

在AutoCAD 2012中，图层是一个管理工具，一般实际工作中主要用来对图形中的对象进行分类。并且可以通过一些管理图层功能，如设置图层特性、过滤图层等功能来快速地修改图层中对象的一些统一属性，包括颜色、线宽、显示状态等。

⓬ 在“图层”工具栏（图2-13）和“对象特征”工具栏（图2-14）中显示图层的特性，包括“名称”、“打开/关闭”、“冻结/解冻”、“锁定/解锁”、“颜色”、“线型”、“线宽”和“打印样式”等。这些特征可以在绘图的时候对图形的特性一目了然，也可以在下拉列表中直接进行设置。

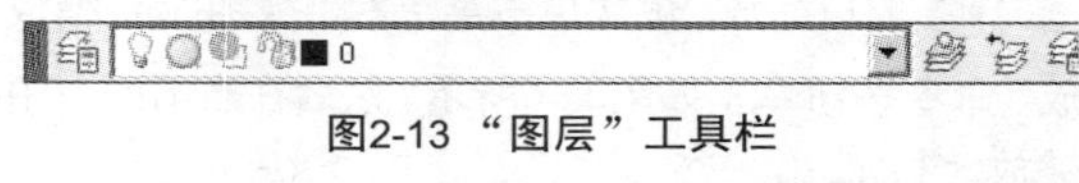

图2-13 “图层”工具栏

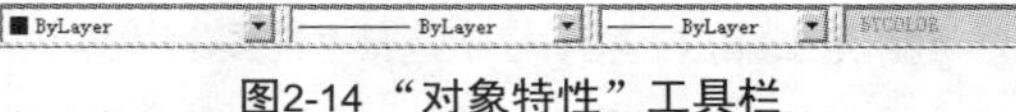

图2-14 “对象特性”工具栏

⓭ 在“图层特性管理器”对话框中，选中某一图层后，单击“当前图层”按钮，便可将该层设置为当前层并在该层上绘制和编辑图形了，如图2-15所示。

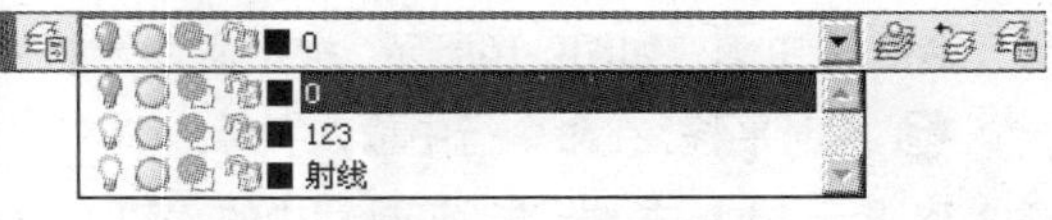

图2-15 “图层控制”下拉列表

视图的缩放与平移[06]

在建筑绘图中，一张标准的AutoCAD 2012建筑图纸可能非常复杂，特别是在绘制某个局部图形时，经常需要将局部放大，以便于观察、检查和绘制精确图形。在以往的手绘工程图纸中无法实现，但是在AutoCAD 2012中可以通过缩放视图来改变视图的比例，类似于照相机的缩放功能。缩放视图不会改变图形中对象的绝对大小。

⓮ 动态缩放。在命令行中输入字母“ZOOM”，根据命令行提示再输入字母“D”，或在菜单栏中选择“视图”>“缩放”>“动态”命令，或单击“缩放”工具栏中的“动态缩放”命令按钮，如图2-16所示。移动鼠标指针，调整视图框大

小，确定后单击鼠标左键。此时视图框内出现一个“×”形标记，表示此时处于确定视图框平移定位的状态，而原来视图框内部的箭头标记将会消失；移动视图框平移位置，确认图形中要放大的部分位于视图框内，按“Enter”键确定，视图框中的图形充满当前整个视口。

图2-16 “缩放”工具栏

⑮ 实时缩放。在命令行中输入字母“ZOOM”，或单击“标准”工具栏中的“实时缩放”按钮，如图2-17所示选择，或在菜单栏中单击“视图”>“缩放”>“实时”命令或在绘图区单击右键，在弹出的快捷菜单上选择“缩放（Z）”命令。

图2-17 “标准”工具栏

⑯ 窗口缩放。依次单击菜单栏“视图”>“缩放”> “窗口”命令或单击“缩放”工具栏中的“窗口缩放”命令按钮，如图2-16所示。然后在当前图形中指定一个矩形区域，这样矩形区域内的图形部分将会被放大显示。

⑰ 范围缩放。菜单栏中选择“视图”>“缩放”>“范围缩放”命令或单击“缩放”工具栏中的“范围缩放”命令按钮，如图2-16所示。系统自动将当前图形中所有可视对象尽可能最大显示并充满整个视口。

⑱ 中心缩放。菜单栏中选择“视图”>“缩放”>“中心点”命令或单击“缩放”工具栏中的“中心缩放”命令按钮，如图2-16所示。根据命令行提示，在当前视图中指定位置单击鼠标左键，确定中心点的位置，然后在命令行中输入比例数值，此时视图将被放大或缩小。

⑲ 比例缩放。菜单栏中选择“视图”>“缩放”>“比例”命令或单击“缩放”工具栏中的“比例缩放”命令按钮，如图2-16所示。根据命令行的提示，在命令行中输入比例因子，即可缩放当前视图。

⑳ 实时平移。在命令行中输入字母“PAN”，或在菜单栏中选择“视图”>“平移”>“实时”命令，如图2-18所示，或单击“标准”工具栏中的“实时平移”命令按钮。此时鼠标指针将会变成手形光标，按住鼠标左键不放，移动鼠标，当前视口中的图形将随着鼠标的移动而平移。释放鼠标左键，平移将停止。如果再次按住鼠标左键，并移动鼠标，可以继续平移当前视图，若要结束平移操作，可以按“Enter”键或“Esc”键。

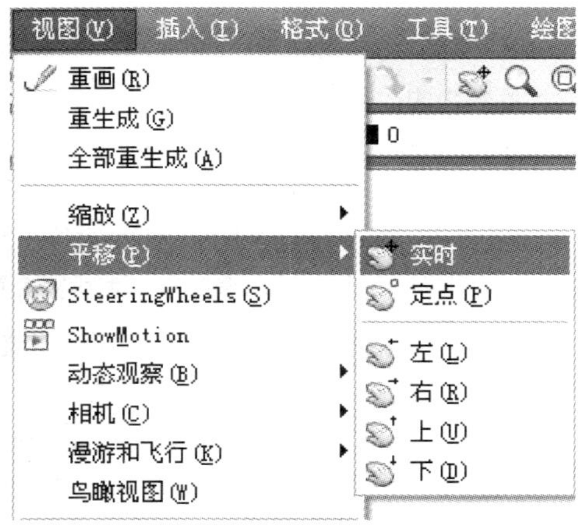

图2-18 “平移”子菜单

㉑ 定点平移。菜单栏中选择“视图”> “平移”> “定点”命令，命令行提示“指定基点或位移：”，此时，在绘图区单击鼠标左键以确定基点位置，或在命令行输入要移动的位移值，按“Enter”键后命令行提示“指定第二点：”，此时在绘图区单击鼠标左键以确定位移和方向。调用上述命令后，当前图形按指定的位移和方向进行平移。另外，在“平移”子菜单中，还有“左”、“右”、“上”、“下”4个平移命令，选择这些命令时，图形按指定的方向平移一定的距离。其操作方法与定点平移类似，此处不再赘述。

使用命令视图[07]

使用命令视图，可以在一张复杂的图纸中创建多个视图方案，当要查看或修改某一特定部分的图形时，直接将已经保存的对应视图恢复为当前视图即可。

㉒ 命令视图。在命令行中输入字母“VIEW”，或在菜单栏中选择“视图”>“命令视图”命令，单击图2-19所示的“视图”工具栏中的“命令视图”按钮。

图2-19 “视图”工具栏

重画与重生成

㉓ 重画。在命令行中输入字母“REDRAW”或“REDRAWALL”，按“Enter”键或在菜单栏中选择“视图”>“重画”命令。执行该命令后，将刷新当前视口中的图形显示，当AutoCAD 2012中控制点标记是否可见的系统变量BLIPMODE打开的时候，使用“重画”命令可以从当前视口中删除编辑命令留下的点标记。

㉔ 重生成。在命令行中输入字母“REGEN”或“REGENALL”[08]，按“Enter”键或在菜单栏中选择“视图”> “重生成”> “全部重生成”命令。在当前视口中重生成整个图形并重新计算所有对象的屏幕坐标，同时重新创建图形数据库索引，从而优化显示和对象选择的性能。

㉕ 自动重新生成图形。在命令行输入字母“REGENAUTO”，按“Enter”键，命令行会提示“输入模式[开(ON)/关(OFF)]<开>：开(ON)”；如果队列中存在被禁止的重新生成操作，则立即重新生成图形。无论何时执行需要重新生成的操作，图形都将自动重新生成。

㉖ 全屏显示图形。菜单栏依次单击“视图”>“全屏显示”命令、按组合键“Ctrl+0”或单击AutoCAD 2012绘图窗口右下角的“全屏显示”快捷按钮□，启用“全屏显示”功能，可以将图形环境中除了菜单栏、状态栏和命令窗口外的其他配置都从屏幕上清除，这样就可以扩展图形显示区域，更有利于突出图形本身。

知识点拓展

01 图形界限和单位

图形界限是指绘图区域的边界，它是一个AutoCAD绘图空间中的一个假想的矩形区域，可根据绘图需要设定其大小。

在AutoCAD 2012中创建的所有对象都是根据图形单位进行测量的。开始绘图之前，必须根据要绘制图形的应用要求来确定一个图形单位代表的实际大小，然后据此创建实际大小的图形。

02 用正交模式、极轴追踪和捕捉技巧

使用极轴追踪①功能，可以使光标按指定的角度进行移动，这个指定角度就是极轴角度。在创建或修改图形对象时，可以使用“极轴追踪”以显示由指定的极轴角度所定义的临时对齐路径。在三维视图中，极轴追踪额外提供上下方向的对齐路径。在这种情况下，工具栏提示会将角度显示为“+Z”或“−Z”。

使用对象捕捉功能②，有利于快速定位图形，提高工作效率。通过参考现有对象上的点进行捕捉，而不是麻烦地输入坐标值，可以快速定位且能找到对象上的精确位置。若要捕捉某对象点，可以先单击“对象捕捉”工具栏中的相对应的特征点按钮，然后将鼠标指针移动到要捕捉对象的特殊点附近，便可捕捉到相应的对象特征点。图2-20所示为“对象捕捉”工具栏。

图2-20 “对象捕捉”工具栏

在绘图过程中，有时需要指定以某个点为基点的一个点，此时，用户可以利用基点捕捉功能来捕捉此点。基点捕捉要求确定一个临时的参考点作为指定后继的基点，通常情况下，可与其他对象捕捉模式及相关坐标联合使用。在输入第一点的提示下输入“from”，或者单击相应的工具图标，则命令行会提示：“基点：”，此时指定基点，命令行接着提示：“<偏移>：”，此时输入相对以基点的偏移值，即可得到一个点，此点与基点之间的坐标差为指定的偏移值。

“捕捉间距”用来控制捕捉位置处的不可见矩形栅格，以限制光标仅在指定的 X 和 Y 间隔内移动；“捕捉类型”用来设置捕捉样式和捕捉类型；“栅格捕捉”单选按钮用来设置栅格捕捉类型；“矩形捕捉”单选按钮用来将捕捉样式设置为标准“矩形”捕捉模式；“等轴测捕捉”单选按钮用来将捕捉样式设置为“等轴测”捕捉模式；“极轴捕捉”单选按钮用来将捕捉类型设置为“极轴捕捉”。

①经验

正交模式和极轴追踪不能同时打开，打开极轴追踪则关闭正交模式。同样，极轴捕捉与栅格捕捉也不能同时打开，打开极轴捕捉则关闭栅格捕捉。

②提示

对象捕捉模式可以分为运行捕捉模式和覆盖捕捉模式两种。在“草图设置”对话框的“对象捕捉”选项卡中，设置的对象捕捉模式始终处于启用状态中，直到关闭它为止，这称为运行捕捉模式；如果在点的命令行提示下输入关键字（如“mid”、“cen”、“qua”等），单击“对象捕捉”工具栏上的工具或者在对象捕捉快捷菜单中选择相应命令，这样只临时打开捕捉模式，这就是覆盖捕捉模式。

②技巧

启用“捕捉”命令的方法有以下几种。

- 复选钮用来打开或关闭捕捉模式。
- 单击“状态栏”上的“捕捉”按钮。
- 按F9快捷键，来打开或关闭捕捉模式。

启用“栅格”③，包括 “栅格间距”用来控制栅格的显示，有助于形象化显示距离。指定的“栅格 X 间距”和“栅格 Y 间距”的值若为0，则栅格采用“捕捉 X 轴间距”和“捕捉 Y 轴间距”的值。“每条主线的栅格数”用来指定主栅格线相对于次栅格线的频率。“栅格行为”用来控制当Vscurrent系统变量设置为除二维线框之外的任何视觉样式时，所显示栅格线的外观。

自动捕捉功能④，即对象捕捉包括一个形象化辅助工具，亦称AutoSnap (tm)。自动捕捉可以帮助用户更有效地查看和使用对象捕捉功能。自动捕捉就是当用户把鼠标指针放在一个对象上时，系统会自动捕捉到此对象上一切符合条件的几何特征点，并显示出相应的标记。若用户将鼠标指针悬停捕捉点上，系统还会显示捕捉提示。用户可通过依次单击菜单栏中的“工具”>“选项”命令，此时系统将会弹出图2-21所示的“选项”对话框，单击对话框中的“草图”选项卡，在打开的控制面板中，可以修改自动捕捉设置。

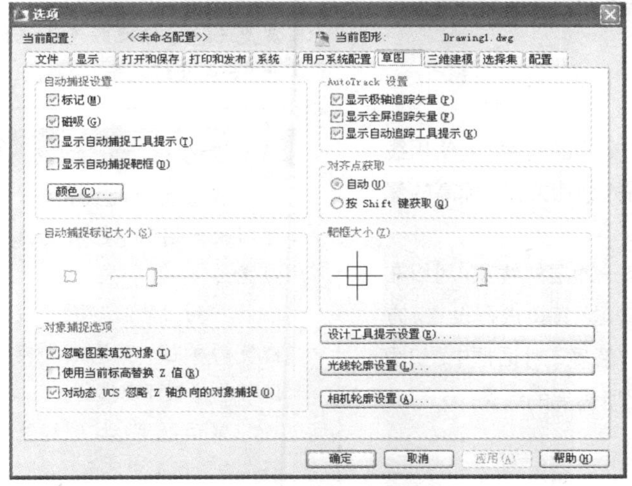

图2-21 “选项”对话框

03　动态输入与命令窗口

“动态输入”功能可以在光标附近提供一个命令界面，以帮助用户专注于绘图区域。

动态输入不会取代命令窗口。用户可以隐藏命令窗口以便增加绘图屏幕区域，但是在有些操作中还是需要显示命令窗口。按“F2”键可根据需要隐藏和显示命令提示以及错误消息。另外，也可以浮动命令窗口，并使用“自动隐藏”功能来展开或卷起该窗口。

③技巧

启用“栅格”命令的方法有以下几种。

- 复选框用来打开或关闭栅格。
- 单击“状态栏”上的“栅格”命令。
- 按“F7”快捷键，打开或关闭栅格模式。

④提示

“自动捕捉”包含以下捕捉工具：标记、工具栏提示、磁吸、靶框。“自动捕捉”中包含的几个捕捉工具在默认情况下是打开的。

04 图层管理器

（1）设置图层颜色⑤。

颜色的确定可以采用“随层”方式，即取其所在层的颜色，也可以采用“随块”方式，对象随着图块插入到图形中时，根据插入层的颜色而改变；对象的颜色还可以脱离于图层或图块单独设置。对于若干取相同颜色的对象，如全部的尺寸标注，可以把它们放在同一图层上，为图层设定一个颜色，而对象的颜色设置为“随层”方式。通常设置图层颜色的操作方式有以下两种:在命令行中输入“Color”命令或选择“格式”>“颜色”命令。

（2）设置图层线型。

设置图层的线型，除了用颜色区分图形对象之外，用户还可以为对象设置不同的线型。根据制图要求，在绘图时往往需要使用不同的线型来表达不同的实体对象，在建筑制图中需要实线、虚线和点画线等线型来表示不同的绘图对象。

（3）设置图层线宽⑥。

线宽是指定给图形对象和某些类型的文字的宽度值。使用线宽，可以用粗线和细线清楚地表现出截面的剖切方式、标高的深度、尺寸线和小标记以及细节上的不同。

如果用户要在建立图层的时候设置某一图层的线宽，可以在“图层特性管理器”对话框中的“图层列表区”直接进行设置。方法是直接单击线宽所对应的图标，在弹出“线宽”对话框中，如图2-22所示，用户可以在这里选择和加载自己所需要的线宽。

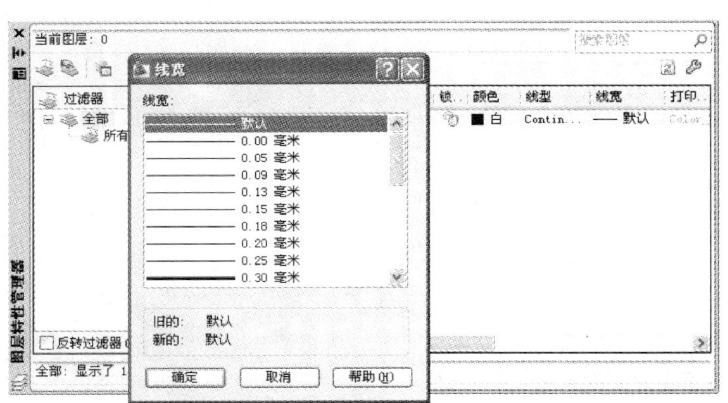

图2-22 “线宽”对话框

⑤注意

在使用图层进行绘图时，新创建的对象的各种特性默认为随层，是由当前图层的默认设置决定的。用户也可以对各种对象的特性进行单独设置，设置好的新特性将覆盖原来随层的特性。

⑤提示

在“选择颜色”对话框中包括了“索引颜色”、“真彩色”和“配色系统”3个选项卡。索引颜色包括标准颜色和灰度颜色，标准颜色包括红色、黄色及绿色等9种颜色。

⑥经验

设置当前的线宽值，也可以改变图形中已有对象的线宽。

“列出单位”：用于设置线宽的单位，有毫米和英寸两种单位制可以选择。

显示线宽：控制线宽是否在当前图形中显示。

默认：控制图层的默认线宽。

调整显示比例：控制“模型”选项卡上，线宽的显示比例。

⑥易错点

通过为不同图层指定不同的线宽，可以很方便地区分新建的、现有的和被破坏的结构。只有在状态栏单击选择了“线宽”按钮才会显示，否则不显示线宽。

05 管理图层

设置图层包括设置图层的状态和特性两方面⑦。图层状态包括图层是否打开、冻结、锁定及打印等；图层的特性包括图形对象的颜色、线宽、线型和打印样式。

图层管理包括切换图层、过滤图层、转换图层、合并图层、用图层漫游功能控制图层显示等。

在实际的建筑绘图过程中，有时为了便于操作，就要在各个图层之间进行切换⑧。

一个复杂的图形文件往往需要设置大量的图层，当需要在某些图层上进行绘图或编辑时，AutoCAD 2012提供了图层过滤功能⑨。图层过滤器可限制图层特性管理器和“图层”工具栏上的“图层”控件中显示的图层名。在大型图形中，利用图层过滤器，可以仅显示要处理的图层。

使用“图层过滤特性”对话框所创建的过滤器中包含的图层是特定的，只有符合过滤条件的图层才能放在此过滤器中，而使用“新组过滤器”创建的过滤器所包含的图层取决于用户的实际需要。

“图层转换器”⑩可以转换当前图形中的图层，使其与其他图形的图层结构或CAD标准文件相互匹配。

对于分类信息相似的图层可以将它们合并起来，以减少图形中图层的数量，以方便管理。合并图层⑪后，原图层将被删除。

当一个图形所包含的图层很多，彼此叠加，很难分辨各个图层都包含哪些对象时，尽管可以使用前面讲述的一些命令通过对某些对象操作来间接控制对应的图层，但这样显然非

⑦提示

图层的状态和特性可以在“图层特性管理器”对话框中管理、保存或恢复图层状态。

⑧技巧

启用图层切换的方法有以下几种。

在命令行输入“clayer”。

单击“图层”工具栏中的“图层控制”下拉列表框，在列表框单击要选择的图层即可。

⑨提示

图层的过滤有两种形式，一种是图层颜色、线型、线宽、打印样式、图层可见性、图层冻结或解冻状态、图层锁定或解锁状态；另一种是图层打印或不打印状态等。

⑨技巧

启用图层过滤的方法有以下几种。

- 单击“图层过滤器特性”对话框中的“新特性过滤器”按钮，打开“图层过滤特性”对话框来命名图层过滤器。
- 单击“图层过滤器特性”对话框中的“新组过滤器”按钮，就会在“图层过滤器特性”对话框左侧的过滤器列表中添加一个新的“组过滤器1”（也可以重命名组过滤器）。

⑩技巧

启用图层过滤特性的方法有以下几种。

- 在菜单栏中选择“工具”>“CAD标准”>“图层转换器”命令。
- 在“CAD标准”工具栏中单击“图层转换”按钮。

⑪技巧

启用图层合并的方法是选择“格式”>“图层工具”>“图层合并”命令后，在当前绘图区域中选择需要合并的图层对象，在随后出现的快捷菜单中选择“是”命令，最终图层合并后，原来的图层将被自动删除。

常麻烦。因此可以使用AutoCAD 2012的"图层漫游"[12]。

06 视口缩放与平移

"动态缩放"功能是一个窗口缩放与平移工具相结合的工具。动态缩放通过一个视图框来确定要缩放显示的图形，视图框表示的就是视口所包含的部分，用户可以改变视图框的大小或在图形中移动它的位置。调整视图框的大小，可达到缩放视图的目的；而移动视图框则可达到平移并定位视图的目的。最后，视图框所框选的部分就会充满整个视口。

"实时缩放"[13]工具并不是绝对的放大或缩小视图工具，它是放大视图还是缩小视图主要取决于鼠标指针相对于原始位置是向上移动还是向下移动。如果让鼠标指针保持水平向左或向右移动，是不会对视图大小产生影响的。

"窗口缩放"[14]功能主要是由用户指定的两个点所确定的矩形作为缩放窗口，矩形范围内的图形被局部放大。窗口缩放并不能十分精确放大工具，尤其在很复杂的图形全部显示，无法清晰辨别图形局部效果时。但用户可以通过使用该工具来逐渐缩小范围，以达到正确显示需要的图形部分的目的。

07 命令视图[15]

命令视图功能可以在一张复杂的图纸中创建多个视图方案。在命名和保存视图的时候，将保存比例、中心点和视图方向、指定给视图的视图类别（可选）、视图的位置（"模型"选项卡或特定的布局选项卡）、保存视图时图形中的图层可见性、用户坐标系、三维透视、活动截面、视觉样式、背景等设置。

08 "REGEN"与"REGENALL"

在命令行中输入命令"REGEN"，将在当前视口中重生成整个图形并重新计算所有对象的屏幕坐标；而输入命令"REGENALL"，将在所有视口中重生成整个图形并重新计算所有对象的屏幕坐标。

⑫技巧

启用图层漫游的方法是选择"格式">"图层工具">"图层漫游"命令或单击"图层II"工具栏中的 按钮。

⑬提示

实时缩放可以通过垂直向上移动或向下移动鼠标来实时改变当前视口中图形的大小，它并没有针对性，只是随着鼠标的移动而放大或缩小视图。

⑭提示

窗口缩放功能在绘制图形的时候，可以局部放大图形的某个部分，以便于进行观察和绘制图形的细节部分。

⑮注意

在AutoCAD 2012的图形文件中，允许创建多个视图，当需要重新使用某一已经命名的视图时，可使用"视图管理器"对话框将视图恢复到当前视口。如果绘图窗口包含多个视口，可以将视图恢复到活动视口中，也可以将不同视图恢复到不同的视口中，以便同时显示图形的多个视图。恢复视图的时候可以设置视图的中点、查看方向、缩放比例因子、透视图镜头长度等。如果在命名视图时将当前的UCS随视图一起保存，当恢复视图时也可以同时恢复UCS。

实践部分　（2课时）

任务二　为楼梯剖面进行缩放平移

任务背景

用户若要对图形中的某个区域的细节进行编辑，可以对其进行放大以便于查看，也可以通过放大和缩小操作来改变视图的比例，类似于使用相机进行缩放。ZOOM只会改变视图的比例，而不会改变图形中对象的绝对大小。

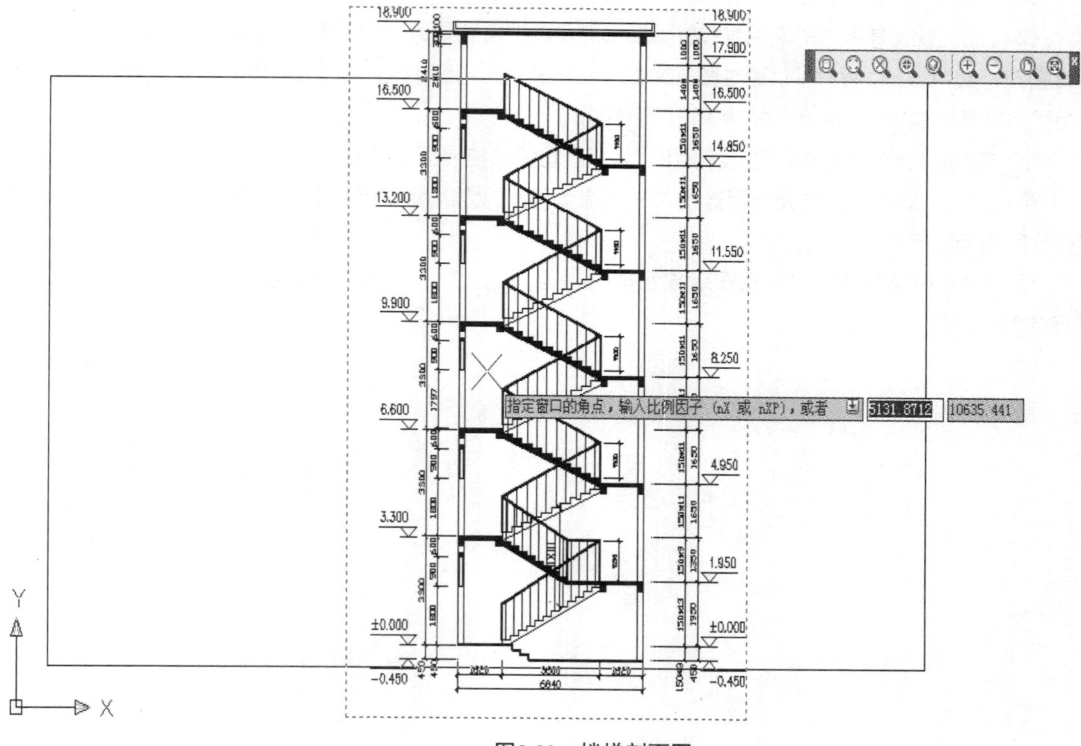

图2-23　楼梯剖面图

任务要求

熟练地掌握建筑图的缩放和平移。

【技术要领】缩放。

【解决问题】调整视图的大小。

【应用领域】建筑设计、装潢设计。

【素材来源】素材/模块02/任务二/为楼梯剖面进行缩放平移.dwg。

课后作业

1. 判断题

(1) 安装AutoCAD 2012时，创建新图层的方法有且只有一种。( )

(2) 在“图层特性管理器” 对话框中，单击图层“线型”特性图标，在弹出“选择线型”对话框中设置线型。( )

(3) 在“开始”菜单中选择“所有程序”>“Autodesk”>“AutoCAD 2012-Simplified Chinese”>“AutoCAD 2012”，可以启动AutoCAD 2012。( )

2. 填空题

(1) “单位”设置对话框启用的方法________、________。

(2) ________是用户用来组织和管理图形对象的非常有效的一个工具，它就像是由许多层透明的图纸重叠在一起组成的，用户可以通过图层来组织图形的________、________以及________等特性。这样不但可以提高绘图效率，也能更好地保证图形的质量。

(3) 在AutoCAD 2012中，还可以使用________功能来控制图层的显示。

(4) ______功能可以在光标附近提供一个命令界面，以帮助用户专注于绘图区域；按住________键可以临时将其关闭。

(5) 在AutoCAD 2012中，视图缩放包括______、______、______、______、______、______，平移包括________、________。

模块03

绘制栏杆

——二维图形的绘制

● **能力目标**

1. 运用多种方法绘制矩形
2. 运用多线绘制双线并进行编辑
3. 能够根据需要填充各种形体

● **专业知识目标**

1. 了解栏杆的绘制方法
2. 了解栏杆的一些参数

● **软件知识目标**

1. 熟悉绘图命令的启用方法
2. 掌握简单二维绘图命令的使用

● **课时安排**

4课时（讲课2课时，实践2课时）

任务参考效果图

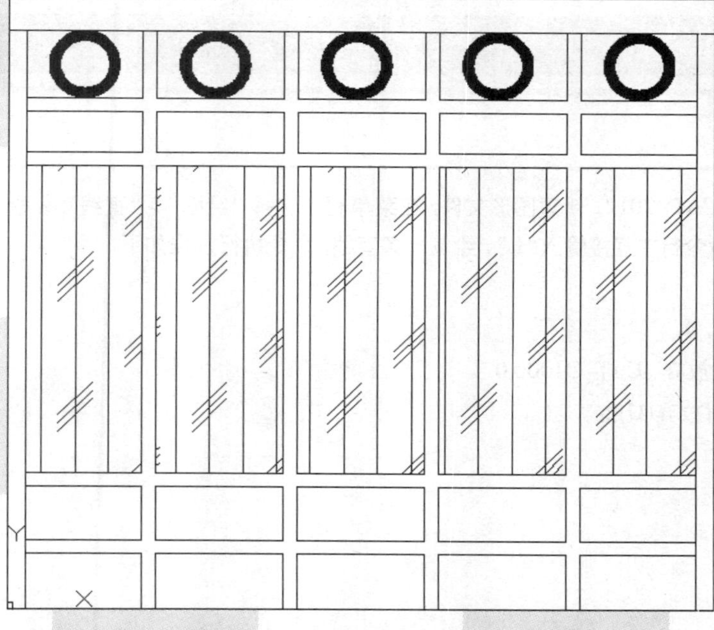

模拟制作任务

任务一 绘制栏杆

任务背景

栏杆是建筑类的常见实体模型，它可以作为阳台、楼梯的护栏，起到防护的作用；还可以作为装饰物放在室内或户外，起到美化的作用。在制作栏杆成品之前，首先要绘制出符合要求的栏杆图纸，以达到设计者的要求。

任务要求

此栏杆是作为围护结构来使用，设计时应符合规范要求，比例协调，掌握栏杆各处的尺寸。

任务分析

设计者在绘制栏杆之前，应先将尺寸设计好。设计者应该根据国家建筑绘图统一标准，设计栏杆的线条粗细、栏杆间距大小等。根据这些规范要求来绘制图形，为以后使用AutoCAD绘制图形打下良好的基础。

本案例的重点、难点

多线格式的设置、运用与修改。

图案填充的运用和设置。

【技术要领】直线、多线、点、圆。

【解决问题】利用已学的知识绘制各种图形。

【应用领域】建筑设计、家装设计。

【素材来源】素材/模块03/任务一/栏杆.dwg。

操作步骤详解

绘制基本轮廓

❶ 启动AutoCAD 2012，新建图形文件，在菜单栏中选择“绘图”>“直线”命令，或者单击（直线）按钮，或者在命令行中直接输入“L”，绘制一条直线，命令执行过程如下。

命令：Line

指定第一点：0，0

指定下一点或[放弃（U）]：@1000,0

指定下一点或 [放弃(U)]::

❷ 按空格或"Enter"键继续执行上一命令，绘制一条纵向的直线，命令执行过程如下。

命令：line

指定第一点：0 , 0

指定下一点或 [放弃(U)]: @0,900

指定下一点或 [放弃(U)]: @1000,0

指定下一点或 [闭合(C)/放弃(U)]: @0,-900

指定下一点或 [闭合(C)/放弃(U)]:

完成效果如图3-1所示。

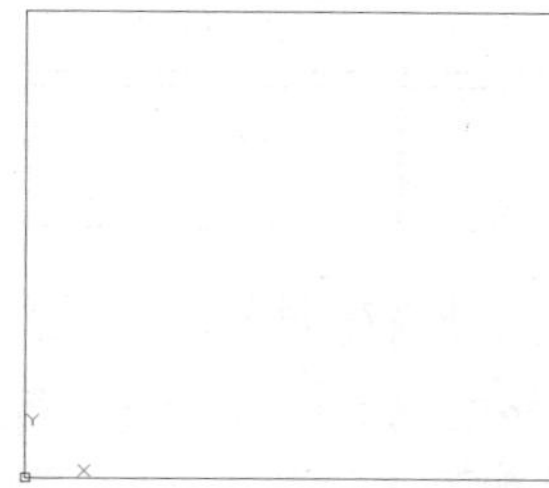

图3-1　绘制直线

❸ 按空格或"Enter"键继续执行上一命令，命令执行过程如下。

命令：line

指定第一点: 0,850

指定下一点或 [放弃(U)]: @1000,0

指定下一点或 [放弃(U)]:

完成效果如图3-2所示。

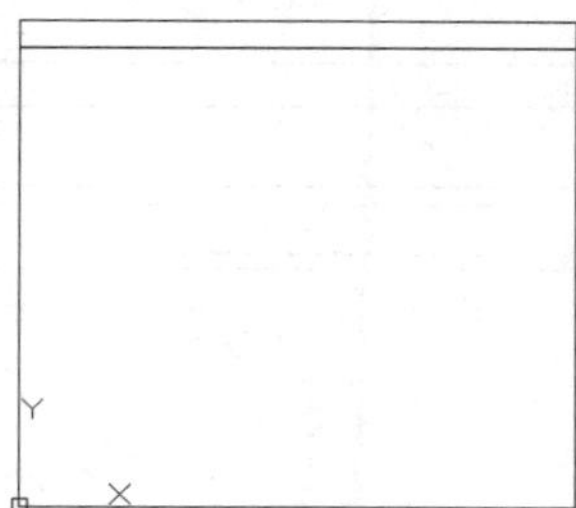

图3-2　绘制直线

❹ 按空格或"Enter"键继续执行上一命令，命令执行过程如下。

命令：line

指定第一点: 25,0

指定下一点或 [放弃(U)]: @0,850

指定下一点或 [放弃(U)]:

完成效果如图3-3所示。

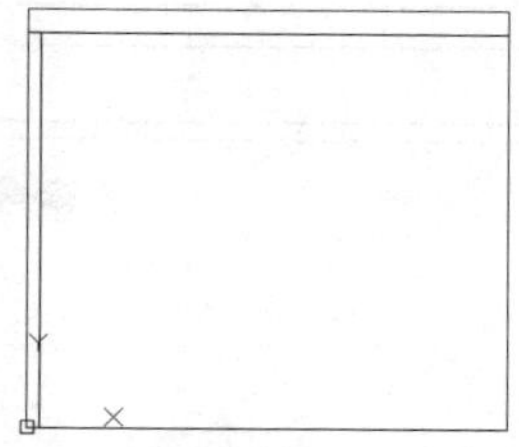

图3-3　绘制直线

❺ 按空格或"Enter"键继续执行上一命令，命令执行过程如下。

命令：line

指定第一点: 975,0

指定下一点或 [放弃(U)]: @0,850

指定下一点或 [放弃(U)]:

完成效果如图3-4所示。

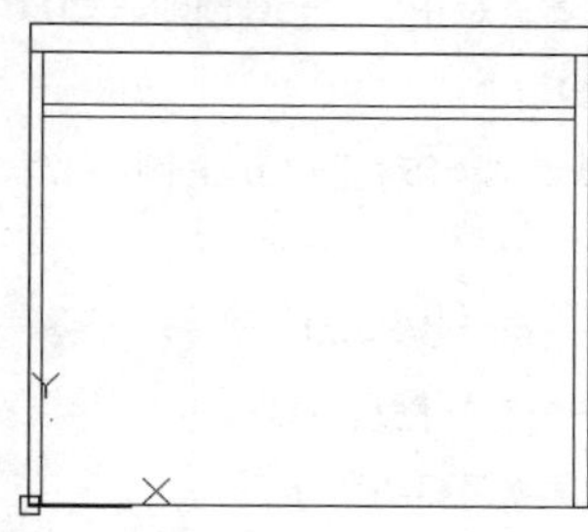

图3-4　绘制直线

绘制多线

❻ 在菜单栏中选择"绘图">"多线"，绘制一条水平多线，命令执行过程如下。

命令: mline

当前设置: 对正 = 上，比例 = 1.00，样式 = STANDARD

指定起点或 [对正(J)/比例(S)/样式(ST)]: s

输入多线比例 <1.00>: 20

当前设置: 对正 = 上，比例 = 20.00，样式 = STANDARD

指定起点或 [对正(J)/比例(S)/样式(ST)]: 25,750

指定下一点: @950,0

指定下一点或 [放弃(U)]:

完成效果如图3-5所示。

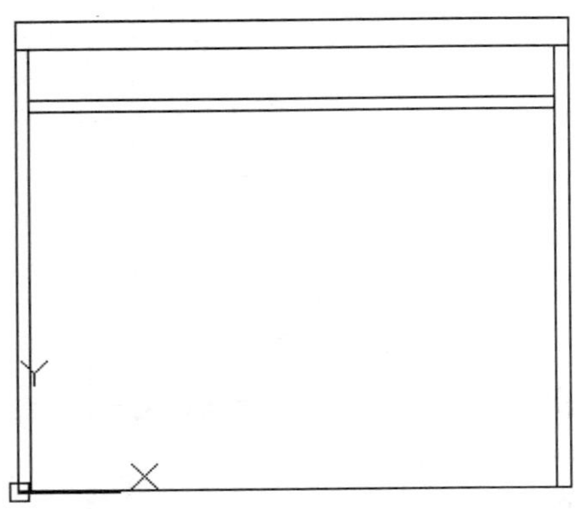

图3-5　绘制多线

❼ 按空格或“Enter”键继续执行上一命令，命令执行过程如下。

命令: mline

当前设置: 对正 = 上，比例 = 20.00，样式 = STANDARD

指定起点或 [对正(J)/比例(S)/样式(ST)]: 25,670

指定下一点: @950,0

指定下一点或 [放弃(U)]:

完成效果如图3-6所示。

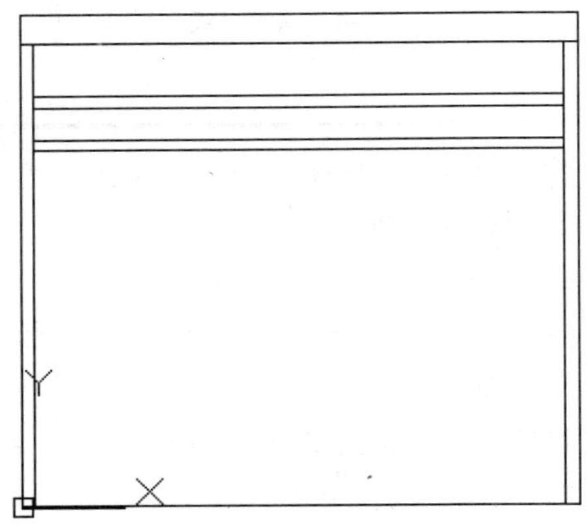

图3-6　绘制另一条多线

❽ 按空格或“Enter”键继续执行上一命令，命令执行过程如下。

命令: mline

当前设置: 对正 = 上，比例 = 20.00，样式 = STANDARD

指定起点或 [对正(J)/比例(S)/样式(ST)]: 25,200

指定下一点: @950,0

指定下一点或 [放弃(U)]:

完成效果如图3-7所示。

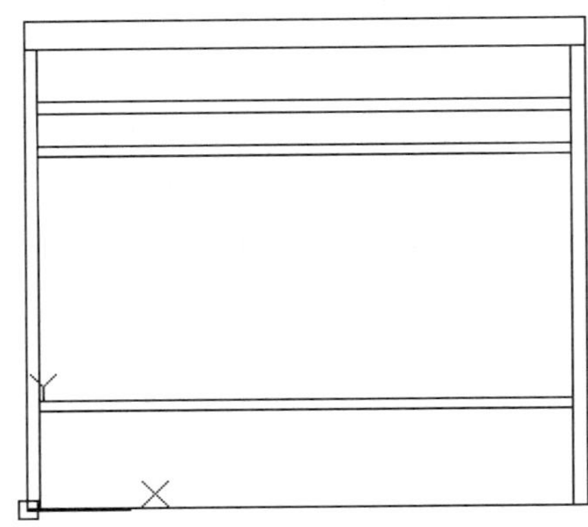

图3-7　绘制多线

❾ 按空格或“Enter”键继续执行上一命令，命令执行过程如下。

命令: mline

当前设置: 对正 = 上，比例 = 20.00，样式 = STANDARD

指定起点或 [对正(J)/比例(S)/样式(ST)]: 25,100

指定下一点: @950,0

指定下一点或 [放弃(U)]:

完成效果如图3-8所示。

图3-8　绘制多线

绘制点

❿ 在菜单栏中选择“格式”>“点样式”命令，命令执行过程如下。

命令: ddptype

正在重生成模型。

完成效果如图3-9所示。

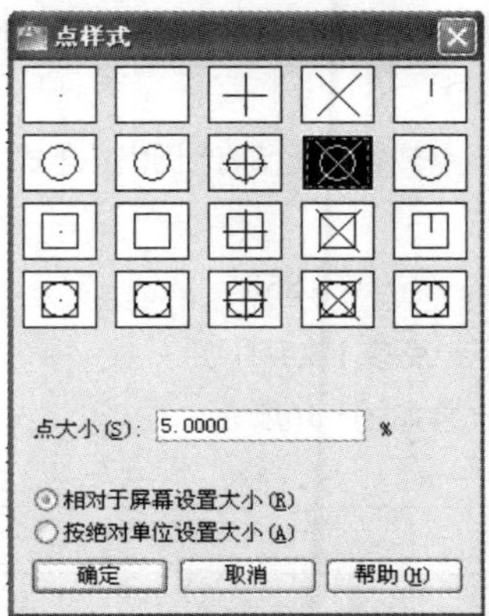

图3-9 “点样式”对话框

⓫ 在菜单栏中选择“绘图”>“点”>“定数等分”，将最底下的直线进行等分，命令执行过程如下。

命令: divide

选择要定数等分的对象:

输入线段数目或 [块(B)]: 5

完成效果如图3-10所示。

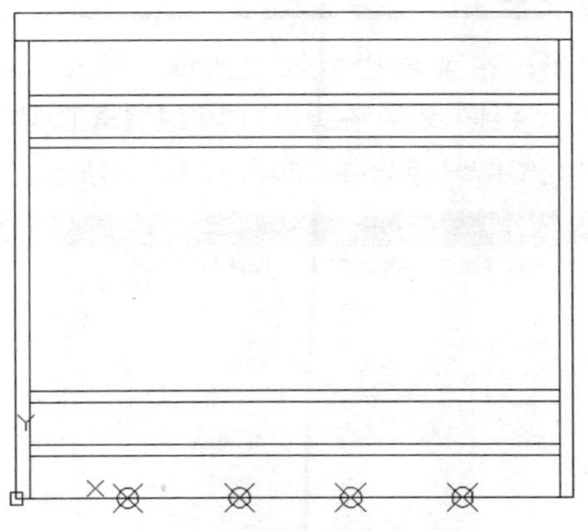

图3-10 “定数等分”绘制点

⓬ 右键单击菜单栏下面的 “对象捕捉”按钮 ，选择“设置”命令，在“草图设置”对话框中的对象捕捉模式中勾选“节点”和“垂足”复选框，单击“确定”按钮，如图3-11所示。

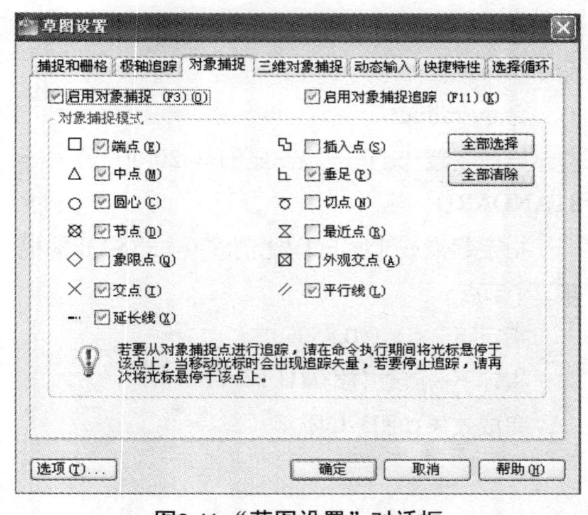

图3-11 “草图设置”对话框

⓭ 在命令行输入“ML”，绘制多线，命令执行过程如下。

命令: mline

当前设置: 对正 = 上，比例 = 20.00，样式 = STANDARD

指定起点或 [对正(J)/比例(S)/样式(ST)]: j

输入对正类型 [上(T)/无(Z)/下(B)] <无>: z

当前设置: 对正 = 无，比例 = 20.00，样式 = STANDARD

指定起点或 [对正(J)/比例(S)/样式(ST)]:捕捉第一个节点

指定下一点: @0,850

指定下一点或 [放弃(U)]:

完成效果如图3-12所示。

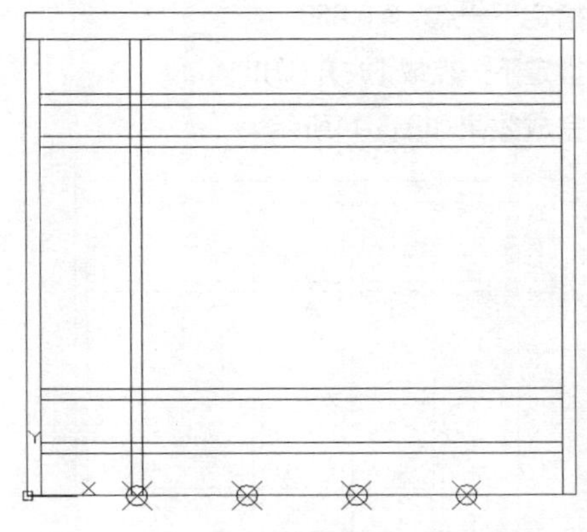

图3-12 绘制竖向多线

⑭ 按空格或“Enter”键继续执行上一命令，命令执行过程如下。

命令: mline

当前设置: 对正 = 无，比例 = 20.00，样式 = STANDARD

指定起点或 [对正(J)/比例(S)/样式(ST)]:捕捉第二个节点

指定下一点: @0,850

指定下一点或 [放弃(U)]:

完成效果如图3-13所示。

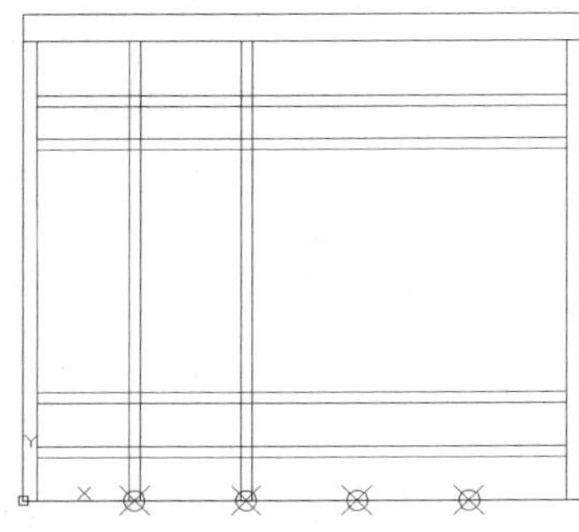

图3-13 绘制多线

⑮ 按空格或“Enter”键继续执行上一命令，命令执行过程如下。

命令: mline

当前设置: 对正 = 无，比例 = 20.00，样式 = STANDARD

指定起点或 [对正(J)/比例(S)/样式(ST)]:捕捉第三个节点

指定下一点: @0,850

指定下一点或 [放弃(U)]:

完成效果如图3-14所示。

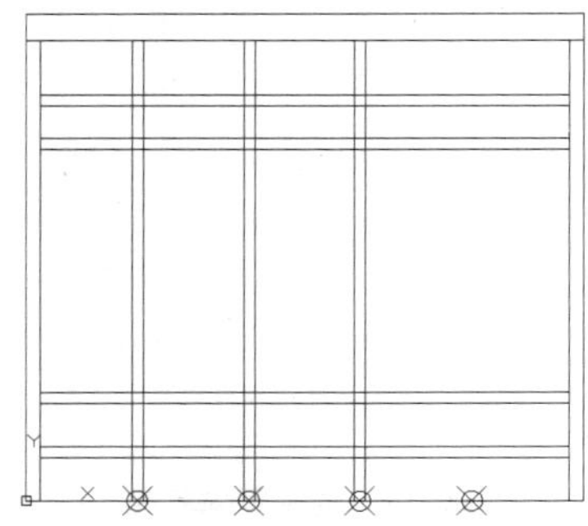

图3-14 绘制多线

⑯ 按空格或“Enter”键继续执行上一命令，命令执行过程如下。

命令: mline

当前设置: 对正 = 无，比例 = 20.00，样式 = STANDARD

指定起点或 [对正(J)/比例(S)/样式(ST)]:捕捉第四个节点

指定下一点: @0,850

指定下一点或 [放弃(U)]:

完成效果如图3-15所示。

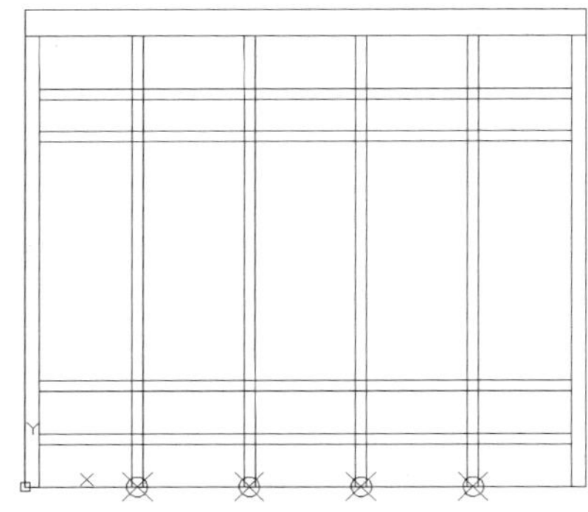

图3-15 绘制多线

修改多线

⑰ 在菜单栏中依次选择“修改”>“对象”>“多线”命令，在弹出的“多线编辑工具”对话框中，选中“十字合并”选项，如图3-16所示。

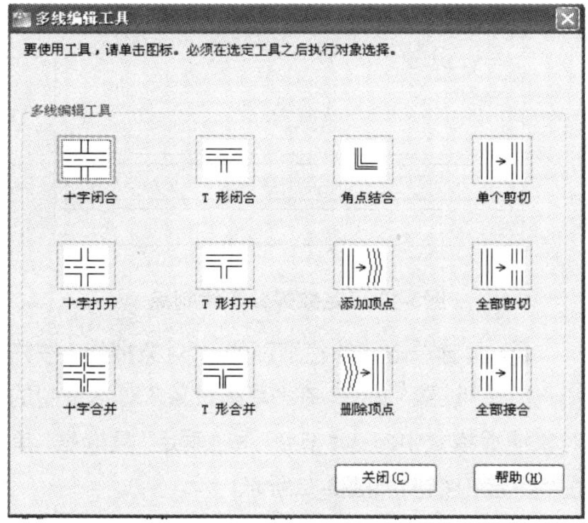

图3-16 “多线编辑工具”对话框

⑱ 在绘图区域中分别对多线的相交部分进行编辑。

命令: mledit

选择第一条多线:

选择第二条多线:

选择第一条多线 或 [放弃(U)]:

选择第二条多线:

完成效果如图3-17所示。

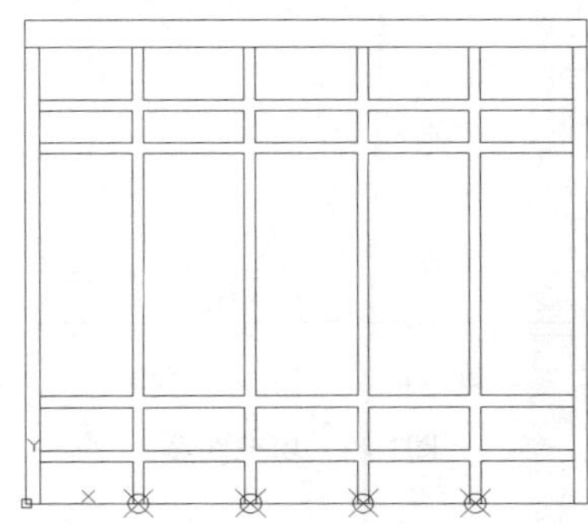

图3-17 编辑多线

⑲ 在菜单栏中选择“修改”>“删除”命令，或者单击“删除”按钮，将节点删除，命令执行过程如下。

命令: erase

选择对象: 指定对角点: 找到 4 个

选择对象:

完成效果如图3-18所示。

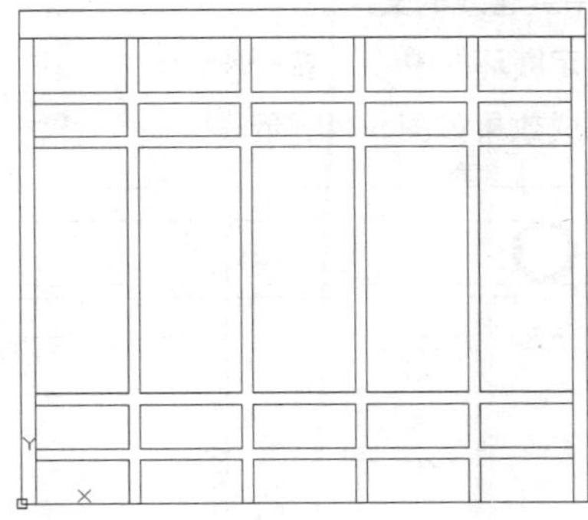

图3-18 删除节点

⑳ 在菜单栏中选择“修改”>“分解”命令，或者单击“分解”按钮，将所有多线进行分解，命令执行过程如下。

命令: explode

选择对象: 指定对角点: 找到 8 个

选择对象:

完成效果如图3-19所示。

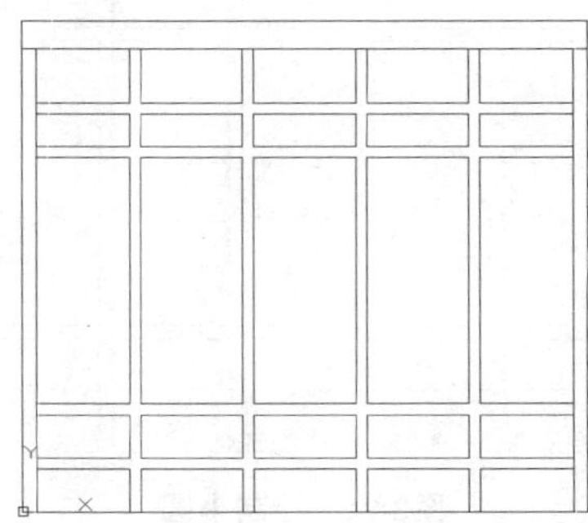

图3-19 分解多线

绘制圆

㉑ 在菜单栏中依次选择“绘图”>“圆”>“圆心、半径”命令，绘制一个半径为“50”的圆，命令执行过程如下。

命令: circle 指定圆的圆心或 [三点(3P)/两点(2P)/相切、相切、半径(T)]:捕捉直线A和直线B中点连线的交叉点

指定圆的半径或 [直径(D)] <50.0000>: 50

完成效果如图3-20所示。

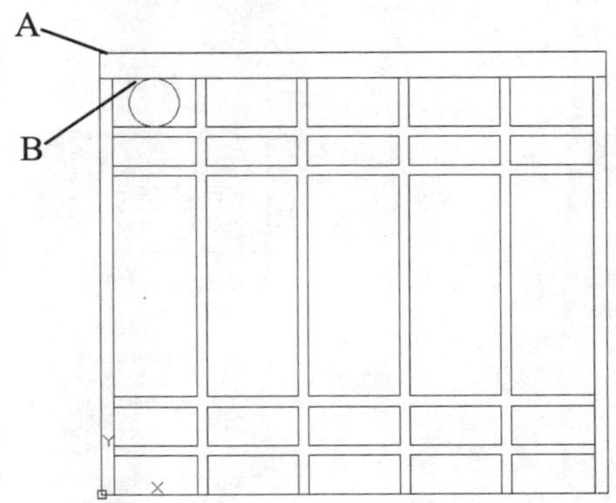

图3-20 绘制圆

㉒ 按空格或“Enter”键继续执行上一命令，绘制一个小圆，命令执行过程如下所示。

命令: circle

指定圆的圆心或 [三点(3P)/两点(2P)/相切、相切、半径(T)]:捕捉上一步圆的圆心

指定圆的半径或 [直径(D)] <50.0000>: 35

完成效果如图3-21所示。

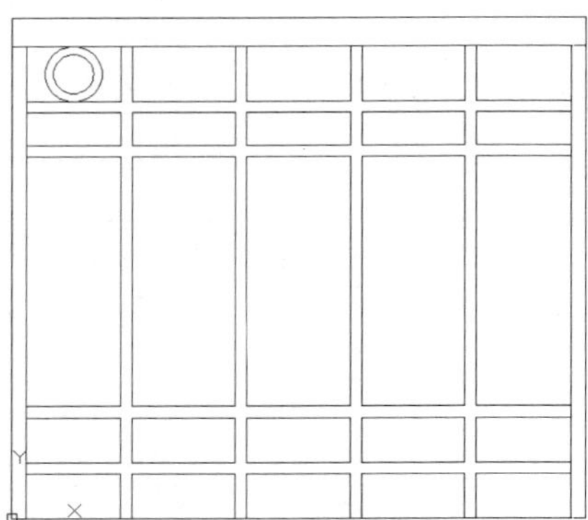

图3-21　绘制小圆

图案填充

㉓ 在菜单栏中选择“绘图”>“图案填充”命令，或者单击“图案填充”按钮，在打开的“图案填充和渐变色”对话框中，设置填充图案为SOLID，如图3-22所示。

图3-22 “图案填充和渐变色”对话框

㉔ 单击“添加：拾取点”按钮，在绘图区域中选择需要填充的区域，单击“确定”按钮，应用图案填充，命令执行过程如下。

命令：hatch

拾取内部点或 [选择对象(S)/删除边界(B)]：正在选择所有对象...

正在选择所有可见对象...：选择需要填充的图形

正在分析所选数据...

正在分析内部孤岛...

拾取内部点或 [选择对象(S)/删除边界(B)]:

完成效果如图3-23所示。

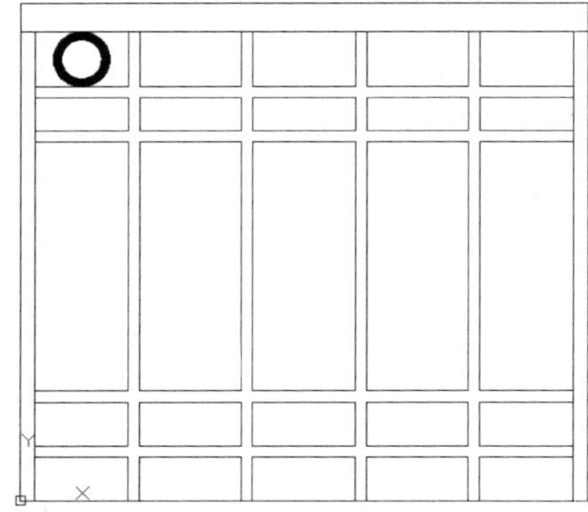

图3-23　填充图案

绘制圆环

㉕ 步骤21～24的另一个简单方法是在菜单栏中选择“绘图”>“圆环”命令，命令执行过程如下。

命令：donut

指定圆环的内径 <0.5000>: 70

指定圆环的外径 <1.0000>: 100

指定圆环的中心点或 <退出>:捕捉直线A和直线B的中点连线的交叉点

指定圆环的中心点或 <退出>:

完成效果如图3-24所示。

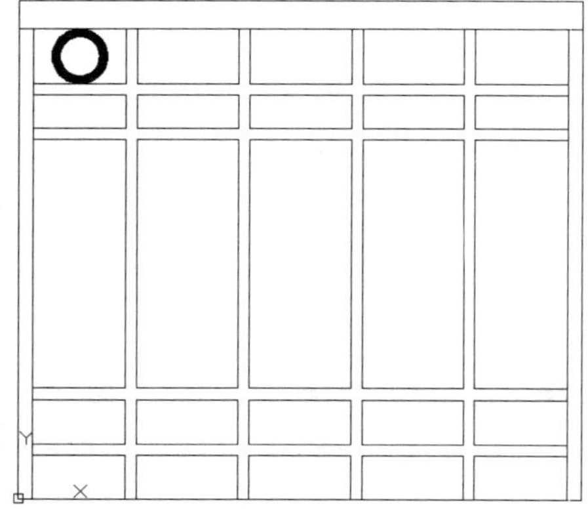

图3-24　绘制圆环

㉖ 在菜单栏中选择“修改”>“复制”命令，将圆环进行复制，命令执行过程如下。

命令：copy

选择对象：选择圆环

选择对象：找到1个

当前设置：复制模式 = 多个

指定基点或 [位移(D)/模式(O)] <位移>：指定C点为基点

指定第二个点或 <使用第一个点作为位移>:指定D点

指定第二个点或 [退出(E)/放弃(U)] <退出>:指定E点

指定第二个点或 [退出(E)/放弃(U)] <退出>:指定F点

指定第二个点或 [退出(E)/放弃(U)] <退出>:指定G点

指定第二个点或 [退出(E)/放弃(U)] <退出>:

完成效果如图3-25所示。

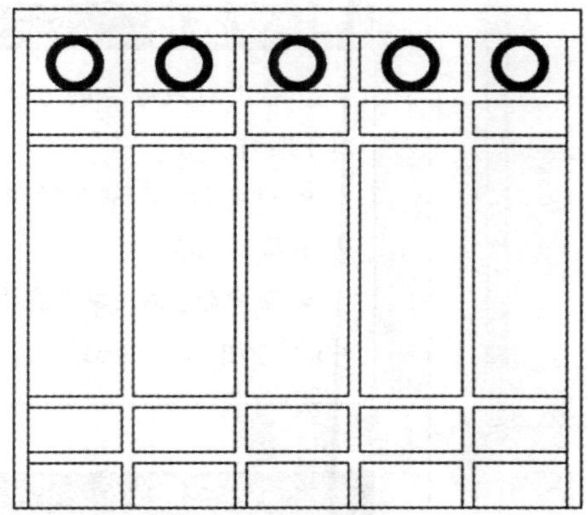

图3-25　复制圆环

㉗ 在菜单栏中选择“绘图”>“图案填充”命令，或者单击“图案填充”按钮，在打开的“图案填充和渐变色”对话框中，设置填充图案为“CORK”，角度为“90”，比例为“15”，如图3-26所示。

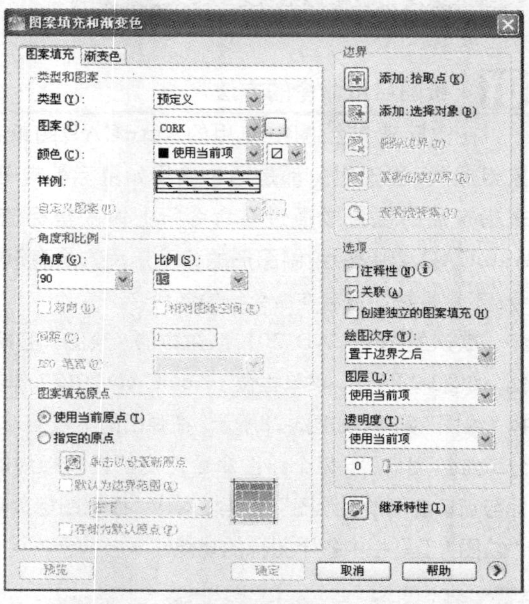

图3-26　“图案填充和渐变色”对话框

㉘ 单击“添加：拾取点”按钮，在绘图区域中选择需要填充的区域，单击“确定”按钮，应用图案填充，结果如图3-27所示。

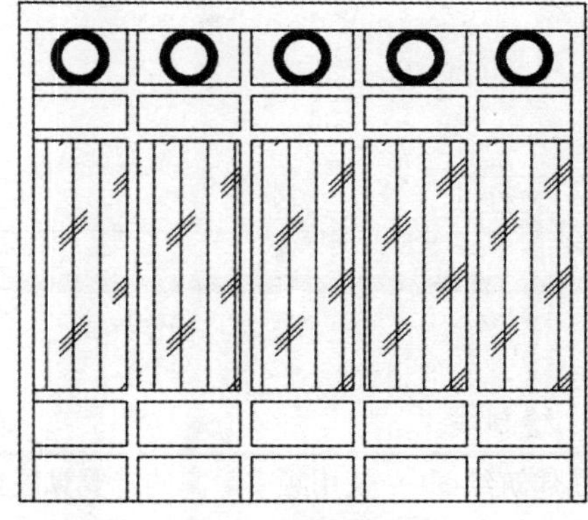

图3-27　填充效果

知识点拓展

01 绘图启用命令的方法①

在实际建筑绘图中使用的AutoCAD图纸都是由图形对象组成的，图形对象都是通过使用如鼠标等常用的定点设备，来指定点的位置或通过在命令行上输入坐标值来绘制的。在AutoCAD 2012中绘制图形的命令启用方法有3种：使用菜单命令、工具栏按钮或者在命令行输入命令。

默认的AutoCAD 2012系统中的“绘图”工具栏位于窗口左侧，如图3-28所示。菜单栏位于AutoCAD 2012工作界面的顶端。选择“绘图”菜单，如图3-28所示，在弹出的下拉菜单中，包含了大部分二维绘图命令。每个绘图命令左侧都带有相应的图标，这些图标与窗口左侧的“绘图”工具栏对应。根据图标外观，就能够了解“绘图”工具栏中各个图标的功能。

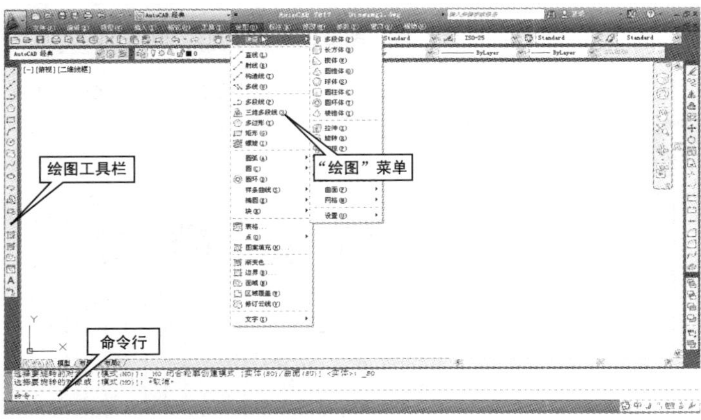

图3-28　操作界面

02 绘制线

在建筑绘图中，使用频率最高的就要算是直线了。使用直线工具可以绘制一段指定长度的直线段，而且可以创建由多条线段首尾相连而成的直线，其中每条线段都是一个单独的直线对象。

绘制直线在上面的例子中已经介绍过，这里不再重复。

（1）绘制射线②。

启用射线命令，此时命令行提示“_ray指定起点：”在屏幕上单击指定一点。此时，命令行提示“指定通过点：”在屏幕上指定要通过的点即可，按“Enter”键结束命令。通过固定一点，可以绘制无数条射线。图3-29所示为绘制的射线效果。

①经验

绘图启用命令的方法虽然有三种，但使用菜单命令是最不常用的方法，只有在一些特殊命令时才会使用。一般的情况下，设计人员都是使用工具栏按钮或者直接在命令行输入命令。对于常用命令，在命令行直接输入快捷键是最快的方法。

②技巧

启用射线命令的方法有以下两种。

- 命令行：在命令行中输入字母“RAY”；
- 菜单栏：依次单击菜单栏中的“绘图”>“射线”命令。

②注意

用多段线绘制的由多条线段首尾相连而成的线，与直线绘制的相反，是属于一个整体。

②提示

射线是三维空间中起始于指定点并且无限延伸的直线。主要用于绘制辅助线，它的一端固定，另一端无限延伸。

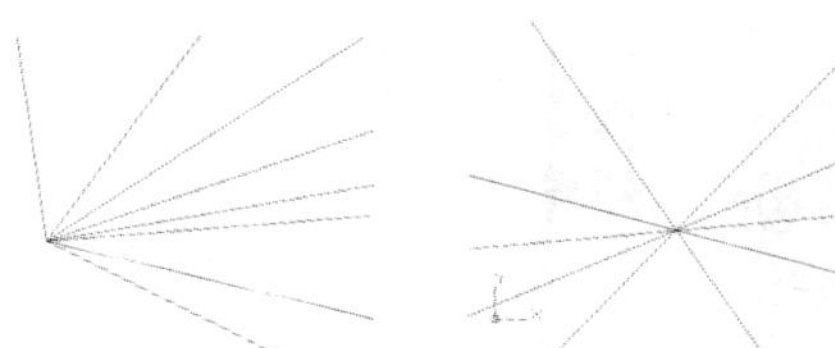

图3-29　绘制射线效果　　图3-30　绘制构造线

（2）绘制构造线[③]。

通过执行上述操作方法，即可启用“构造线”命令，根据命令行的提示，在绘图区域中绘制构造线，如图3-30所示，为绘制的构造线。

命令行的提示如下所示。

选择对象：（继续选择或）

命令：xline

指定点或 [水平（H）/垂直（V）/角度（A）/二等分（B）/偏移（O）]：（指定一个点以定义构造线的根）

指定通过点：（给定构造线的通过点，画出一条双向无限直线）

指定通过点：（继续指定构造线的通过点，继续画线，如图3-30所示。单击鼠标右键或按“Enter”键结束命令）

命令行中的各项提示具体说明如下。

①水平：用来创建一条通过选定点的水平参照线。

②垂直：用来创建一条通过选定点的垂直参照线。

③角度：用来以指定的角度创建一条参照线。

④二等分：用来创建一条参照线，它经过选定的角顶点，并且将选定的两条线之间的夹角平分。

⑤偏移：用来创建平行于另一个对象的参照线。

03　绘制多边形图形

步骤1和步骤2也可以用绘制正多边形的方法绘制。

（1）绘制矩形[④]。

在命令行中输入“REC”，根据命令行的提示，可以在当前绘图区域中绘制矩形，图3-31所示为绘制的长度为“1000”，宽度为“900”的矩形效果。

③技巧

启用构造线命令的方法有以下几种。

- 在命令行中输入字母“xline”。
- 在菜单栏中依次单击菜单栏中的“绘图”> “构造线”命令。
- 单击“绘图”工具栏中的“构造线”命令按钮。

③提示

在AutoCAD 2012中射线和构造线都可以用做的创建其他对象的参照线。例如，可以用构造线查找三角形的中心，准备同一个项目的多个视图或创建临时交点用于对象捕捉等。

如射线和构造线这种无限长线不会改变图形的总面积。因此，它们的无限长标注对缩放或视点没有影响，并且被显示图形范围的命令所忽略。和其他对象一样，无限长线也可以移动、旋转和复制。但是在打印图形之前，一般需要冻结或删除作为构造线的无限长线。

④技巧

启用矩形命令的方法有以下几种。

- 在命令行中输入字母“rectang”。
- 在菜单栏中依次单击“绘图”>“矩形”命令。
- 单击“绘图”工具栏中的“矩形”命令按钮。
- 快捷键：在命令菜单行中输入字母“REC”。

④注意

用多段线绘制封闭曲线，也可以达到绘制矩形的目的，而且绘制的矩形也是一个整体，这是与用直线绘制矩形的区别。但是这种绘制方法较为烦琐。

命令行提示如下。

命令： rectang（输入命令）

指定第一个角点或 [倒角（C）/标高（E）/圆角（F）/厚度（T）/宽度（W）]：（输入矩形的起点，用鼠标单击指定点或者给定点的坐标）

指定另一个角点或 [面积（A）/尺寸（D）/旋转（R）]：1000,900（输入矩形尺寸选项，按 “Enter”键）

指定另一个角点或 [面积（A）/尺寸（D）/旋转（R）]：（按“Enter”键，结束命令）

图3-31　绘制矩形

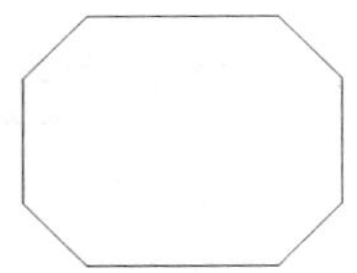

图3-32　倒角

图3-33　圆角

命令行中各项具体说明如下。

①倒角：用来设置矩形的倒角距离。设置倒角距离以后，再执行矩形命令时，此值将成为当前倒角距离。效果如图3-32所示。

②圆角：用来设置矩形的圆角半径，再执行矩形命令，绘制圆角矩形，效果如图3-33所示。

③厚度：设置矩形的厚度，再执行矩形命令，此项也适用于三维空间，效果如图3-34所示。

④宽度：为要绘制的矩形设置线段的宽度，效果如图3-35所示。

⑤标高：将矩形绘制在给定Z向坐标且与XOY平面平行的平面上。

⑥面积：通过指定矩形面积的方法绘制矩形。绘制过程中，在指定面积后，需要再指定计算面积的依据（长度/宽度），即指定矩形在X轴中的距离。

⑦尺寸：通过指定矩形的长度和宽度来绘制矩形。

⑧旋转：按指定的旋转角度绘制矩形，效果如图3-36所示。

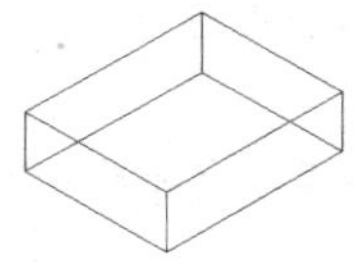

图3-34　厚度

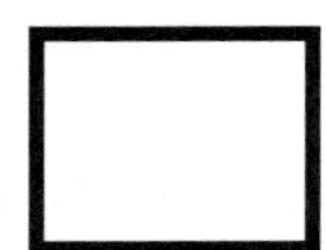

图3-35　宽度

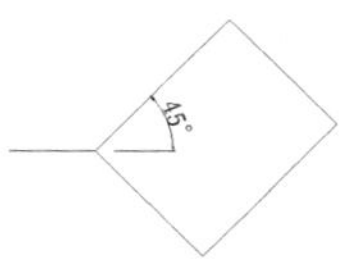

图3-36　旋转

（2）绘制正多边形图形⑤。

启用绘制正多边形命令，根据命令行的提示，即可在当前绘图区域中绘制正多边形。

命令行的提示如下。

命令： polygon

⑥技巧

启用正多边形命令的方法有以下几种。

- 在命令行中输入字母“polygon”。
- 依次单击菜单栏中的“绘图”＞ “正多边形”命令。
- 单击“绘图”工具栏中的“正多边形”命令按钮。
- 通过执行上述操作，根据命令行的提示，即可在当前绘图区域中绘制正多边形。

⑥易错点

用绘制多边形方法绘制出的矩形是正方形。用绘制矩形的方法绘制时，需按住“Shift”键绘制，两种方法是等同的。

输入边的数目 <4>：（输入边的数目，按“Enter”键）

指定正多边形的中心点或 [边（E）]：（用鼠标单击指定正多边形的中心，按“Enter”键）

输入选项 [内接于圆（I）/外切于圆（C）] <C>： I（选择内结于圆选项，按“Enter”键）

指定圆的半径：（输入半径的长度，按“Enter”键， 结束命令）

命令行中提示中各项具体说明如下所示。

①边：给定正多边形一条边的两个端点，然后按逆时针方向创建给定边数的多边形。如图3-37所示。

②内接于圆：绘制内接于圆的多边形，如图3-38所示。

③外切于圆：绘制外切于圆的多边形，如图3-39所示。

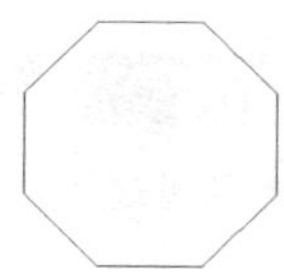

图3-37 边

图3-38 内接于圆

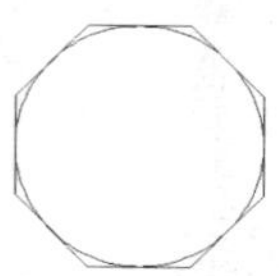

图3-39 外切于圆

04 绘制点

点类图形是AutoCAD中最基本的图形元素之一，可分为单点和多点，掌握其命令调用方法进行绘图是以后绘制复杂图形的前提。

在绘制过程中，点起辅助工具的作用，点可以分为点命令、定数等分命令和定距等分命令三种，其中点命令就是在绘图区绘制点，这里将不再详细介绍。

（1）定数等分命令⑥。

将一个半径为“80”的圆，等分成8份。

命令行提示如下。

命令： divide

选择要定数等分的对象：（选择半径为80的圆为等分对象）

输入线段数目或 [块(B)]：8（按“Enter”键结束操作，效果如图3-40所示）

图3-40 定数等分

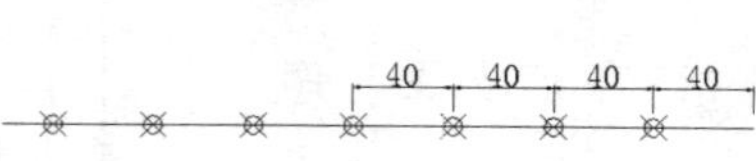

图3-41 定距等分

（2）定距等分命令⑦。

将一段长度为“300”的直线，以每段40个单位的距离放置等分点，具体操作如下。

⑥技巧

启用“定数等分”功能的方法有以下几种。

- 在命令行中输入字母“divide”。
- 依次单击菜单栏中的“绘图”＞“点”＞“定数等分”命令。

通过执行上述操作，即可启用“定数等分”功能。此时根据命令行的提示，在绘图区域中指定要定数等分的对象，然后在命令行输入等分数目。

⑦技巧

启用“定距等分”功能的方法有以下几种。

- 在命令行中输入字母“measure”。
- 依次单击菜单栏中的“绘图”＞“点”＞“定距等分”命令。

通过执行上述操作，即可启用“定数等分”功能。此时根据命令行的提示，在绘图区域中指定要定数等分的对象，然后在命令行输入等分数目。

命令：measure（输入命令）

选择要定距等分的对象：（选择长度为300的直线）

指定线段长度或 [块(B)]：40（输入距离长度，按“Enter”键结束操作，效果如图3-41所示）

05 绘制圆类图形

圆类图形包括圆、圆环、圆弧、椭圆和椭圆弧，在建筑图形中有些特殊的图形，需要运用圆类图形与其他图形进行组合而成。

（1）绘制圆[⑧]。

启用圆命令的方法有以下几种。

①圆心、半径（R）：此命令通过指定圆心位置和半径值来画圆，如图3-42所示。

命令执行过程如下。

命令：circle

指定圆的圆心或[三点（3P）/两点（2P）/切点、切点、半径（T）]：（在屏幕上任意指定一点）

指定圆的半径或[直径（D）]<15.0000>:60　输入半径值

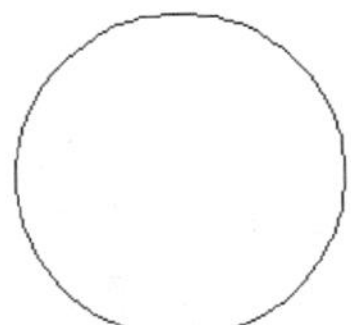

图3-42　用“圆心直径”方法画圆

图3-43　用三点法画圆

②用“三点方法画圆”，此命令通过指定圆周上三点来画圆，如图3-43所示。

命令执行过程如下。

命令：circle

指定圆的圆心或[三点（3P）/两点（2P）/ 切点、切点、半径（T）]：3P

指定圆上的第一点：（在屏幕上单击指定一点）

指定圆上的第二点：（在屏幕上单击指定一点，如图3-44所示）

指定圆上的第三点：（在屏幕上单击指定一点，如图3-45所示）

⑧技巧

启用圆命令的方法有以下几种。

- 在命令行里输入“circle”。
- 单击“绘图”工具栏中的“圆”按钮⊙。
- 在菜单栏中依次单击“绘图（D）”＞“圆（C）”命令。

⑧提示

单绘制圆时还有另外两种方法。

- 圆心、直径（D）：此命令和“圆心、半径（R）”的方法相似，是通过指定圆心和直径来画圆。

系统默认的绘图方法是“圆心、半径”法，而且也是最常用的绘制圆的方法。

- 相切、相切、半径（T）：此命令和“相切、相切、相切”命令类似，是通过先指定两个相切对象，后指定半径值的方法画圆；这种方法绘制圆有如下图（a）～（d）所示几种情形（加粗的圆即为所要画的圆）。

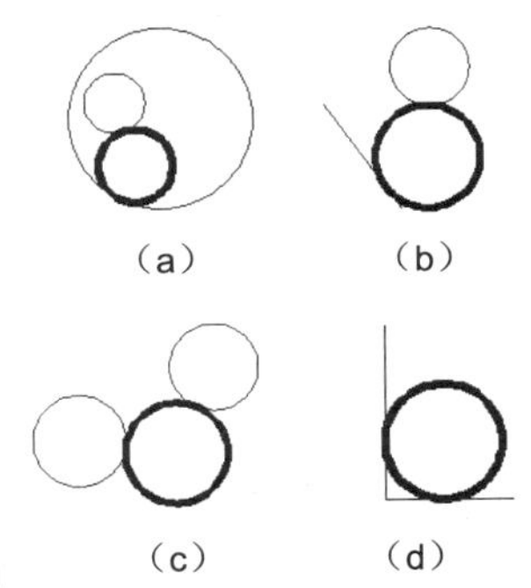

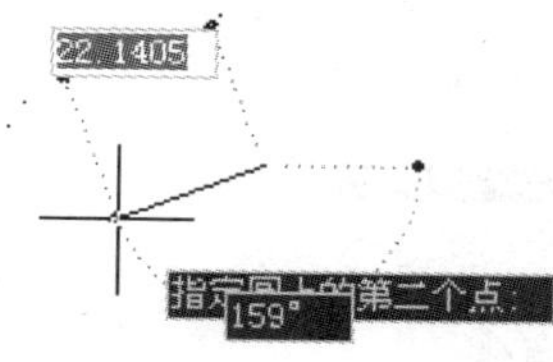

图3-44 指定圆上第二点

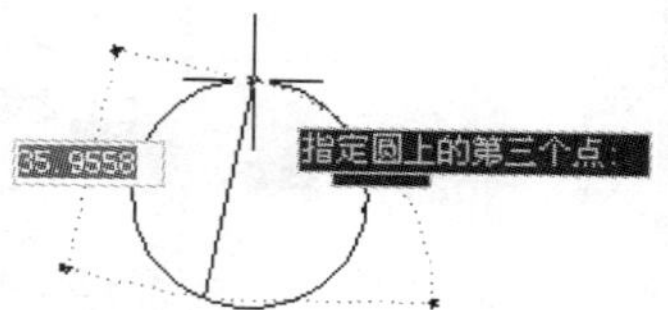

图3-45 指定圆上第三点

③用“相切、相切、相切”方法画与3个圆相切的圆（粗线圆为所求圆），如图3-46所示。

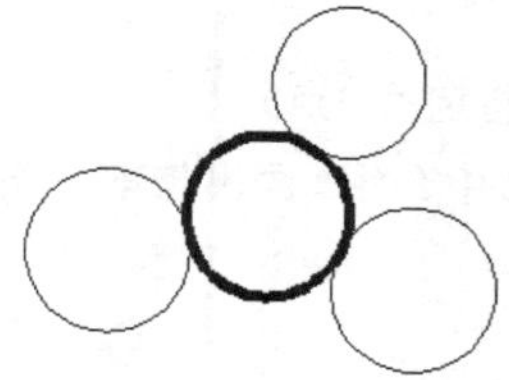

图3-46 与三个圆相切的圆

单击“绘图（D）”>“圆（C）”>“相切、相切、相切（A）”

命令执行过程如下。

命令：circle

指定圆的圆心或[三点（3P）/两点（2P）/相切、相切、半径（T）]：_3P

指定圆上的第一点：（在第一个圆上单击一点，如图3-47所示）

_tan到：（在第二个圆上单击一点，如图3-48所示）

_tan到：（在第三个圆上单击一点，如图3-49所示）

图3-47 指定与圆相切的第一点

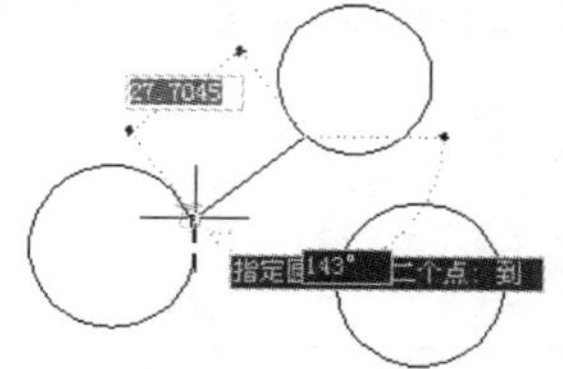

图3-48 指定与圆相切的第二点

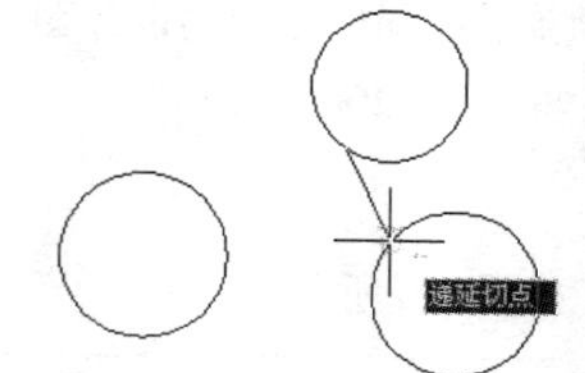

图3-49 指定与圆相切的第三点

（2）绘制圆弧[⑨]。

用圆弧命令绘制跑道，如图3-50所示。

⑨技巧

启用圆弧命令的方法有以下几种。

- 在命令行里输入“arc”。
- 单击“绘图”工具栏中的“圆弧”按钮。
- 在菜单栏中依次单击“绘图（D）”>“圆弧（A）”命令。

⑨经验

在绘制一些图时，往往不能准确说出圆弧的角度，这时一般会先通过一些条件绘制一个圆形，再根据其他的线将圆进行剪切（剪切命令将在下一章详细讲解），这样绘制的弧形，能够很好地和图中其他的线连接。

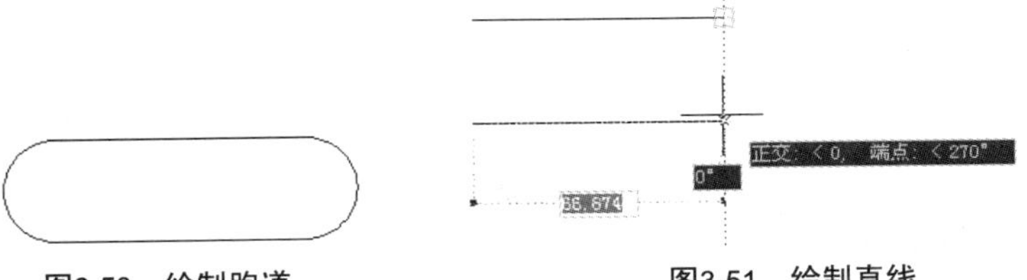

图3-50　绘制跑道　　　　图3-51　绘制直线

命令执行过程如下。

单击工具栏上的"直线"按钮

命令：line

指定第一点：（在屏幕上单击指定一点）

指定第一点或[放弃（U）]：画出一条水平线（在水平方向指定另一点）

重复第一步并利用极轴追踪（此功能将在以后的章节中介绍）画出与前一条平行且起始点在同一竖直方向的直线，如图3-51所示。

单击工具栏上的"圆"按钮

命令：arc

指定圆弧的起点或[圆心（C）]：（单击上面一条直线的左端点）

指定圆弧的第二点或[圆心（C）/端点（E）]：e

指定圆弧的端点：（单击下面一条直线的左端点）

指定圆弧的圆心或[角度（A）/方向（D）/半径（R）]：a

指定包含角度：180

以同样的方法画右半边弧，角度输入：−180

实践部分　（2课时）

任务二　门的立面图

任务背景

某设计人员进入新岗位后，总工程师要求他画一张门的设计图。绘制好的图形将用于卧室、客房、服务房间的门。根据一般门的规范尺寸进行绘制，即2000×1000。

任务要求

运用本章内容绘制一张门的立面图。如图3-52所示。

【技术要领】直线、多线、点、圆。

【解决问题】利用已学的知识绘制各种图形。

【应用领域】简单图纸的绘制。

【素材来源】素材/模块03/任务二/门的立面图.dwg。

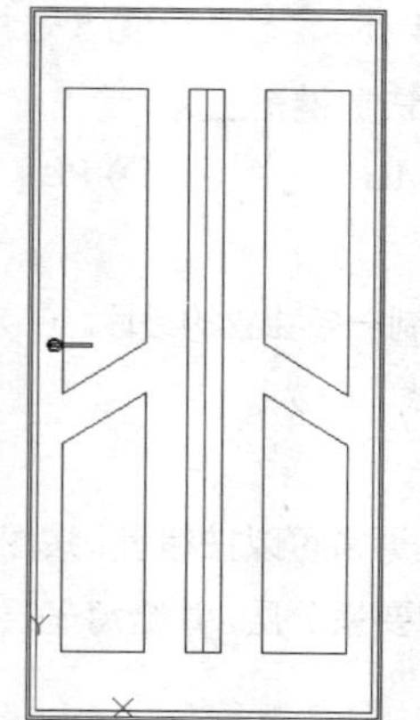

图3-52　门的最终效果图

任务分析

家居门是在日常生活中不可缺少的一件建筑物体。在设计工作中，根据建筑的不同风格，门的绘制方法也千变万化。

根据门的外形特征分析，调用“直线”命令绘制门的外轮廓，通过调用“多段线”、“圆”的命令结合“偏移”和“复制”命令为门添加各种造型和门锁。

主要制作步骤

（1）运用“矩形”命令，绘制门的外轮廓，如图3-53所示。

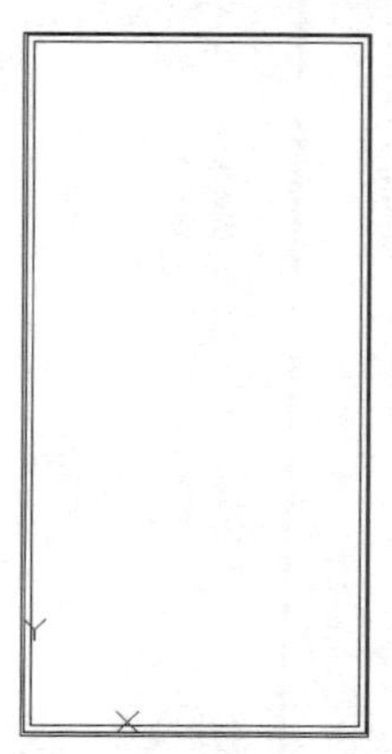

图3-53　绘制门的外轮廓

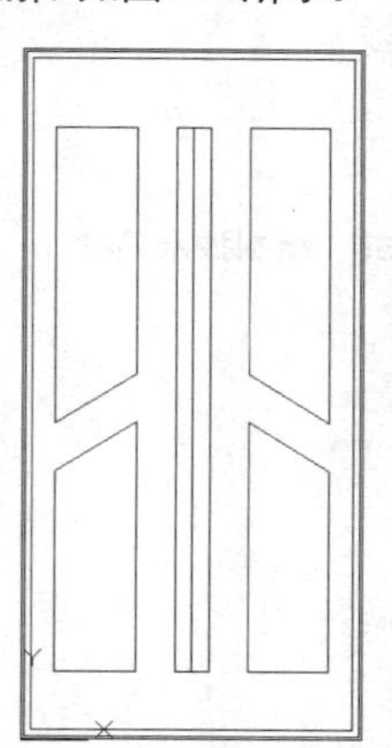

图3-54　绘制内部装饰

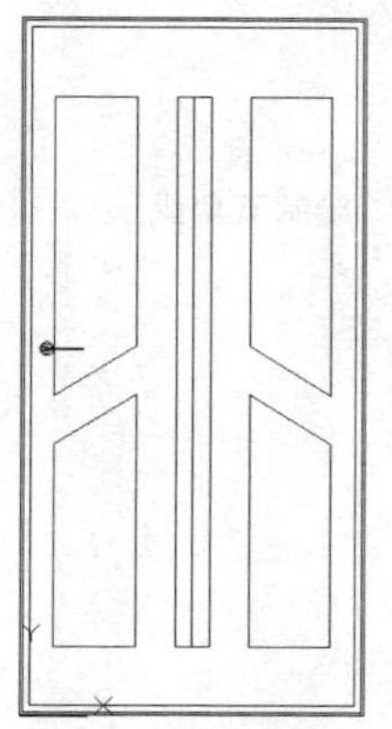

图3-55　绘制门把手

（2）运用“多段线”命令绘制门的内部装饰，完成效果如图3-42所示。

（3）运用“圆”命令绘制门把手，完成效果如图3-43所示。

课后作业

1. 选择题

（1）在AutoCAD中，常用绘图方法有____种。

A）2　　B）3　　C）4　　D）5

（2）在AutoCAD中，“多线”命令的快捷键是____。

A）DO　　B）L　　C）ML　　D）PL

2. 判断题

（1）在AutoCAD中，直线命令只能绘制一条独立的线段。（ ）

（2）在AutoCAD中，共有25种点样式。（ ）

3. 填空题

（1）________广泛应用于组织图形，通常可以按线型、按图形对象类型、按功能或按生产过程、管理需要来分层，并给每一层赋适当的名称，使图形管理变得十分方便。

（2）在AutoCAD中，矩形的命令为________。

（3）通过给定起点、圆心和弦长，按逆时针方向绘制圆弧，此种方法为________。

4. 操作题

（1）绘制一个五角星图形，完成效果如图3-56所示。

（2）绘制抽水马桶，完成效果如图3-57所示。

图3-56　绘制五角星

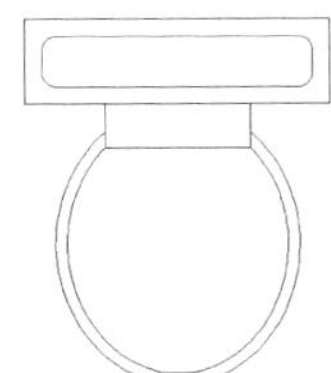

图3-57　绘制抽水马桶

提示

本题所运用到的是“多段线”、“圆”、“定数等分”命令，这些命令是建筑绘图中的三个基础命令，作用却不可小视。

提示

本题将运用“矩形”命令和“矩形”命令中的“圆角”功能绘制水箱；运用“直线”、“椭圆”命令中的“中心点”功能绘制椭圆。

模块04

绘制古典镂空窗格

——二维图形的绘制

● 能力目标

1. 使用直线、圆编辑图形对象
2. 复制类编辑命令的应用
3. 镜像类编辑命令的应用
4. 修剪类编辑命令的应用

● 专业知识目标

1. 了解古典镂空窗格的绘制方法
2. 了解古典镂空窗格的一些参数

● 软件知识目标

1. 熟悉绘图命令的启用方法
2. 掌握简单二维绘图命令的使用

● 课时安排

4课时（讲课2课时，实践2课时）

任务参考效果图

模拟制作任务

任务一　绘制古典镂空窗格

任务背景

古典镂空窗格是建筑家居设计中很常用的一种装饰，多用于绘制建筑立面图中；还可以作为装饰物放在室内或户外，起到美化的作用。

任务要求

古典镂空窗格是作为装饰来使用，设计时应符合规范要求，比例协调，掌握窗格各处的尺寸。

任务分析

设计者在绘制古典镂空窗格之前，应先将尺寸设计好。根据这些规范要求来绘制图形，为以后使用AutoCAD绘制图形打下良好的基础。

本案例的重点、难点

偏移、修剪、镜像命令的运用。

图案填充的运用和设置。

【技术要领】圆、直线、复制、修剪、偏移及镜像。

【解决问题】利用已学的知识绘制各种图形。

【应用领域】建筑设计、家装设计。

【素材来源】素材/模块04/任务一/古典镂空窗格.dwg。

操作步骤详解

绘制基本轮廓

❶ 启动AutoCAD 2012，单击“修改”工具栏中的 按钮，绘制一个直径为1200个单位的圆，命令行提示如下。

命令: circle

指定圆的圆心或 [三点(3P)/两点(2P)/相切、相切、半径(T)]:

指定圆的半径或 [直径(D)] <1200.0000>: d

指定圆的直径 <2400.0000>: 1200

❷ 单击“修改”工具栏中的 按钮，向内侧偏移“30”个单位，命令行提示如下。

命令: offset

当前设置: 删除源=否，图层=源，　OFFSETGAPTYPE=0

指定偏移距离或 [通过(T)/删除(E)/图层(L)]　<通过>: 30

选择要偏移的对象，或 [退出(E)/放弃(U)] <退出>:

指定要偏移的那一侧上的点，或 [退出(E)/多个(M)/放弃(U)] <退出>:

选择要偏移的对象，或 [退出(E)/放弃(U)] <退出>:

❸ 利用“直线”命令绘制两条通过圆心的辅助线，如图4-1所示。

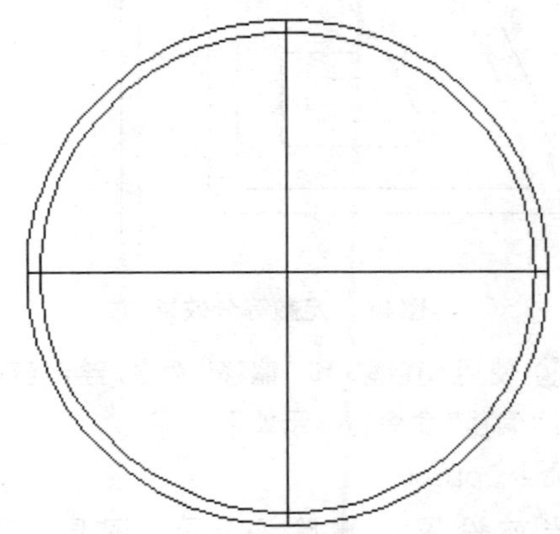

图4-1 绘制辅助线

❹ 利用“偏移”命令将两条直线偏移，水平方向的直线上下偏移“60”，垂直方向的直线左右偏移“100”，命令行提示如下。

命令: offset

当前设置：删除源=否，图层=源，OFFSETGAPTYPE=0

指定偏移距离或 [通过(T)/删除(E)/图层(L)] <30.0000>: 60

选择要偏移的对象，或[退出(E)/放弃(U)]<退出>:

指定要偏移的那一侧上的点，或 [退出(E)/多个(M)/放弃(U)] <退出>:

命令: offset

当前设置: 删除源=否，图层=源，OFFSETGAPTYPE=0

指定偏移距离或 [通过(T)/删除(E)/图层(L)] <60.0000>: 100

选择要偏移的对象，或 [退出(E)/放弃(U)] <退出>:

指定要偏移的那一侧上的点，或 [退出(E)/多个(M)/放弃(U)] <退出>:

❺ 将两条辅助线删除，单击“修改”工具栏中的“修剪” 按钮 -/-，对其进行修剪，命令行提示如下。[02]

命令: trim

当前设置:投影=UCS，边=无

选择剪切边...

选择对象: 找到 6 个，总计 6 个

选择对象:

选择要修剪的对象，或按住Shift键选择要延伸的对象，或[栏选(F)/窗交(C)/投影(P)/边(E)/删除(R)/放弃(U)]: 指定对角点:

修剪后的效果如图 4-2 所示。

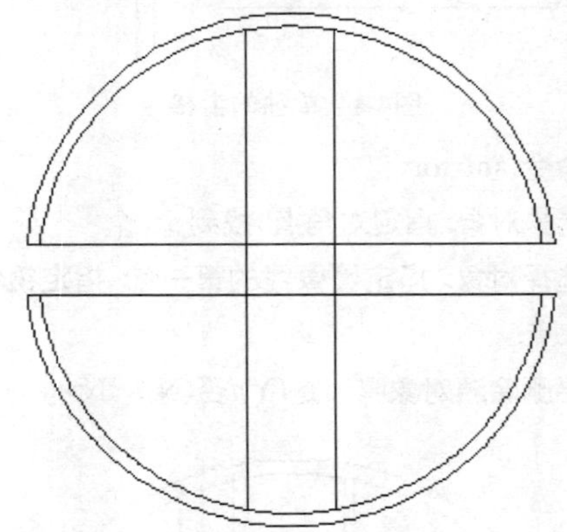

图4-2 修剪后的效果

❻ 利用“偏移”和“修剪”命令绘制其中一个窗格样式，如图4-3所示。

图4-3 其中一个窗格样式

❼ 利用“修剪”命令将绘制好的一个窗格单独修剪出来，如图4-4所示。

❽ 单击“修改”工具栏中的按钮，镜像出其他窗格轮廓，如图4-5所示，命令行提示如下。(此步骤还可以通过“复制”命令来完成)

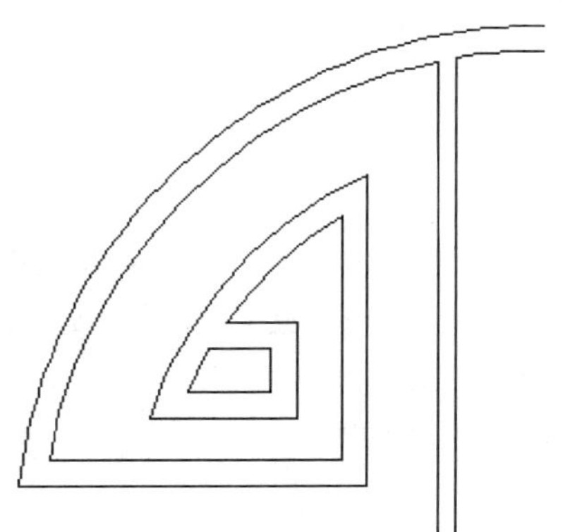

图4-4　单独的窗格

命令: mirror

选择对象: 指定对角点: 找到 18 个

选择对象: 指定镜像线的第一点: 指定镜像线的第二点:

要删除源对象吗? [是(Y)/否(N)] <N>:

图4-5　镜像后的窗格

❾ 在菜单栏中选择“绘制”＞“点”＞“定点等分”菜单命令，对窗格圆弧进行三等分，命令行提示如下。

命令: divide

选择要定数等分的对象:

输入线段数目或 [块(B)]: 3

效果如图4-6所示。

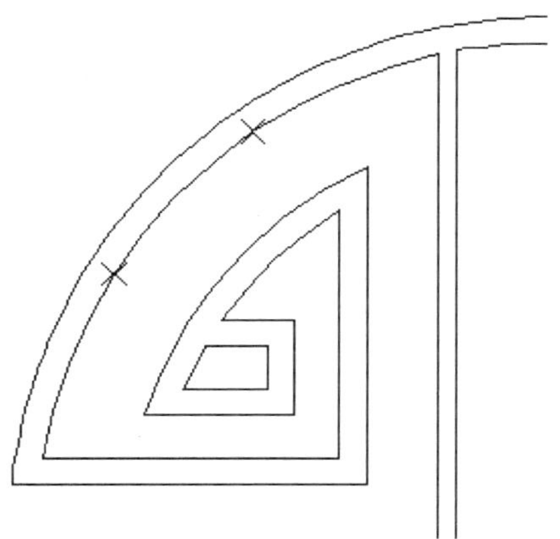

图4-6　定数等分效果

❿ 使用“直线”和“偏移”命令，绘制窗格间连线，“偏移”命令行提示如下。

命令: offset

当前设置: 删除源＝否，图层＝源，OFFSETGAPTYPE=0

指定偏移距离或 [通过(T)/删除(E)/图层(L)] <0.0000>:30

选择要偏移的对象，或 [退出(E)/放弃(U)] <退出>:

绘制后效果如图4-7所示。

图4-7　绘制窗格间连线

⑪ 利用“镜像”命令绘制出其他窗格间的连线，如图4-8所示。

图4-8 镜像出其他窗格

⑫ 单击“修改”工具栏中的 按钮，对相交的窗格线进行修剪，结果如图4-9所示。

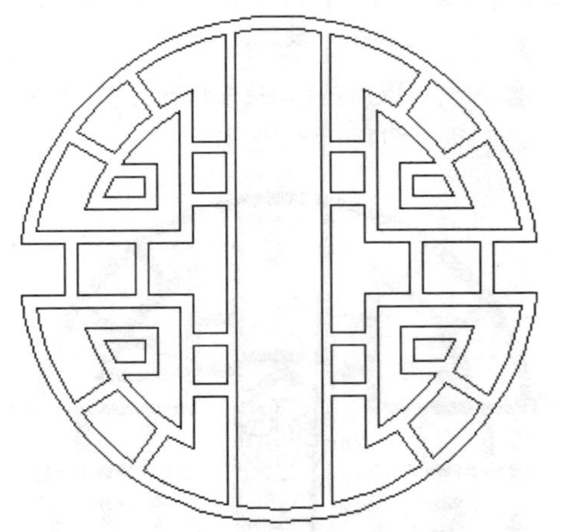

图4-9 修剪后效果

⑬ 绘制窗格中间部分。单击“绘制”工具栏中 按钮，绘制直线，然后单击“修改”工具栏中的 按钮，将其偏移30个单位，完成效果如图4-10所示。

⑭ 将绘制好后的窗格存储为块，单击“绘制”工具栏中的 按钮，弹出“块定义”对话框，选择窗体左侧中点为插入点，将块名设置为“窗”，如图4-11所示。

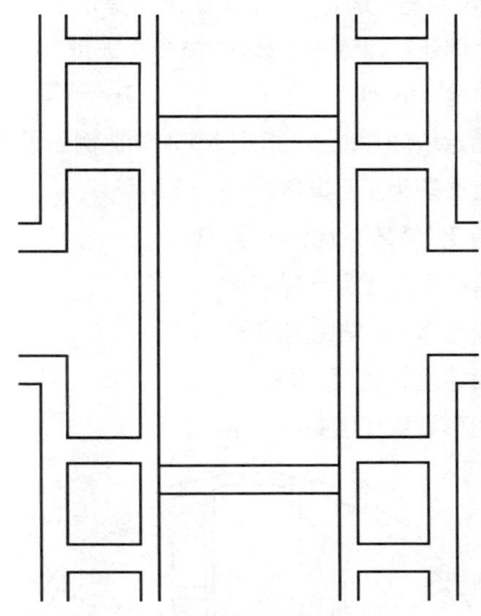

图4-10 绘制窗格中间的直线

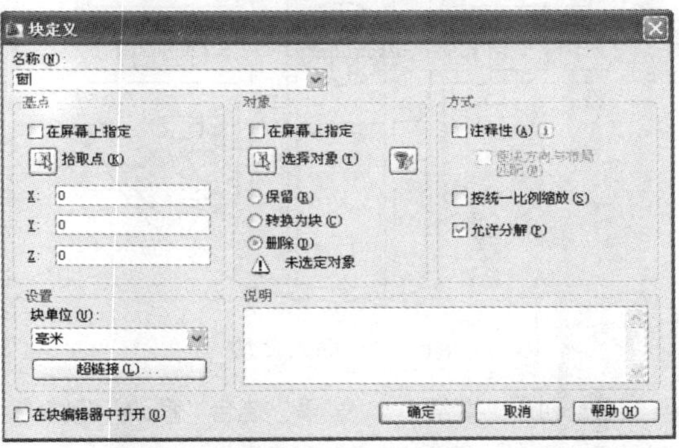

图4-11 “块定义”对话框

⑮ 单击“确定”按钮，即可将其定义为块，然后单击“绘制”工具栏中的 按钮，设置“插入”对话框，如图4-12所示，将块插入窗格中间。

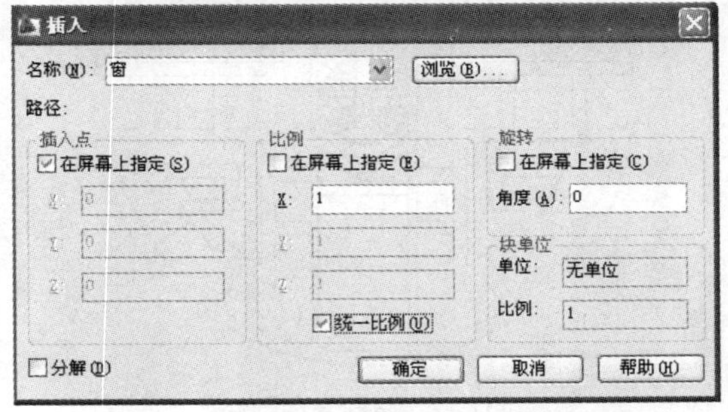

图4-12 “插入”对话框

⑯ 单击“确定”按钮，命令行提示如下。（此处的比例还可以通过“缩放”命令来完成[05]）

命令: insert

指定块的插入点: 指定 XYZ 轴比例因子: 0

值必须为正且非零。

指定 XYZ 轴比例因子: 0

值必须为正且非零。

指定 XYZ 轴比例因子: 0.167

指定旋转角度 <0>:

图形效果如图4-13所示。

图4-13　插入窗块

⑰ 利用“直线”、“偏移”结合“修改”命令绘制其他窗线，结果如图4-14所示。

图4-14　绘制其他窗线

⑱ 选择“绘制”＞“图案填充”菜单命令，在“图案填充和渐变色”对话框中选择“SOLID”图案，如图4-15所示。

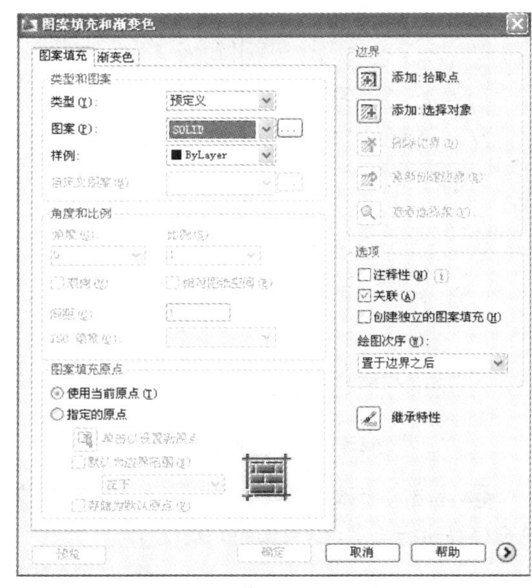

图4-15　设置填充图案

⑲ 单击拾取点按钮，拾取填充范围，单击“确定”按钮，得到图4-16所示图形。

图4-16　填充后的效果

知识点拓展

01 偏移[①]

该命令常用于创建同心圆、平行线和平行曲线等。AutoCAD 2012可利用两种方式对选中对象进行偏移操作，从而创建新的对象：一种是按指定的距离进行偏移；另一种则是通过指定点来进行偏移。

使用偏移命令的两种偏移操作方式的比较，如图4-17图形。

图4-17（a）为“指定偏移的距离方式”，操作步骤如下。

①技巧

功能启用的方法有以下几种。

- 在命令行输入“offset”。
- 单击工具栏“修改”>“偏移”按钮。
- 在菜单栏中选择“修改(M)”>“偏移(S)”命令。

①提示

各选项含义说明。

“指定偏移距离”：选择要偏移的对象后，输入偏移距离以复制对象。

“通过(T)”：选择对象后，通过指定一个通过点来偏移对象，这样偏移复制出的对象经过通过点。

“删除(E)”：用于确定是否在偏移后删除源对象。

“图层(L)”：选择此项，命令行提示：

输入偏移对象的图层选项[当前(C)/源(S)]<当前>：确定偏移对象的图层特性。

①注意

使用“offset”命令时必须先启动命令，后选择要编辑的对象；启动该命令时已选择的对象将自动取消选择状态。“offset”命令不能用在三维面或三维对象上。系统变量OFFSETDIST存储当前偏移值。在实际绘图时，利用直线的偏移命令可以快速地解决平行轴线、行轮廓线之间的定位问题。

①技巧

可以偏移的对象包括。

直线、圆弧、圆

椭圆和椭圆弧[形成椭圆形样条曲线、二维多段线、构造线（参照线）和射线、样条曲线]。

①提示

各选项含义说明。

“指定偏移距离”：选择要偏移的对象后，输入偏移距离以复制对象。

“通过(T)”：选择对象后，通过指定一个通过点来偏移对象，这样偏移复制出的对象经过通过点。

“删除(E)”：用于确定是否在偏移后删除源对象。

“图层(L)”：选择此项，命令行提示：

输入偏移对象的图层选项[当前(C)/源(S)]<当前>：确定偏移对象的图层特性。

在命令行输入:offset

当前设置：删除源=否，图层=源，OFFSETGAPTYPE=0

指定偏移距离或[通过(T)/删除(E)/图层(L)]<1.0000>:10

选择要偏移的对象，或[退出(E)/放弃(U)]<退出>:（拾取源对象）

指定要偏移的那一侧上的点，或[退出(E)/多个(M)/放弃(U)]<退出>:（在源对象的左上方处单击）

选择要偏移的对象，或[退出(E)/放弃(U)]<退出>:

图4-17（b）为选择“通过点”方式，操作步骤如下。

命令：offset

当前设置：删除源=否，图层=源，OFFSETGAPTYPE=0

指定偏移距离或[通过(T)/删除(E)/图层(L)]<10.0000>:t

选择要偏移的对象，或[退出(E)/放弃(U)]<退出>:（拾取源对象）

指定通过点或[退出(E)/多个(M)/放弃(U)]<退出>:（捕捉矩形右下角点）

选择要偏移的对象，或[退出(E)/放弃(U)]<退出>:

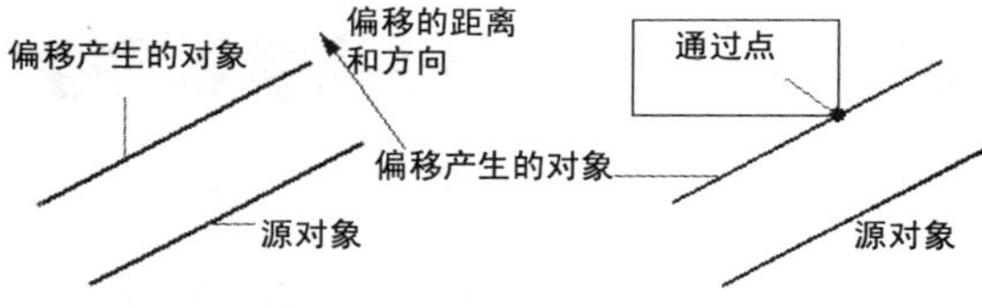

（a） 指定偏移距离方　　（b）指定通过点方
式

图4-17 两种偏移操作方式的比较

02 修剪[②]

利用修剪命令可将选定的一个或多个对象，在指定修剪边界的一侧部分精确地剪切掉，修剪的对象可以是任意的平面线条。

使用修剪命令编辑图形，如图4-18所示（修剪相交对象）。

②注意

指定一种对象选择方式来选择要修剪的对象，如果有多个可能的修剪结果，那么第一个选择点的位置将决定结果。

②经验

当剪切边太短而且没有与被修剪对象相交时，可以延伸修剪边，然后进行修剪；若选择“不延伸”，则只有当剪切边与被修剪对象真正相交时，才可以进行修剪操作。“删除(R)”用于确定要删除的对象。“放弃(U)”用于取消上一次的操作。

②技巧

各选项具体说明如下。

(1) “栏选(F)”：用于通过指定栏选点修剪图形对象。

(2) “窗交(C)”：用于通过指定窗交对角点修剪图形对象。

(3) “投影(P)”：用于确定修剪操作的空间，主要是指三维空间中的两个对象的修剪，此时可以将对象投影到某一平面上进行修剪操作。

(4) “边(E)”：用于确定修剪边的隐含延伸模式。选择此项时，命令行会提示：“输入隐含边延伸模式[延伸(E)/不延伸(N)]＜不延伸＞：”信息。用户选择“延伸”。

②技巧

功能启用的方法有以下几种。

- 在命令行输入“trim”。
- 在工具栏中单击“修改”＞ “修剪”按钮。
- 在菜单栏中选择“修改(M)” ＞ “修剪(T)”命令。

②注意

如果修剪多行对象，只有遇到的第一个边界对象能确定多行端点的造型。多行端点的边界不能是复杂边界。

（a）修剪前　　（b）选择半圆图形　　（c）修剪后

图4-18　修剪相交对象

操作步骤如下。

命令行：trim

选择修剪边 选择对象或<全部选择>：[选择各半圆图形，如图4-18(b)所示]

选择对象：

选择要修剪的对象，或按住“Shift”键选择要延伸的对象，或[栏选(F)/窗交(C)/投影(P)/边(E)/删除(R)/放弃(U)]：[逐个单击要修剪的部分，结果如图4-18（b）右图所示]

使用修剪命令编辑墙壁图形，如图4-19所示（包括修剪相交对象和不相交对象）。

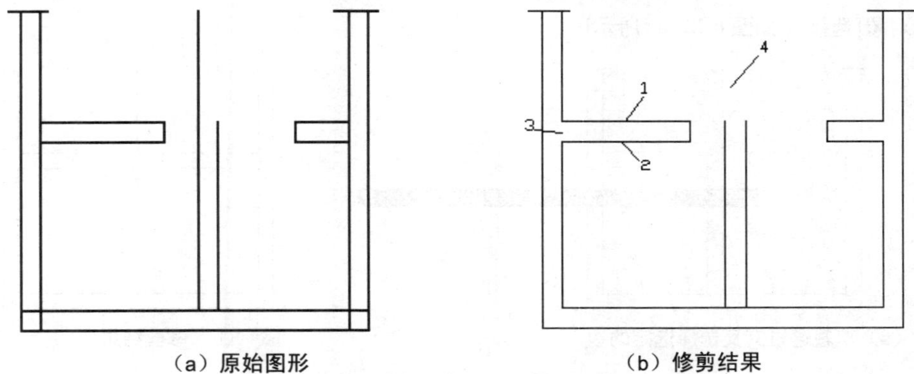

（a）原始图形　　（b）修剪结果

图4-19　剪到延伸交点

操作步骤如下。

命令：trim

选择修剪边 选择对象或<全部选择>：（选择如图4-20所示各条线）

选择对象：

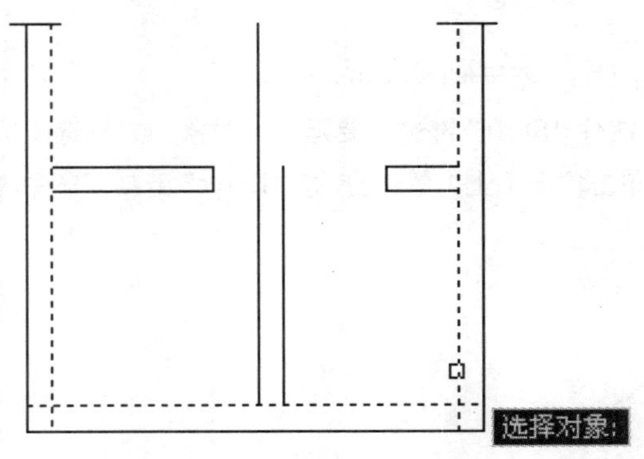

图4-20　选择对象

选择要修剪的对象，或按住“Shift”键选择要延伸的对象，或[栏选(F)/窗交(C)/投影(P)/边(E)/删除(R)/放弃(U)]：（选择要修剪的各线段，修剪结果如图4-21所示）

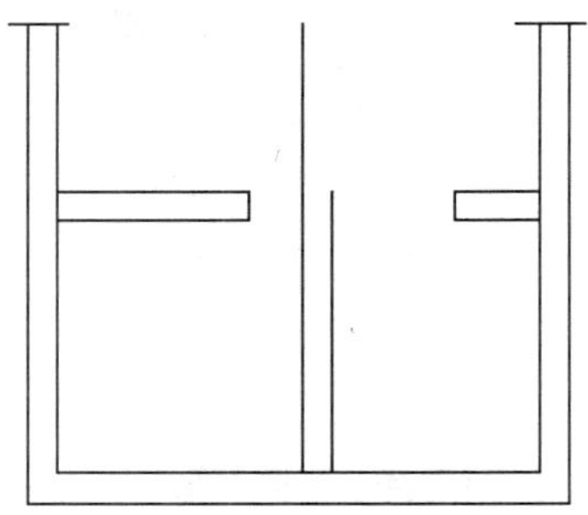

图4-21 选择要修剪的对象

命令行：trim

选择修剪边 选择对象或<全部选择>：（选择1，2两条线段）

在命令行输入：

选择对象[选择3，如图4-22（a）所示]

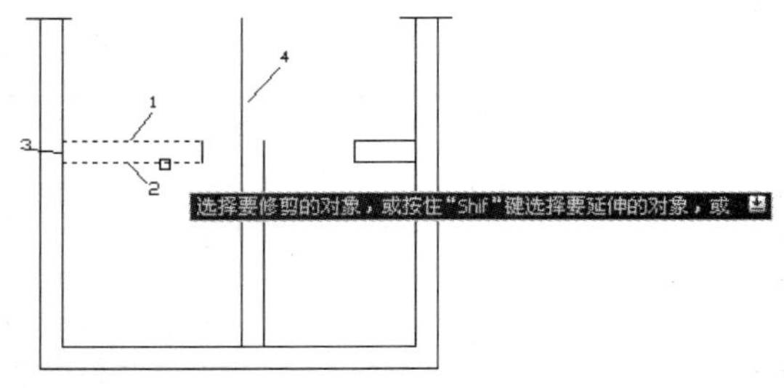

（a）剪裁通过交叉选择选定的边

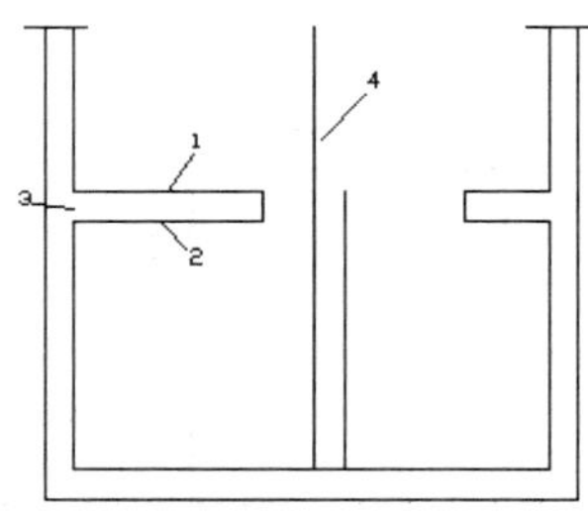

（b）修剪结果

图4-22 修剪墙壁

用同样的方法修剪右边墙壁。

命令：trim

选择修剪边 选择对象或<全部选择>：（选择1）

选择对象：

选择要修剪的对象，或按住“Shift”键选择要延伸的对象，或[栏选(F)/窗交(C)/投影(P)/边(E)/删除(R)/放弃(U)]：e

输入隐含边延伸模式[延伸(E)/不延伸(N)]<不延伸>：e

选择要修剪的对象，或按住“Shift”键选择要延伸的对象，或[栏选(F)/窗交(C)/投影(P)/边(E)/删除(R)/放弃(U)]：[在线段 4 上单击位于 1 上方的部分，按“Enter”键结束命令，结果如图4-19（b）所示]

03 复制[③]

该命令将选中的对象复制到指定的位置。使用复制命令绘制如图4-23所示图形。

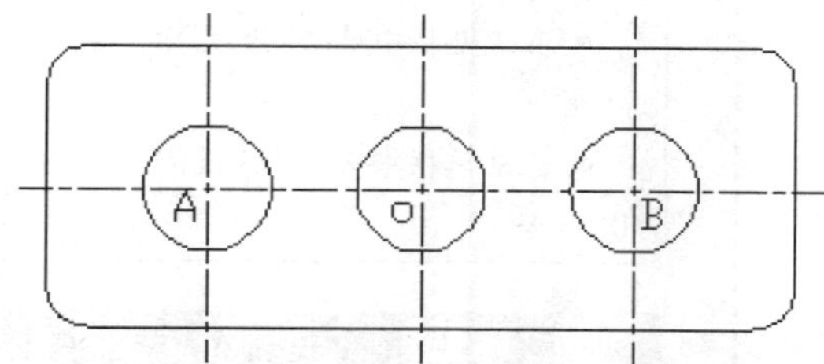

图4-23　使用复制命令绘图

命令执行过程如下。

命令：copy

选择对象：（选择如图4-24所示的圆）

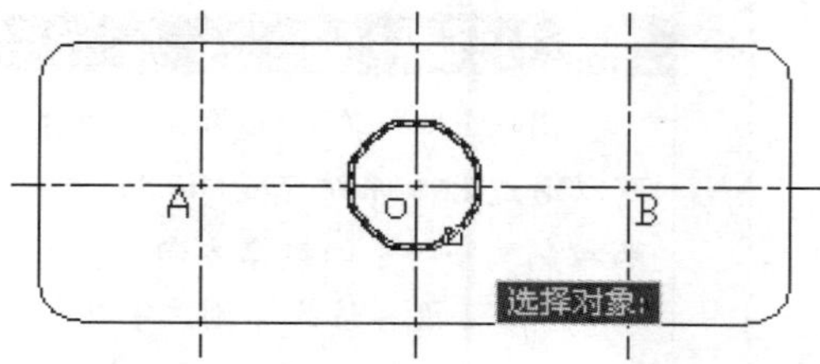

图4-24　指定圆心O

指定基点或[位移（D）/模式（O）] <位移>：（指定圆心O点）

指定第二个点或[位移（D）/模式（O）]<位移>：指定第二点或<使用第一个点作为位移>：（指定A点，如图4-25所示）

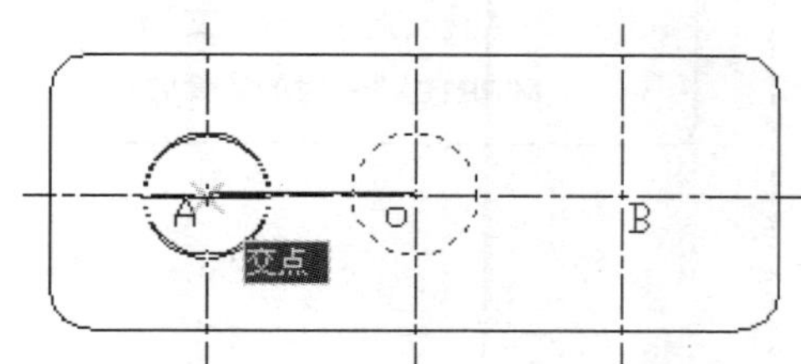

图4-25　指定A点

指定第二个点或[退出（E）/放弃（U）]<退出>：（指定B点，如图4-26所示）

指定第二个点或[退出（E）/放弃（U）]<退出>：（结果如图4-26所示）

③技巧

功能启用的方法有以下几种。

- 在命令行中输入“copy”。
- 在工具栏中单击“修改”>“复制”按钮。
- 在菜单栏中选择“修改(M)”>“复制(Y)”命令。

③经验

调用复制对象命令后，命令行会提示信息如下。

选择对象：

用户选择要复制的对象，系统继续提示：

指定基点或[位移(D)/模式(O)] <位移>：

用户指定复制对象的基准点或者通过指定位移点进行复制。系统继续提示：

指定第二个点或[位移(D)/模式(O)]<位移>：指定第二点或<使用第一个点作为位移>：

指定第二点后，系统提示：

指定第二点或[退出(E)/放弃(U)]<退出>：

在该提示下连续指定新点，实现多重复制。

③提示

各选项具体说明如下。

- “退出”：选择此项结束复制操作。
- “放弃”：选择此项放弃上一次的复制操作。

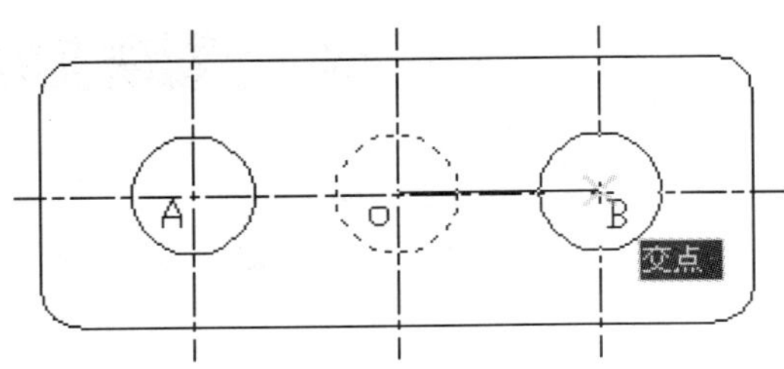

图4-26　指定B点

04 镜像④

“镜像对象”是指保持选择对象的基本形状和方向不变，在不同的位置新建一个对象。偏移的对象可以是直线段、射线、圆弧、圆、椭圆、椭圆弧、二位多段线以及平面上的样条曲线等。

下面利用夹点镜像圣诞树，如图4-27所示。

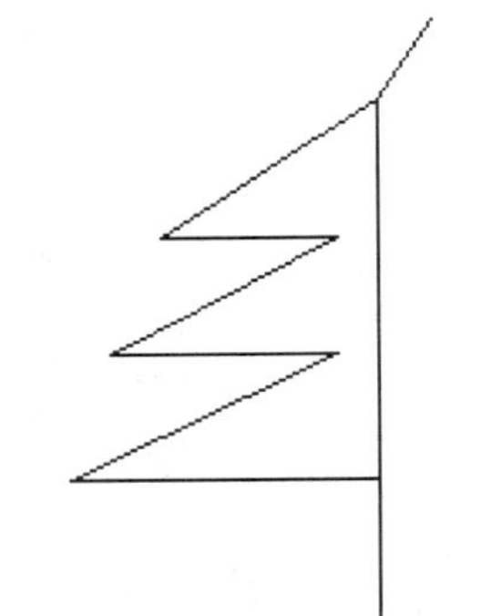

（a）原图形

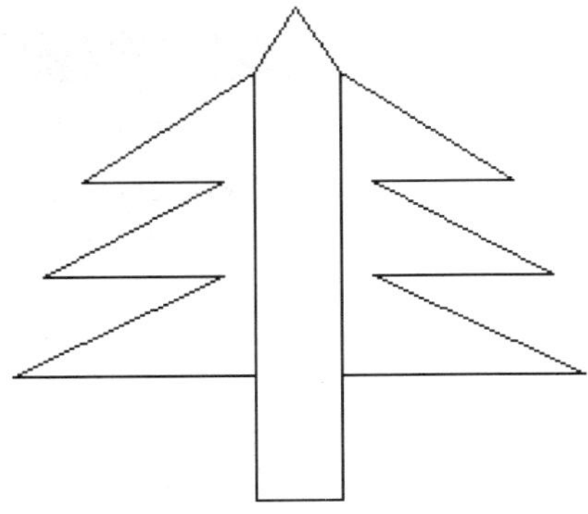

（b）镜像后的图形

图4-27 利用夹点镜像图形

命令执行过程如下。

选择对象

④技巧

镜像功能启用的方法有以下几种。

- 在命令行输入“mirror”。
- 在工具栏中单击“修改”>“镜像”按钮。
- 在菜单栏中选择“修改(M)”>“镜像(I)”命令。

④经验

镜像命令的对称线是任意的，随对称线的方向不同，对称对象的位置也有所不同，用户可以利用这个特性绘制一些特殊的图形。

④注意

用户在AutoCAD中镜像文字的时候，可以通过控制系统变量MIRRTEXT的值来控制文字对象的镜像方向，在命令行MIRRTEXT，设其值为1，则文字对象完全镜像，镜像出的文字变成反向的文字；若设其值为0，则文字方向不镜像，即文字可读，如下图所示（A、B为镜像线）。

A　AutoCAD2009中文版　B

AutoCAD2009中文版

MIRRTEXT=1时的镜像效果

A　AutoCAD2009中文版　B

AutoCAD2009中文版

MIRRTEXT=0时的镜像效果

命令：mirror

指定镜像线的第一点：（指定A点）

指定镜像线的第一点：指定镜像线的第一点（指定B点）

要删除原对象吗？[是（Y）/否（N）]<N>：n（效果如图4-27所示）

05 缩放⑤

“缩放”命令可将指定对象按指定的比例相对于基点放大或缩小。

调用缩放命令后，命令执行过程如下。

选择对象：

选择缩放对象，继续提示：

指定基点：

确定缩放基点，系统继续提示：

指定比例因子或[复制(C)/参照(R)]<2.0000>：

输入绝对比例因子或参照。

图4-28所示为利用夹点放大对象的前后比较。

命令执行过程如下。

选择对象以显示夹点。

单击A点作为缩放的夹点，选中时此夹点变为红色。

指定拉伸点或[基点(B)/复制(C)/放弃(U)/退出(X)]：sc

指定比例因子或[基点(B)/复制(C)/放弃(U)/参考(R)/退出(X)]：2 [以A点为基点将图形放大一倍，结果如图4-28（b）所示]

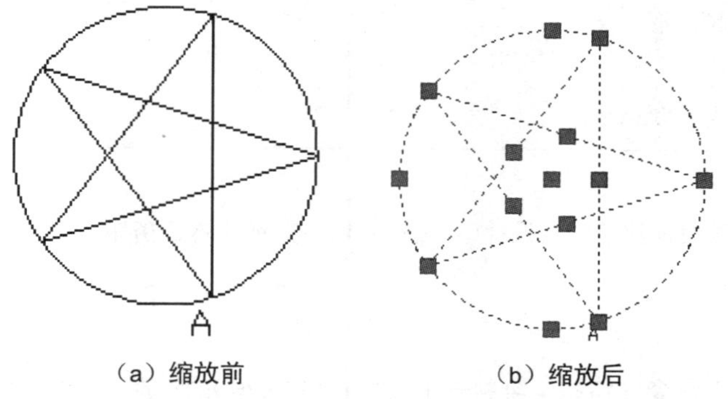

（a）缩放前　　（b）缩放后

图4-28　利用夹点放大对象

⑤技巧

缩放功能启用的方法有以下几种。

- 在命令行输入“scale”。
- 工具栏：“修改”>“移动”按钮。
- 在菜单栏中选择“修改(M)”>“缩放(L)”命令。

⑤提示

各选项具体说明如下。

“指定比例因子”：用户可以直接指定缩放因子，大于1的比例因子使对象放大，而介于0～1之间的比例因子将使对象缩小。

“复制”：可以复制缩放对象，即缩放对象时，保留原对象。

“参考”：采用参照方向缩放对象时，系统提示：若新长度值大于参考长度值，则放大对象；否则，缩小对象。操作完毕后，系统以指定选项的长度，对对象进行缩放。

实践部分 （2课时）

任务二 单人沙发

任务背景

某设计人员打算设计一款单人沙发，如图4-29所示。绘制好的图形将用于办公室、客厅、休息室等地方使用。

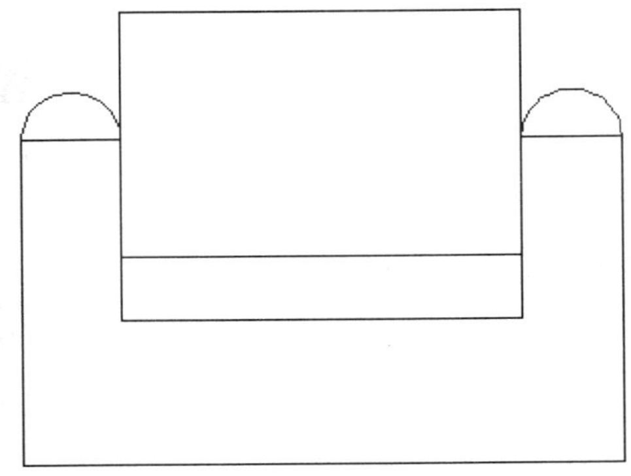

图4-29 单人沙发

任务要求

运用本章内容绘制一单人沙发。

【技术要领】偏移、修剪。

【解决问题】利用已学的知识绘制各种图形。

【应用领域】简单图纸的绘制。

【素材来源】素材/模块04/任务二/单人沙发.dwg。

任务分析

沙发是每家每户必备的家具之一，当然也是建筑家具设计中所必不可少的。在本次任务中，将学习一种简单的绘制单人沙发的方法。

主要制作步骤

(1) 单击“绘图”工具栏中的“椭圆”命令按钮，绘制一个尺寸为900×700的矩形。再单击“修改”工具栏中的“分解”命令按钮，将矩形分解。

(2) 单击“修改”工具栏中的“偏移”命令按钮，将矩形的左侧边依次向右偏移“150”和“600”个绘图单位，将矩形的下边框依次向上偏移“220”、“100”和“180”个绘图单位，效果如图4-30所示。

（3）单击“修改”工具栏中的“修剪”命令按钮，对上一步中所绘所有对象进行修剪，修剪后效果如图4-31所示。

（4）单击菜单栏中“修改”＞“圆角”命令，设置圆角半径为“5”个绘图单位，绘制单人沙发的扶手，完成沙发绘制，最终效果如图4-32所示。

图4-30　对矩形边框进行偏移

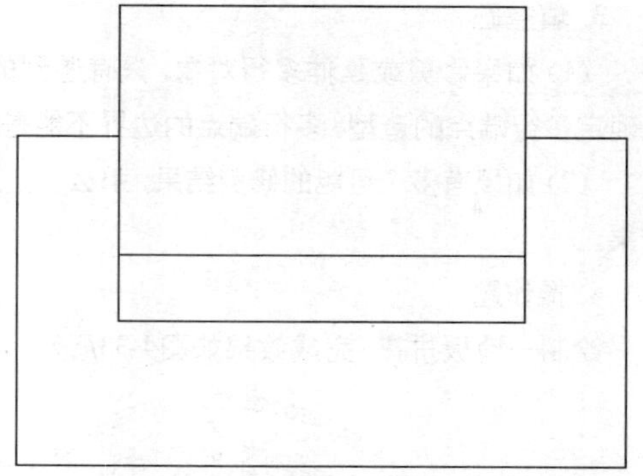

图4-31　修剪后效果

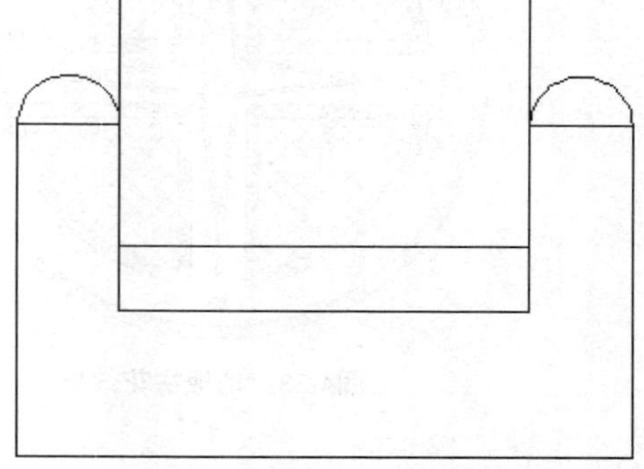

图4-32　绘制单人沙发最终效果

课后作业

1. 选择题

（1）在AutoCAD中，“镜像”的快捷键是（ ）。

A）ML　　B）MI　　C）L　　D）DL

（2）在AutoCAD中，“偏移”的快捷键（ ）。

A）MI　　B）C　　C）O　　D）CO

（3）在AutoCAD中，以下（ ）对象不能进行“偏移”命令。

A）直线　　B）圆　　C）构造线　　D）多线

2. 判断题

偏移命令用于创建造型与选定对象造型平行的新对象。偏移圆或圆弧可以创建更大或更小的圆或圆弧，取决于向哪一侧偏移。（ ）

3. 填空题

(1) 如果修剪或延伸多行对象，只有遇到的第一个边界对象能确定多行端点的造型。多行端点的边界不能是______。

(2) 如果有多个可能的修剪结果，那么______的位置将决定结果。

4. 操作题

绘制一地板拼花，完成效果如图4-33所示。

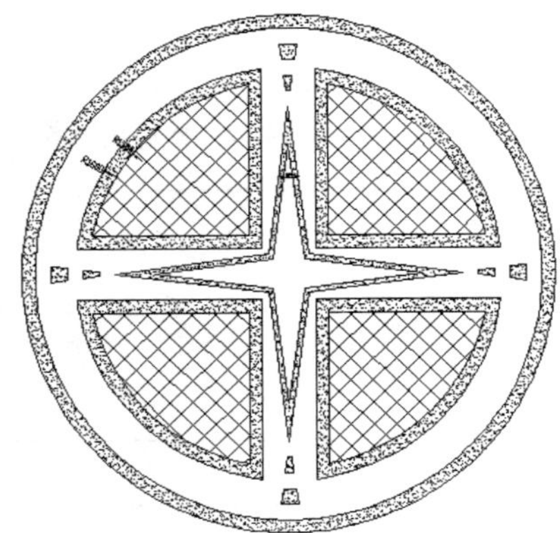

图4-33　地板拼花效果

提示

本题所运用到的是"圆　"、"直线"、"偏移"、"镜像"、"复制"、"填充"等命令，这些命令都是建筑绘图中常用的命令。

模块05

绘制会议室平面图
——图块的使用与外部参照

● 能力目标

1．能够创建和使用块

2．编辑块的属性

3．外部参照

● 专业知识目标

了解会议室的布局

● 软件知识目标

1．熟悉块的创建和编辑方法

2．掌握块属性的设置

● 课时安排

4课时（讲课2课时，实践2课时）

任务参考效果图

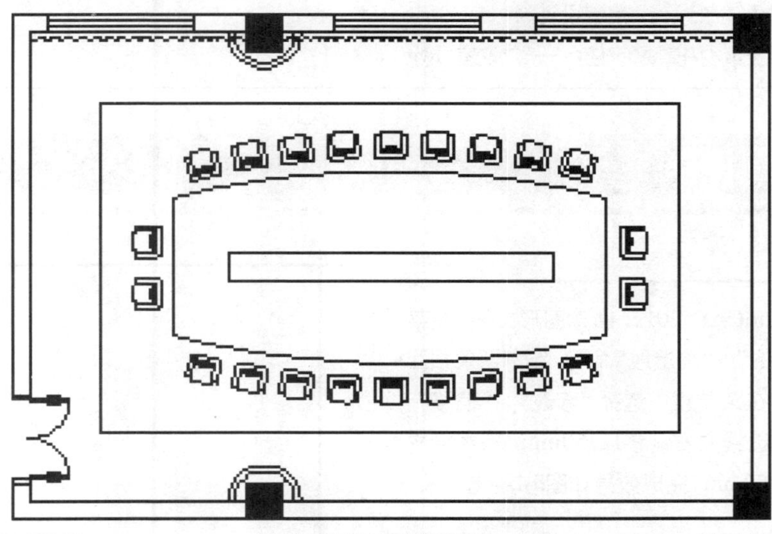

模拟制作任务

任务一 绘制会议室平面图

任务背景

会议室是建筑绘图里经常会遇见的平面图绘制，它经常出现在办公建筑、公共建筑、教学建筑中，属于常见的平面图。会议室平面图将展现的是门窗的位置、房间的布置等。

任务要求

在绘制此会议室时，应符合规范要求，房间的开间、进深值都需要满足规范。桌椅的布局和排布，要考虑周围的走路空间，不可太满，也不要太空，在舒适的情况下还要注意美观。

任务分析

设计者在绘制会议室平面图之前，应先了解会议室的布局和一般尺寸，然后根据国家建筑绘图统一标准，设计和绘制会议室的墙体、门窗、桌椅等，并注意绘图时线条粗细、样式的设计。根据这些规范要求来绘制图形，为以后使用AutoCAD绘制图形打下良好的基础。

本案例的重点、难点

创建和使用块。

编辑块的属性。

【技术要领】创建块、编辑块的属性、外部参照。

【解决问题】利用块的功能，快速绘制重复内容。

【应用领域】建筑设计、家装设计。

【素材来源】素材/模块05/任务一/会议室.dwg。

操作步骤详解

绘制墙体

❶ 启动AutoCAD 2012，新建图形文件，在菜单栏中选择“绘图”>“构造线”命令，绘制两条相互垂直的构造线，在菜单栏中选择“修改”>“偏移”命令，将垂直构造线向右偏移12150mm，将水平构造线向上偏移8150mm，完成效果如图5-1所示。

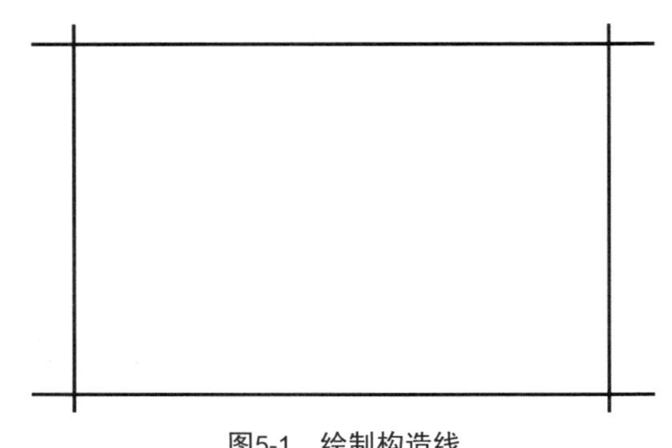

图5-1　绘制构造线

❷ 在菜单栏中选择“绘图”>“多线”命令，绘制墙体，命令执行过程如下。

命令: mline

当前设置: 对正 = 无，比例 = 300.00，样式 = STANDARD

指定起点或 [对正(J)/比例(S)/样式(ST)]:

指定下一点:

指定下一点或 [闭合(C)/放弃(U)]:

指定下一点或 [闭合(C)/放弃(U)]: c

完成效果如图5-2所示。

❸ 将构造线删除，在菜单栏中选择“绘图”>“直线”，绘制直线，然后将多线进行修剪，完成门窗洞口的绘制，如图5-3所示。水平洞口间的距离从左至右分别为600、2400、2300、2400、900、2400，垂直洞口间的距离从下到上为600、1500。

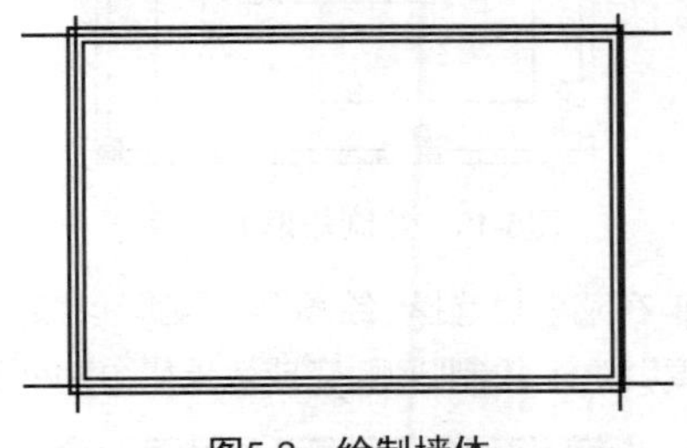

图5-2　绘制墙体

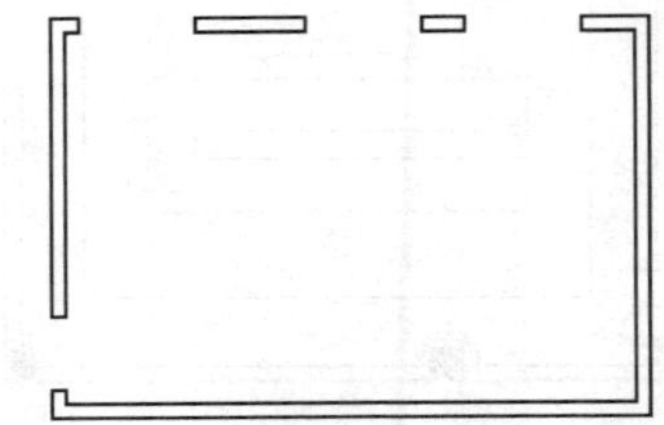

图5-3　修剪门窗洞口

❹ 使用“矩形”、“直线”、“圆弧”和“镜像”命令，绘制门，完成效果如图5-4所示。

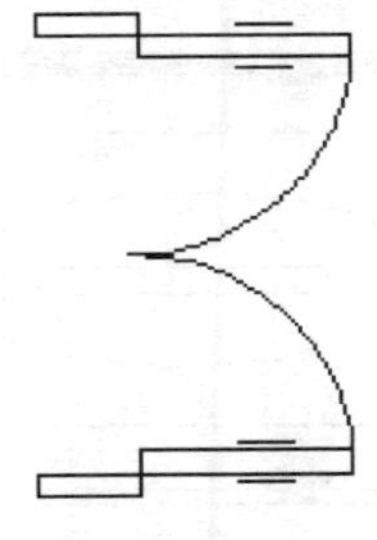

图5-4　绘制门

❺ 在菜单栏中选择“绘图”>“块”>“创建”命令[01]，将刚绘制图形定义为块，其名称为“双开门”，如图5-5所示。

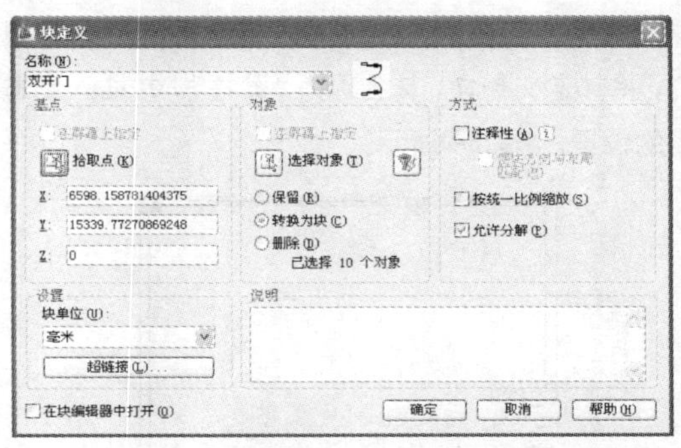

图5-5 “块定义”对话框

❻ 在菜单栏中选择“插入”>“块”命令[02]，在图5-3所示适当位置插入“双开门”图块，完成效果如图5-6所示。

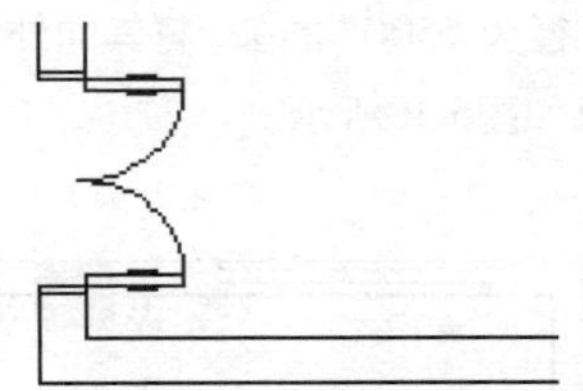

图5-6　插入“双开门”块

❼ 在菜单栏中选择“绘图”>“矩形”命令，在绘图区域空白处，绘制一个长为“2400”，宽为“300”的矩形。将其分解，再将矩形的上下边分别向内偏移“100”，完成效果如图5-7所示。

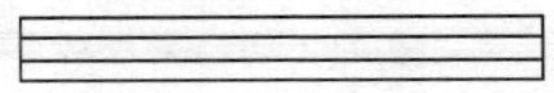

图5-7　绘制窗户

❽ 在菜单栏中选择“绘图”>“块”>“创建”命令，将刚刚绘制的图形定义为块，其名称为“窗户”，再选择“插入”>“块”命令，在适当的位置插入“窗户”图块，完成效果如图5-8所示。

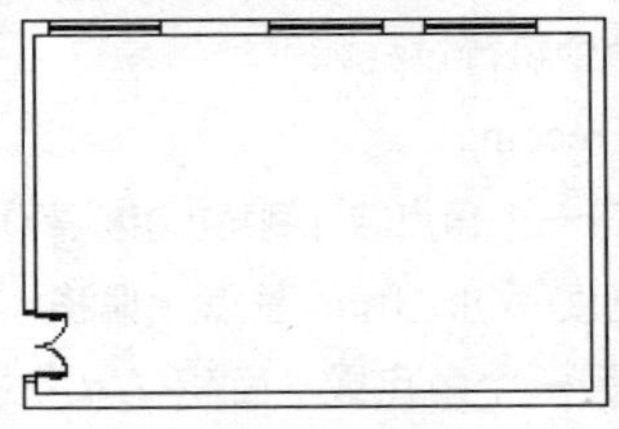

图5-8　插入“窗户”块

❾ 在空白区域绘制一个长宽为“600”的正方形，在菜单栏中选择“绘图”>“图案填充”命令，在打开的“图案填充和渐变色”对话框中，设置填充图案为“Solid”，将刚刚绘制的正方形进行填充，将其定义为块，其名称为“梁柱”，并插入到适当的位置，如图5-9所示。

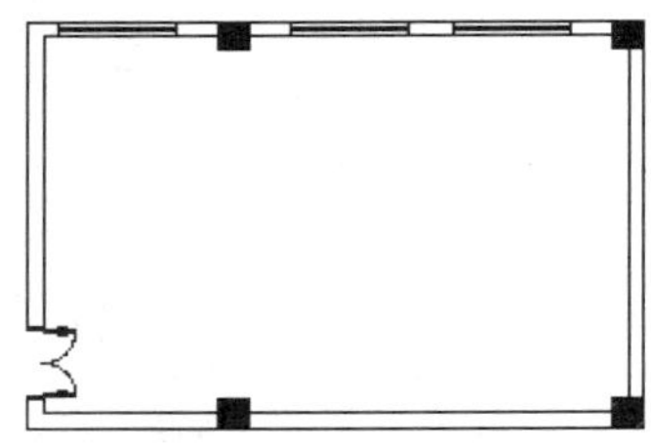

图5-9 插入“梁柱”

❿ 在菜单栏中选择“绘图”>“圆弧”>“圆心、半径、角度”命令，捕捉梁柱的中点为圆心，绘制一个半径为“500”的圆，将其向外偏移“100”，完成效果如图5-10所示。

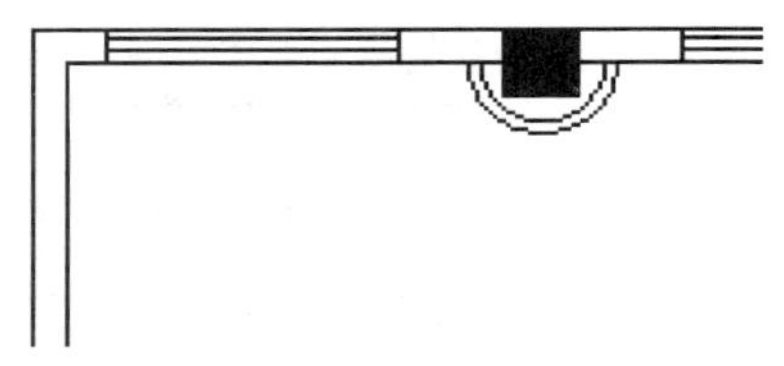

图5-10 绘制半圆

⓫ 在菜单栏中选择“绘图”>“多段线”命令，绘制多段线作为窗帘，完成效果如图5-11所示。

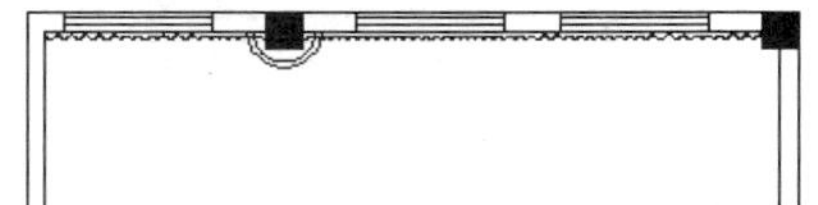

图5-11 绘制窗帘

绘制桌椅

⓬ 在菜单栏选择“绘图”>“矩形”命令、绘制矩形，命令执行过程如下。

命令: rectang

指定第一个角点或 [倒角(C)/标高(E)/圆角(F)/厚度(T)/宽度(W)]: _from 基点: <偏移>: 800,800

指定另一个角点或 [面积(A)/尺寸(D)/旋转(R)]: 10300,6300

完成效果如图5-12所示。

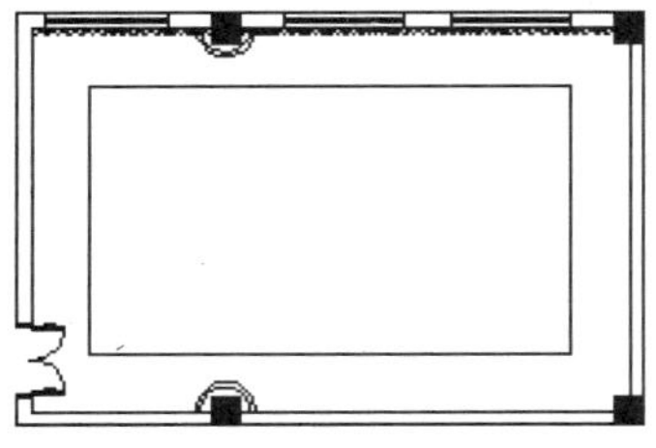

图5-12 绘制矩形

⓭ 重复“矩形”命令，在绘制一个长为“5300”，宽为“500”的矩形，然后将其移动到图5-12所示的正中心位置，并将其向外偏移“900”，完成效果如图5-13所示。

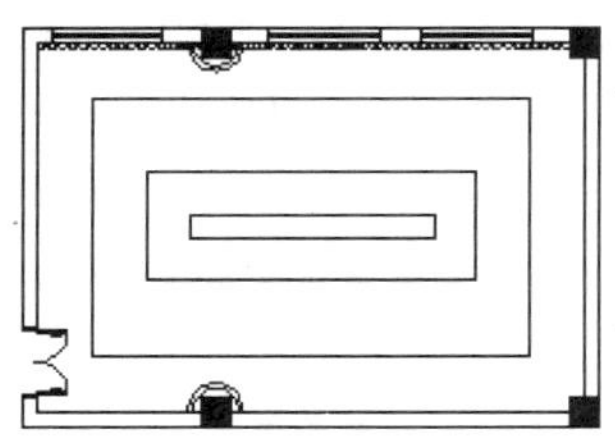

图5-13 绘制矩形并偏移

⓮ 在菜单栏选择“绘图”>“圆弧”>“起点、端点、角度”命令，绘制圆弧，完成效果如图5-14所示。

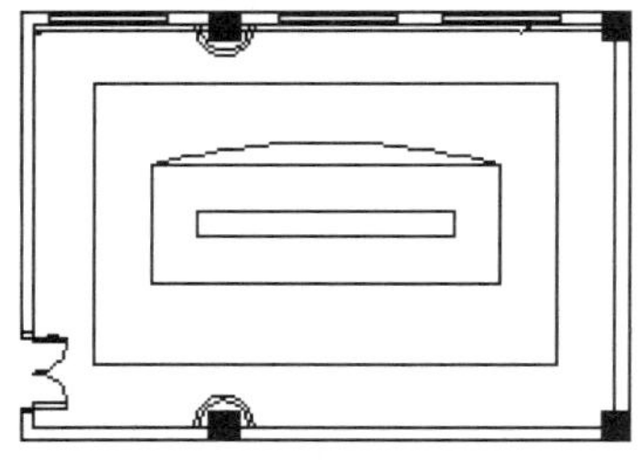

图5-14 绘制圆弧

⓯ 将圆弧以偏移后的大矩形的左右两边的中点镜像，然后选择“修改”>“分解”命令，将矩形分解，将多余的线段删除，完成效果如图5-15所示。

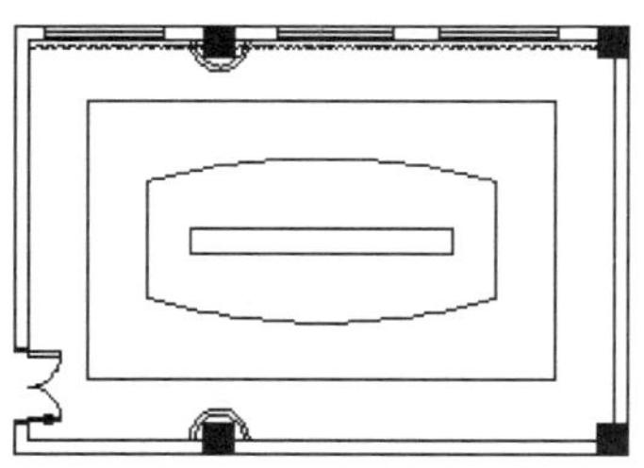

图5-15 删除多余线段

⑯ 在菜单栏中选择“修改”>“对象”>“多段线”命令，将圆弧和线段转化为多段线，再将其向外偏移“220”，命令执行过程如下。

命令: pedit

选择多段线或 [多条(M)]: m

选择对象:总计 4 个

是否将直线和圆弧转换为多段线? [是(Y)/否(N)]? <Y>

输入选项 [闭合(C)/打开(O)/合并(J)/宽度(W)/拟合(F)/样条曲线(S)/非曲线化(D)/线型生成(L)/放弃(U)]: j

合并类型 = 延伸

输入模糊距离或 [合并类型(J)] <0.0000>:

输入选项 [闭合(C)/打开(O)/合并(J)/宽度(W)/拟合(F)/样条曲线(S)/非曲线化(D)/线型生成(L)/放弃(U)]:

完成效果如图5-16所示。

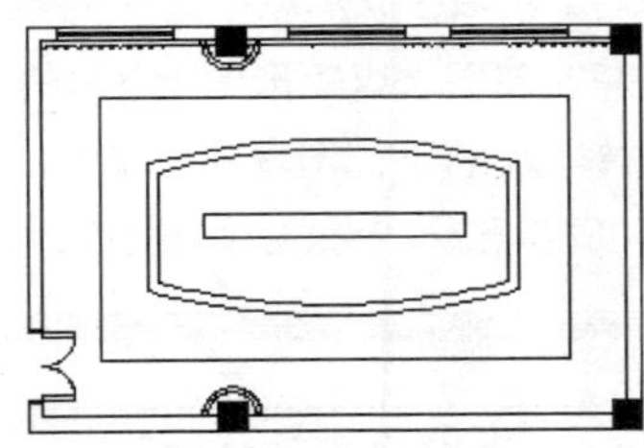

图5-16 编辑多段线

⑰ 在绘图区域的空白处绘制一个长为“750”，宽为“570”的矩形，然后将其向内偏移“120”，并将所有矩形进行分解，完成效果如图5-17所示。

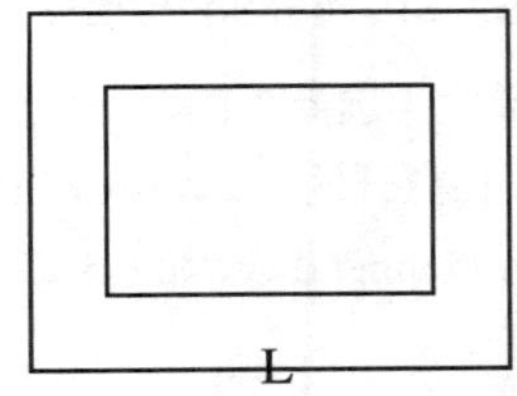

图5-17　绘制矩形并将其分解

⑱ 在菜单栏中选择“修改”>“延伸”命令，对图形进行延伸，并将直线“L”向下偏移“70”得到直线“L1”，向上偏移“320”，得到直线“L3”，完成效果如图5-18所示。

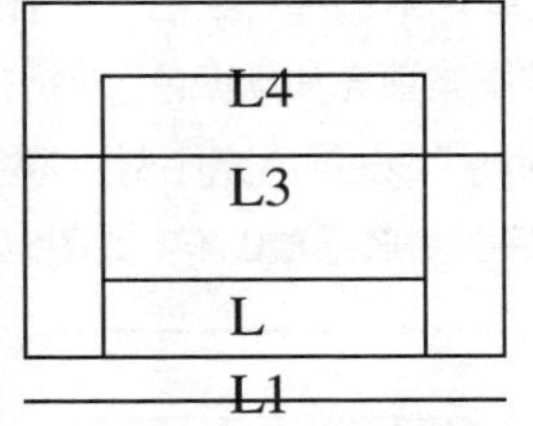

图5-18　偏移直线

⑲ 在菜单栏中选择“修改”>“圆角”命令，设置圆角半径为90，对图形进行圆角处理，将多余的线段删除，命令执行过程如下。

命令: fillet

当前设置: 模式 = 修剪，半径 = 0.0000

选择第一个对象或 [放弃(U)/多段线(P)/半径(R)/修剪(T)/多个(M)]: r

指定圆角半径 <0.0000>: 90

选择第一个对象或 [放弃(U)/多段线(P)/半径(R)/修剪(T)/多个(M)]:

选择第二个对象，或按住 Shift 键选择要应用角点的对象:

完成效果如图5-19所示。

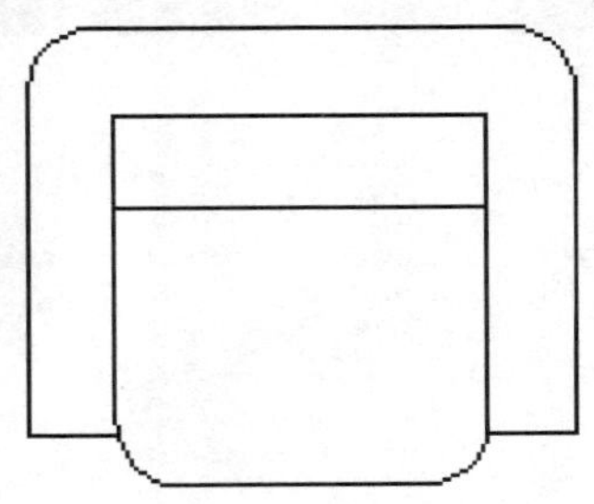

图5-19　倒圆角

⑳ 在菜单栏中选择“绘图”>“圆弧”>“三点”命令，绘制一段圆弧，捕捉直线“L4”的两端和“L3”的中点，如图5-20所示。

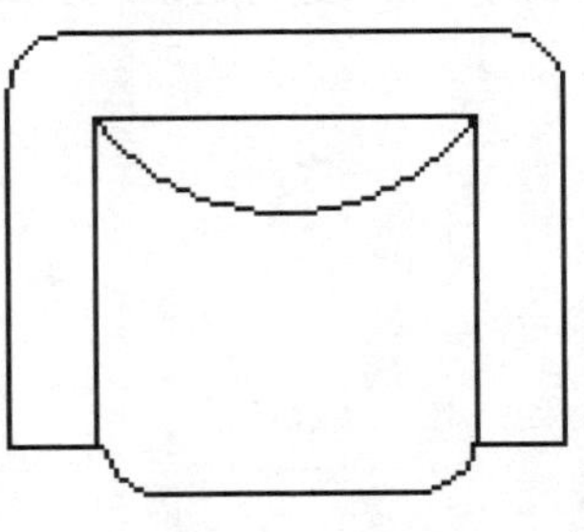

图5-20　绘制圆弧

㉑ 在菜单栏中选择“绘图”>“图案填充”命令，在打开的“图案填充和渐变色”对话框中，设置填充图案为“Honey”，设置填充比例为“8”，选择填充区域，将填充好的图形缩放0.7倍，如图5-21所示。

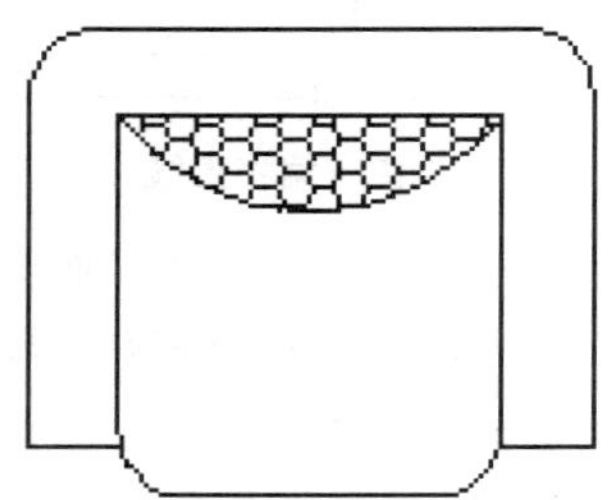

图5-21　填充图案

㉒ 在菜单栏中选择“绘图”>“块”>“创建”命令，在打开的“块定义”对话框中，单击“对象”选择区域中的“选择对象”按钮，在绘图区域中选择沙发；单击“对象”选项区域中的“删除”单选按钮，然后单击“基点”选项区域中的“拾取点”按钮，捕捉沙发上部中点作为插入点，在名称文本框中输入名称“沙发”，单击“确定”按钮创建块，如图5-22所示。

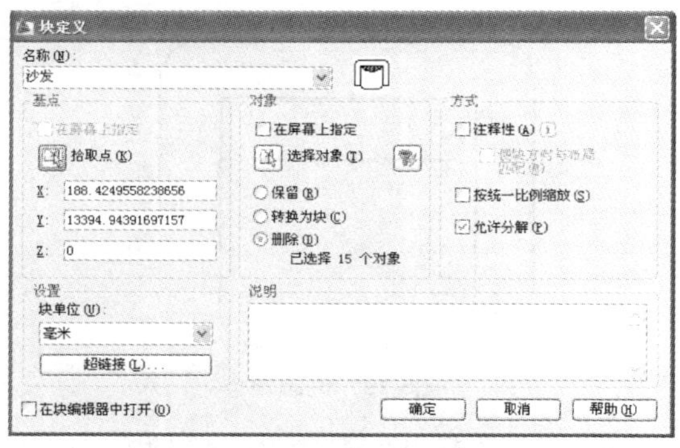

图5-22“块定义”对话框

㉓ 在菜单栏中选择“绘图”>“点”>“定数等分”命令[03]，对底部圆弧进行定数等分，命令执行过程如下。

命令: divide

选择要定数等分的对象:

输入线段数目或 [块(B)]: b

输入要插入的块名: 沙发

是否对齐块和对象? [是(Y)/否(N)] <Y>:

输入线段数目: 10

完成效果如图5-23所示。

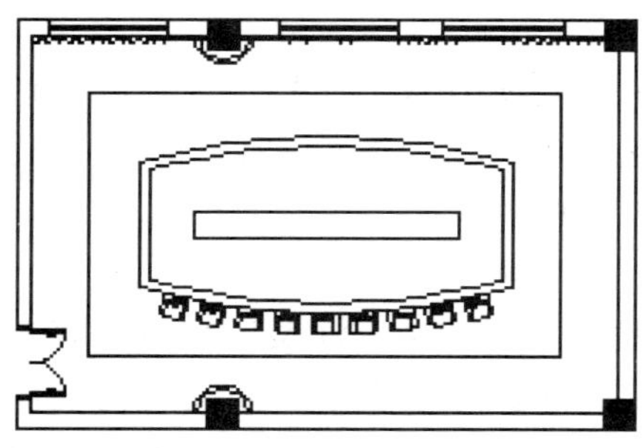

图5-23　等分圆弧

㉔ 重复“定数等分”命令，将左边的垂直线进行等分3个；然后在菜单栏中选择“修改”>“镜像”命令，将左部图块以矩形的上下边的中点为镜像点，向右镜像，将下部图块向上镜像，然后将多余的线段和圆弧删除，完成效果如图5-24所示。

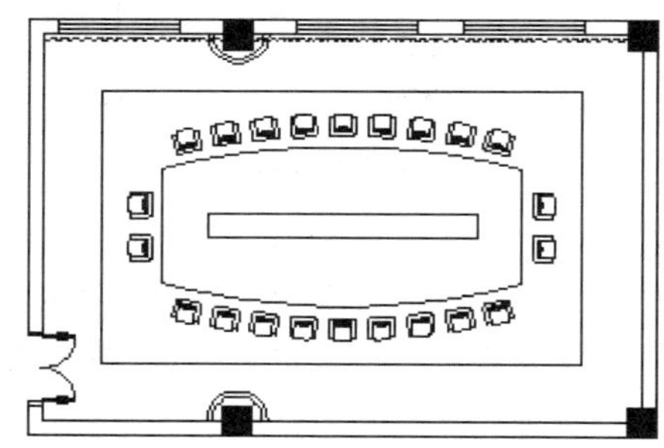

图5-24　等分和镜像图形

㉕ 在菜单栏中选择“工具”>“选项板”>“设计中心”命令，在打开的“设计中心”选项卡中，选择Home-Space Planner.dwg，如图5-25所示。

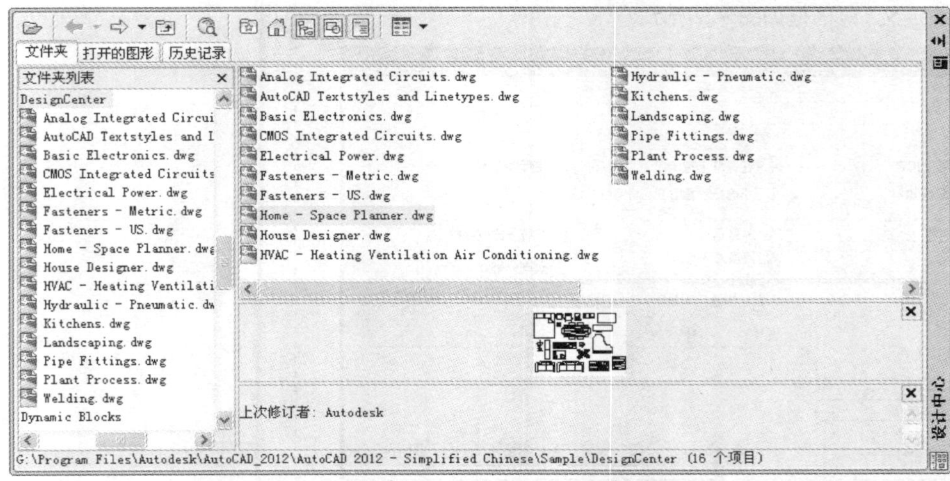

图5-25　打开“设计中心”选择板

㉖ 选择植物，单击并按住鼠标左键，将其拖入到绘图区域的适当位置，然后在菜单栏中选择“修改”>“缩放”命令，将其缩放到适当大小，完成效果如图5-26所示。

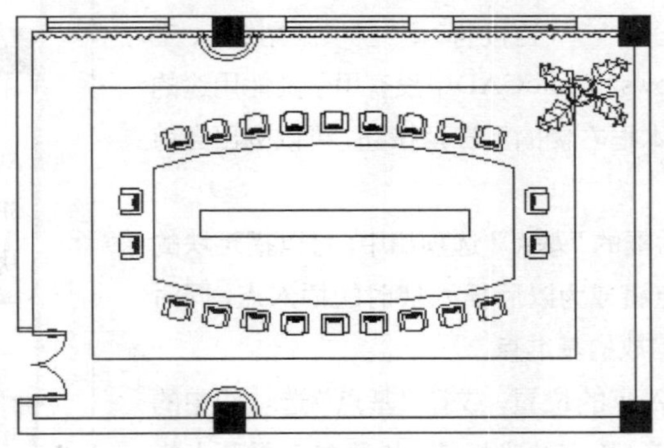

图5-26　插入植物

知识点拓展

01　创建块[①]

块是一个或多个对象组成的对象集合，常用于绘制复杂、重复的图形。一旦一组对象组合成块，就可以根据绘图需要将这组对象插入到图中任意指定位置，还可以按不同的比例和旋转角度插入。在AutoCAD 2012中，使用块可以提高绘图速度、节省存储空间、便于修改图形。

①提示

创建块时，必须先绘出要创建块的对象。如果新块名与已定义的块名重复，系统将显示警告对话框，要求重新定义块名称。此外，使用BLOCK命令创建的块只能由块所在的图形使用，而不能由其他图形使用。如果希望在其他图形中也使用块，则需使用WBLOCK命令创建块。

“块定义”对话框如图5-27所示。

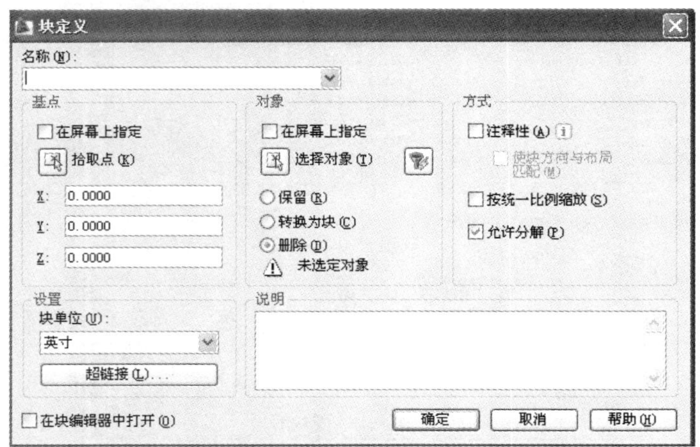

图5-27 “块定义”对话框

(1)“块定义”对话框中的“名称”[②]文本框用于输入块的名称。块名最长可达255个字符。在块名中，可以包括字母、数字和一些特殊字符，如“$”（美元）、“-”（连接符）、“_”（下划线）、空格、中文及Microsoft Windows和AutoCAD中没有用于其他用途的特殊字符。单击“文字”文本框右侧的下三角按钮，可以列出当前图形中所有块的名称。

(2) 在“块定义”对话框的“基点”选项组中，可以指定块的插入点。创建块时的基准点将成为以后插入块时的插入点，同时它也是块被插入时旋转或缩放的基准点。

可以在屏幕上指定插入点的位置，或在“基点”选项组中的X、Y、Z文本框中分别输入X、Y、Z的坐标值。如果要在屏幕上指定插入点，可以单击“基点”选项组中的“拾取点”按钮，此时，“块定义”对话框暂时消失，命令行提示“指定插入基点：”。在绘图区单击选定插入点后，“块定义”对话框重新出现。

(3)“对象”选项组指定新块中要包含的对象，以及创建块之后如何处理这些对象，是保留还是删除选定的对象或者是将它们转换成块实例。可以勾选“在屏幕上指定”复选框，单击选择对象，也可以单击“快速选择”[③]按钮。

(4)“方式”选项组指定块的行为方式，包括注释性（指定块为annotative，单击信息图标以了解有关注释性对象的更多信息）、使块方向与布局匹配（指定在图纸空间视口中的块参照的方向与布局的方向匹配。如果未勾选“注释性”复选框，则该选项不可用）、按统一比例缩放、允许分解。

②提示

不能用DIRECT、LIGHT、AVE_RENDER、RM_SDB、SH_SPOT和OVERHEAD作为有效的块名称。

③提示

单击“快速选择”按钮显示“快速选择”对话框，该对话框定义选择集。

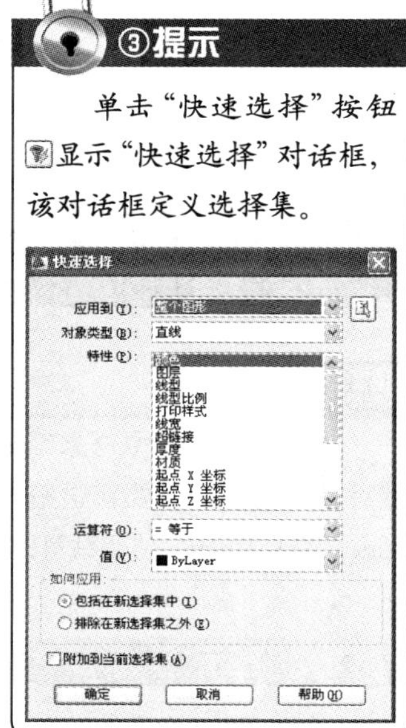

02 插入块[4]

该命令用于将已经预先定义好的块插入到当前图形中。如果当前图形中不存在指定名称的内部块定义，则AutoCAD 2012将搜索磁盘和子目录，直到找到与指定块同名的图形文件，并插入该文件。如果在样板图中创建并保存了块，那么在使用该样板图创建一张新图时，块定义也将被保存在新创建的图形中。如果将一个图形文件插入到当前图形中，那么其中的块定义也将被插入到当前图形中，不论是这些块是已经被插入到图形中，还是只保存了一个块定义。

调出插入块命令后，可以在其对话框中设置名称、插入的点、比例[5]，还可以设置插入块的旋转角度、是否将其分解、设置块的单位。

还可以将块以一个单独的文件进行保存，这里叫“存储块”。它的调用方法是在命令行中输入“wblock”[6]。

在制作一些复杂的块时，还可以为块添加一些属性，调用的方法是单击菜单栏的“绘图（D）” > “块（K）” > “属性定义（D）”命令，打开“属性定义”对话框，如图5-28所示。

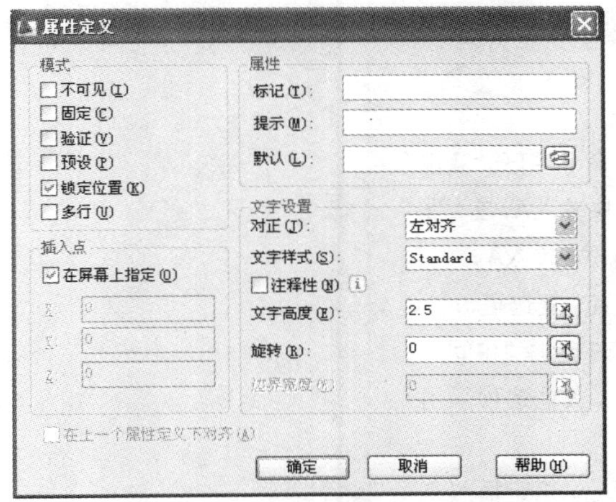

图5-28 “属性定义”对话框

（1）“模式”：用于在图形中插入块时设置与块关联的属性值选项。默认值存储在AFLAGS系统变量中。更改AFLAGS设置将影响新属性定义的默认模式，但不会影响现有属性定义。包括不可见（指定插入块时不显示或打印属性值。ATTDISP将覆盖“不可见”模式）、固定、 验证（插

④技巧

插入块的启用方法有以下几种。

- 在命令行里输入insert。
- 在菜单栏中单击“插入（I）” > “块（B）”命令。

⑤易错点

如果指定一个负的比例值，那么AutoCAD 2012将在插入点处插入一个块参照的镜像图形。实际上，如果将X轴和Y轴方向的比例值都设为“-1”，那么AutoCAD 2012将对该对象进行“双向镜像”，其效果就是将块参照旋转180°。如果希望在屏幕上指定比例值，那么应勾选中“在屏幕上指定”复选框。如果勾选中“统一比例”复选框，那么只需要在X文本框中输入一个比例值，相应地，沿Y轴和Z轴方向的比例值都将保持与X轴方向的比例值一致。

⑥技巧

使用wblock命令的优点是，当整个图形文件被写入到一个新文件中时，该图形文件中没有使用的块、图层、线型和其他一些没有的对象，不会被写入到新的文件中。这是因为图形会自动清除一些没用的信息，意味着一些没用的项目不会被写入到新的图形文件中。

入块时提示验证属性值是否正确）、 预置、 锁定位置[7]、 多行（指定属性值可以包含多行文字，选定此选项后，可以指定属性的边界宽度）。

(2)“属性”：用于设置属性数据。

(3)“插入点”：指定属性位置。输入坐标值或者勾选“在屏幕上指定”复选框，并使用定点设备根据与属性关联的对象指定属性的位置。

(4)“文字设置”：用于设置属性文字的对正、样式、高度和旋转。

(5)“在上一个属性定义下对齐”：将属性标记直接置于定义的上一个属性的下面。如果之前没有创建属性定义，则此选项不可用。

将图5-29所示的图形定义成表示位置公差基准的符号块，如图5-30所示，要求符号块的名称为BASE；属性标记为A；属性提示为“请输入基准符号”；属性默认值为A；以圆的圆心作为属性插入点；属性文字对齐方式采用“中间”；并且以两条直线的交点作为块的基点。

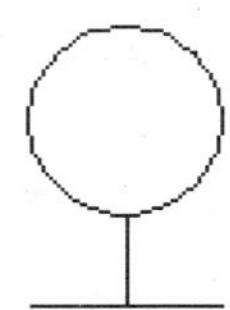

图5-29　定义带有属性的块

命令执行过程如下。

①选择菜单栏“绘图”> “块”> “定义属性”命令，打开“属性定义”对话框。在“属性”选项组的“标记”文本框中输入A，在“提示”文本框中输入“请输入基准符号”，在“值”文本框中输入A。

②在“插入点”选项组中勾选“在屏幕上指定点”复选框。

③在“文字选项”选项组的“对正”下拉列表中选择“中间”选项，在“高度”按钮后边的文本框中输入“50”，其他选项采用默认设置。

④单击“确定”按钮，在绘图窗口单击圆的圆心，确定插入点的位置。完成属性块的定义，同时在图中的定义位置将显示出该属性的标记，如图5-30所示。

⑦提示

锁定位置是指锁定块参照中属性的位置。解锁后，属性可以相对于使用夹点编辑的块的其他部分移动，并且可以调整多行属性的大小。在动态块中，由于属性的位置包括在动作的选择集中，因此必须将其锁定。

⑦易错点

在动态块中，由于属性的位置包括在动作的选择集中，因此必须将其锁定。

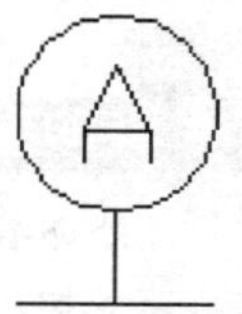

图5-30　显示A属性的标记

⑤在命令行中输入命令“wblock”，打开“写块”对话框，在“基点”选项组中单击“拾取点”按钮，然后在绘图窗口中单击两条直线的交点。

⑥在“对象”选项组中单击选择“保留”单选按钮，并单击“选择对象”按钮，然后在绘图窗口中使用窗口选择所有图形。

⑦在“目标”选项组的“文件名和路径”文本框中输入“D: \AutoCAD\base.dwg”，并在“插入单位”下拉列表中选择“毫米”选项，然后单击“确定”按钮。

⑧双击创建的块，将打开“增强属性编辑器”对话框[⑧]，在“值”文本框中输入“B”，然后单击“确定”按钮，完成操作效果如图5-31所示。

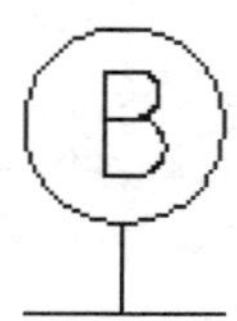

图5-31　编辑属性

03　使用参照

参照是指一个图形文件对另一个图形文件的引用，外部参照是把已有的其他图形文件链接到当前图形文件中。外部参照具有和图块相似的属性，但它与插入“外部块”是有区别的，插入“外部块”是将块的图形数据全部插入到当前图形中，而外部参照只记录参照图形位置等链接信息，并不插入该参照图形的图形数据。在绘图过程中，可以将一幅图形作为外部参照附加到当前图形中，这是一种重要的共享数据的方法，也是减少重复绘图的有效手段。

⑧提示

在“增强属性编辑器”对话框中可以设置块的属性、文字特性。各选项具体说明如下。

“属性”选项卡：用于显示指定给每个属性的标记、提示和值。只能更改属性值。如下图所示。

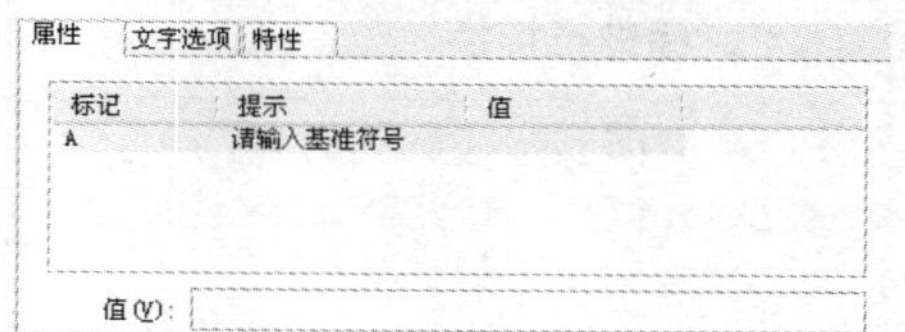

“文字选项”选项卡：设置用于定义属性文字在图形中的显示方式的特性。在“特性”选项卡上修改属性文字的颜色，如下图所示。

属性　文字选项　特性
文字样式(S): Standard
对正(J): 中间　□反向(K)　□倒置(D)
高度(E): 50　宽度因子(W): 1
旋转(R): 0　倾斜角度(O): 0
□注释性(N)

“特性”选项卡：定义属性所在的图层以及属性文字的线宽、线型和颜色。如果图形使用打印样式，可以使用“特性”选项卡为属性指定打印样式，如下图所示。

属性　文字选项　特性
图层(L): 0
线型(T): ByLayer
颜色(C): ByLayer　线宽(W): ByLayer
打印样式(S): ByLayer

(1) 外部参照[⑨]。调用外部参照管理器命令之后，系统打开“外部参照”对话框，如图5-32所示。该对话框的外部参照列表列出了当前图形中存在的外部参照的相关信息，包括外部参照的名称、加载状态、文件大小、参照类型创建日期和保存路径等。此外，用户还可以进行外部参照的附着、拆离、重载、打开、卸载和绑定操作。双击“类型”列，可以使外部参照在“附加型”和“覆盖型”之间进行切换。

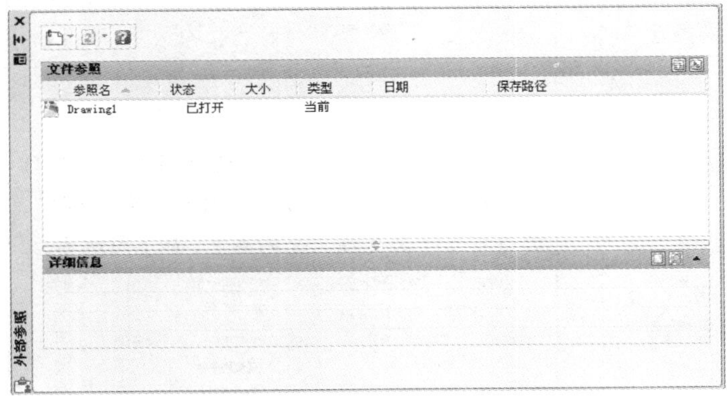

图5-32 “外部参照”对话框

各选项具体说明：

①“文件参照”列表：该列表里显示了当前图形中各个外部参照的名称、加载状态、文件大小等信息。

②“附着”按钮：单击该按钮，包括“附着DWG”、“附着图像”、“附着DWF”和“附着DGN”。

“附着DWG”：选择要附着的文件，

“附着图像”：选择要附着的图像文件，

“附着DWF”和“附着DGN”：分别打开“选择DWF文件”对话框和“选择DGN文件”对话框。

(2) 外部参照附着[⑩]是为了帮助用户利用其他图形来补充当前图形。一个图形可以作为外部参照同时附着到多个图形中，也可以将多个图形作为参照图形附着到单个图形上。

⑨提示

外部参照的优点。

- 参照图形中对图形对象的更改可以及时反映到当前图形中，以确保用户使用最新参照信息。
- 由于外部参照只记录链接信息，所以图形文件相对于插入块来说比较小。尤其是参照图形本身很大时这一优势就更加明显。
- 外部参照的图形一旦被修改，则当前图形将会自动进行更新，以反映外部参照图形所做的修改。
- 适合于多个设计者的协同工作。

⑨技巧

启用外部参照命令有以下方法。

- 在命令行输入“xref”。
- 在菜单栏中选择“插入(I)” > “外部参照(N)”命令。

⑩技巧

启用外部参照命令有以下方法。

- 在命令行输入“xattach”。
- 在菜单栏中选择“插入(I)”>“外部参照”/“DWG参照(R)”命令。

（3）剪裁外部参照[11]，用户可以指定剪裁边界以显示外部参照和块插入的有限部分，如图5-33所示。

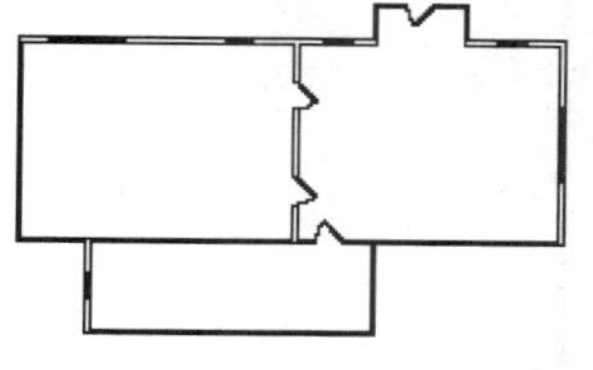

（a）当前图形

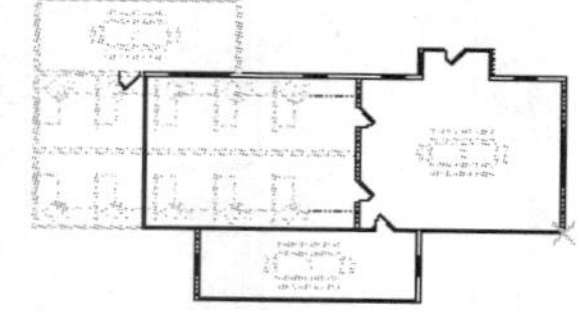

（b）附着的外部参照

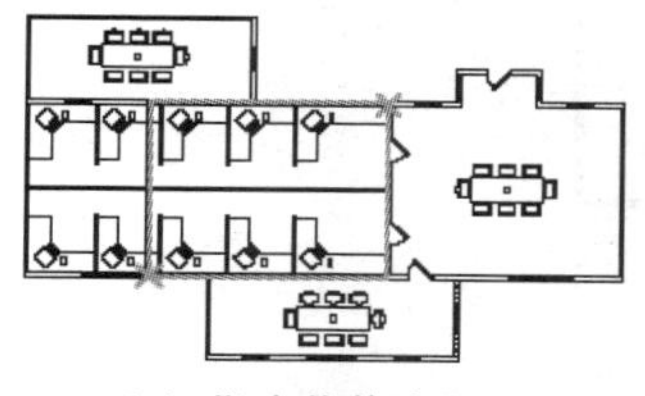

（c）指定裁剪边界

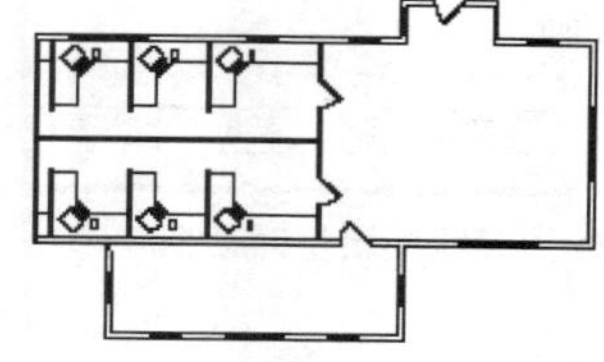

（d）得到的剪裁外部参照

图5-33 剪裁外部参照

调用上述命令后，系统提示如下。

输入剪裁选项 [开（ON）/关（OFF）/剪裁深度（C）/删除（D）/生成多段线（P）/新建边界（N）] <新建边界>:

各选项具体说明如下。

①“开”：打开外部参照剪裁边界，即在宿主图形中不显示外部参照或块的被剪裁部分。

②“关”：关闭外部参照剪裁边界，在当前图形中显示外部参照或块的全部几何信息，忽略剪裁边界。

③“剪裁深度”：在外部参照或块上设置前剪裁平面和后剪裁平面，系统将不显示由边界和指定深度所定义的区域外的对象。剪裁深度应用在平行于剪裁边界的方向上，与当前 UCS 无关。

④“删除”：删除前剪裁平面和后剪裁平面。

⑤“生成多段线”：自动绘制一条与剪裁边界重合的多段线。此多段线采用当前的图层、线型、线宽和颜色设置。

⑥“新建边界”：定义一个矩形或多边形剪裁边界，或者用多段线生成一个多边形剪裁边界。

（4）在位编辑外部参照[12]，在处理外部引用图形时，用户可以使用在位参照编辑来修改当前图形中的外部参照，或者重定义当前图形中的块定义。块和外部参照都被视为参照。通过在位编辑参照，可以在当前图形的可视上下文中修改参照。

调用上述命令后，选择编辑对象，然后系统打开“参照编辑”对话框，如图5-34所示。

⑪技巧

启用外部参照命令有以下方法。

- 在命令行输入“xclip”。
- 在菜单栏中选择“修改（M）”>“剪裁（C）”>“外部参照（X）”命令。

⑪经验

剪裁仅应用于外部参照或块的单个实例，而非定义本身。不能改变外部参照和块中的对象，只能更改它们的显示方式。

⑪易错点

剪裁只对选择的外部参照起作用，对其他的图形没有影响。

⑫技巧

启用外部参照命令有以下几种方法。

- 在命令行输入“refedit”。
- 在菜单栏中选择“工具（T）”>“外部参照和块在位编辑”>“在位编辑参照（E）”命令。

⑫经验

用局部方式打开AutoCAD的图形文件时，不能进行在位编辑操作。

对某一参照进行编辑后，该参照在其他图形中或同一图形其他插入位置的图形也同时发生改变。

该命令也可以用于块的在位编辑，可以直接修改块而不用修改用于定义块的原始对象。

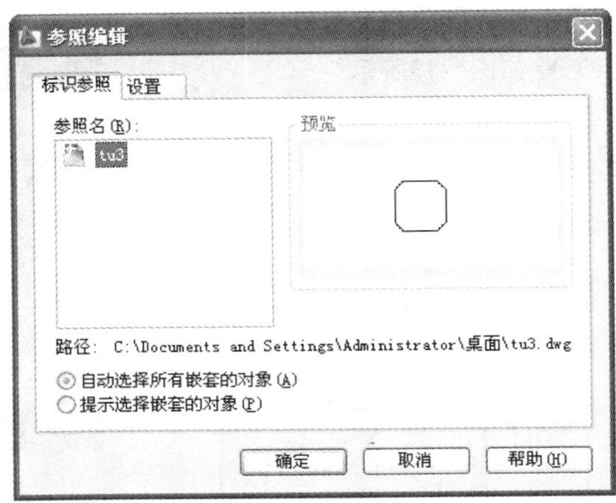

图5-34 “参照编辑”对话框

各选项具体说明如下。

①“标识参照”选项卡：用于为标识要编辑的参照提供视觉帮助和辅助工具，并控制选择参照的方式。

“路径”选项区显示选定参照的文件位置。如果选定参照是一个块，则不显示路径。如果单击“自动选择所有嵌套对象”单选按钮，选定参照中的所有对象将自动包括在参照编辑任务中；单击选中“提示选择嵌套的对象”单选按钮，系统关闭“参照编辑”对话框，进入参照编辑状态后，系统将提示用户在要编辑的参照中选择特定的对象。

②“设置”选项卡：用于为编辑参照提供选项，如图5-35所示。

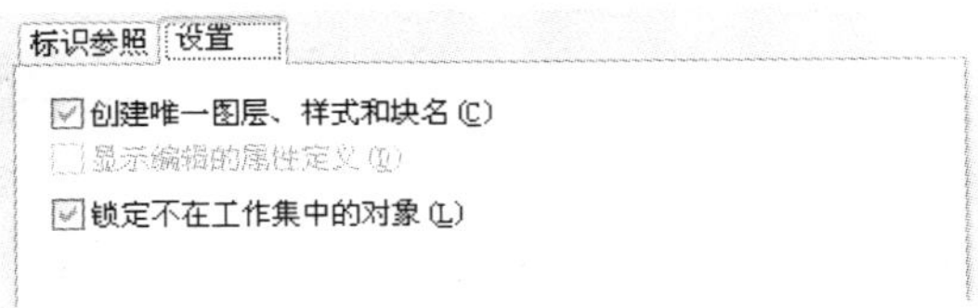

图5-35 “设置”选项卡

实践部分 （2课时）

任务二 使用外部参照

任务背景

绘制一个装饰图形，将以前绘制好的图形进行合并，绘制一个新的图形，作为装饰物使用，方便以后在不同的图形里进行插入，最终效果如图5-36所示。

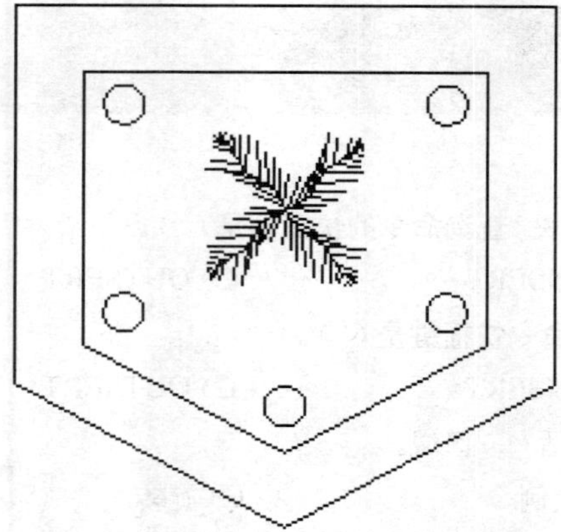

图5-36 插入块的最终效果图

任务要求

运用本章内容将已有的图形合并成一个图形。

【技术要领】插入块、外部参照。

【解决问题】将绘制好的图形进行合并。

【应用领域】建筑设计、建筑装潢。

【素材来源】素材/模块05/任务二/使用外部参照.dwg。

任务分析

现在有一些图形在不同文件里已经绘制完成，现要求将其合并成一个图形，作为一个完整的装饰使用。在绘制平面图、总平图时可以当做一种装饰进行插入。

主要制作步骤

(1) 新建一个文件，在菜单栏中单击“插入”> “DWG参照”命令，打开“选择参照文件”对话框。

(2) 找到tu1.dwg文件，单击“打开”按钮。打开“外部参照”对话框，在“参照类型”选项组中单击选择“附着型”单选按钮，在“插入点”选项组中取消勾选“在屏幕中指定”复选框，确认X、Y和Z均为“0”，单击“确定”按钮，将外部参照tu1.dwg插入到当前文件中。

(3) 重复以上的操作，将tu2.dwg、tu3.dwg插入到文件中，外部参照文件如图5-37所示。

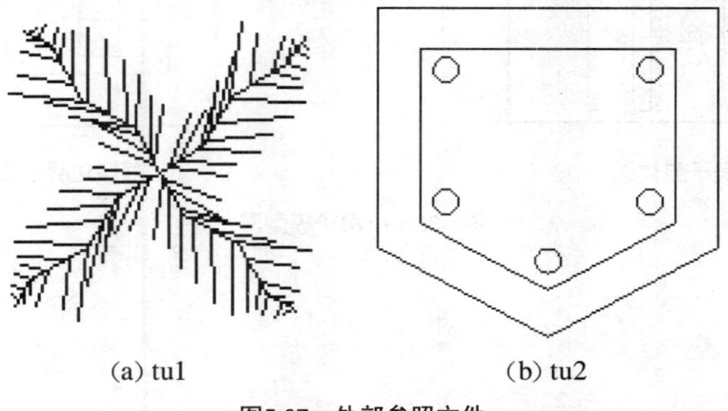

(a) tu1　　(b) tu2

图5-37 外部参照文件

课后作业

1. 选择题

(1) 在AutoCAD中，“插入块”查询命令的快捷键是（ ）。

A) B　　B) INSERT　　C) OUTSERT　　D) W

(2) 在AutoCAD中，“块”命令快捷键是（ ）。

A) B　　B) INSERT　　C) OUTSERT　　D) W

(3) “插入”对话框中不包括（ ）区域。

A) 插入点　　B) 比例　　C) 旋转　　D) 角度

2. 判断题

(1) 可以使用不同的 X、Y 和 Z 值指定块参照的大小。（ ）

(2) 如果插入的块所使用的图形单位与为图形指定的单位不同，必须通过手动按照两种单位相比的等价比例因子进行缩放。（ ）

(3) 注意在输入相对坐标时，必须像通常情况下那样包含 @ 标记，因为相对坐标是假设的。（ ）

(4) 要按指定距离复制对象，还可以在“正交”模式和极轴追踪打开的同时使用直接距离输入。（ ）

3. 填空题

(1) 插入块操作将创建一个称作块参照的对象，因为参照了存储在当前图形中的____。

(2) 插入块的途径是作为块插入图形文件、从工具选项板上插入块、从块库中插入块、使用设计中心插入块、________。

4. 操作题

运用本章所学知识，绘制一个小房子模型，再画出窗户和门的样式，然后将门窗创建成块，并将其剪裁，如图5-38所示。

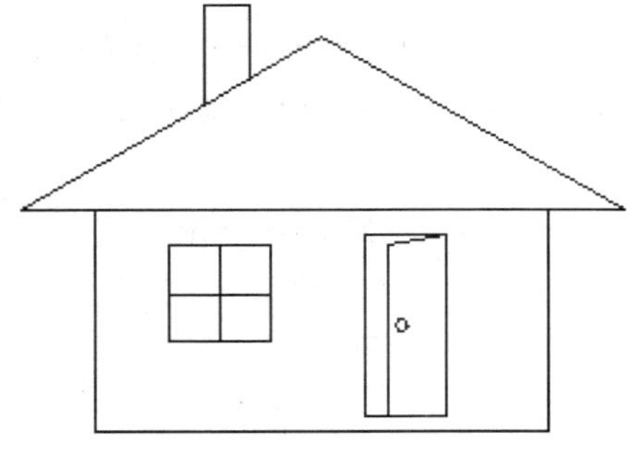

房子整体图

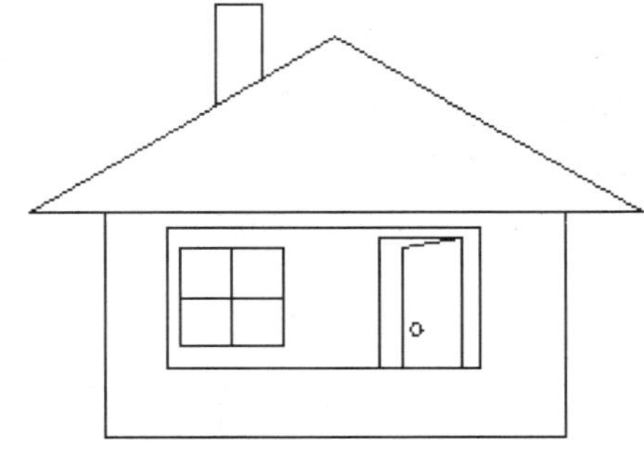

剪裁边界以后的图形

图5-38　小房子模型图

模块06

为别墅底层平面添加标注和说明

——创建文字和标注图形尺寸

● 能力目标

1. 能够在AutoCAD中绘制表格
2. 能够标注各种图形尺寸

● 专业知识目标

1. 了解图纸需要添加哪些文字说明
2. 了解图纸需要标注哪些尺寸
3. 了解图签的内容

● 软件知识目标

1. 掌握添加文字说明的方法
2. 掌握各种尺寸标注的方法
3. 掌握在AutoCAD中如何绘制表格

● 课时安排

8课时（讲课6课时，实践2课时）

任务参考效果图

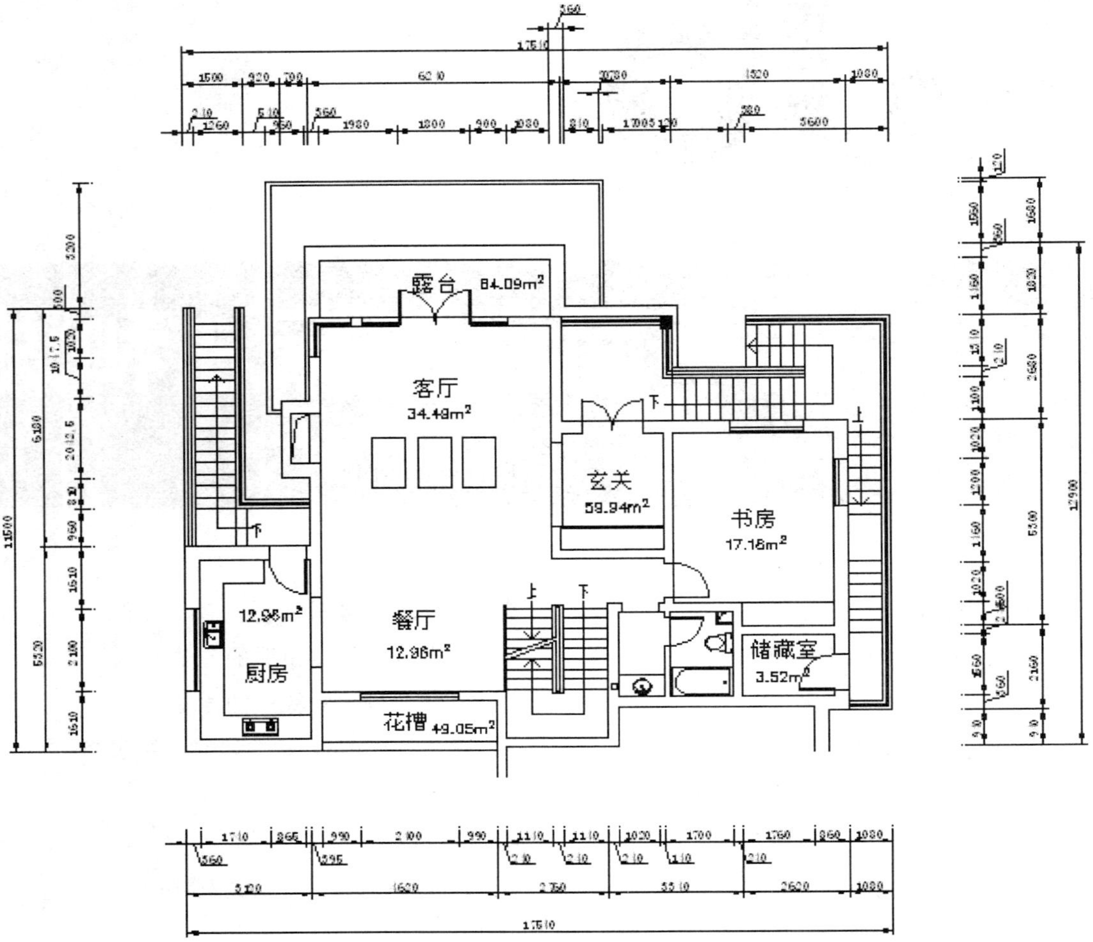

模拟制作任务

任务一　标注别墅底层平面图文字

任务背景

图纸上的文字说明是绘制图纸的必需要素，尤其是在绘制建筑平面图的时候，需要对建筑的功能分区加以文字标注，这样可以对所绘制建筑平面图的各房间功能一目了然。

任务要求

为图纸添加文字说明，要根据国家或公司规定，将图纸的字体统一，注意标注内容不同时，往往需要的文字样式和文字高度有所区别，灵活运用。

任务分析

在为本任务别墅添加文字说明之前，需要读懂图纸，知道这栋别墅是怎样进行功能分区的，需要添加哪些说明；不同公司对文字的样式、高度等有不同的规定，了解图纸以后，再根据公司的规定，设置文字样式，完成标注任务。

本案例的重点、难点

文字样式的设置。

单行文字与多行文字。

面积查询。

【技术要领】单行文字、多行文字、面积。

【解决问题】根据需要为图纸添加各种文字说明。

【应用领域】建筑设计、家装设计。

【素材来源】素材/模块06/任务一/别墅底层平面.dwg。

操作步骤详解

标注房间的功能

❶ 启动AutoCAD 2012，打开本书配套“素材/模块06/任务一/别墅底层平面图.dwg”文件。首先单击“图层”工具栏中的 “图层特性管理器”命令按钮，打开“图层特性管理器”对话框，新建一个名称为“文字标注”的图层，并单击鼠标右键，将“文字标注”图层置为“当前”图层，如图6-1所示。

图6-1　新建图层

❷ 在菜单栏中选择“格式”>“文字样式”命令，打开“文字样式”对话框，新建一个名为“400”的文字样式，并按图6-2所示进行设置并保存。

❸ 在菜单栏中选择“工具”>“工具栏”>“AutoCAD”　>“文字”命令，调出“文字”工具栏，在命令行中选择A “单行文字”命令，为别墅平面图添加文字说明，标注后效果如图6-3所示。

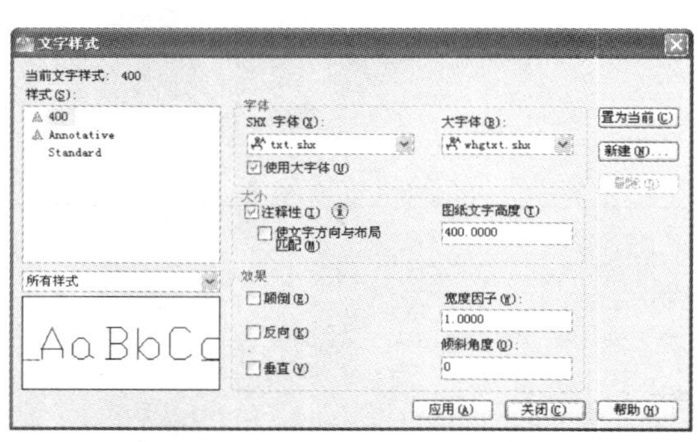

图6-2　设置文字样式

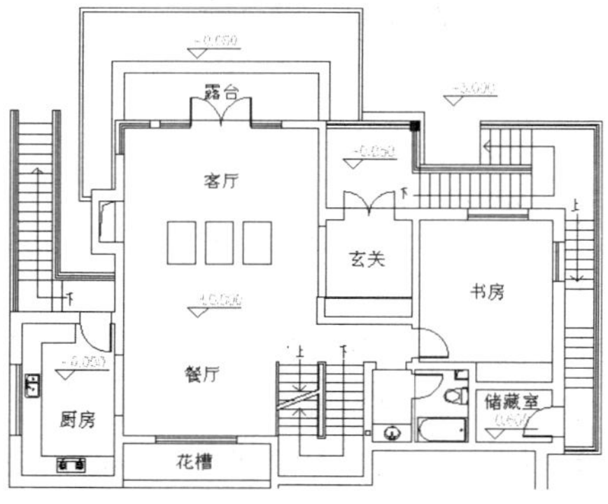

图6-3　标注后效果

标注房间的面积

❹ 在菜单栏中选择“工具”>“查询”>“面积”命令，依次单击厨房的4个角点，查询厨房的面积，命令执行过程如下。

命令: measuregeom

输入选项 [距离(D)/半径(R)/角度(A)/面积(AR)/体积(V)] <距离>: area

指定第一个角点或 [对象(O)/增加面积(A)/减少面积(S)/退出(X)] <对象(O)>:

指定下一个点或 [圆弧(A)/长度(L)/放弃(U)]:

指定下一个点或 [圆弧(A)/长度(L)/放弃(U)/总计(T)] <总计>:

指定下一个点或 [圆弧(A)/长度(L)/放弃(U)/总计(T)] <总计>:

区域 = 12963000.0000，周长 = 14720.0000

❺ 单击“文字”工具栏中的 A “多行文字”命令按钮，在厨房的空白处单击并按住鼠标左键，拖曳出一个区域，在确认了输入区域以后，在对话框中输入厨房面积，效果如图6-4所示。

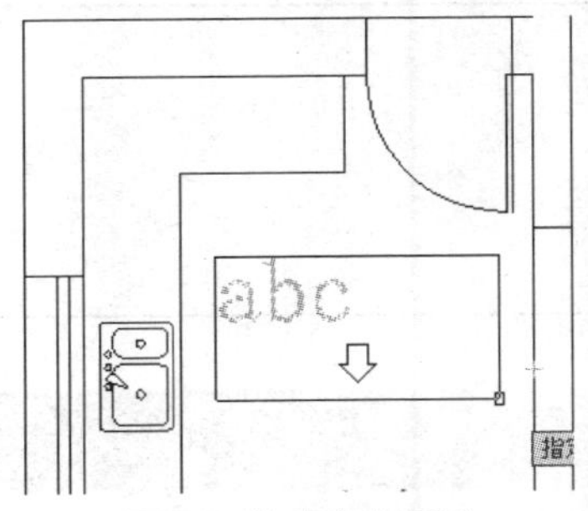

图6-4　拖曳文字区域

❻ 选中上一步所输入的文字，对文字的字体和大小进行调整，在“文字”下拉菜单中将字体样式改为“simplex”，文字大小改为“250”，效果如图6-5所示。

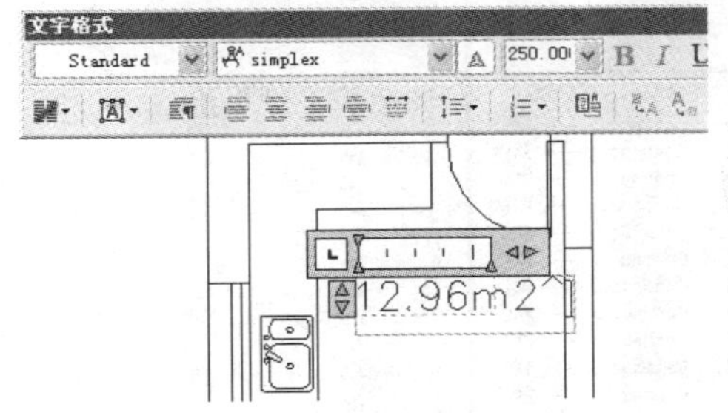

图6-5　修改文字的字体和大小

❼ 选中“2^”字符，单击“文字格式”对话框中的“b/a”按钮，转换文字样式，完成厨房面积的标注，效果如图6-6所示。

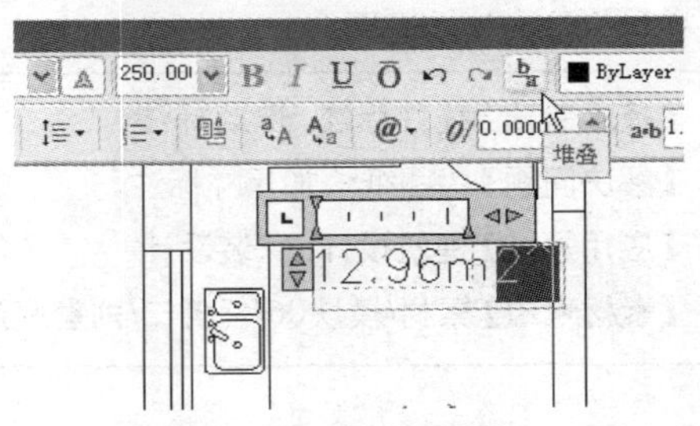

图6-6　转换文字样式

❽ 重复利用“查询”工具栏中的“区域”命令，对其他功能房间的面积进行查询，并重复利用“多行”标注命令，对各功能房间面积进行标注，标注后效果如图6-7所示。

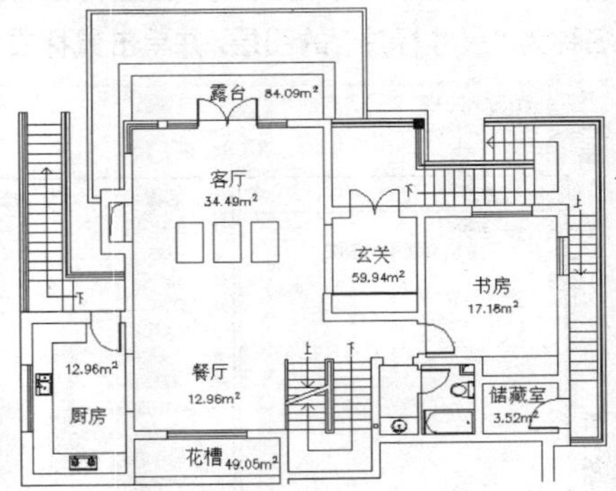

图6-7　标注文字最终效果

任务二　标注别墅底层平面图尺寸

任务背景

图纸添加标注与添加文字说明，在绘制图纸中非常重要，尺寸标注是了解轴线之间距离和各构件的尺寸的重要依据，也是绘制图纸必不可少的部分。

任务要求

在为图纸添加尺寸标注时，对尺寸标注样式要求十分严格，在绘图过程中理解标注的含义，各种标注的使用方法和技巧，这样才能更好、更快地完成绘制任务。

任务分析

为别墅底层平面添加尺寸标注之前，首先应知道需要标注哪些尺寸，这些尺寸在图纸中的作用，标注在哪些位置，然后根据公司对尺寸标注格式的规定进行设置，完成尺寸标注的任务。

本案例的重点、难点

尺寸标注样式的设置。

各种标注方法的运用。

【技术要领】线性标注、连续标注。

【解决问题】为图纸添加尺寸标注。

【应用领域】建筑设计、家装设计。

【素材来源】素材/模块06/任务二/别墅底层平面尺寸.dwg。

操作步骤详解

设置尺寸标注格式

❶ 单击“图层”工具栏中的“图层特性管理器”命令按钮，打开“图层特性管理器”对话框，新建一个名称为“尺寸标注”的图层，并单击鼠标右键，将“尺寸标注”图层置为“当前”图层，如图6-8所示。

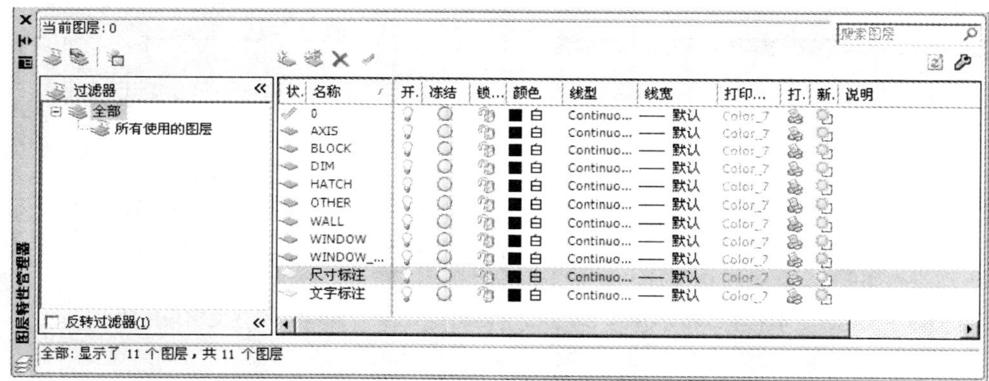

图6-8　新建“尺寸标注”图层

❷ 单击“绘图”工具栏中的“多段线”命令按钮，在平面图的四周绘制一条闭合的多段线，作为尺寸对象的定位辅助线，图形的位置以适宜、美观为主，绘制效果如图6-9所示。

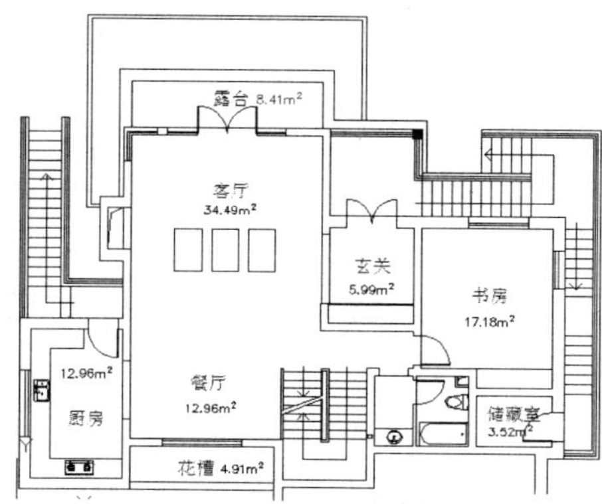

图6-9　绘制定位辅助线

❸ 在菜单栏中选择“工具”>“工具栏”>“AutoCAD” >“标注”命令，调出“标注”工具栏。单击“标注”工具栏中的“标注样式”命令按钮，打开“标注样式管理器”对话框，单击“替代”按钮，如图6-10所示。

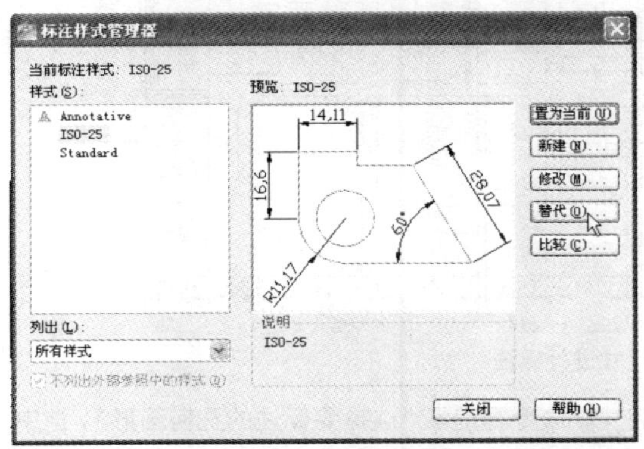

图6-10 “标注样式管理器”对话框

❹ 单击“替代”按钮后，打开“替代当前样式：ISO-25”对话框，单击选择“调整”选项卡，将“文字位置”设置为“尺寸线上方，带引线”，设置“全局比例因子”为“100”，单击“确定”按钮，返回“标注样式管理器”对话框，单击“关闭”按钮，关闭对话框，如图6-11所示。

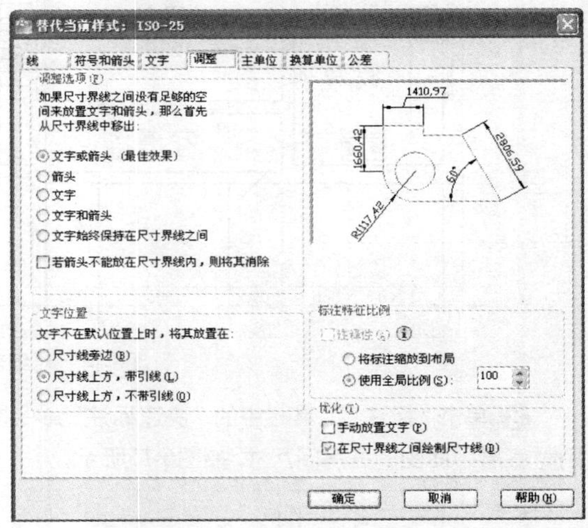

图6-11 设置“调整”选项卡参数

标注尺寸

❺ 单击“标注”工具栏中的“线性标注”命令按钮，选择标注原点，效果如图6-12所示。

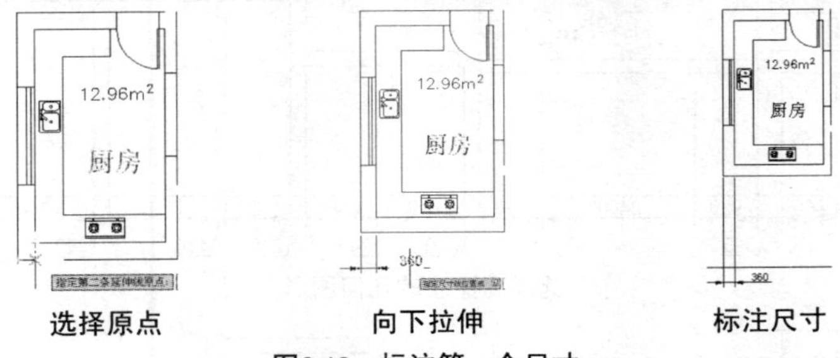

选择原点　　向下拉伸　　标注尺寸

图6-12 标注第一个尺寸

❻ 单击“标注”工具栏中的“连续”命令按钮，水平移动光标，新的尺寸标注的第一条尺寸界线紧接着上一次尺寸标注的第二条尺寸界线，并且标注的尺寸文字随着光标水平移动而不断发生变化，效果如图6-13所示。

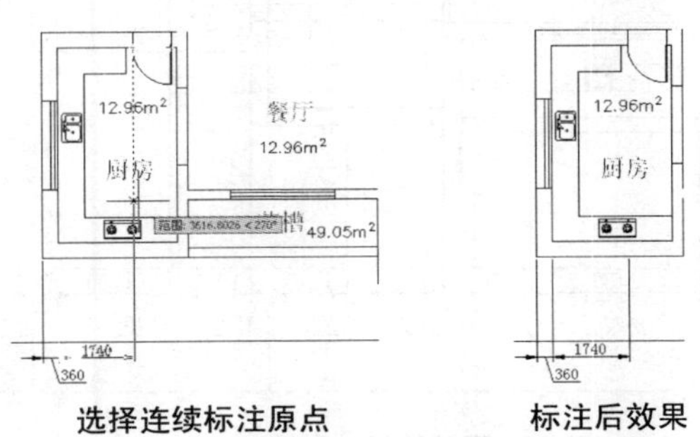

选择连续标注原点　　标注后效果

图6-13 标注第二个尺寸

❼ 重复单击“标注”工具栏中的“连续”命令按钮，对别墅底层平面图下部细部尺寸进行标注，效果如图6-14所示。

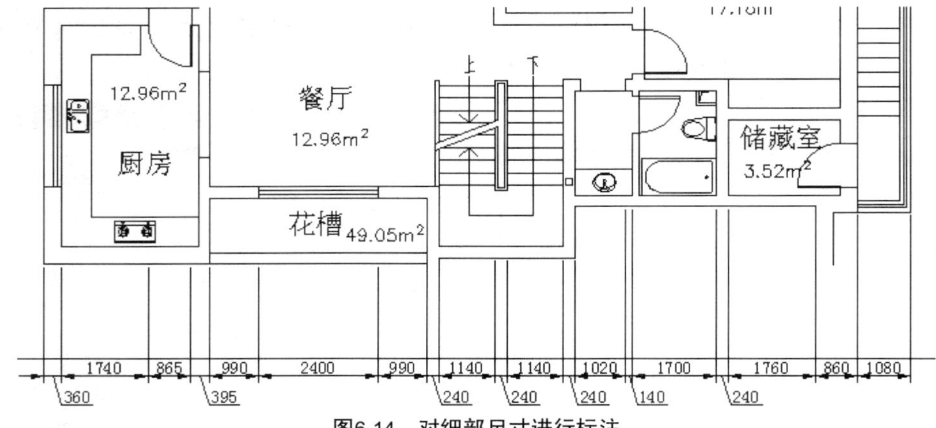

图6-14　对细部尺寸进行标注

❽ 单击“标注”工具栏中的“快速标注”命令按钮，命令行提示“选择要标注的几何图形”，选中别墅底层平面图的各房间尺寸，如图6-15所示。

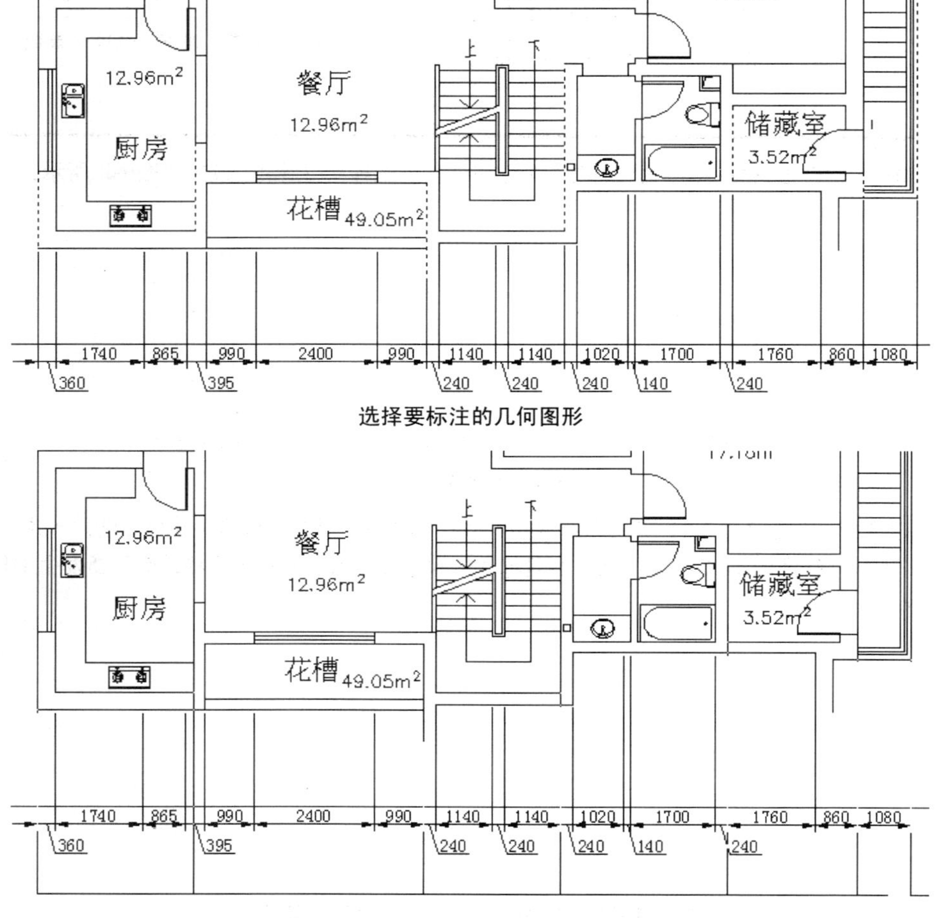

选择要标注的几何图形

向下拉伸尺寸界线

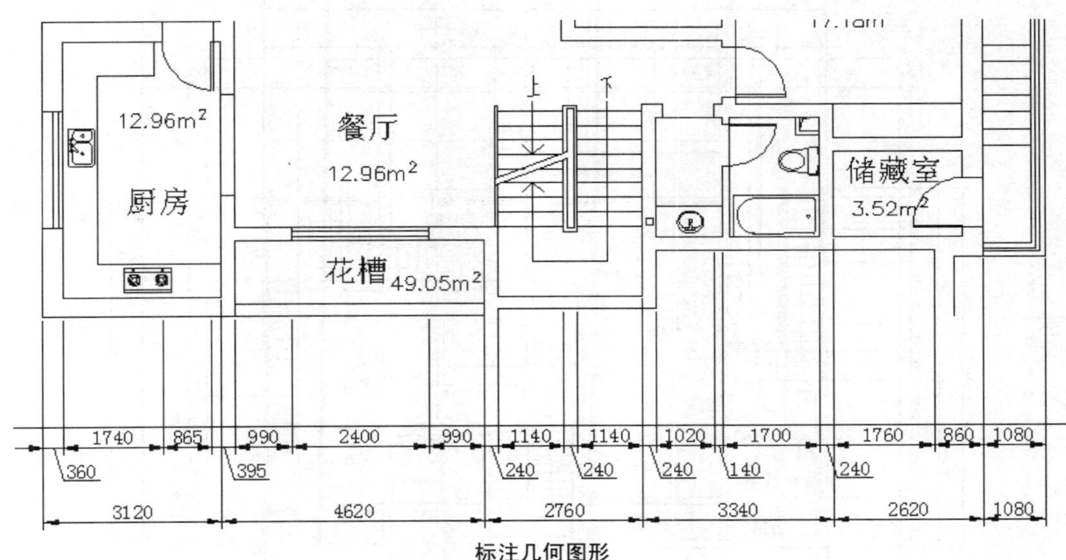

图6-15　标注房间尺寸

❾ 单击“标注”工具栏中的“线性标注”命令按钮，重复“快速标注”命令，标注别墅平面图底层下部的外边框尺寸线，效果如图6-16所示。

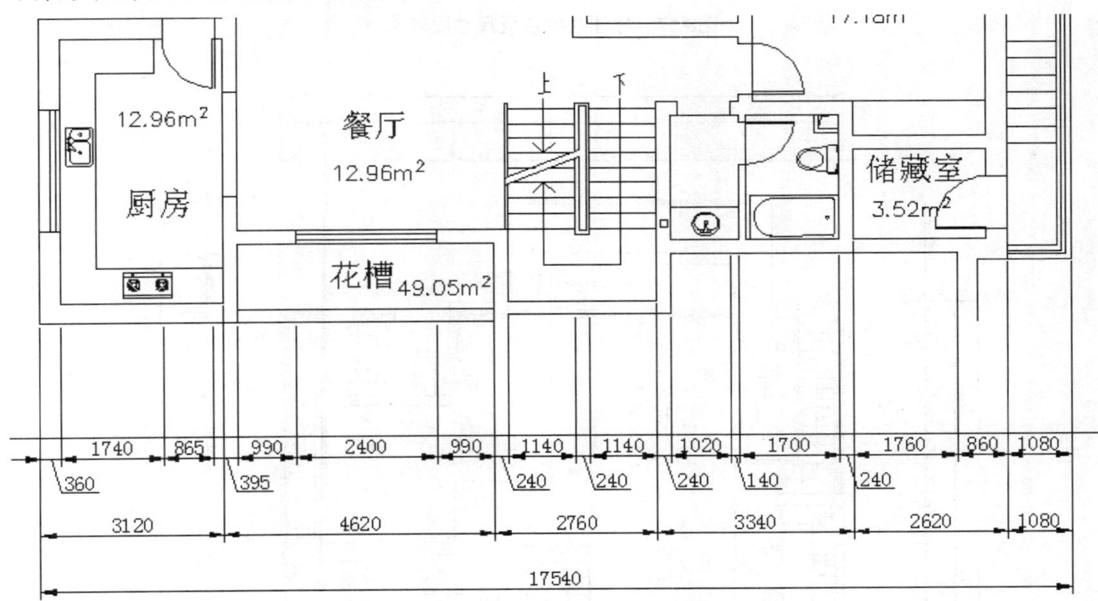

图6-16　标注外边框尺寸线

❿ 按照上述方法，标注别墅底层平面图其他位置的尺寸，效果如图6-17所示。

⓫ 单击“修改”工具栏中的“分解”命令按钮，将所标注的所有尺寸进行分解。单击“修改”工具栏中的“修剪”命令按钮，修剪所有多余的尺寸线，使尺寸标注更为清晰。单击“修改”工具栏中的“删除”命令按钮，删除外框的定位辅助线，并将其保存，最终效果如图6-18所示。

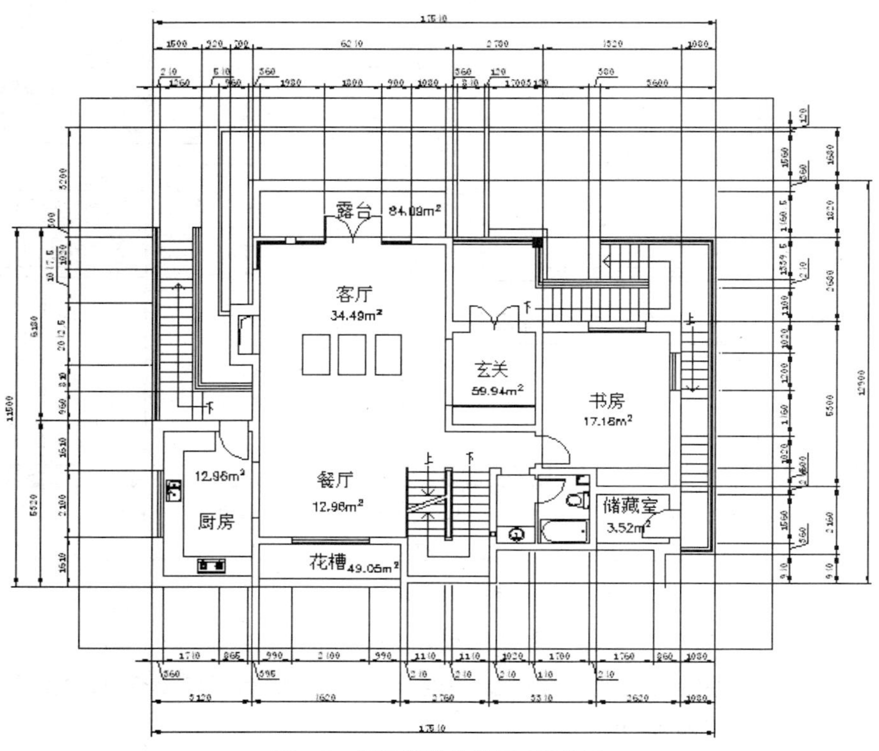

图6-17 标注其他位置尺寸后效果

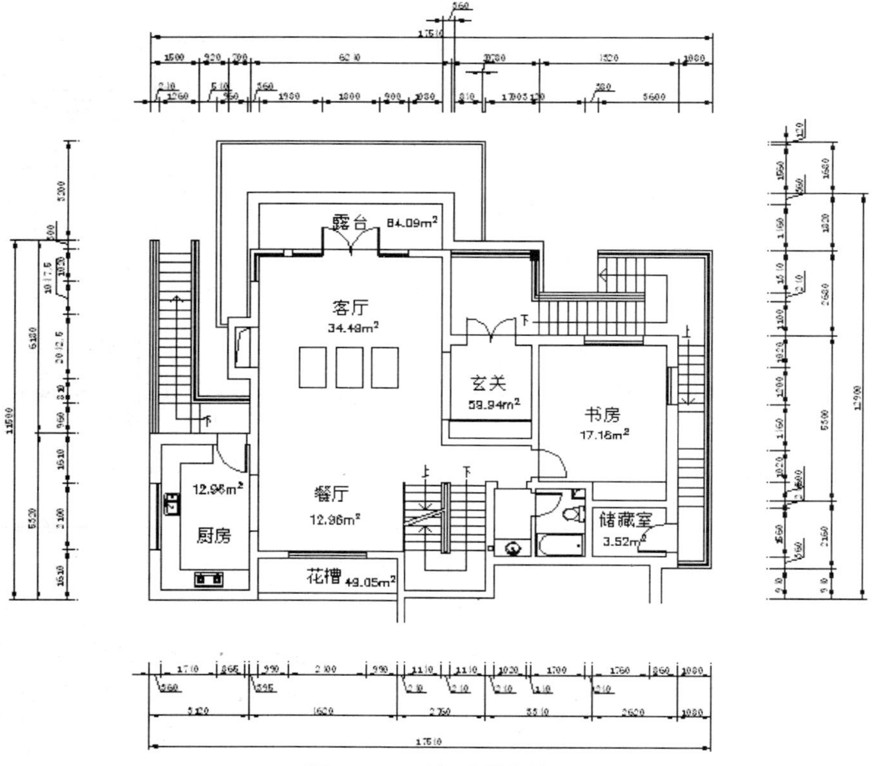

图6-18 尺寸标注最终效果

任务三 绘制图签

任务背景

图签是在递交建筑工程图纸时必不可少的组成部分，它包括图幅、图框和说明栏3个部分；说明栏内容包括设计单位、工程名称、设计者、审核者等。图签绘制是有一定标准的，各个公司的图签格式基本一致。

设计单位				工程		图号	
设计						第 张共 张	
审核						比例	
描图						日期	

任务要求

在绘制图签时，每个单元格的行高和列宽都是固定的，填充的文字样式也是固定的，对于文字的大小需要灵活掌握。而严格的图纸，对图框线条的粗细也是有明确要求的。

任务分析

在绘制图签的时候，需要知道图签里都包括什么内容，根据绘图标准，设置图签里文字的样式、尺寸等。在绘制图签时有两种方法，一种是利用直线、偏移和剪切命令，这种方法较为简单，本章不多做介绍。下面主要讲解第二种方法，利用“表格”命令绘制图签。

本案例的重点、难点

表格样式的设置、绘制表格、单元格的设置

【技术要领】绘制表格、单元格内插入文字、合并单元格。

【解决问题】为图纸添加图签、会签表等。

【应用领域】建筑设计。

【素材来源】素材/模块06/任务三/绘制图签.dwg。

操作步骤详解

设置表格格式

❶ 单击工具栏“格式”>“表格样式”按钮，打开“表格样式”对话框，单击“新建”按钮，打开“创建新的表格样式”对话框。在“新样式名”文本框中输入“示例表格”，单击“继续”按钮，打开“新建表格样式”对话框，如图6-19所示。

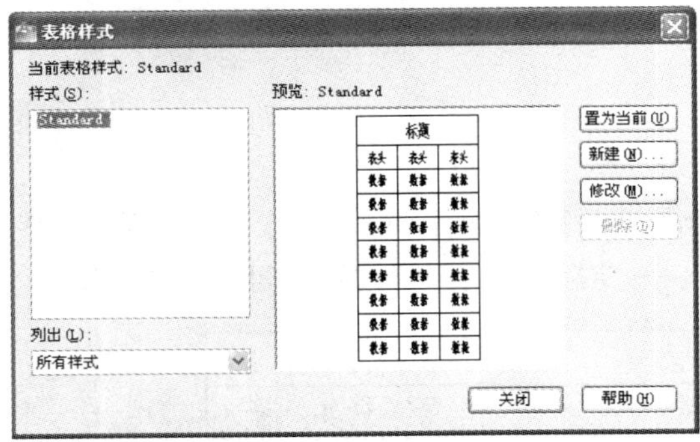

图6-19 “表格样式”对话框

❷ 单击“新建”按钮，打开“创建新的表格样式”对话框。在“新样式名”文本框中输入“图签”，单击“继续”按钮，打开“新建表格样式”对话框，如图6-20所示。

❸ 在“常规”选项卡中，选择“对齐”下拉列表中的“正中”，在“页边距”的“水平”和“垂直”文本框中均输入“0”，不勾选“创建行/列时合并单元”复选框，其余为默认设置，如图6-21所示。

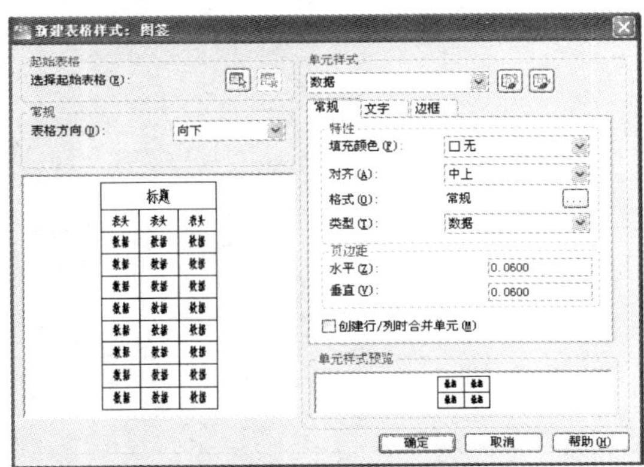

图6-20 “新建表格样式”对话框

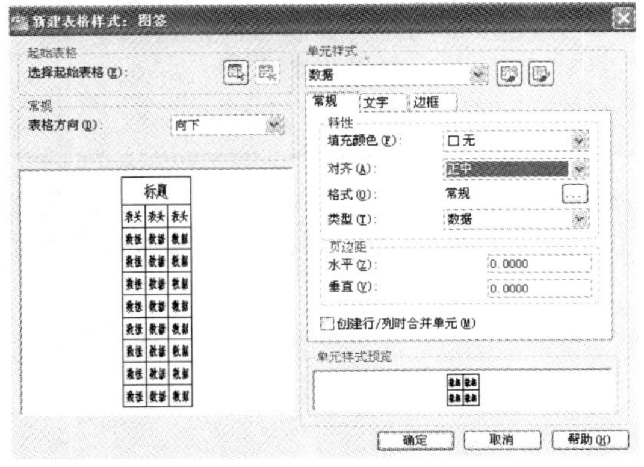

图6-21 设置“常规”选项卡

❹ 在“文字”选项卡中，单击“文字样式”右边的按钮 ... ，打开“文字样式”对话框。在“文字样式”对话框中，选择字体为“Standard”，单击“确定”按钮，返回“新建表格样式”对话框。在“文字高度”文本框中输入“750”，其余为默认设置，如图6-22所示。

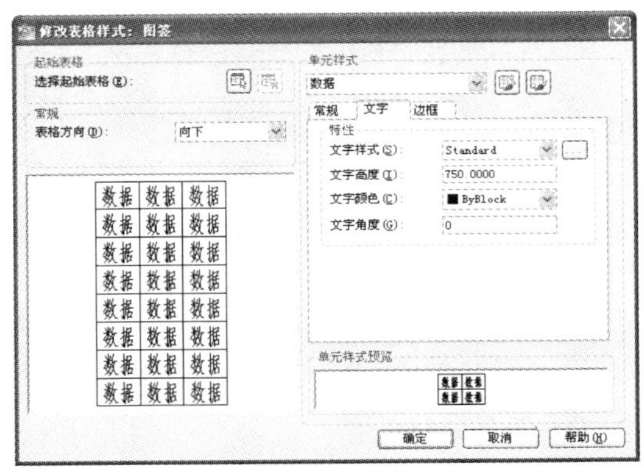

图6-22 设置“文字”选项卡

❺ 单击“确定”按钮，关闭“新建表格样式”对话框，返回到“表格样式”对话框。依次单击“置为当前”和“关闭”按钮，关闭“表格样式”对话框，完成表格样式的设置。

绘制表格

❻ 在菜单栏中单击“绘图”>“表格”命令，打开“插入表格”对话框，设置插入方式为“指定插入点”，数据行和列分别设置为4行和6列，列宽设置为“1500”，行高设置为“1”。在“第一行单元样式”、“第二行单元样式”和“所有其他行单元样式”的下拉列表中均选择“数据”，其他选项为默认设置，如图6-23所示。

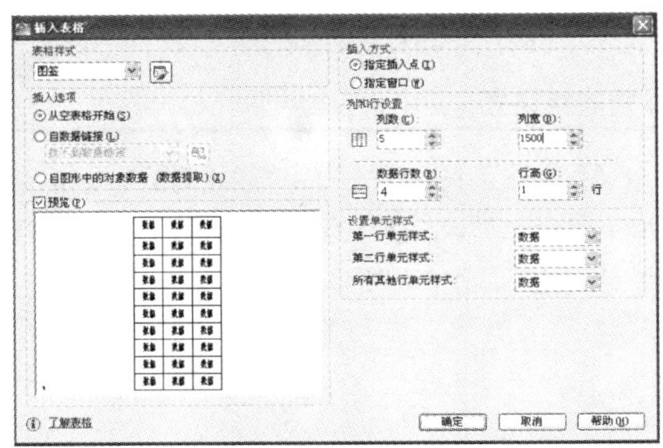

图6-23 “插入表格”对话框

❼ 单击“确定”按钮，在绘图区单击鼠标左键以指定插入点，则插入图6-24所示的空表格，工具栏上显示多行文字编辑器。不输入文字，直接按“Esc”键退出。

❽ 选择第二列第一个单元格，单击鼠标右键，在快捷菜单中选择“特性”命令，在“特性”选项卡中设置“单元宽度”为“2500”，如图6-25所示。

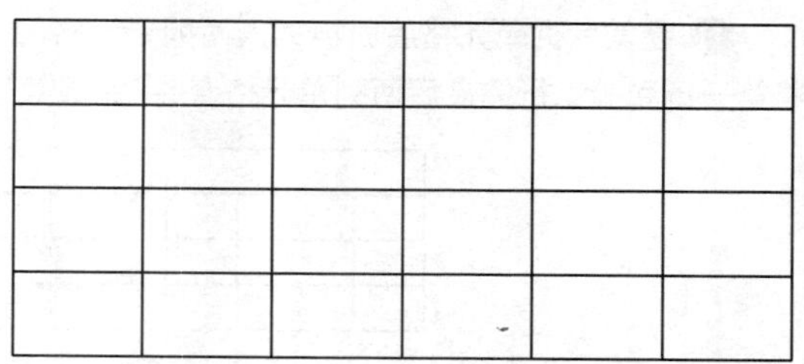

图6-24　插入表格

图6-25　设置“单元宽度”

❾ 按照上述方法，设置第四列单元宽度为“2500”，第六列单元宽度为“4500”，完成效果如图6-26所示。

❿ 按住“Shift”键，选择第一、二、三单元格，然后单击“表格”工具栏中的“合并单元”命令，选择“按行”，如图6-27所示。

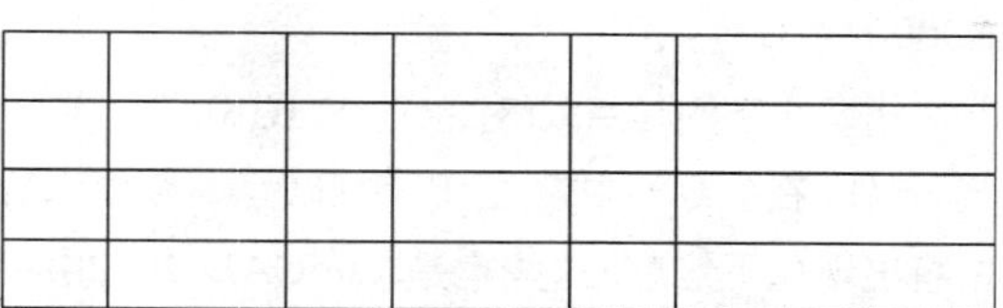

图6-26　设置其他单元格的“单元宽度”

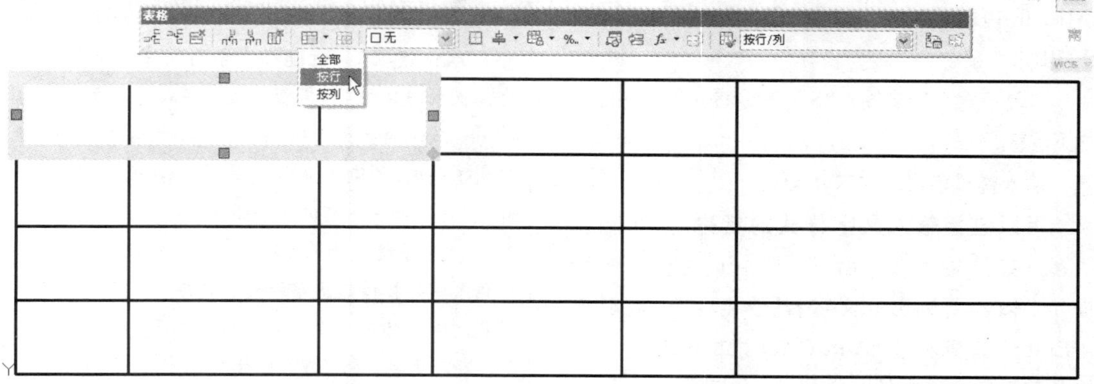

图6-27　合并单元格

⑪ 在第六列单元格后面再插入两列单元格，并设置它们的“单元宽度”分别为“1500”、“3500”，并将第一行和第二行的最后两列单元格合并，完成效果如图6-28所示。

图6-28　插入并合并表格

⑫ 单击“修改”工具栏中的“删除”命令按钮，删除外框的定位辅助线，最终效果如图6-29所示。

设计单位				工程		图号	
设计						第　张共　张	
审核						比例	
描图						日期	

图6-29　绘制图签最终效果图

知识点拓展

01　单行文字[①]

在输入单行命令后，命令行提示如下。

当前文字样式：“Standard”　文字高度：2.5000 注释性：否

指定文字的起点或[对正(J) /样式(S)]：

(1) 在命令行中输入“J”[②]，此时，命令提示行中将出现如下信息，这些也是AutoCAD 2012中系统提供的多种对正方式。

输入选项 [对齐(A)/布满(F)/居中(C)/中间(M)/右对齐(R)/左上(TL)/中上(TC)/右上(TR)/左中(ML)/正中(MC)/右中(MR)/左下(BL)/中下(BC)/右下(BR)]：

(2) 在命令行中输入“S”，命令提示行中将出现如下信息。

输入样式名或[?] <Mytext>：

可以直接输入文字样式的名称，也可输入“?”。如果输入“?”后按“Enter”键，命令行提示“输入要列出的文字样式<*>：”。此时按“Enter”键则将在“AutoCAD文本窗口”中显示当前图形所有已有的文字样式，如图6-30所示。

①技巧

在输入文字的过程中，可以随时改变文字的位置。如果在输入文字的过程中想改变后面输入的文字的位置，可将光标移到新的位置并按拾取键，原标注行结束，光标出现在新确定的位置后，可以在此继续输入文字。但在标注文字时，不论采用哪种文字排列方式，输入文字时，在屏幕上显示的文字都是按左对齐的方式排列，直到结束“text”命令后，才按指定的排列方式重新生成文字。

②易错点

默认情况下，通过指定单行文字行基线的起点位置创建文字。如果当前文字样式的高度设置为“0”，系统将显示“指定高度:”提示信息，要求指定文字高度，否则不显示该提示信息，而使用“文字样式”对话框中设置的文字高度。

然后系统显示“指定文字的旋转角度<0>”提示信息，要求指定文字的旋转角度。文字旋转角度是指文字行排列方向与水平线的夹角，默认角度为0°。输入文字旋转角度，或按“Enter”键使用默认角度0°，最后输入文字即可。也可以切换到Windows的中文输入方式，输入中文文字。

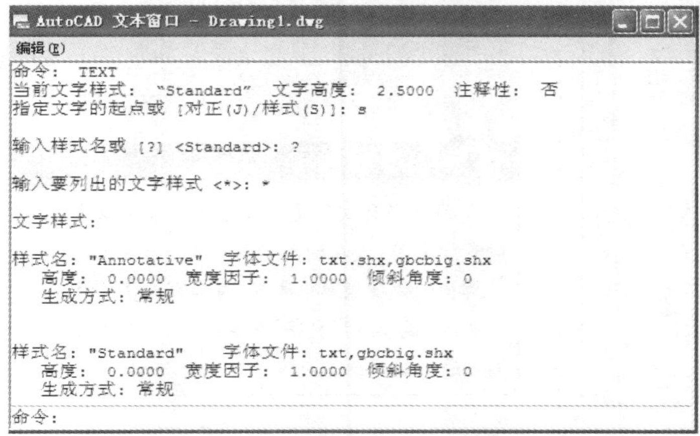

图6-30　AutoCAD文本窗口

02　多行文字

(1) 堆叠文字[③]。在多行文字输入状态下，可以创建堆叠文字(堆叠文字是一种垂直对齐的文字或分数)。在使用时，需要分别输入分子和分母，其间使用“/”、“#”或“^”分隔，然后选择这一部分文字，单击按钮即可。例如，要创建分数$\frac{2008}{2009}$，则可先输入2008/2009，如图6-31所示，然后选中该文字单击鼠标右键，在快捷菜单中选择“堆叠”命令，再次单击鼠标右键，在下拉列表中选择“堆叠特性”，弹出“堆叠特性”对话框，在对话框中选择形式类型，如图6-32所示。

图6-31　文字的堆叠

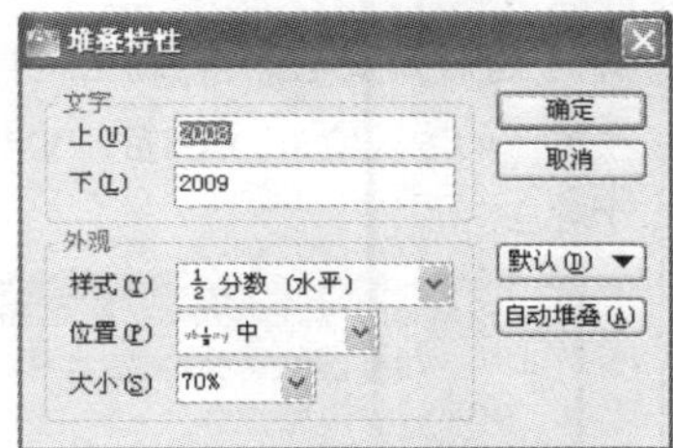

图6-32 “堆叠特性”对话框

(2) 设置缩进、制表位和多行文字宽度。在文字输入窗口的标尺上右击鼠标，从弹出的标尺快捷菜单中选择“段落…”命令，打开“段落”对话框，可以从中设置缩进和制表位位置，如图6-33所示。

③技巧

如果在输入“2008/2009”后按“Enter”键，将打开“自动堆叠特性”对话框，如下图所示。在该对话框中，可以设置是否需要在输入如x/y、x#y和x^y的表达式时自动堆叠，还可以设置堆叠的其他特性。

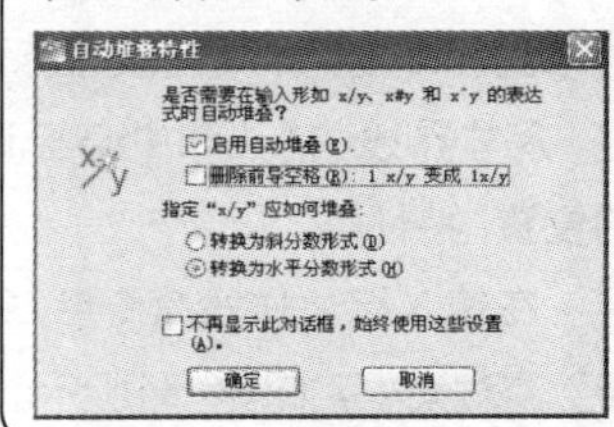

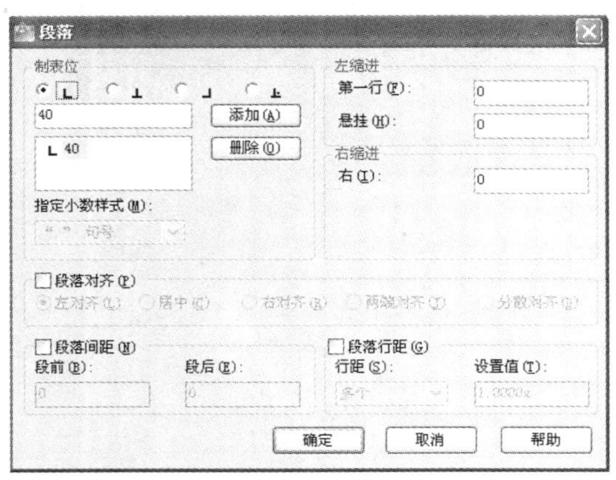

图6-33 “段落”对话框

(3) 输入文字。在多行文字[④]的文字输入窗口中，可以直接输入多行文字，也可以在文字输入窗口中右击鼠标，从弹出的快捷菜单中选择“输入文字”命令，将已经在其他文字编辑器中创建的文字内容直接导入到当前图形中。

03 标注样式

组成尺寸标注的尺寸界线、尺寸线、尺寸文本及箭头等可以采用多种多样的形式，用户在具体标注一个几何对象的尺寸时，它的尺寸标注以什么形态出现，取决于当前所采用的尺寸标注样式。在AutoCAD 2012中，可以使用“标注样式”控制标注的格式和外观，即决定尺寸标注的形式，包括尺寸线、尺寸界线、箭头和中心标记的形式，尺寸文本的位置、特性等。

在输入标注样式命令后，打开“标注样式管理器”[⑤]对话框，如图6-34所示。

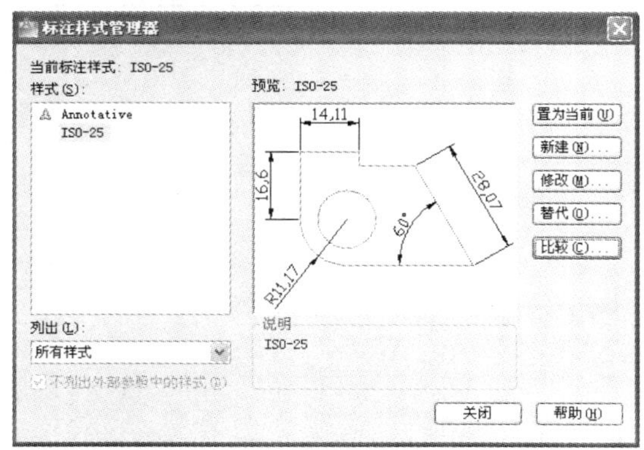

图6-34 “标注样式管理器”对话框

④提示

编辑多行文字也可在绘图窗口中双击输入的多行文字，或在输入的多行文字上右击鼠标，从弹出的快捷菜单中选择“重复编辑多行文字”命令或“编辑多行文字”命令，打开多行文字编辑窗口进行编辑。

④技巧

启用创建的多行文字的方法有以下几种。

- 在菜单栏中选择“修改”>“对象”>“文字”>“编辑”命令，并单击创建的多行文字，打开多行文字编辑窗口。
- 命令行中键入“DDEDIT”，选择创建的多行文字进行编辑。

⑤提示

在“标注样式管理器”对话框中，有一个“比较”按钮，是用于比较两个尺寸标注样式在参数上的区别或浏览一个尺寸标注样式的参数设置。单击该按钮，系统打开“比较标注样式”对话框，如下图所示。用户可以把比较结果复制到剪切板上，然后再粘贴到其他Windows的应用软件上。一般情况下，可以选择“自动填满”。这样所有元素（包括图框）会在打印纸上按填满的方式输出，但实际尺寸却不能与标注尺寸对应。

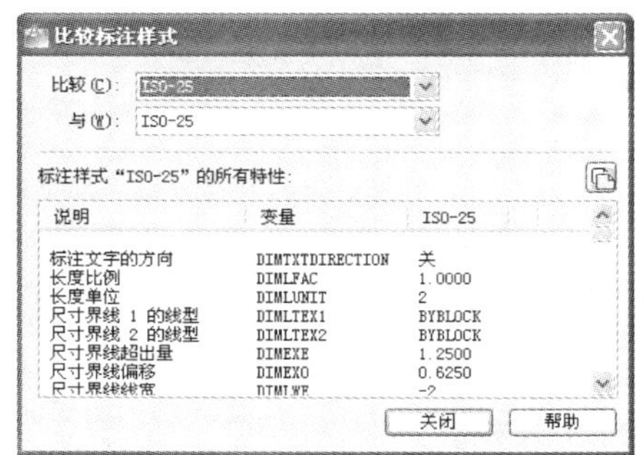

（1）“符号和箭头选项卡。

在“标注样式管理器”对话框中单击“新建”或“修改”按钮后，打开“修改标注样式：ISO-25”对话框，切换到“符号和箭头”选项卡，如图6-35所示。可以设置箭头、圆心标记、弧长符号和折弯半径标注的格式和位置。

“第一个”下拉列表用于设置第一个尺寸箭头的形式。可单击右侧的小箭头从下拉列表中选择，其中列出了各种箭头形式的名字，以及各类箭头的形状。当一旦确定了第一个箭头的类型，第二个箭头则自动与其相匹配，要想第二个箭头取不同的形状，可在“第二个”下拉列表中设定。第一个箭头名对应的尺寸变量为DIMBLK1。

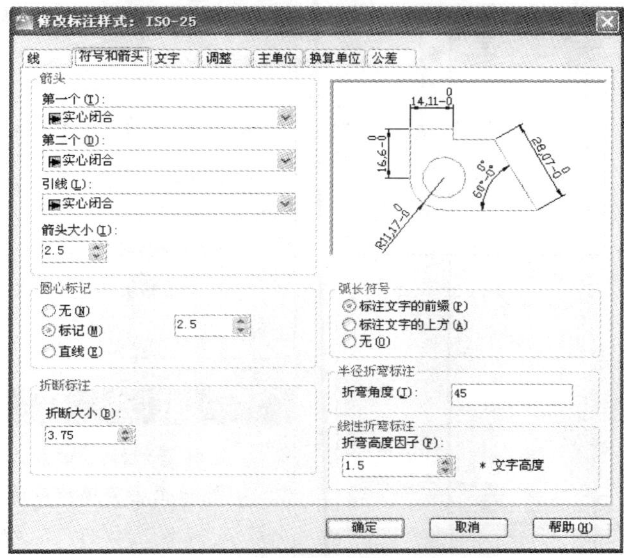

图6-35 “符号和箭头”选项卡

如果在下拉列表中选择了“用户箭头”，则打开“选择自定义箭头块”对话框，如图6-36所示，用户可以事先把自定义的箭头保存成一个图块，在此输入图块名称即可。

图6-36 “选择自定义箭头块”对话框

（2）“公差”选项卡[⑥]。

单击选择“修改标注样式”对话框中的“公差”选项卡，如图6-37所示，可以控制标注文字中公差的格式及显示。

系统自动在上偏差数值前加“+”号，在下偏差数值前加“–”号。如果上偏差是负值或下偏差是正值，都需要在输入的偏差值前加负号。如下偏差是+0.003，就需要在“下偏差”微调框中输入–0.003。

公差格式用于设置公差的标注方式。

“方式”下拉列表用于设置以何种形式标注公差。单击右侧的向下箭头，弹出下拉列表，用户可从中选择提供的5种标注公差的形式。这5种形式分别是“无”、“对称”、“极限偏差”、“极限尺寸”和“基本尺寸”，其中“无”表示不标注公差，即通常标注情形。

各选项具体说明如下。

“精度”下拉列表框用于确定公差标注的精度，对应的系统变量为DIMTDEC。

“上偏差”微调框用于设置尺寸的上偏差，对应的系统变量为DIMTP。

“下偏差”微调框用于设置尺寸的下偏差，对应的系统变量为DIMTM。

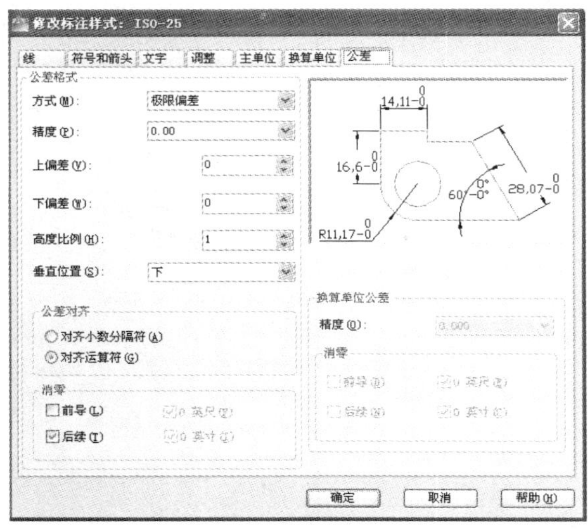

图6-37 “公差”选项卡

04 “线性标注”对比

在尺寸标注中，如果把“线性标注”看做一个分支，那么“基线标注”和“连续标注”是一系列基于线性标注的连续标注。

(1) “线性标注”[7]用于标注图形对象的线性距离或长度，其中包括水平标注、垂直标注和旋转标注3种类型。水平标注用于标注对象上的两点在水平方向上的距离，尺寸线沿水平方向放置；垂直标注用于标注对象上的两点在垂直方向的距离，尺寸线沿垂直方向放置；旋转标注用于标注对象上的两点在指定方向上的距离，尺寸线沿旋转角度方向放置。

(2) “基线标注”[8]是以某一个尺寸标注的第一尺寸界线为基线，创建另一个尺寸标注，这种方法通常应用于机械设计和建筑设计中。

⑦技巧

启用“线性标注”的方法。

- 依次单击菜单栏中“标注”→“线性”，执行“线性标注”命令。
- 单击“标注”工具栏中的“线性标注”命令按钮，执行“线性标注”命令。
- 在命令行输入“DIM”，按“Enter”键确定，执行“线性标注”命令。

⑧技巧

启用“基线标注”的方法。

- 依次单击菜单栏中“标注”>“基线”，执行“基线标注”命令。
- 单击“标注”工具栏中的“基线标注”命令按钮，执行“基线标注”命令。
- 在命令行输入“DIMBASELINE”，按“Enter”键确定，执行“基线标注”命令。

⑧提示

“基线标注”是一个点进行的连续标注，它与“线性标注”是一系列的，却也是连续性标注。

下面是对图进行连续标注的操作步骤，如图6-38所示。

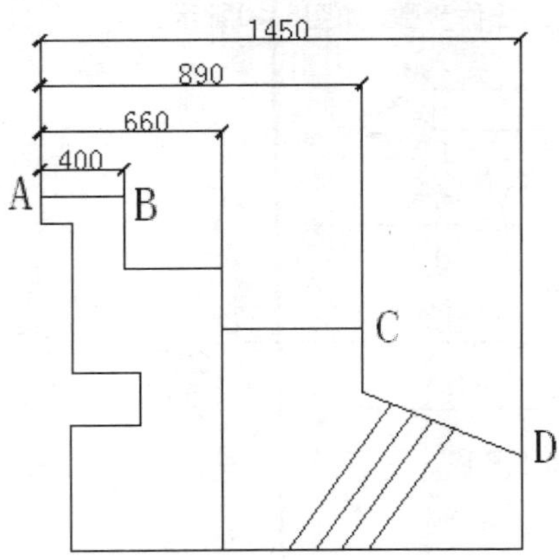

图6-38　基线标注

①单击工具栏“线性”标注按钮。

指定第一条尺寸界线原点或 <选择对象>：(指定A点)

指定第二条尺寸界线原点：(指定B点)

指定尺寸线位置或[多行文字（M）/文字（T）/角度（A）/水平（H）/垂直（V）/旋转（R）]：(指定尺寸线位置即可)

②单击工具栏“基线”按钮。

指定第二条尺寸界线原点或 [放弃（U）/选择（S）]　<选择>：(指定C点)

指定第二条尺寸界线原点或 [放弃（U）/选择（S）]　<选择>：(指定D点)

指定第二条尺寸界线原点或 [放弃（U）/选择（S）]　<选择>：

(3)“对齐标注”[9]用来创建与指定位置或对象平行的标注。对齐标注是指标注两点之间的实际长度，对齐标注的尺寸线平行于两点的连线，标注图例如图6-39所示。

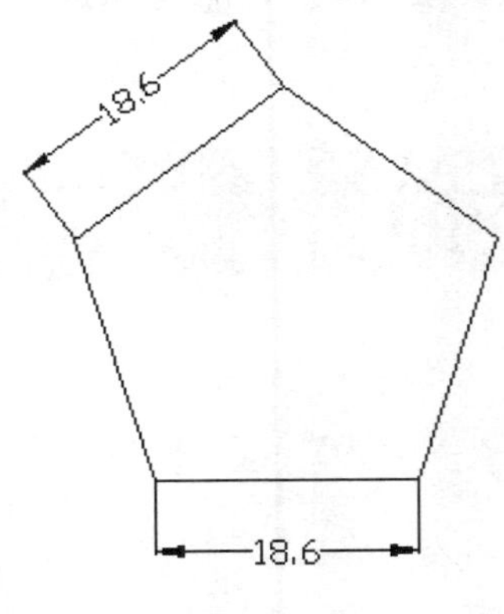

图6-39　对齐标注

⑨技巧

启用“对齐标注”的方法。

- 依次单击菜单栏中“标注”>“对齐”，执行“对齐标注”命令。
- 单击“标注”工具栏中的“对齐标注”命令按钮，执行“对齐标注”命令。

这样标注的尺寸线与被标注的线段平行，标注的是起始点到终点之间的距离尺寸。

下面是利用线性标注与对齐标注对图形进行标注的操作步骤，如图6-40所示。

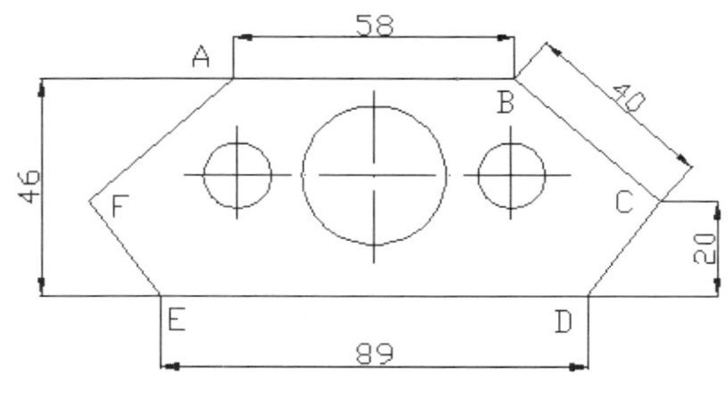

图6-40　标注图形

①单击工具栏“线性”标注按钮⊢。

指定第一条尺寸界线原点或<选择对象>:（指定图中A点）

指定第二条尺寸界线原点:（指定图中B点）

指定尺寸线位置或[多行文字（M）/文字（T）/角度（A）/水平（H）/垂直（V）/旋转（R）]: H　（确定尺寸线位置即可，如图6-41所示）

②重复①的过程，最后输入“V”（分别指定C点和D点、A点和E点创建垂直标注，如图6-42所示）。

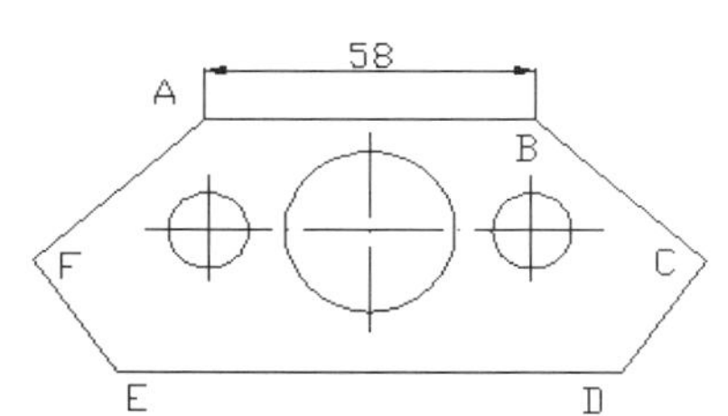

图6-41　水平线性标注

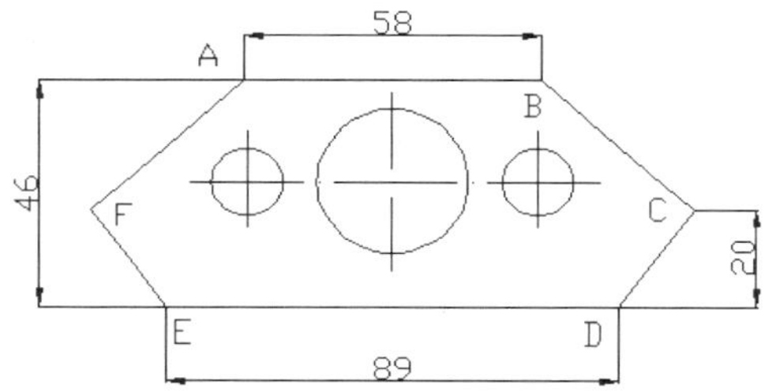

图6-42　其余线性标注

③单击工具栏“标注”> “对齐”按钮。

指定第一条尺寸界线原点或<选择对象>:（指定图中B点）

指定第二条尺寸界线原点:（指定图中C点）

指定尺寸线位置或[多行文字（M）/文字（T）/角度（A）/水平（H）/垂直（V）/旋转（R）]:

实践部分　（2课时）

任务四　宿舍二层平面图

任务背景

在建筑设计初级往往接触的都是一些结构、功能分区较为简单的设计项目，如图6-43所示，是一个总工程师交给设计人员的一个宿舍二层平面图，要求为其添加文字和标注。

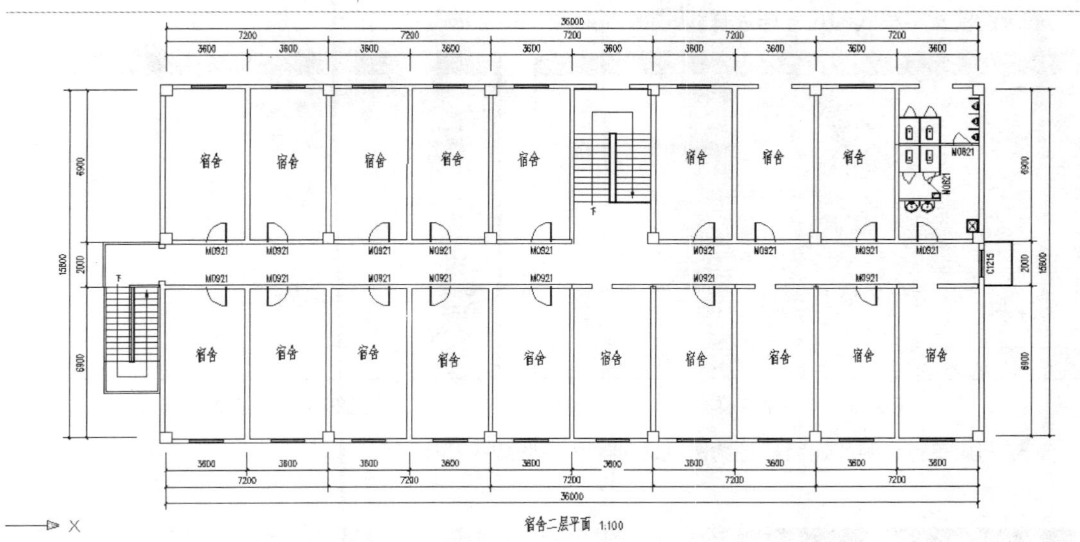

图6-43　宿舍二层平面图

任务要求

运用本章所学的内容，采用最佳方法，为此图添加文字和尺寸标注。

【技术要领】单行文字、连续标注。

【解决问题】利用已学知识完善图纸。

【应用领域】建筑设计、家装设计。

【素材来源】素材/模块06/任务四/宿舍二层平面图.dwg。

任务分析

根据功能分区的不同，为各个房间添加文字说明，再为图纸添加详细的尺寸标注，包括窗户的尺寸、房间的开间和进深和总的尺寸，使图纸让人一目了然。

主要制作步骤

(1) 新建图层，如图6-44所示。

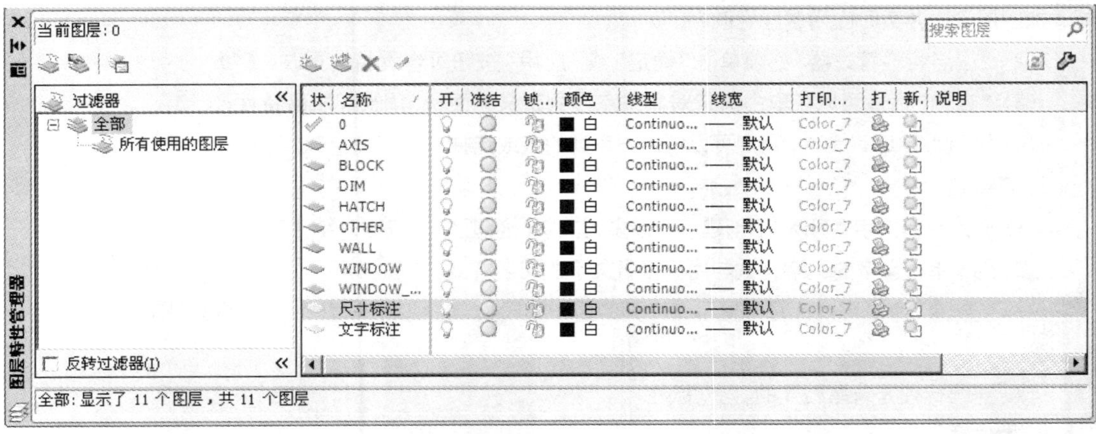

图6-44　新建图层

(2) 设置文字样式和尺寸标注样式，如图6-45和6-46所示。

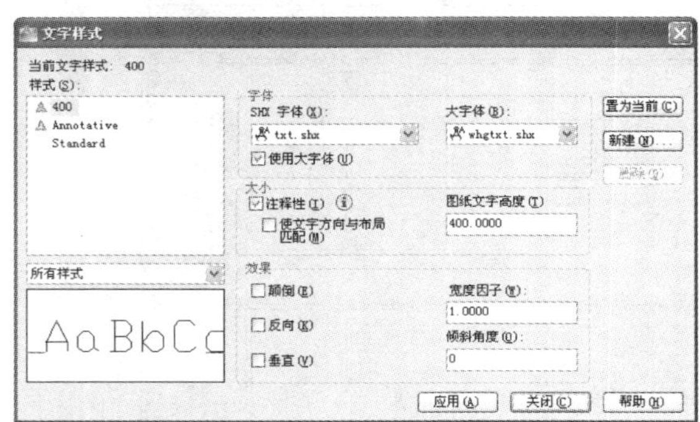

图6-45　设置文字样式

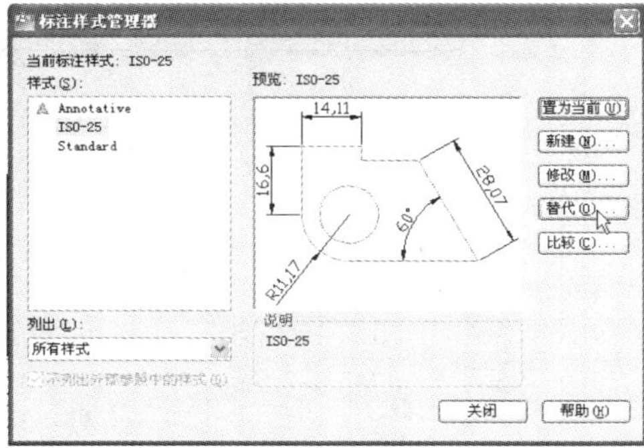

图6-46　设置标注样式

(3) 利用单行文字和连续标注为图纸添加文字说明和尺寸标注。

课后作业

1. 选择题

(1) 在AutoCAD中，“区域”查询命令的快捷键是（ ）。

A) AREA　B) DIST　C) MASSPROP　D) LIST

(2) 在AutoCAD中，“单行文字”命令的快捷键是（ ）。

A) MTEXT　B) JUSTIFYTEXT　C) DTEXT　D) RTEXT

(3) 在AutoCAD中，“多行文字”命令的快捷键是（ ）。

A) MTEXT　B) JUSTIFYTEXT　C) DTEXT　D) RTEXT

(4) 在AutoCAD中，“线性标注”命令的快捷键是（ ）。

A) DIMLINEAR　B) DIMCONTINUE　C) QDIM　D) DIMALIGNED

2. 判断题

(1) “图层特性管理器” 可以添加、删除和重命名图层，更改图层特性，设置布局视口的特性替代或添加图层说明并实时应用这些更改。（ ）

(2) “图层特性管理器”必须单击“确定”或“应用”按钮可查看特性更改。（ ）

(3) “查询”命令可以获取由选定对象或点序列定义的面积、周长和质量特性。（ ）

(4) 使用“AREA”命令，用户可以指定一系列的点或选择一个对象。（ ）

3. 填空题

(1) 使用单行文字“TEXT”创建一行或多行文字，通过_____按键来结束每一行。

(2) 用于单行文字的文字样式与用于多行文字的文字样式_____。

(3) “查询”命令可以计算和显示点序列的面积和周长。也可以获取几种任意类型对象的面积、周长和______。

(4) 连续标注是首尾相连的_____标注。

4. 操作题

调出一张建筑图形，试着标注所有尺寸和文字，并为建筑图形加上图签。

模块07

住宅楼平面图绘制

——建筑平面图的绘制

● **能力目标**

了解建筑平面图包含的内容，学会绘制图框

● **专业知识目标**

1. 掌握绘制平面图的步骤
2. 依据首层平面图绘制标准层平面图

● **软件知识目标**

1. 熟练使用图层管理、多线、多段线、偏移、阵列、创建块、编辑块的属性命令
2. 掌握绘制图框的方法

● **课时安排**

8课时（讲课4课时，实践4课时）

模拟制作任务

任务一　绘制首层平面图

任务背景

建筑平面图[1]是建筑施工图的一种，它是整个建筑平面的真实写照。建筑平面图用于表现建筑物的平面形状、布局、墙体和柱子的位置、尺寸、楼梯以及门窗的位置。如图7-1所示为首层建筑平面图的完成效果。

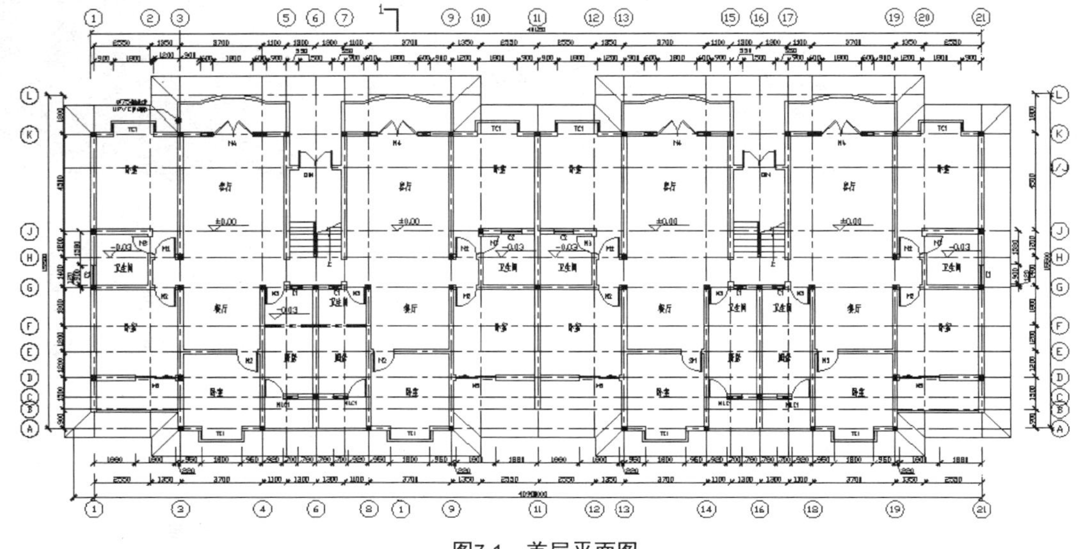

图7-1　首层平面图

任务要求

本任务制作一个小区多层住宅的首层平面图效果，绘制时需要首先设置图层、线型和颜色，然后对墙体进行制作，再对物体进行填充和标注。

任务分析

在一般情况下，需要绘制多张不同楼层的建筑平面图，并在图的正下方标注相应的楼层，如“顶层平面图”、“首层平面图”、“二层平面图”等。如果各楼层的房间、布局完全相同或基本相同，则可以用一张平面图来进行表示，称“标准层平面图”，对于布局不同的地方可以进行单独绘制。

本案例的重点、难点

绘制楼梯和散水。

【技术要领】设置图形界限、直线线型，绘制散水、楼梯。

【解决问题】绘制各种类型平面图。

【应用领域】建筑设计、装潢设计。

【素材来源】素材/模块07/任务一/绘制首层平面图.dwg。

操作步骤详解

设置图形界限

❶ 启动AutoCAD 2012，打开“创建新图形”对话框，单击“使用向导”按钮，选择“快速设置”选项，如图7-2所示。[02]

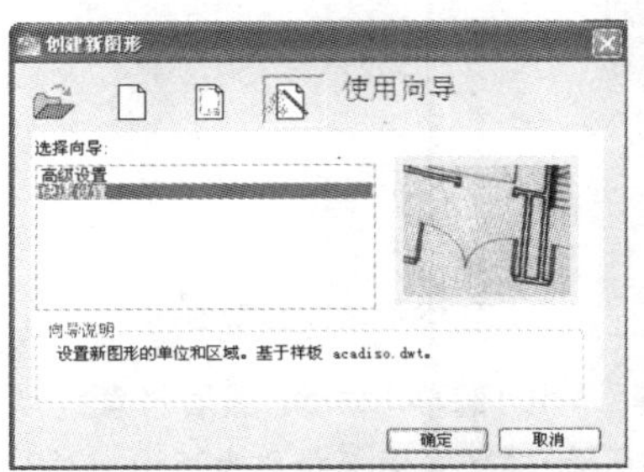

图7-2 使用向导设置图形界限

❷ 单击“确定”按钮，选择“小数”单选按钮，然后单击“下一步”按钮，在“宽度”文本框中输入“80000”，在“长度”文本框中输入“80000”，如图7-3所示，单击“完成”按钮，这样就完成了一个80000mm×80000mm绘图界面的设置。

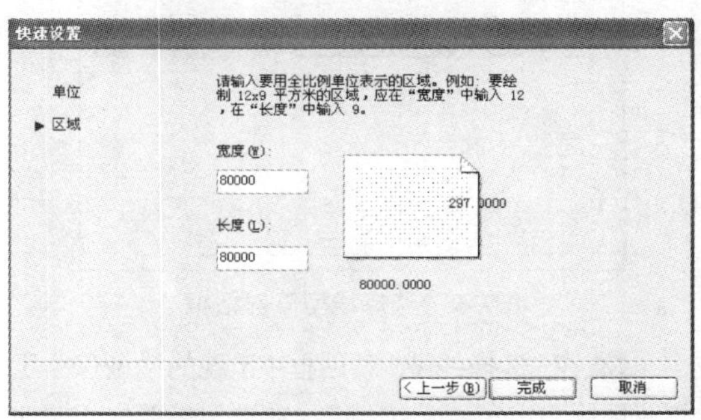

图7-3 设置图纸大小

❸ 设置观察视图范围，让图形界限全部显示，命令执行过程如下。

命令：zoom

指定窗口的角点，输入比例因子（nX或nXP），或者[全部(A)/中心(C)/动态(D)/范围(E)/上一个(P)/比例(S)/窗口(W)/对象(O)] <实时>: a

正在重生成模型

设置图层、线型和颜色[03]

❹ 在菜单栏中选择“格式”>“图层”命令，打开“图层特性管理器”对话框，单击“新建图层”按钮，输入新的图层名，并将图层颜色设置为如图7-4所示。

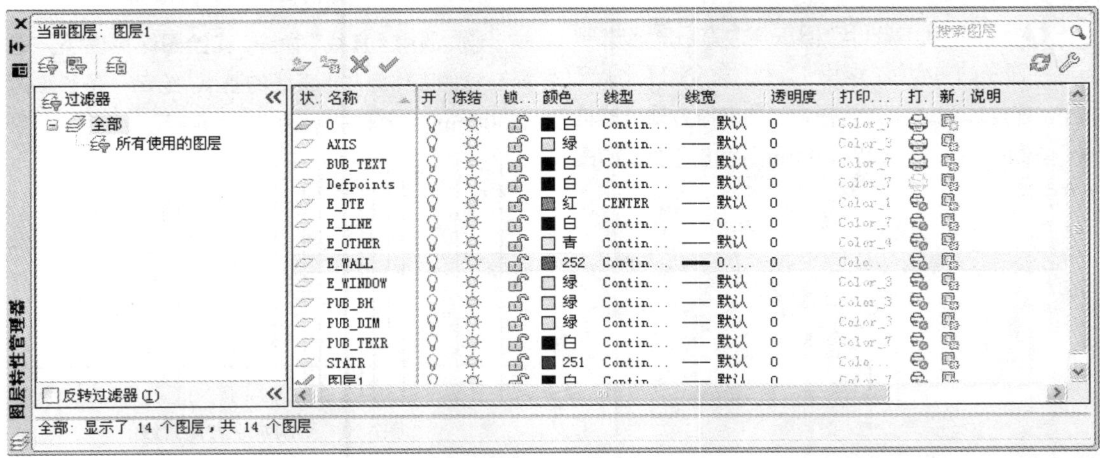

图7-4 创建并命名图层

❺ 最终效果图7-1所示的轴线是与其他图层不同的线型，单击“E_DOTE”图层对应“线型”选项，打开“选择线型”对话框，如图7-5所示。

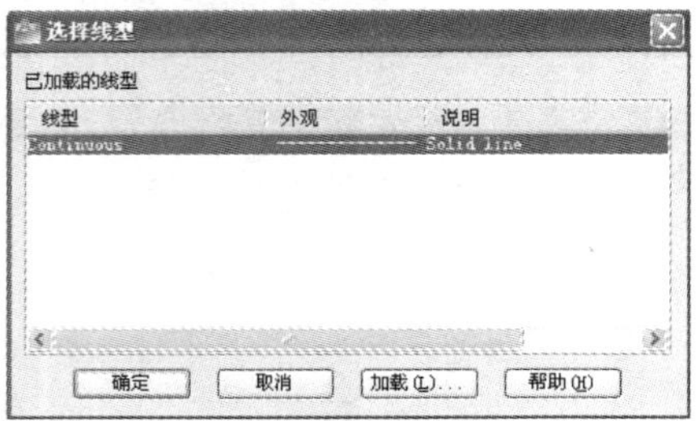

图7-5 “选择线型”对话框

❻ 在“选择线型”对话框中出现的线型仅为正在使用的“Continuous”线型，在这里需要使用其他线型，单击“加载”按钮，在“加载或重载线型”对话框中选择“CENTER”线型，如图7-6 所示。

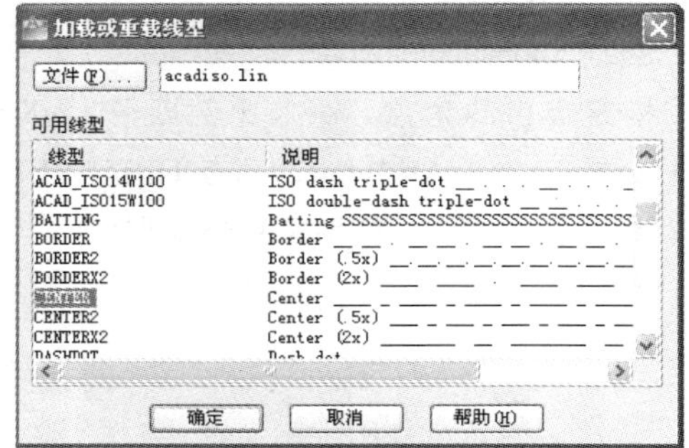

图7-6 选择线型

绘制轴线

❼ 选择“E-DOTE”图层作为当前层来绘制首层平面图的中心线。调用“直线”命令，打开正交模式，在绘图区域左方选择适当的点作为轴线的基点，绘制一条长度为29000mm的垂直直线，如图7-7所示。

29000mm

图7-7 绘制垂直直线

❽ 从图7-7所示可以观察到，直线并没有出现“CENTER”线型的效果，在命令行中输入“ltscale”命令，对全局线型比例进行修改，命令执行过程如下。

命令: ltscale

输入新线型比例因子 <1.0000>: 40

正在重生成模型

完成效果如图7-8所示。

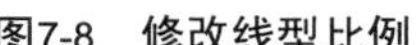

图7-8 修改线型比例

❾ 调用“偏移”命令，然后将直线从左向右依次进行偏移复制，偏移距离为2550、1350、1100、3700、1300、1300、3700、1100、1350、2550、2550、1350、3700、1100、1300、1300、1100、3700、1350、2550，偏移复制的最终效果如图7-9所示。

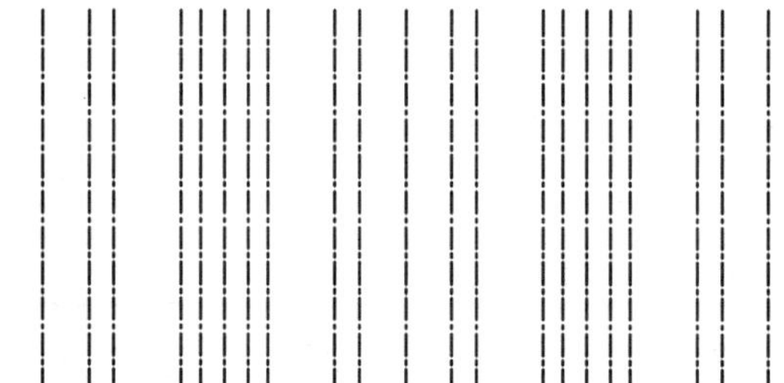

图7-9 纵向轴线偏移完成效果

❿ 调用“直线”命令，在绘图区域左下方选择合适的点作为水平直线的基点，绘制一条长度为52000mm的水平直线，如图7-10所示。

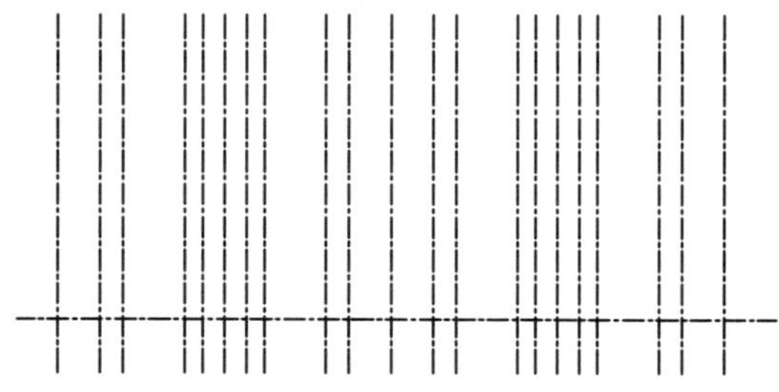

图7-10 绘制水平方向直线

⓫ 调用“偏移”命令，将直线向上依次进行偏移复制，偏移距离为900、600、900、1200、1200、

1800、1400、1200、2960、1540、1800，轴线完成的效果如图7-11所示。

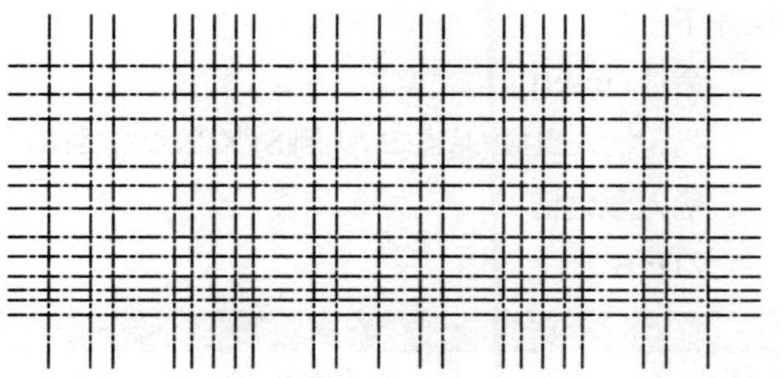

图7-11 轴线绘制完成的效果

绘制轴号

⑫ 将“AXIS”图层设置为当前层，调用“圆”命令，绘制一个半径为400mm的圆，圆心在辅助线的端点，命令执行过程如下。

命令：circle

指定圆的圆心或 [三点(3P)/两点(2P)/切点、切点、半径(T)]:

指定圆的半径或 [直径(D)]: 400

完成效果如图7-12所示。

图7-12 绘制圆

⑬ 调用“文字样式”命令，在打开的“文字样式”对话框中新建一个“ZH”的文字样式，并单击“置为当前”按钮，如图7-13所示。

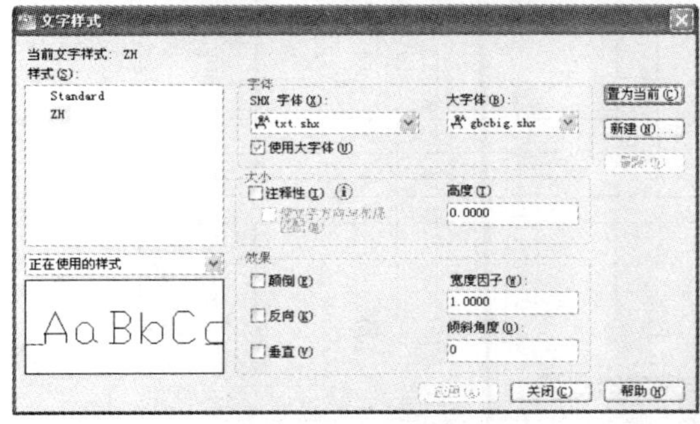

图7-13 设置文字样式

⑭ 在菜单栏中选择“绘图” >“块” >“定义属性”命令，打开“属性定义”对话框，将参数设置为如图7-14所示。

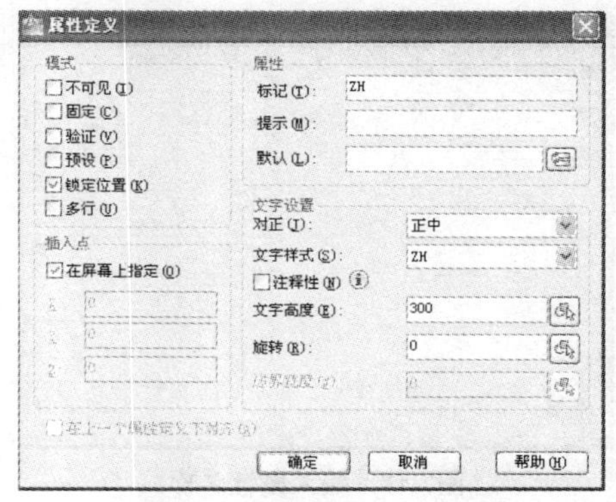

图7-14 “属性定义”对话框

⑮ 单击“确定”按钮，在圆的圆心位置拾取一点，在圆心的位置写入一个属性值，如图7-15所示。

图7-15 写入属性值的效果

⑯ 调用“创建块”命令，打开“块定义”对话框，在“名称”文本框中输入一个名称，单击“基点”选项区中的“拾取点”按钮，指定圆心为基点。单击“选择对象”按钮，将整个圆和刚才的数字标记“ZH”同时选中，如图7-16所示。

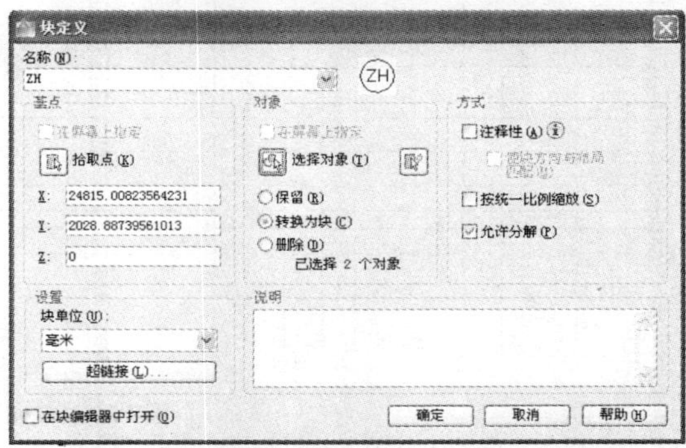

图7-16 “块定义”对话框

⑰ 单击“确定”按钮，打开“编辑属性”对话框，在块名“ZH”后面的文本框中输入名称“A”，如图7-17所示。

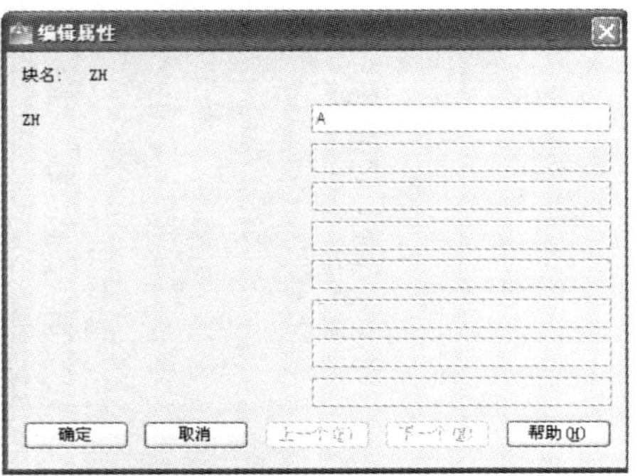

图7-17　输入属性名称

⑱ 单击“确定”按钮，名称“A”将被定义到圆心，如图7-18所示。

图7-18　将名称定义到圆心

⑲ 调用“插入块”命令，插入其他的块，并将其属性设为相应的值，如图7-19所示。命令执行过程如下。

命令: insert

指定插入点或 [基点(B)/比例(S)/X/Y/Z/旋转(R)]:

输入属性值

ZH: B

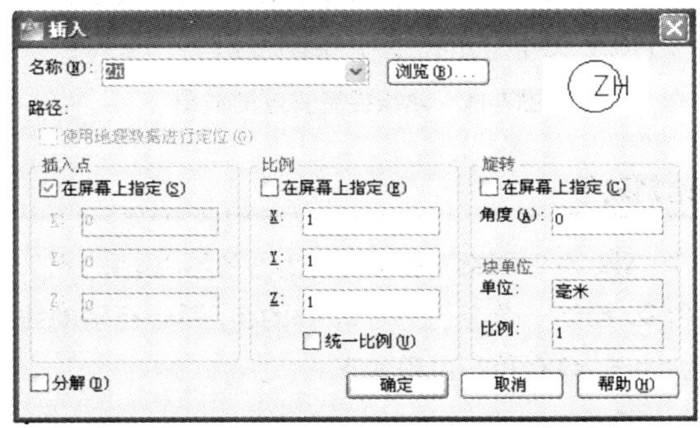

图7-19　插入块

⑳ 用同样的方法插入其他水平和垂直方向的轴号，调用“移动”工具，将相应轴号的象限点移动对齐到轴线的端点上，得到轴网制作完成的最终效果，如图7-20所示。

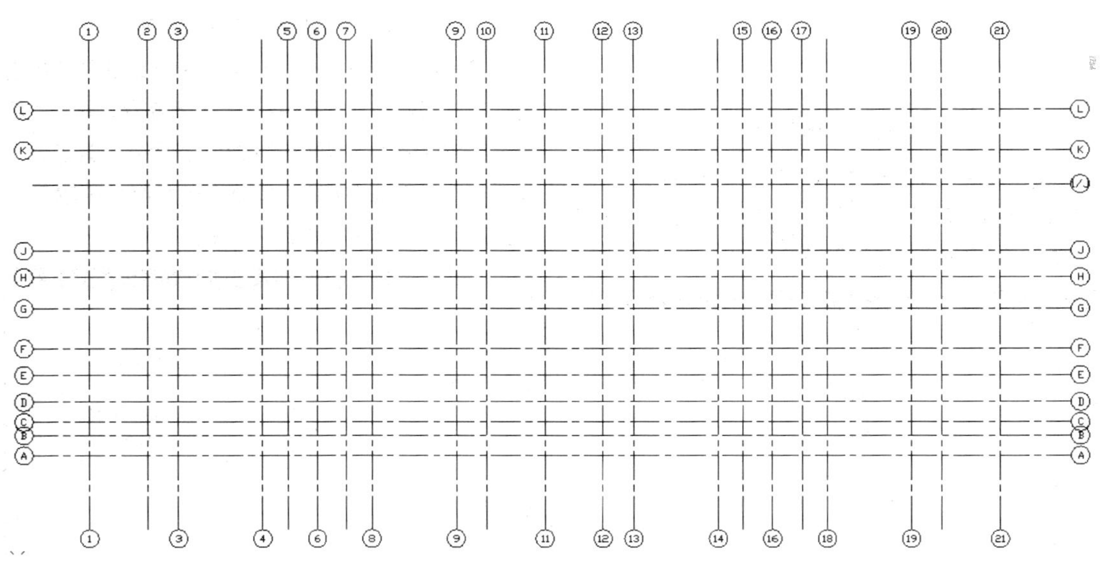

图7-20　轴网制作完成的效果

绘制墙体

㉑ 在菜单栏中选择“格式”>“多线样式”命令，打开“多线样式”对话框，单击“新建”按钮，打开“创建新的多线样式”对话框，在“新样式名”文本框中输入多线样式名“墙体多线”，如图7-21所示。

图7-21 创建多线样式

㉒ 单击“确定”按钮，打开“新建多线样式：墙体多线”对话框，设置“封口”方式为“直线”，单击“确定”按钮，并在“多线样式”对话框中选择“墙体多线”样式，单击“置为当前”按钮，应用设置的多线样式，如图7-22所示。

㉓ 在菜单栏中选择“工具”>“草图设置”命令，单击选择“对象捕捉”选项卡，在“对象捕捉模式”选项区中勾选“端点”和“交点”复选框，如图7-23所示。

㉔ 调用“多线”命令，设置多线样式的对正方式为“无”，并沿轴线的交点绘制外墙体，命令执行过程如下。

命令: mline

当前设置: 对正 = 上，比例 = 20.00，样式 = 墙体多线

指定起点或 [对正(J)/比例(S)/样式(ST)]: j

输入对正类型 [上(T)/无(Z)/下(B)] <上>: z

当前设置: 对正 = 无，比例 = 20.00，样式 = 墙体多线

指定起点或 [对正(J)/比例(S)/样式(ST)]: s

输入多线比例 <20.00>: 240

当前设置: 对正 = 无，比例 = 240.00，样式 = 墙体多线

指定起点或 [对正(J)/比例(S)/样式(ST)]:

指定下一点:

指定下一点或 [放弃(U)]:

指定下一点或 [闭合(C)/放弃(U)]:

完成效果如图7-24所示。

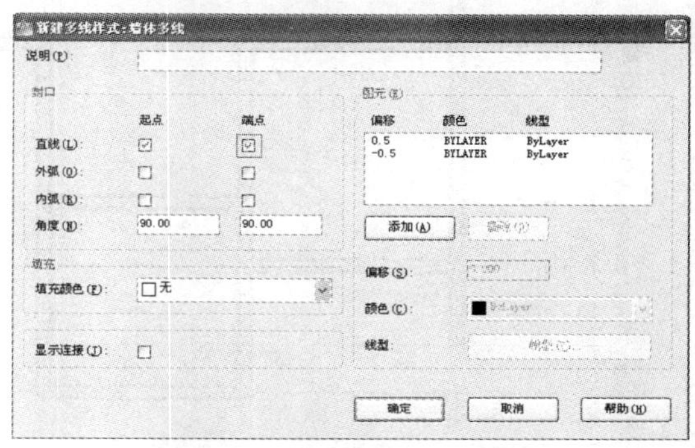

图7-22 设置直线的封口方式

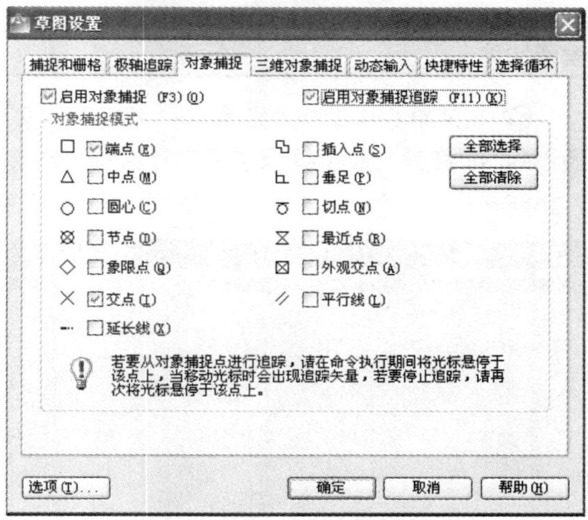

图7-23 设置对象捕捉模式

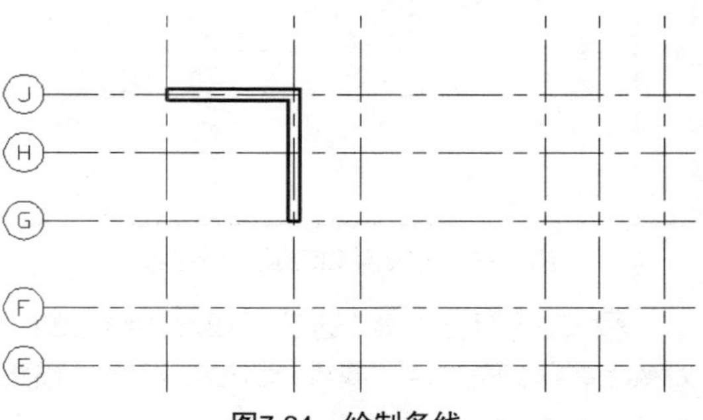

图7-24 绘制多线

㉕ 调用“多线”命令，绘制1～11号轴的墙体效果，如图7-25所示。

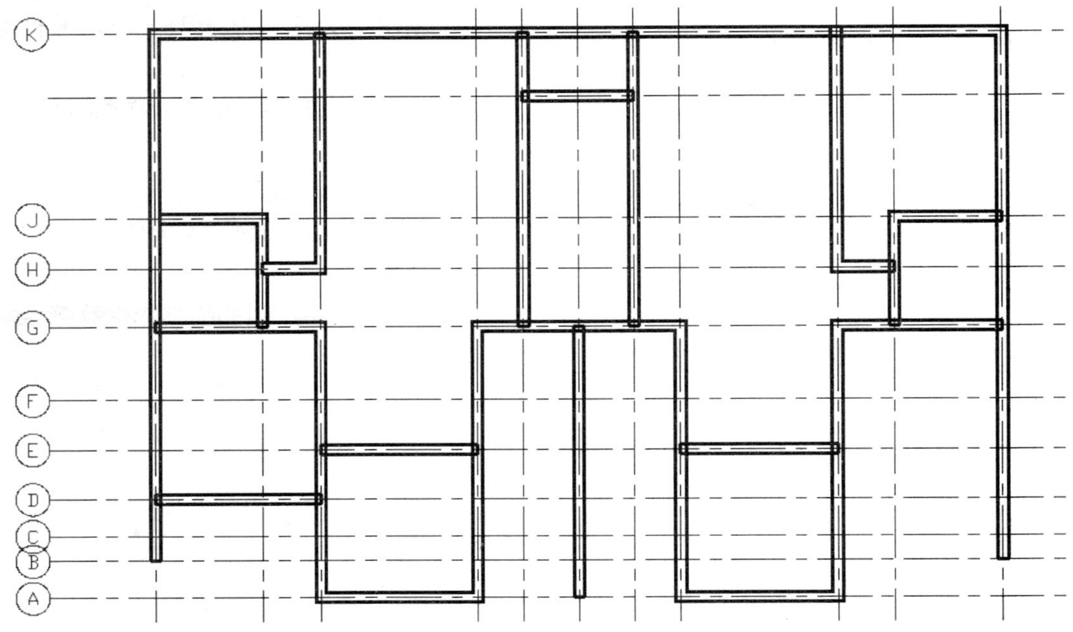

图7-25 绘制1~11号轴的墙体

编辑墙体

㉖ 在菜单栏中选择“修改”>“对象”>“多线”命令，打开“多线编辑工具”对话框，如图7-26所示。

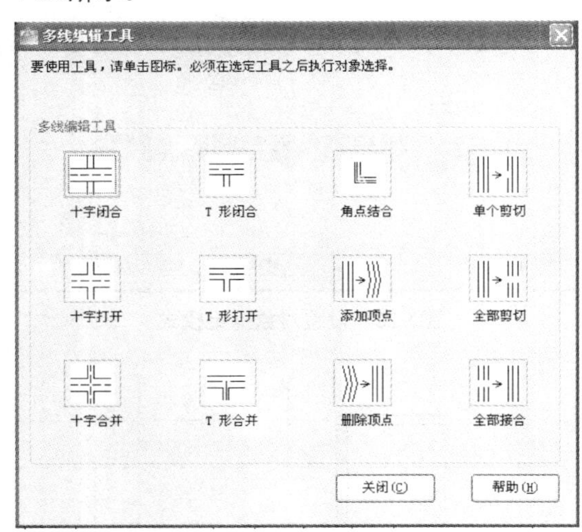

图7-26 “多线编辑工具”对话框

㉗ 选择“T形合并”选项，返回到绘图窗口，对多线进行“T形合并”操作，如图7-27所示为编辑前后的效果对比。

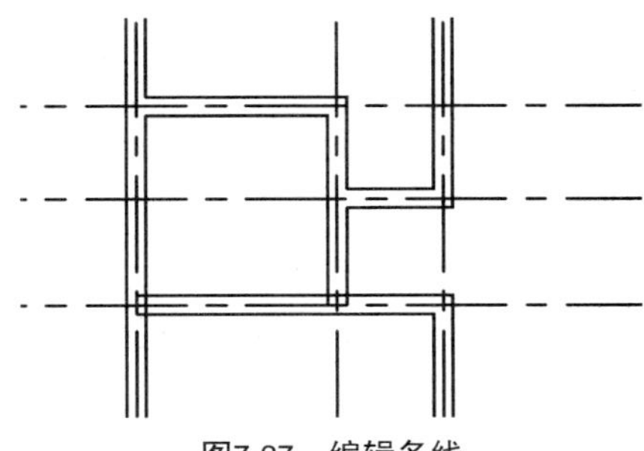

图7-27 编辑多线

㉘ 重复多线的“T形合并”操作，对其他墙体进行编辑操作，得到编辑后的多线墙体效果，如图7-28所示。

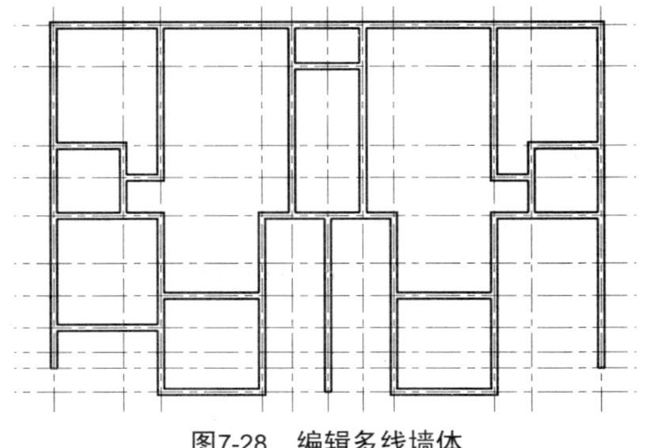

图7-28 编辑多线墙体

绘制飘窗

㉙ 调用“直线”命令，结合“对象捕捉”工具栏上的“捕捉自”按钮，自基点向右偏移900mm的距离，然后再向右偏移1800mm的距离，绘制两条直线作为门的大小，命令执行过程如下。

命令: line

指定第一点: from 基点: <偏移>:

命令: line

指定第一点: from 基点: <偏移>: 900.0

指定下一点或 [放弃(U)]:

命令: offset

当前设置：删除源=否，图层=源，OFFSETGAPTYPE=0

指定偏移距离或 [通过(T)/删除(E)/图层(L)] <1100.0000>: 1800

指定要偏移的那一侧上的点，或 [退出(E)/多个(M)/放弃(U)] <退出>:

选择要偏移的对象，或 [退出(E)/放弃(U)] <退出>:

效果如图7-29所示。

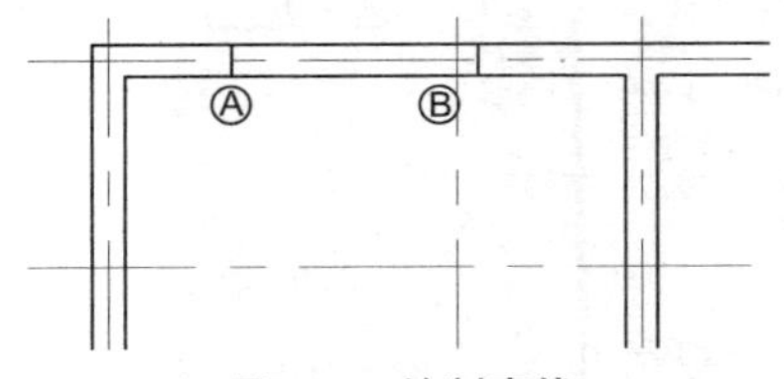

图7-29 绘制直线

㉚ 将绘制的辅助线选中，在菜单栏中选择“工具”>“绘图顺序”>“后置”命令，将其后置。

㉛ 在菜单栏中选择“修改”>“对象”>“多线”命令，打开“多线编辑工具”对话框，选择“全部剪切”命令，结合“对象捕捉”工具栏上的“捕捉到交点”按钮，选择直线和多线的交点，如图7-30所示。

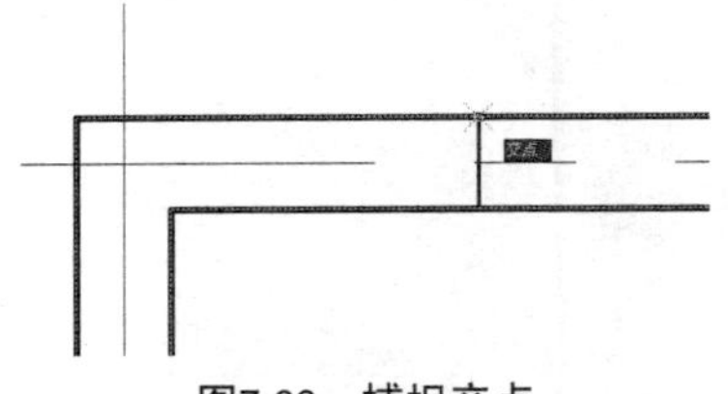

图7-30 捕捉交点

㉜ 先选择A处，再选择B处，得到多线被剪切的效果，命令执行过程如下。

命令: mledit

选择多线: _int 于

选择第二个点: _int 于 （选择A点）

选择多线 或 [放弃(U)]: （选择B点）

完成效果如图7-31所示。

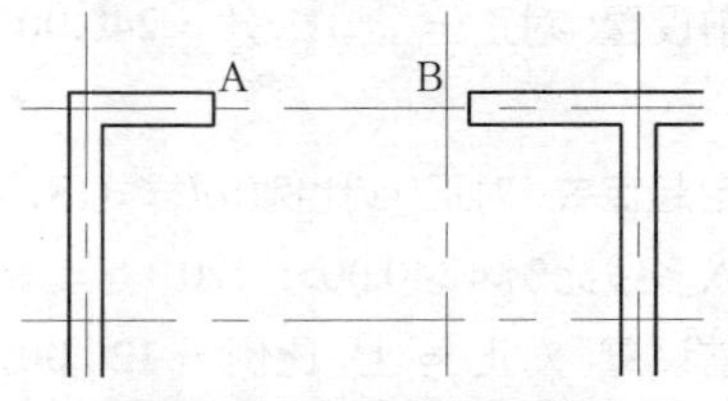

图7-31 多线被剪切的效果

㉝ 在菜单栏中选择“格式”>“多线样式”命令，打开“多线样式”对话框，单击“新建”按钮，打开“创建新的多线样式”对话框，在“新样式名”文本框中输入多线样式名“TC窗”，如图7-32所示。

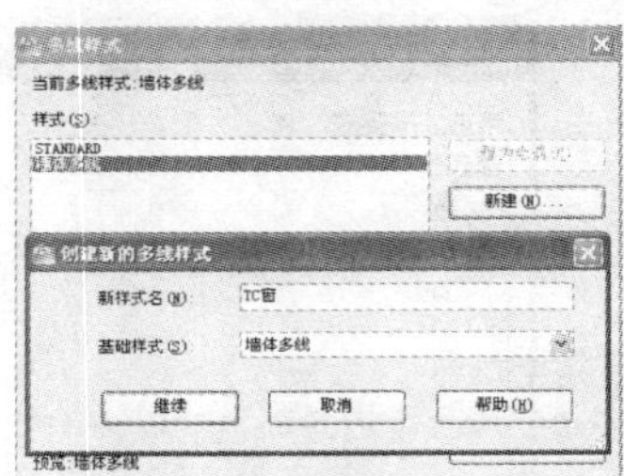

图7-32 创建新样式

㉞ 单击“继续”按钮，打开“新建多线样式：TC窗”对话框，设置“图元”选项区中的偏移参数，如图7-33所示。

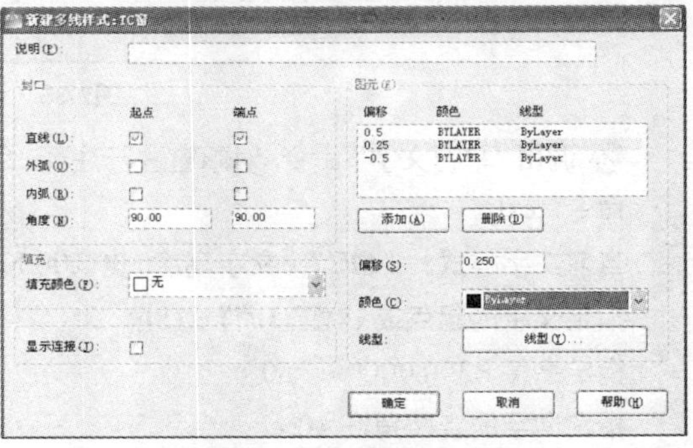

图7-33 设置图元偏移参数

㉟ 单击“确定”按钮，并在“多线样式”对话框中选择“TC窗”样式，将其置为当前，将

“E-WINDOW”图层设置为当前层，调用“多线”命令，绘制窗户形状，命令执行过程如下。

命令: mline

当前设置: 对正 = 无，比例 = 240.00，样式 = TC窗

指定起点或 [对正(J)/比例(S)/样式(ST)]: j

输入对正类型 [上(T)/无(Z)/下(B)] <无>: t

当前设置: 对正 = 上，比例 = 240.00，样式 = TC窗

指定起点或 [对正(J)/比例(S)/样式(ST)]: s

输入多线比例 <240.00>: 120

当前设置: 对正 = 上，比例 = 120.00，样式 = TC窗

指定起点或 [对正(J)/比例(S)/样式(ST)]: 选择B点

指定下一点: 380

指定下一点或 [放弃(U)]: 1800

指定下一点或 [闭合(C)/放弃(U)]: 选择A点

完成效果如图7-34所示。

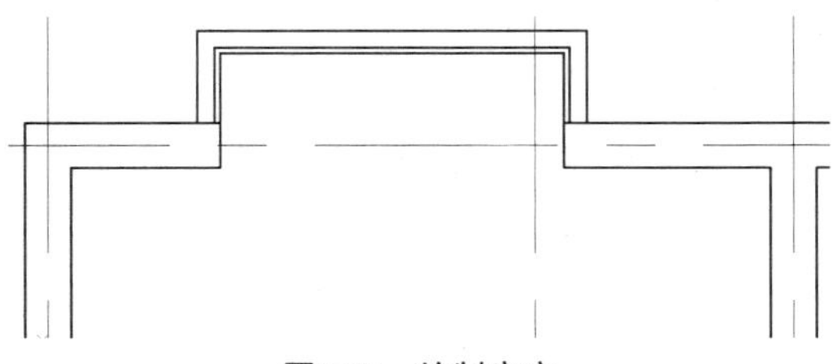

图7-34 绘制窗户

㊱ 调用“文字样式”命令，打开“文字样式”对话框，单击“新建”按钮，新建一个“MC”文字样式，将字体设置为“gbenor.shx”，然后单击“置为当前”按钮，如图7-35所示。

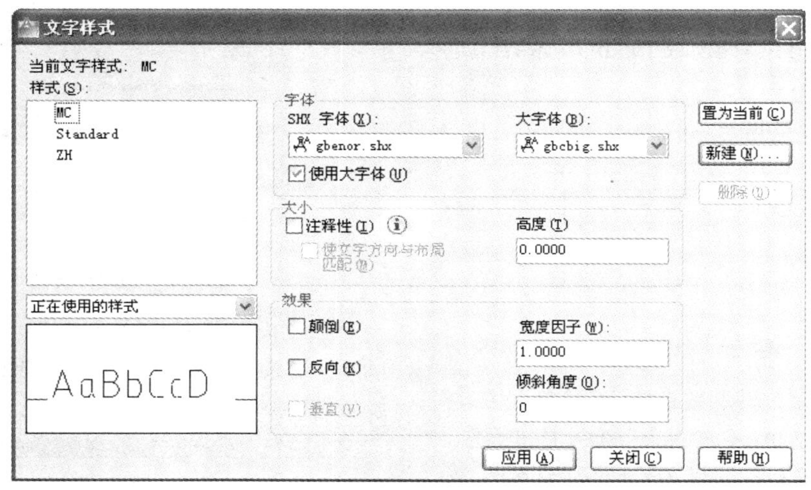

图7-35 设置文字样式

㊲ 调用“单行文字”命令，对飘窗进行注释，命令执行过程如下。

命令: text

当前文字样式: “MC” 文字高度: 300.0000 注释性: 否

指定文字的起点或 [对正(J)/样式(S)]:

指定高度 <300.0000>: 250

指定文字的旋转角度 <0>:

文字: TC1

完成效果如图7-36所示。

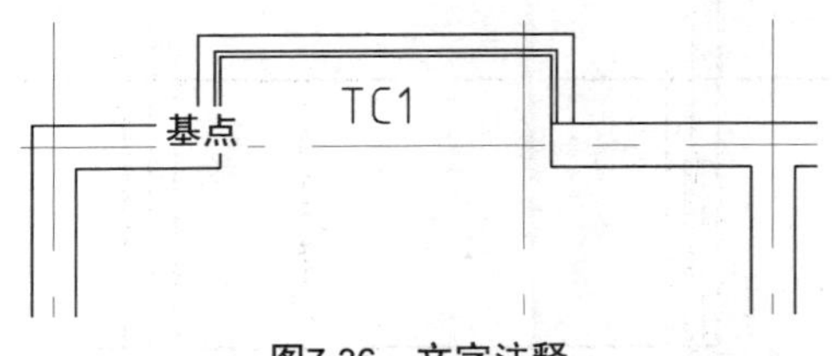

图7-36 文字注释

㊳ 将飘窗和注释文字定义为块，单击“创建块”命令，打开“块定义”对话框。在“名称”文本框中输入名称“TC1”，单击“基点”选项区中的“拾取点”按钮，指定窗和墙体相交的右上角为插入基点，单击“选择对象”按钮，将整个飘窗的形状和注释文字同时选中，如图7-37所示。

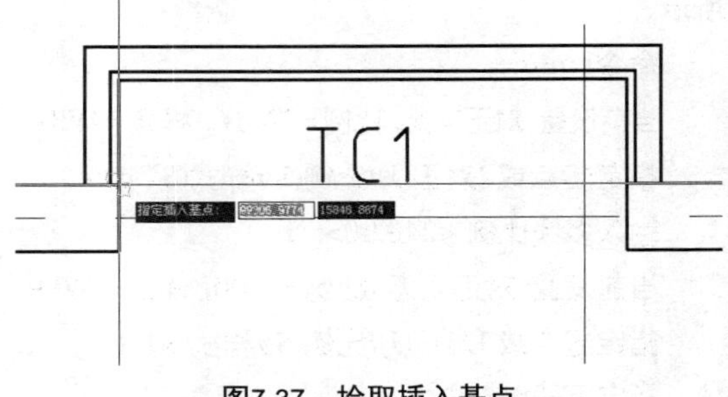

图7-37 拾取插入基点

㊴ 单击“确定”按钮，完成对块的定义。调用“插入块”命令，打开“插入”对话框，将“名称”设置为“TC1”，单击“确定”按钮，将飘窗图块“TC1”插入到视图中飘窗的位置，完成效果如图7-38所示。

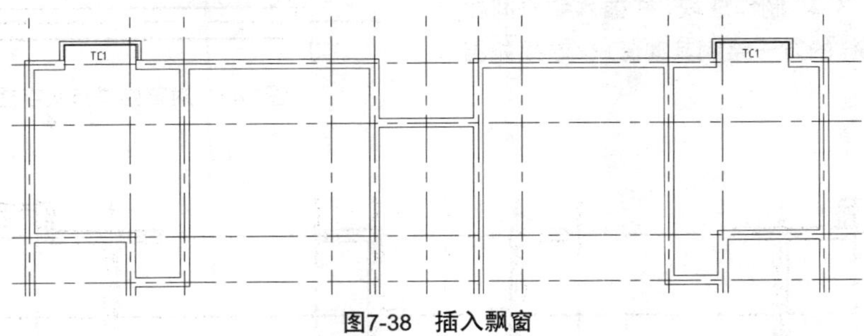

图7-38 插入飘窗

绘制窗户

本任务中的窗户有C1 (600mm)、C2 (900mm) 和MLC1(800mm+700mm)几种不同尺寸。

㊵ 在菜单栏中选择“格式”>“多线样式”命令，打开“多线样式”对话框，单击“新建”按钮，打开“创建新的多线样式”对话框，在“新样式名”文本框中输入多线样式名“WIN”，单击“继续”按钮，打开“新建多线样式: WIN”对话框，“图元”选项区的偏移参数的设置如图7-39所示。

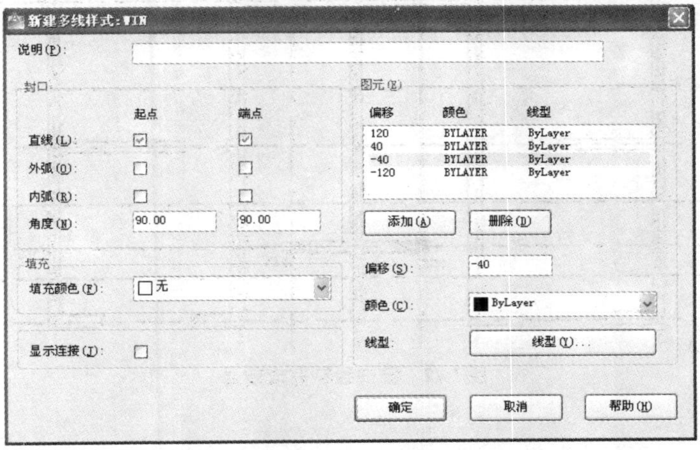

图7-39 设置图元偏移参数

㊶ 将“E_WINDOW”图层设置为当前层，调用“多线”命令，绘制窗户形状，命令执行过程如下所示。

命令: mline

当前设置: 对正＝无，比例＝240.00，样式＝WIN

指定起点或 [对正(J)/比例(S)/样式(ST)]: s

输入多线比例 <240.00>: 1

当前设置: 对正 = 无，比例 = 1.00，样式 = WIN

指定起点或 [对正(J)/比例(S)/样式(ST)]:

指定下一点:

完成效果如图7-40所示。

㊷ 调用“单行文字”命令，对窗户进行文字注释，如图7-41所示。

㊸ 将窗户“C2”制作成块，并插入到房间相应的位置，用同样的方法绘制其他窗户，效果如图7-42所示。

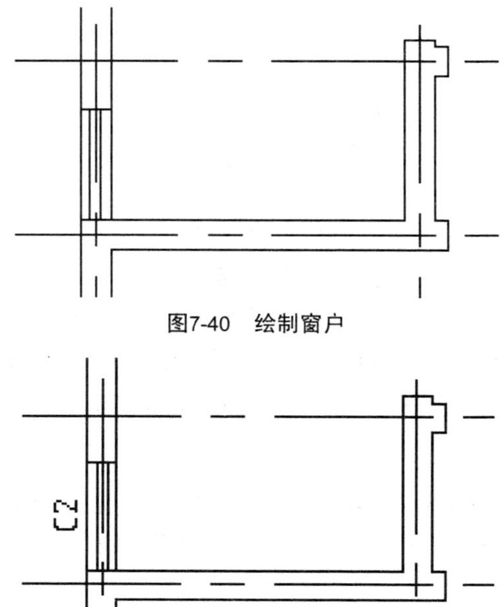

图7-40　绘制窗户

图7-41　对窗户进行文字注释

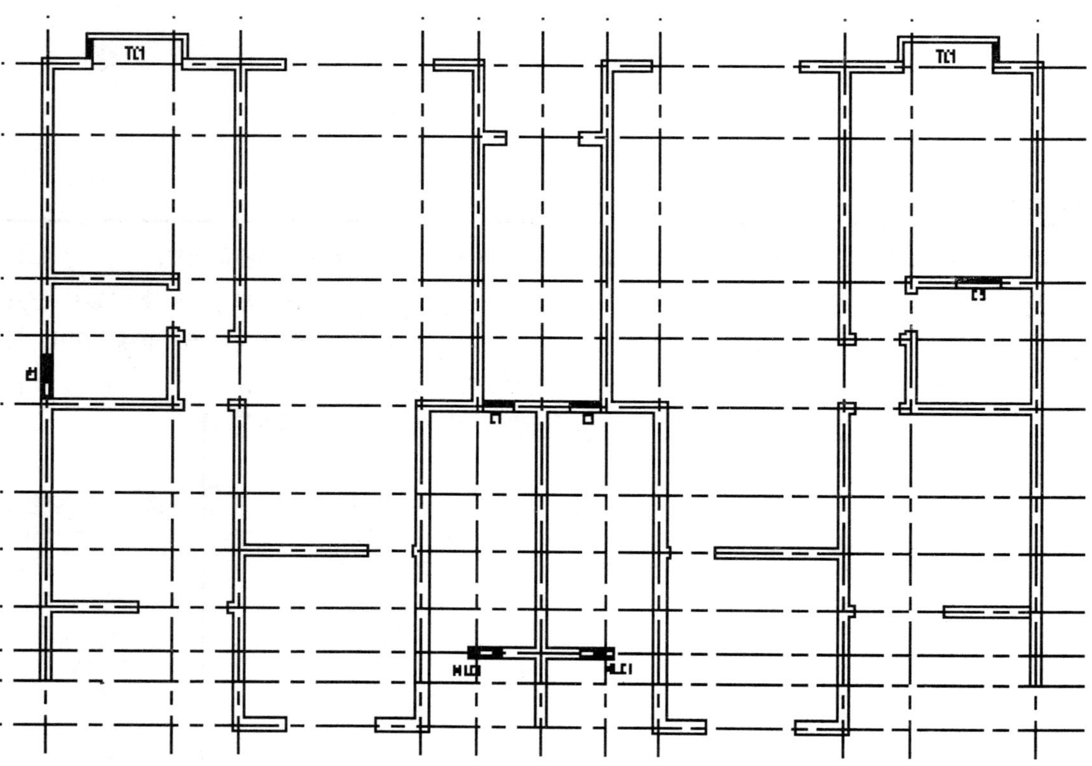

图7-42　窗户绘制完成效果

绘制门

本任务中的门有M2（900mm）的居室门、M3（800mm）的厨卫门、M4（3000mm，其中两侧为600mm，中间门为900mm）的大厅门、M5（1800mm）的推拉门和DM（1500mm）的对开门。

44 捕捉M2门墙体的中点，绘制一个大小为900mm×40mm的矩形，如图7-43所示。

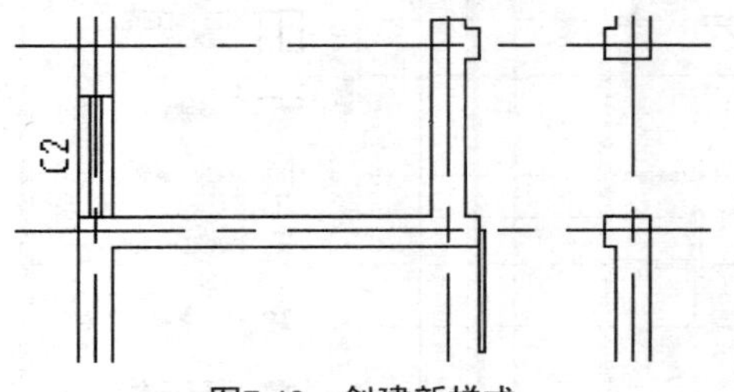

图7-43 创建新样式

45 在菜单栏中选择“绘图” >“圆弧” >“起点、端点、角度”命令，捕捉起点和端点绘制一个角度为“90°”的圆弧，表示门的开启方向，并对M2门进行文字注释，命令执行过程如下。

命令: arc

指定圆弧的起点或 [圆心(C)]:

指定圆弧的第二个点或 [圆心(C)/端点(E)]: e

指定圆弧的端点:

指定圆弧的圆心或 [角度(A)/方向(D)/半径(R)]: a 指定包含角: −90

完成效果如图7-44所示。

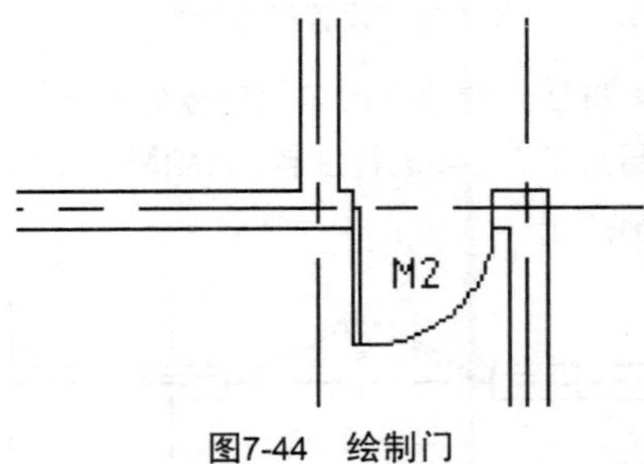

图7-44 绘制门

46 捕捉推拉门墙体的中心，绘制一个大小为950mm×50mm的矩形，将其向右下方镜像一个，并移动到合适的位置，完成效果如图7-45所示。

47 调用“多段线”命令，将起点宽度设置为30mm，端点宽度设置为“0”，绘制箭头的效果，镜像到另一侧，表示推拉门的开启方向，并为M5门添加文字注释，命令执行过程如下。

命令: pline

指定起点:

指定下一点或 [圆弧(A)/半宽(H)/长度(L)/放弃(U)/宽度(W)]: w

指定下一点或 [圆弧(A)/闭合(C)/半宽(H)/长度(L)/放弃(U)/宽度(W)]: w

指定起点宽度 <2.0000>: 30

指定端点宽度 <30.0000>: 0

指定下一点或 [圆弧(A)/闭合(C)/半宽(H)/长度(L)/放弃(U)/宽度(W)]:

完成效果如图7-46所示。

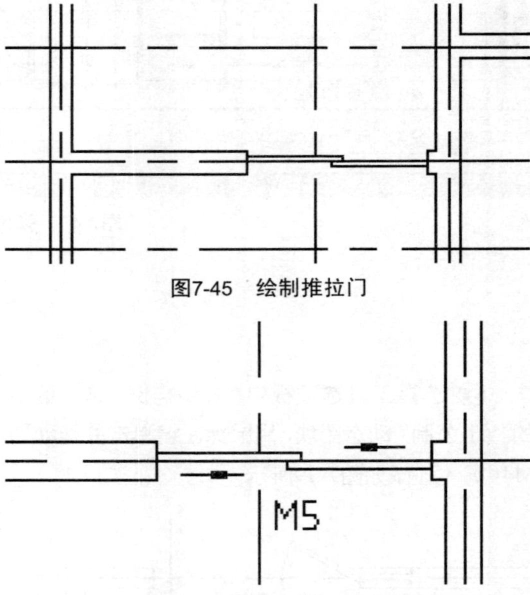

图7-45 绘制推拉门

图7-46 绘制推拉门开启方向

48 调用“多线”命令，捕捉M4门墙体中心的位置，绘制长度为600mm的多线，如图7-47所示。

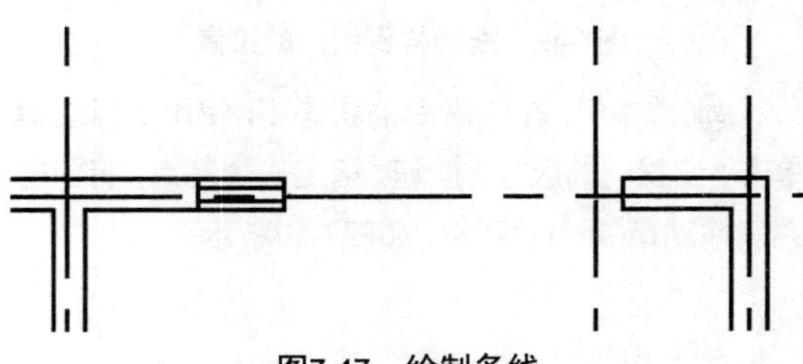

图7-47 绘制多线

49 在菜单栏中选择“工具”>“选项板”>“工具选项板”命令，弹出工具选项板，如图7-48所示。

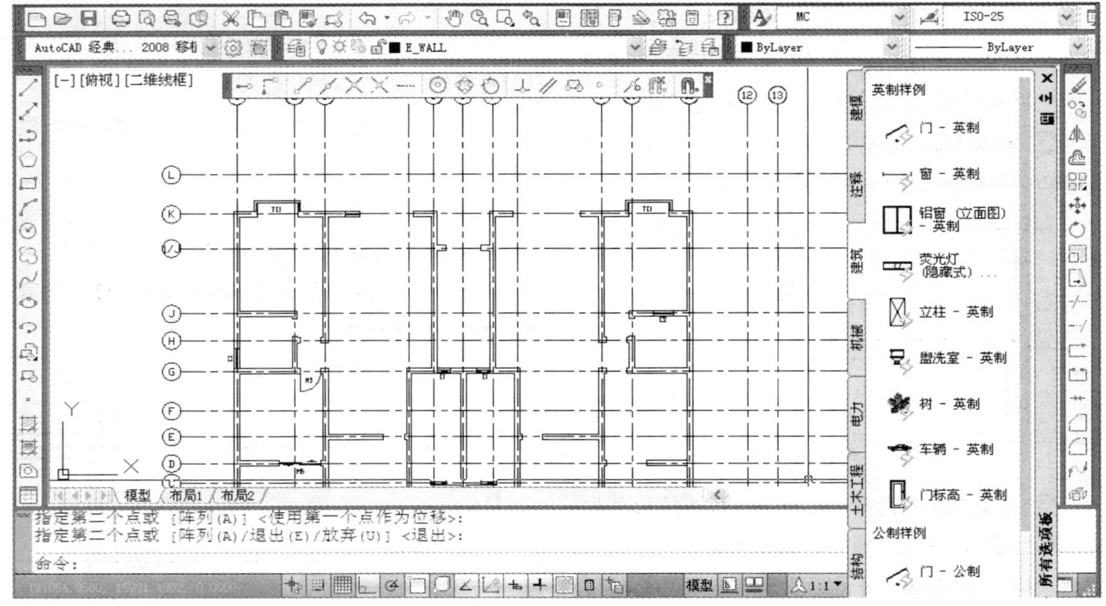

图7-48　弹出的工具选项板

㊿ 选择工具选项板中“公制样例”选项区中的“门-公制”动态图块，用鼠标左键单击并拖动到M4中心位置，如图7-49所示。

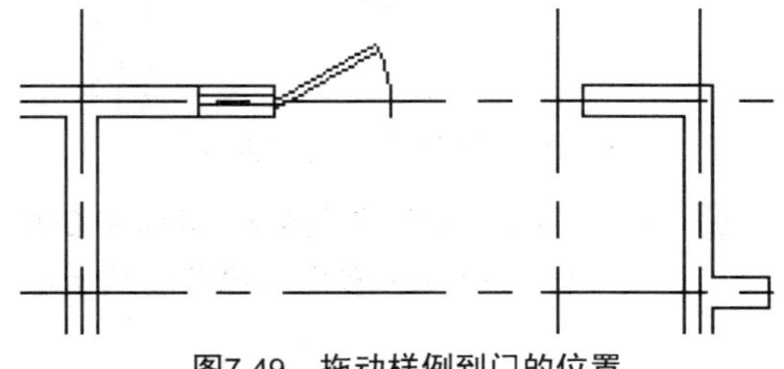

图7-49　拖动样例到门的位置

51 选中门，在空命令的状态下，使用鼠标左键单击“设置门的尺寸”按钮，指定一个基点，将门向右侧拖动150mm的距离，如图7-50所示。

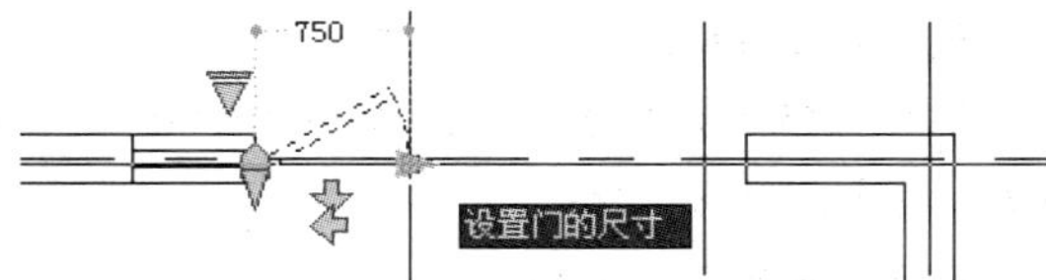

图7-50　设置门的尺寸

52 将插入的动态图块门镜像到另一侧，并调用“单行文字”工具进行注释，得到M4门的效果，如图7-51所示。

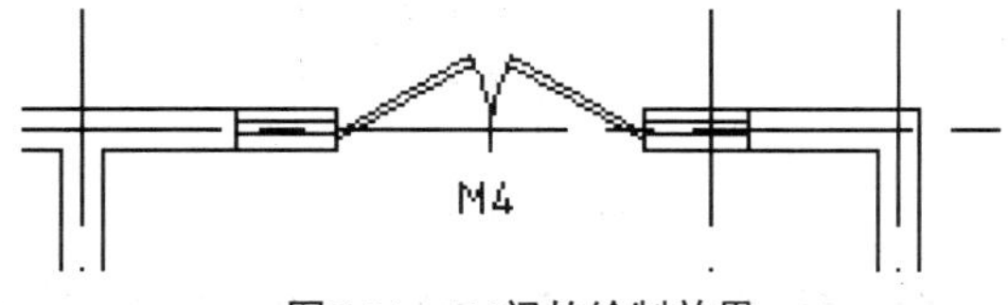

图7-51　M4门的绘制效果

53 用同样的方法绘制其他的门，并调用“创建块”命令，创建为图块，再调用“插入块”命令，插入图像到相应的位置，如图7-52所示。

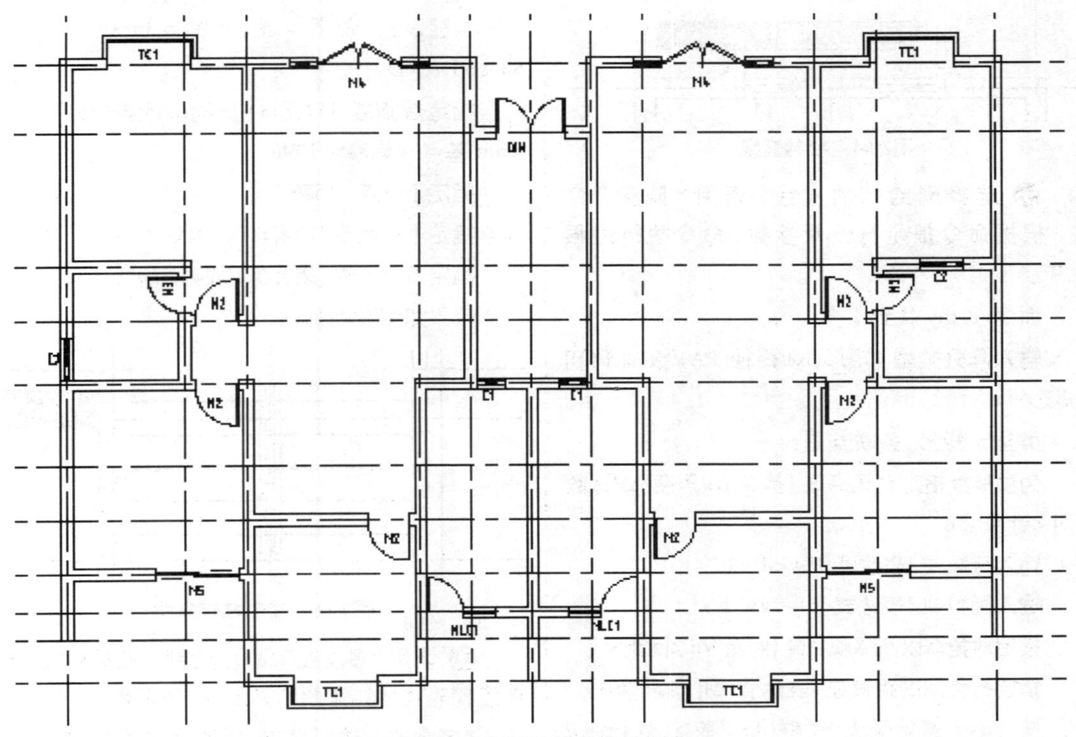

图7-52 复制其他位置的门窗

54 将墙体和门窗以外的图层进行锁定，调用镜像命令，将墙体和门窗沿11号轴线进行镜像操作，得到的完成效果如图7-53所示。

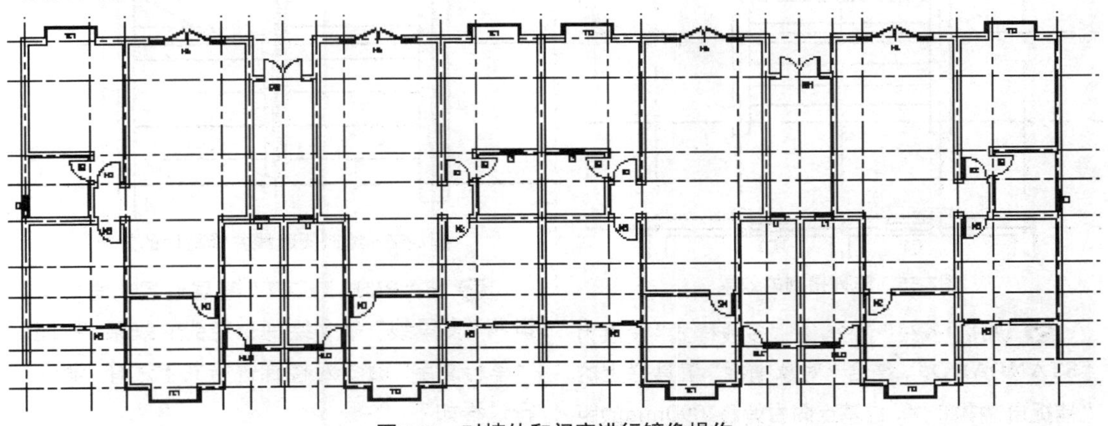

图7-53 对墙体和门窗进行镜像操作

绘制楼梯

55 将“STAIR”图层指定为当前层，在水平轴G、H和垂直轴5、6、7间的位置调用“直线”命令，结合“对象捕捉”工具栏上的“捕捉自”按钮，自基点向上偏移370mm的距离，绘制水平方向的直线，如图7-54所示。

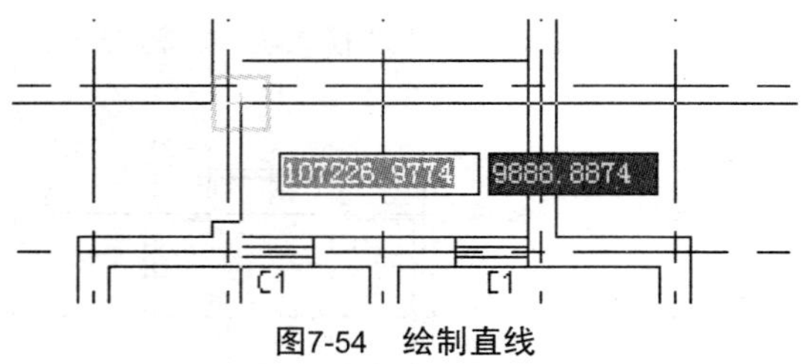

图7-54 绘制直线

56 选择刚绘制的直线，调用“阵列”命令，根据命令提示行设置参数，命令执行过程如下。

命令: array 找到 1 个

输入阵列类型 [矩形(R)/路径(PA)/极轴(PO)] <矩形>: r

类型 = 矩形 关联 = 是

为项目数指定对角点或 [基点(B)/角度(A)/计数(C)] <计数>: c

输入行数或 [表达式(E)] <4>: 6

输入列数或 [表达式(E)] <4>: 1

指定对角点以间隔项目或 [间距(S)] <间距>: s

指定行之间的距离或 [表达式(E)] <1>: 280

按 Enter 键接受或 [关联(AS)/基点(B)/行(R)/列(C)/层(L)/退出(X)] <退出>:

完成效果如图7-55所示。

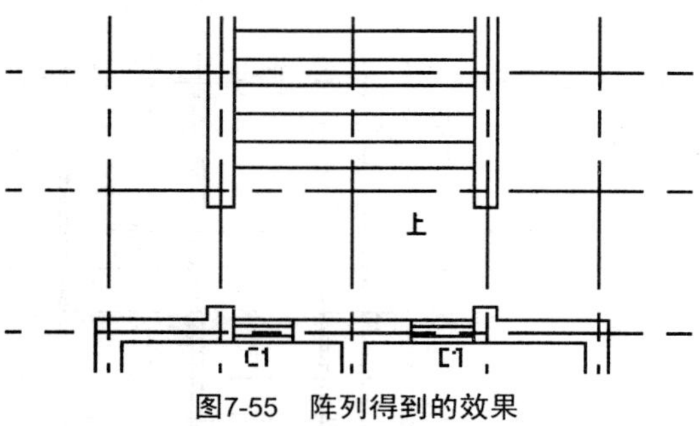

图7-55 阵列得到的效果

57 调用“多线”命令，将“多线样式”设置为“STANDARD”，结合“对象捕捉”工具栏上的“捕捉自”按钮，自基点向右偏移1090mm的距离，绘制垂直方向长度为1570mm的多线，命令执行过程如下。

命令: mline

当前设置: 对正 = 上，比例 = 1.00，样式 = STANDARD

指定起点或 [对正(J)/比例(S)/样式(ST)]: s

输入多线比例 <1.00>: 60

当前设置: 对正 = 上，比例 = 60.00，样式 = STANDARD

指定起点或 [对正(J)/比例(S)/样式(ST)]: _from 基点: <偏移>: 1090

指定下一点: 1570

指定下一点或 [放弃(U)]: 180

指定下一点或 [闭合(C)/放弃(U)]:

效果如图7-56所示。

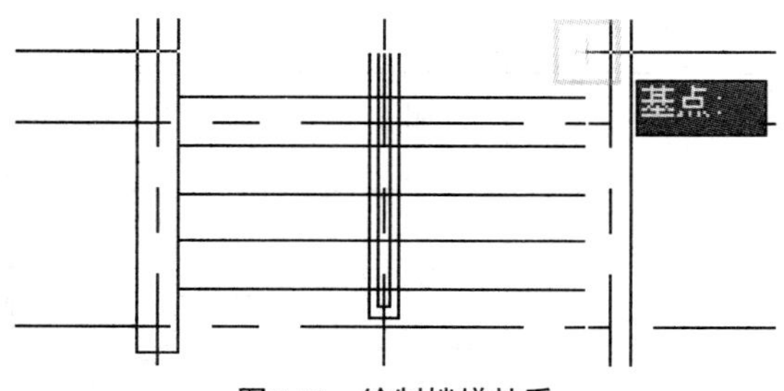

图7-56 绘制楼梯扶手

58 调用“多段线”命令，绘制一条折断线，折断线代表物体结束的断开部分，再调用“修剪”命令，将多余的线进行修剪，得到楼梯效果，完成效果如图7-57所示。

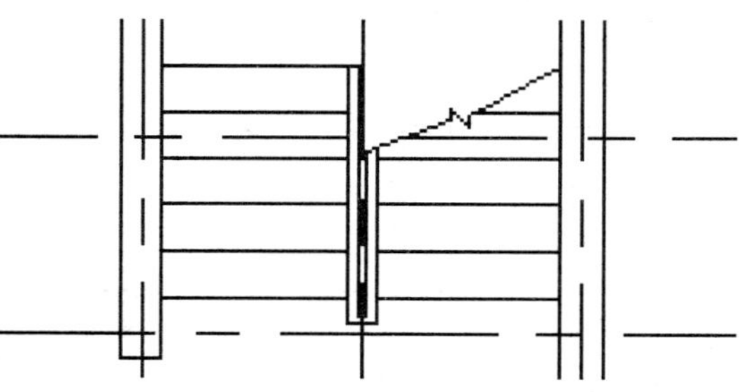
图7-57 绘制折断线并修剪后的效果

59 将“PUB-TEXT”图层设置为当前层，调用“多段线”命令绘制长箭头的效果，并调用“单行文字”命令对楼梯进行文字注释，命令执行过程如下。

命令: pline

指定起点:

当前线宽为 2.0000

指定下一点或 [圆弧(A)/半宽(H)/长度(L)/放弃(U)/宽度(W)]:

指定下一点或 [圆弧(A)/闭合(C)/半宽(H)/长度(L)/放弃(U)/宽度(W)]: w

指定起点宽度 <2.0000>: 60

指定端点宽度 <60.0000>: 0

指定下一点或 [圆弧(A)/闭合(C)/半宽(H)/长度(L)/放弃(U)/宽度(W)]:

指定下一点或 [圆弧(A)/闭合(C)/半宽(H)/长度(L)/放弃(U)/宽度(W)]:

完成效果如图7-58所示。

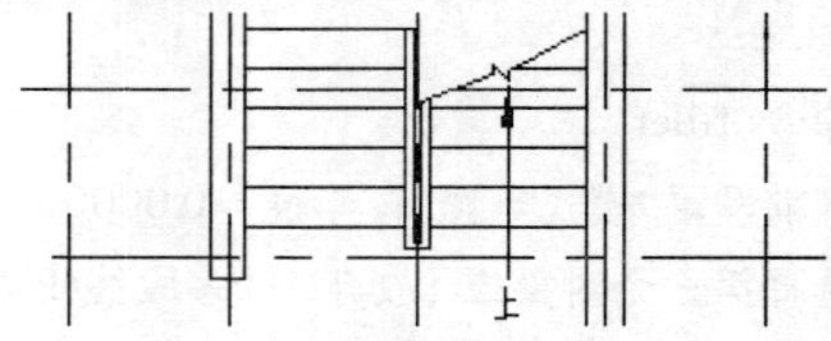

图7-58 绘制并标注楼梯的方向

60 调用“创建块”命令，将楼梯创建为块并命名为“STAIR”，再调用“插入块”命令，将楼梯插入到15、16、17号轴和J、H轴之间，得到楼梯绘制完成效果，如图7-59所示。

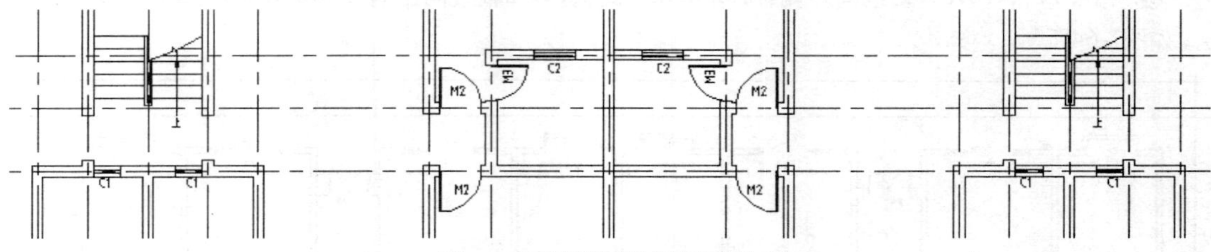

图7-59 将楼梯复制到其他位置

绘制台阶和散水

在一般情况下，首层平面图都必须绘制出建筑物四周的散水效果，本任务的散水宽度为1200mm。

61 将“E-OTHER”图层设置为当前层，调用“直线”命令绘制M4门前台阶的基本形状，命令执行过程如下。

命令: line

指定下一点或 [放弃(U)]: 1260

指定下一点或 [放弃(U)]: 4800

指定下一点或 [闭合(C)/放弃(U)]: 1260

效果如图7-60所示。

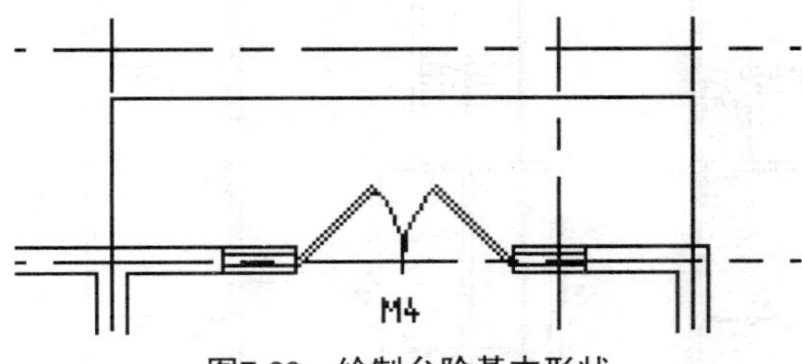

图7-60 绘制台阶基本形状

62 在菜单栏中选择“绘图” >“圆弧” >“起点、端点、角度”命令，捕捉起点和端点绘制角度为“45°”的圆弧，命令执行过程如下。

命令: arc

指定圆弧的起点或 [圆心(C)]: _from 基点: <偏移>: 900

指定圆弧的第二个点或 [圆心(C)/端点(E)]: e

指定圆弧的端点: 3000

指定圆弧的圆心或 [角度(A)/方向(D)/半径(R)]: a 指定包含角: 45

完成效果如图7-61所示。

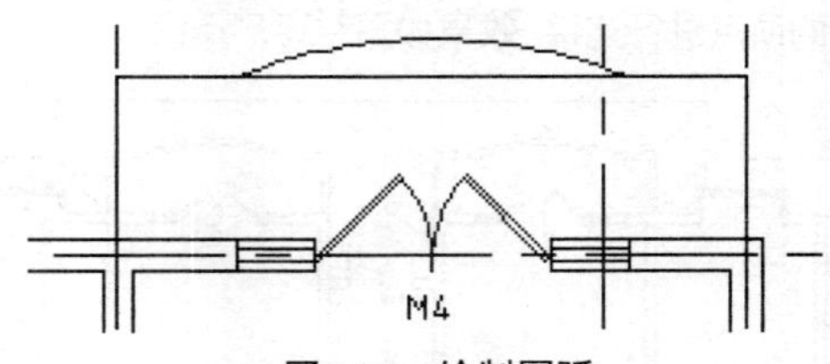

图7-61 绘制圆弧

63 调用“修剪”命令，将多余的线剪除，并调用“偏移”命令，将形状向上偏移120mm的距离，如图7-62所示。

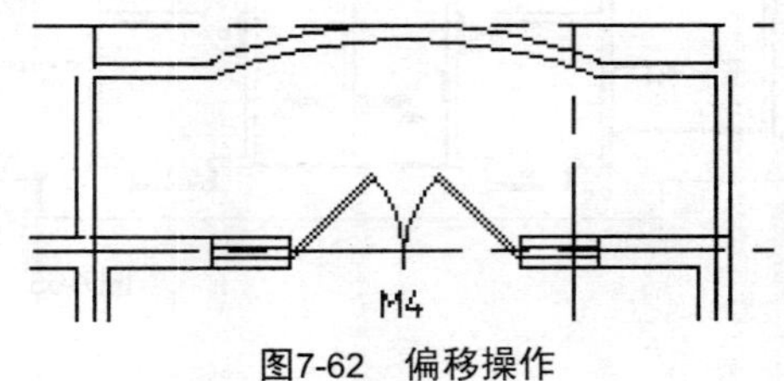

图7-62 偏移操作

64 调用“圆角”命令，将圆角半径设置为“0”，对两侧的边进行连接操作，命令执行过程如下。

命令: fillet

当前设置: 模式 = 修剪，半径 = 0.0000

选择第一个对象或 [放弃(U)/多段线(P)/半径(R)/修剪(T)/多个(M)]:

选择第二个对象，或按住Shift键选择对象以应用角点或 [半径(R)]:

完成效果如图7-63所示。

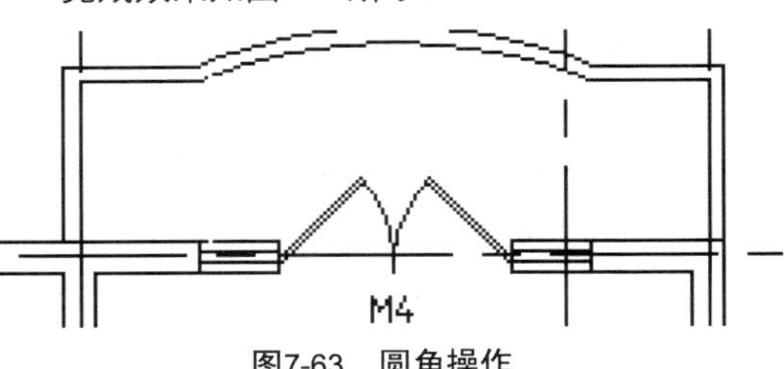

图7-63 圆角操作

65 将1、21、A、B、K轴线向外偏移1320mm的距离，将L轴线向上偏移900mm的距离，并转到散水层，如图7-64所示。

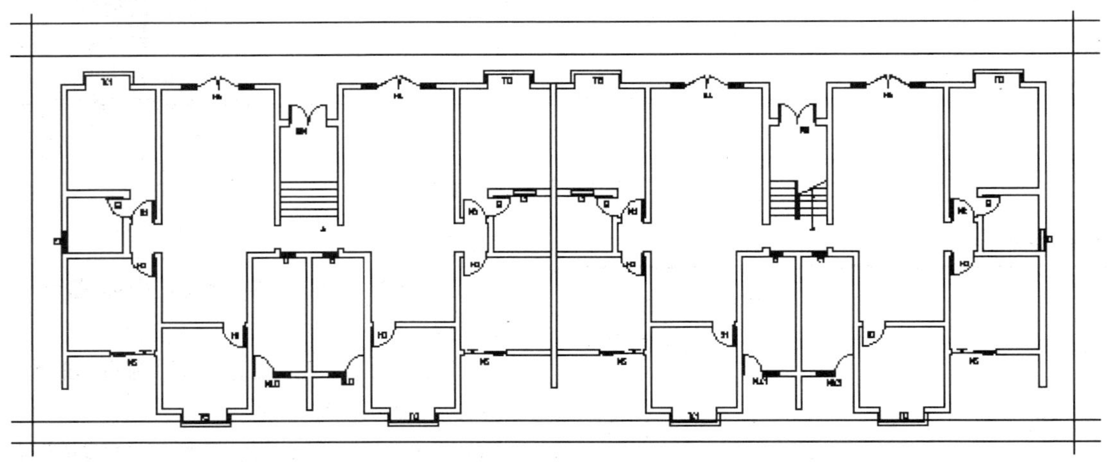

图7-64 偏移轴线并转换到散水层

66 调用“修剪”命令，对散水层的线进行修剪操作，同时将散水线以外的轴线剪除，并调用“直线”命令，对角的顶点进行连接，效果如图7-65所示。

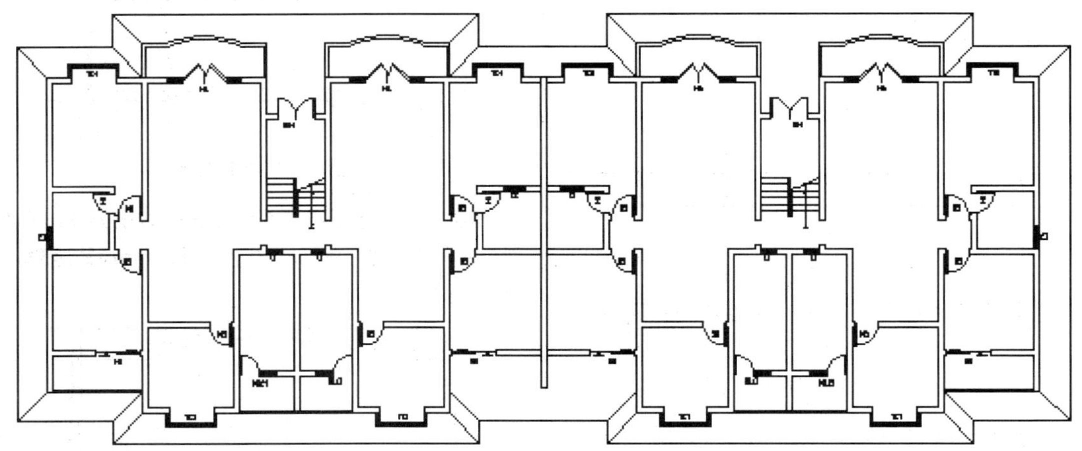

图7-65 绘制散水的效果

绘制柱子

67 调用“多边形”命令，绘制一个以轴线交点为中心、边数为“4”、半径为120mm的多边形，命令执行过程如下。

命令: polygon

输入侧面数 <4>:

指定正多边形的中心点或 [边(E)]:

输入选项 [内接于圆(I)/外切于圆(C)] <I>: I

指定墙体的交点

指定圆的半径:

完成效果如图7-66所示。

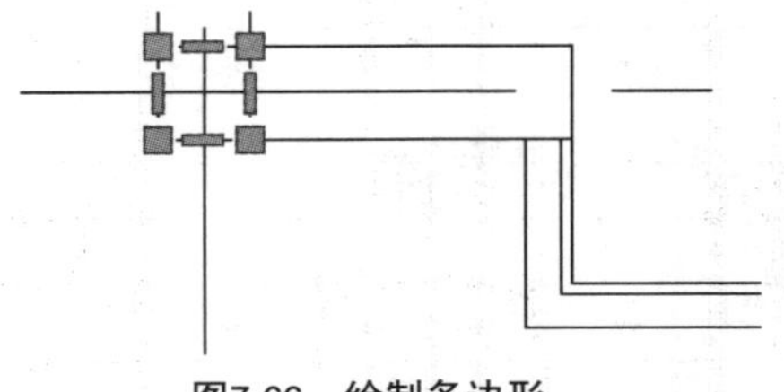

图7-66 绘制多边形

68 调用“图案填充”命令，打开“图案填充和渐变色”对话框，将参数设置为如图7-67所示。

69 单击“添加：选择对象”按钮，选择刚绘制的多边形，单击“确定”按钮，得到方柱的实体填充效果，如图7-68所示。

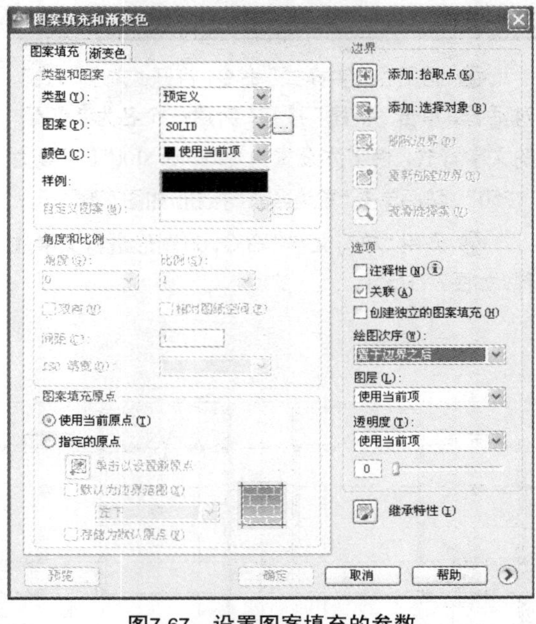

图7-67 设置图案填充的参数

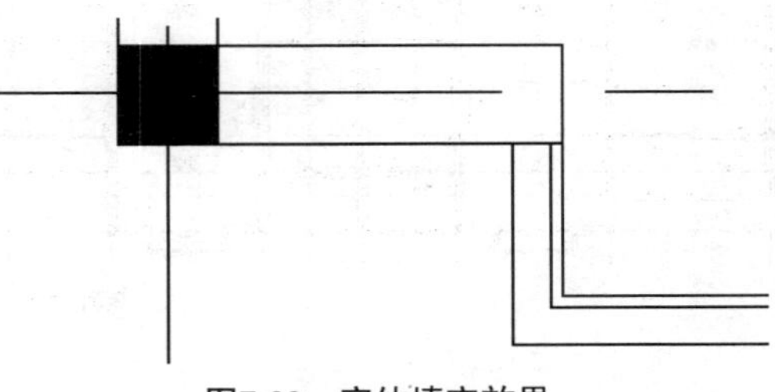

图7-68 实体填充效果

70 将填充后的方柱定义为块，调用“插入块”命令，将柱子插入到其他位置，得到插入柱子的效果，如图7-69所示。

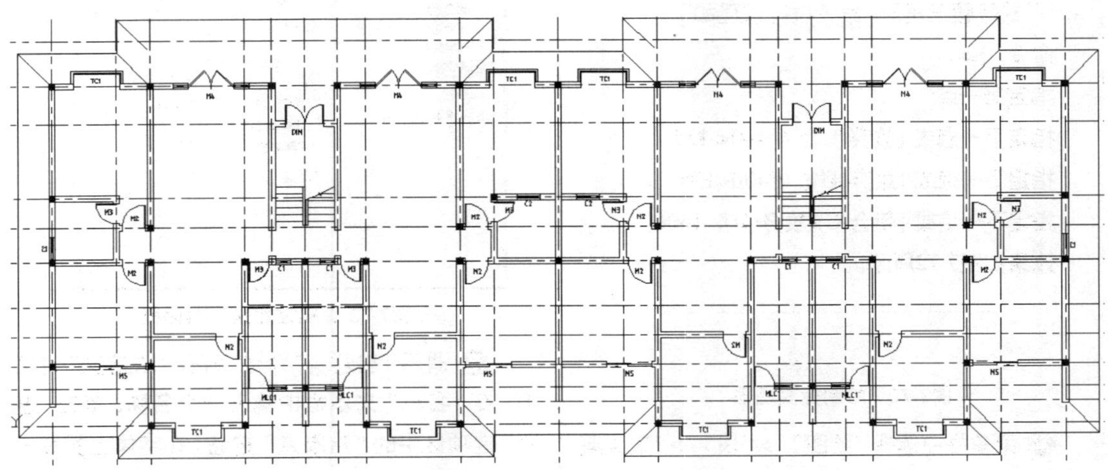

图7-69 插入柱子的图形效果

文字注释

71 调用"文字样式"命令，打开"文字样式"对话框，单击"新建"按钮，新建一个名为"WZ"的文字样式，将字体设置为"gbenor.shx"，字高为"250"，然后单击"置为当前"按钮，如图7-70所示。

72 调用"单行文字"命令，对图形进行文字注释，如图7-71所示。

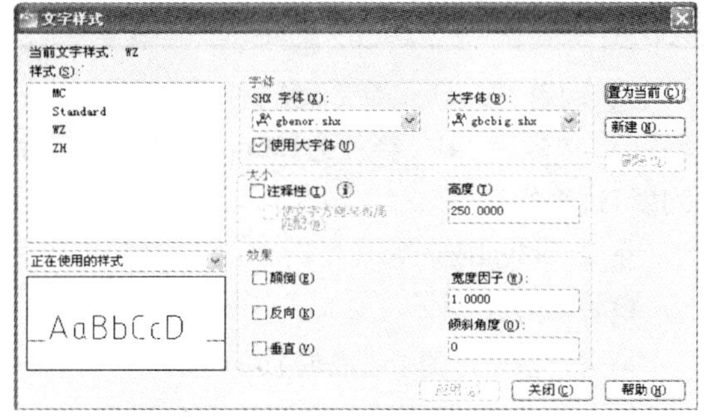

图7-70 设置文字样式

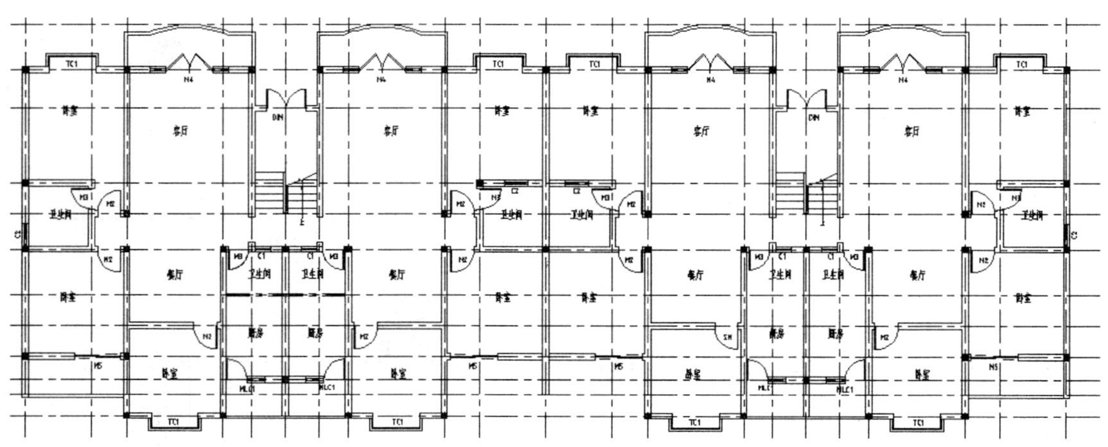

图7-71 文字注释的效果

绘制标高

73 将图层"PUB-DIM"设置为当前层，单击"直线"命令，绘制一个腰长为400mm、角度为"45°"的等腰三角形，命令执行过程如下。

命令: line

指定第一点:

指定下一点或 [放弃(U)]: @400<-135

指定下一点或 [放弃(U)]: @400<135

指定下一点或 [闭合(C)/放弃(U)]: 1800

效果如图7-72所示。

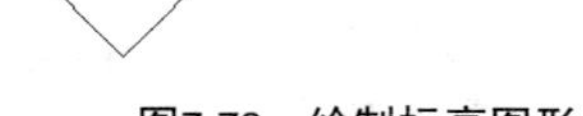

图7-72 绘制标高图形

74 菜单栏中选择"绘图" >"块" >"定义属性"命令，打开"属性定义"对话框，设置参数，如图7-73所示，单击"确定"按钮，在横线上方的位置拾取一点，写下一个块的属性值。

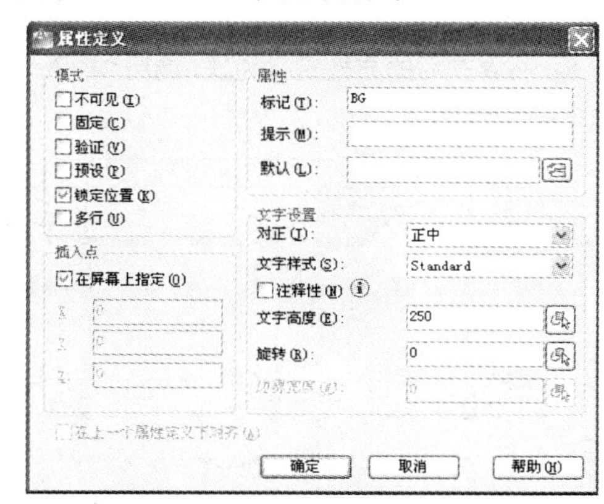

图7-73 "属性定义"对话框

75 调用"创建块"命令，打开"块定义"对话框，在"名称"文本框中输入一个名称，单击"基点"选项区中的"拾取点"按钮，在字体上拾取一点。单击"选择对象"按钮，将整个标高符号和刚才的数字标记"BG1"同时选中，如图7-74所示。

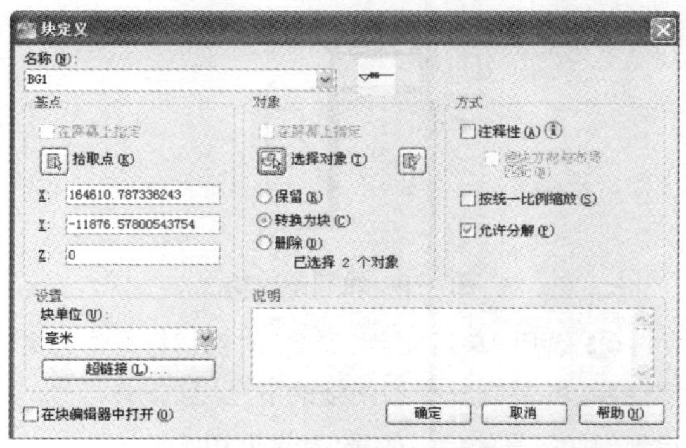

图7-74 “块定义”对话框

76 单击“确定”按钮，打开“编辑属性”对话框，在块名文本框中输入“BG2”，单击“确定”按钮，可以观察到已经将写入属性值的标高符号制作为一个块，如图7-75所示。

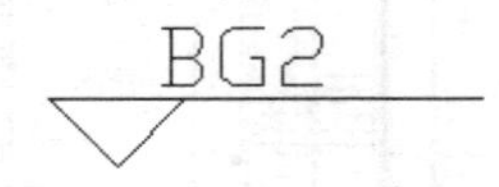

图7-75 定义为块的标高符号

77 双击创建的块，打开“增强属性编辑器”对话框，在“值”文本框中输入“%%p0.00”，如图7-76所示。

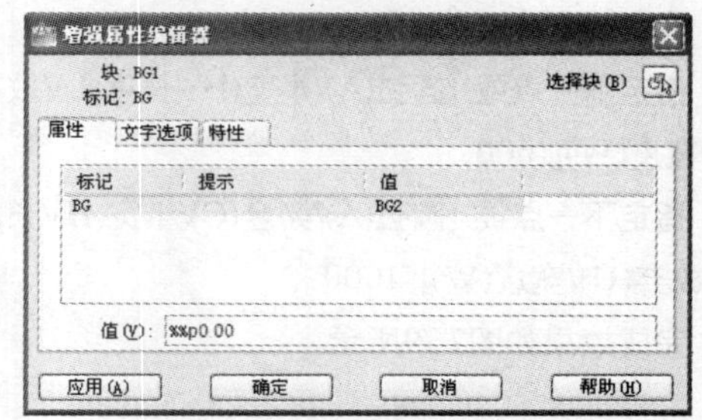

图7-76 “增强属性编辑器”对话框

78 单击“确定”按钮，得到标高符号的效果，如图7-77所示。

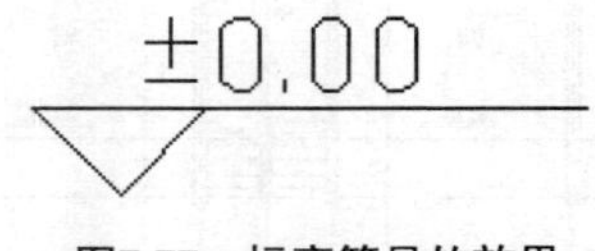

图7-77 标高符号的效果

79 将标高图块复制到图形的其他位置，并编辑增强的属性，得到标高符号绘制完成的效果，如图7-78所示。

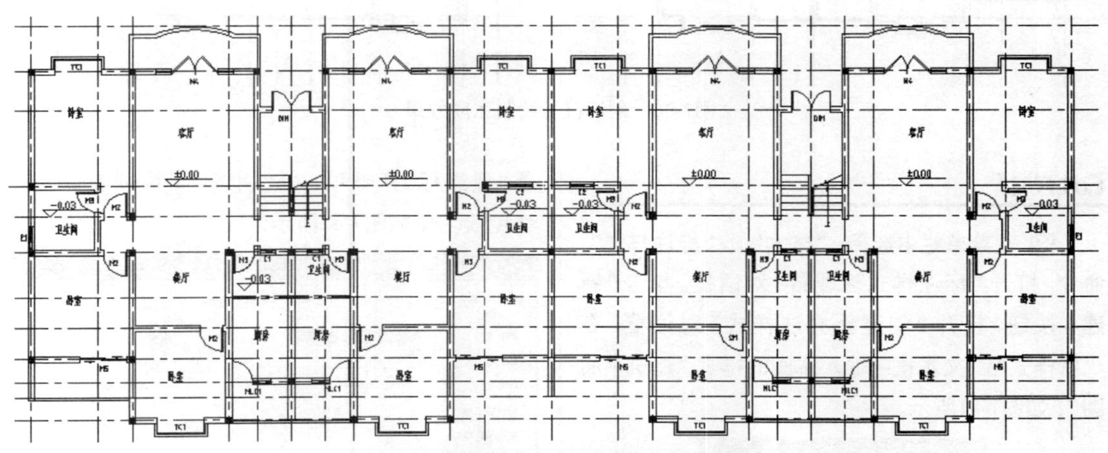

图7-78 标高符号绘制完成效果

绘制剖切符号

80 由于本任务的比例尺寸为1:100，所以将图形放大100倍进行绘制。将“PUB-DIM”层设置为当前层，调用“多段线”命令，绘制宽度为50mm的多段线，命令执行过程如下。

命令: pline

指定起点:

当前线宽为 0.0000

指定下一点或 [圆弧(A)/半宽(H)/长度(L)/放弃(U)/宽度(W)]: w

指定起点宽度 <0.0000>: 50

指定端点宽度 <50.0000>: 50

指定下一点或 [圆弧(A)/半宽(H)/长度(L)/放弃(U)/宽度(W)]: 600

指定下一点或 [圆弧(A)/闭合(C)/半宽(H)/长度(L)/放弃(U)/宽度(W)]: 1000

完成效果如图7-79所示。

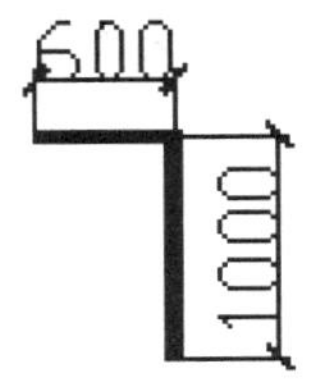

图7-79　绘制多段线

81 调用“单行文字”命令，对剖切符号进行文字注释，并复制一个到图纸的下方，且旋转符号，得到剖切符号的完成效果，如图7-80所示。

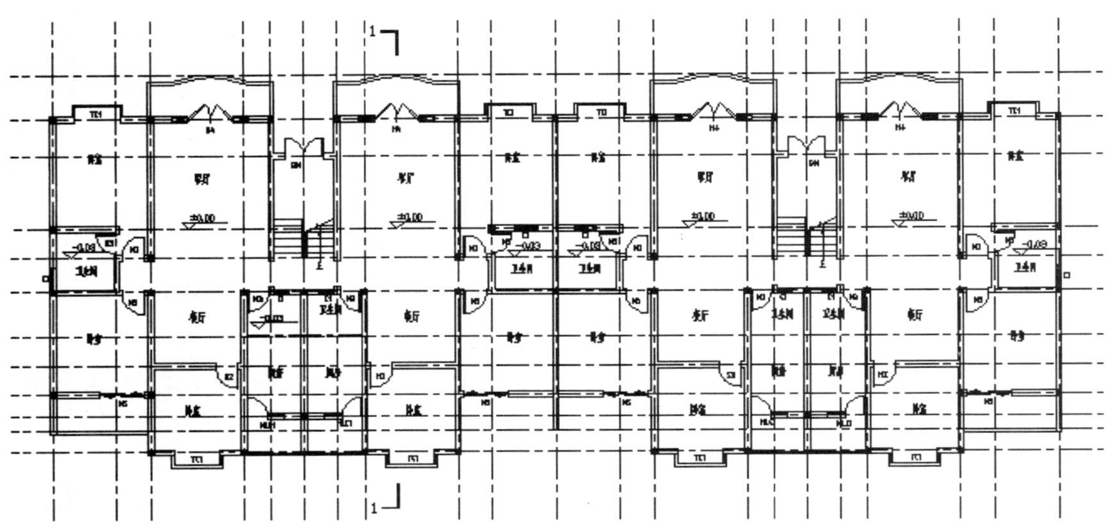

图7-80　剖切符号绘制完成效果

标注尺寸[06]

82 在菜单栏中选择 “格式” >“标注样式”命令，打开“标注样式管理器”对话框，单击“新建”按钮，打开“创建新标注样式”对话框，在“新样式名”文本框中输入本图的样式“建筑平面图”，如图7-81所示。

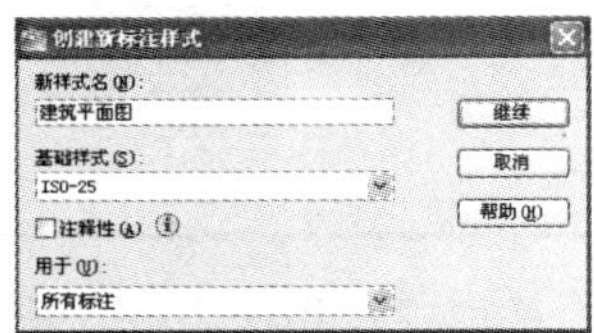

图7-81　创建新标注样式

83 单击“继续”按钮，打开“新建标注样式：建筑平面图”对话框，单击选择“符号和箭头”选项卡，在“第一个”和“第二个”下拉列表框中均选择“建筑标记”选项，在“引线”下拉列表中选择“点”选项，如图7-82所示。

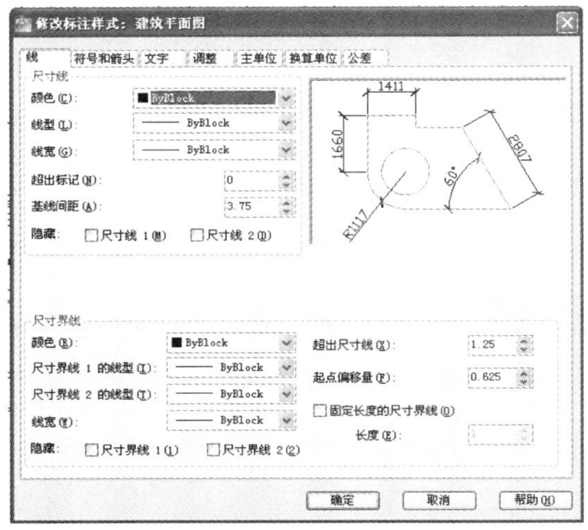

图7-82　设置符号和箭头的显示方式

84 单击选择“调整”选项卡，单击“文字位置”选项区中的“尺寸线上方，带引线”单选按钮，在“标注特征比例”选项区中单击“使用全局比例”单选按钮，设置比例为“100”，表示当前图纸的比例尺为1:100，如图7-83所示。

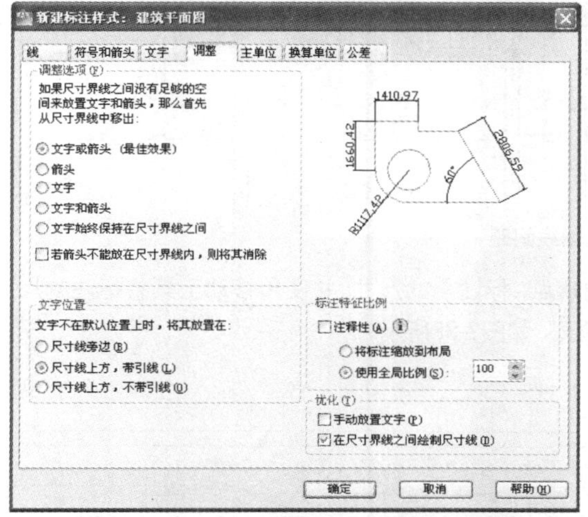

图7-83　设置全局比例和文字的位置

85 切换到“主单位”选项卡，将标注的精度设置为“0”（精确到mm），如图7-84所示。单击“确定”按钮，返回“标注样式管理器”对话框，将“建筑平面图”样式设置为当前，单击“关闭”按钮，完成标注样式的设置。

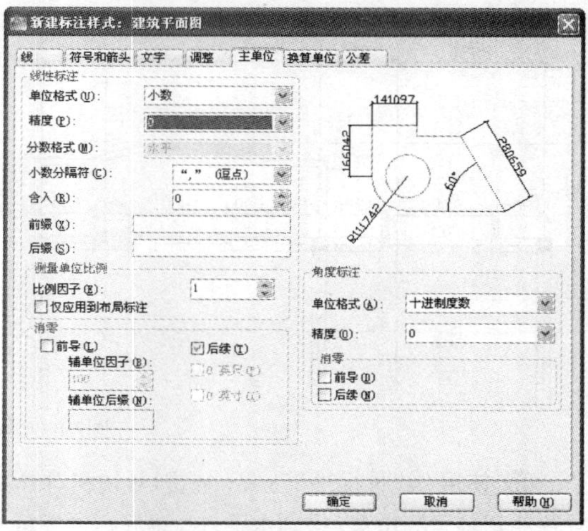

图7-84　设置标注的精度

86 将“PUB-DIM”层设置为当前层，单击“线性标注”工具按钮，打开端点的对象捕捉设置，选择1号轴线和2号轴线与墙体的交点，进行尺寸标注，效果如图7-85所示。

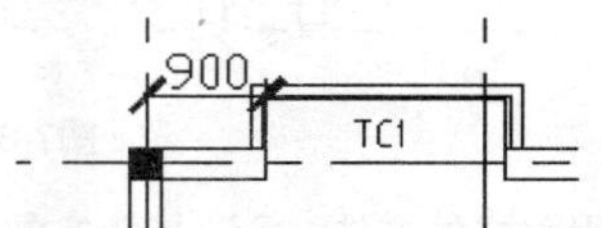

图7-85　使用“线型标注”工具进行标注

87 单击“连续标注”工具按钮，依次选择右方轴线的端点，进行尺寸标注，如图7-86所示。

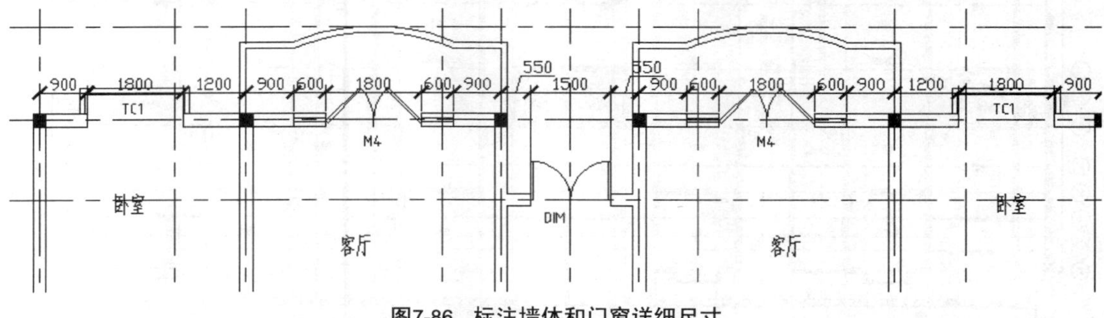

图7-86　标注墙体和门窗详细尺寸

88 调用“线性标注”和“连续标注”工具，捕捉轴线的端点，对1～21号轴线距离进行标注，如图7-87所示。

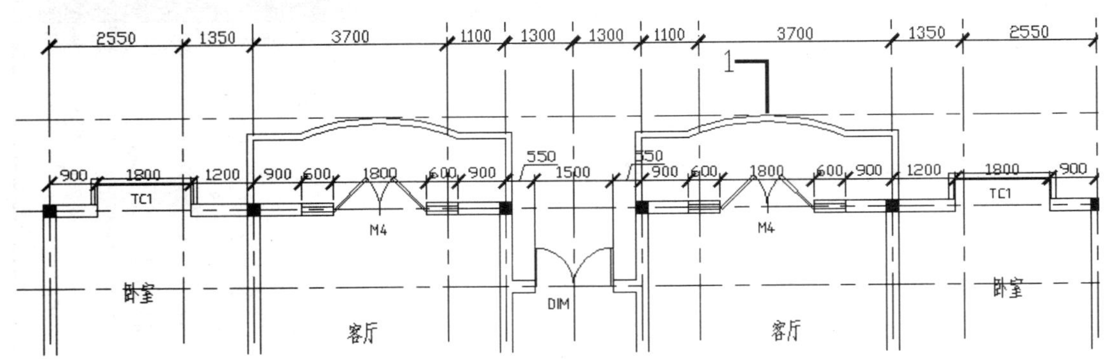

图7-87　标注轴线间距

89 使用“线性标注”工具，捕捉1号轴和21号轴的端点，标注总的尺寸，并使用移动工具将标注的尺寸移动到轴号的位置，得到水平方向轴线标注完成的效果，如图7-88所示。

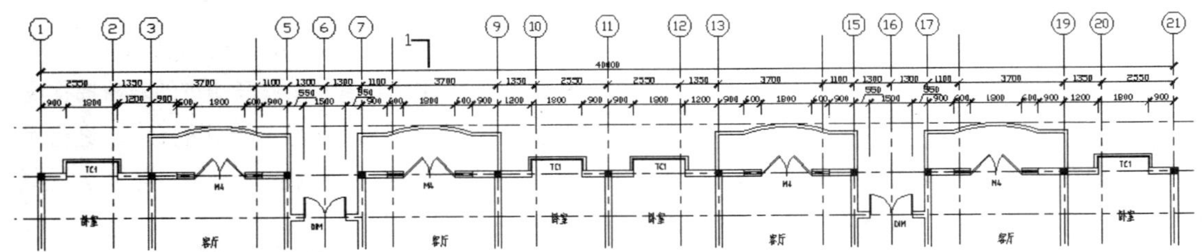

图7-88　水平方向轴线标注完成效果

90 使用同样的方法，标注其他方向的尺寸，得到标注尺寸完成的效果，如图7-89所示。

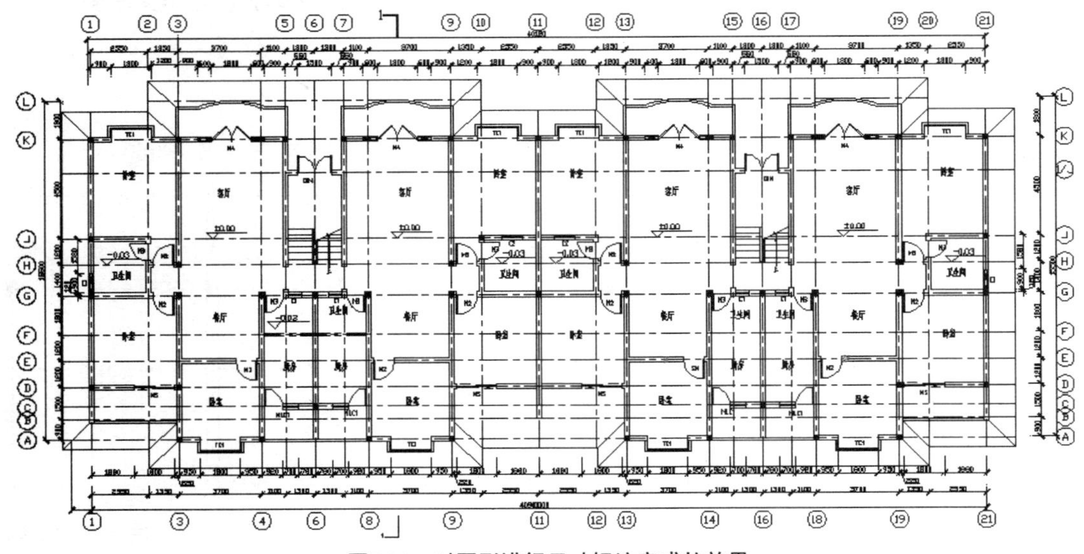

图7-89　对图形进行尺寸标注完成的效果

91 调用“快速引线”命令进行文字注释，得到首层平面图制作完成效果，如图7-90所示。

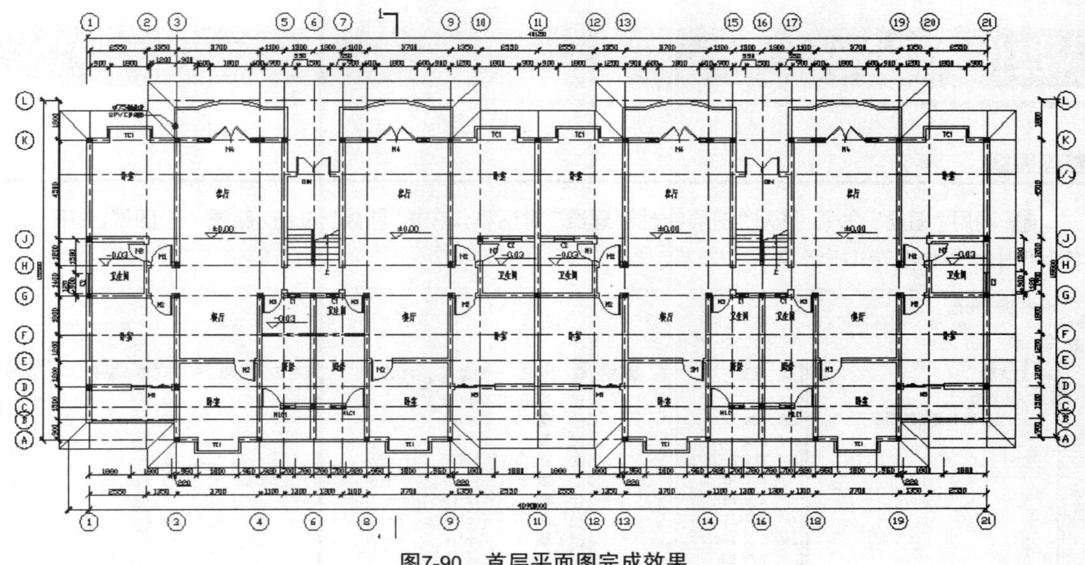

图7-90 首层平面图完成效果

任务二 绘制标准层平面图

任务背景

标准层平面图是介于首层平面图和顶层平面图之间的平面设置图，各层之间的外形尺寸、室内布置一般都相同。标准层平面图与首层平面图有很多相似之处，所以只需要根据首层平面图稍加修改即可。

任务要求

本任务制作一个小区多层住宅的标准层平面图效果，注意首层平面图与标准层平面图的区别，将首层平面图进行改动，得到标准层平面图。

任务分析

标准层平面图与首层平面图的主要区别有以下几点。

①首层平面图中室外周围有散水和台阶，在标准层平面图中根据设计要求或周围环境换为阳台。

②首层平面图中只标明该层各处的标高，而在标准层平面图中必须标明各层的标高。

③首层平面图中的楼梯为单边踏步，标准层平面图为双边踏步。

根据这些区别，将之前绘制的首层平面图另存为标准层平面图文件。

本案例的重点、难点

绘制楼梯和阳台。

【技术要领】清理文件、测量距离、编辑多线、缩放。

【解决问题】利用已学内容修改首层平面图得到标准层平面图。

【应用领域】建筑设计、装潢设计。

【素材来源】素材/模块07/任务二/绘制标准层平面图.dwg。

操作步骤详解

整理图纸

❶ 调用“图层”命令，打开“图层特性管理器”对话框，单击“新建”按钮，新建一个图层，将图层命名为“阳台”，如图7-91所示。

当前图层：阳台　　　　搜索图层

过滤器：全部 — 所有使用的图层

状	名称	开	冻结	锁...	颜色	线型	线宽	透明度	打印...	打.	新.	说明
	AXIS				白	Contin...	—— 0....	0	Color_7			
	BUB_TEXT				白	Contin...	—— 0....	0	Color_7			
	Defpoints				白	Contin...	—— 0....	0	Color_7			
	E_DTE				白	CENTER	—— 0....	0	Color_7			
	E_LINE				白	Contin...	—— 0....	0	Color_7			
	E_OTHER				白	Contin...	—— 0....	0	Color_7			
	E_WALL				白	Contin...	—— 0....	0	Color_7			
	E_WINDOW				白	Contin...	—— 0....	0	Color_7			
	PUB_BH				白	Contin...	—— 0....	0	Color_7			
	PUB_DIM				白	Contin...	—— 0....	0	Color_7			
✓	阳台				白	Contin...	—— 0....	0	Color_7			
	PUB_TEXR				白	Contin...	—— 0....	0	Color_7			
	PUB_TITLE				青	Contin...	—— 默认	0	Color_4			
	STAIR				白	Contin...	—— 0					

□反转过滤器(I)

全部：显示了 16 个图层，共 16 个图层

图层特性管理器

图7-91　新建图层

❷ 在菜单栏中选择“文件”>“图形使用工具”>“清理”命令，打开“清理”对话框，单击“全部清理”按钮，将没有赋名的对象清除，如图7-92所示。

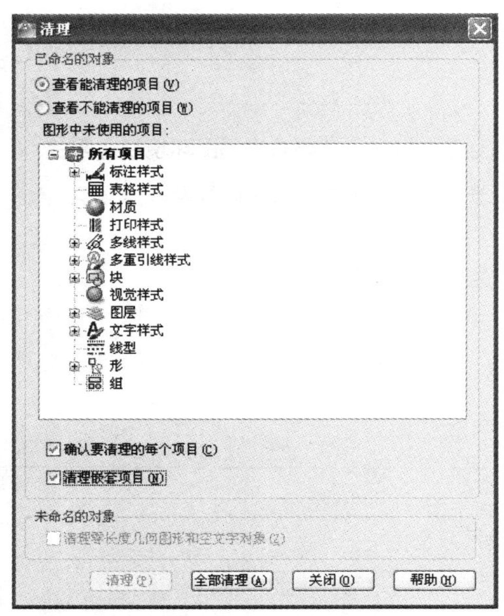
清理
已命名的对象
⦿查看能清理的项目(V)
○查看不能清理的项目(W)
图形中未使用的项目：
所有项目
标注样式
表格样式
材质
打印样式
多线样式
多重引线样式
块
视觉样式
图层
文字样式
线型
形
组
☑确认要清理的每个项目(C)
☑清理嵌套项目(N)
未命名的对象
□清理零长度几何图形和空文字对象(Z)
清理(P)　全部清理(A)　关闭(O)　帮助(H)

图7-92　清理文件

❸ 将阳台图层设置为当前图层，调用直线命令，绘制阳台效果，如图7-93所示。

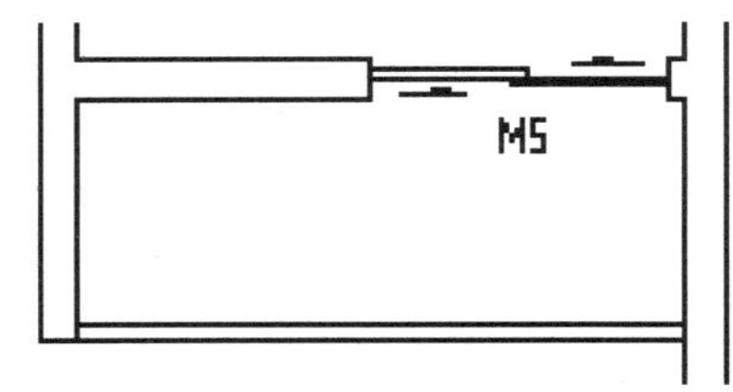

图7-93　绘制阳台

❹ 标准层平面图中的楼梯需要绘制出双边的踏步和表示上、下方向的箭头，并且每层的标高都要在平面图中反映出来，可以在一个标高符号上依次排列各层标高值，从底层向上排列，绘制效果如图7-94所示。

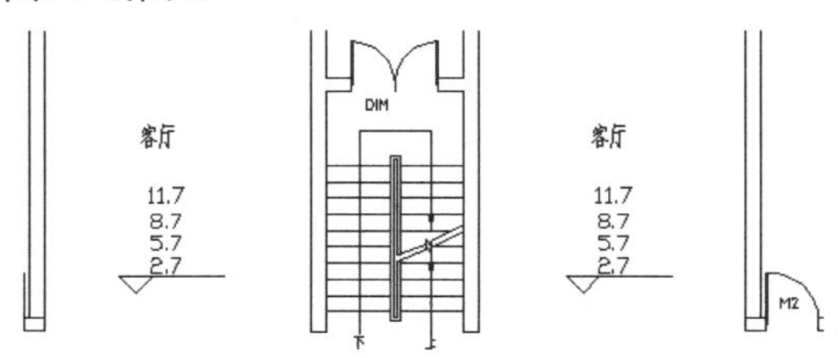

图7-94　绘制标准层的楼梯和标高

❺ 标准层平面绘制完成的最终效果如图7-95所示。

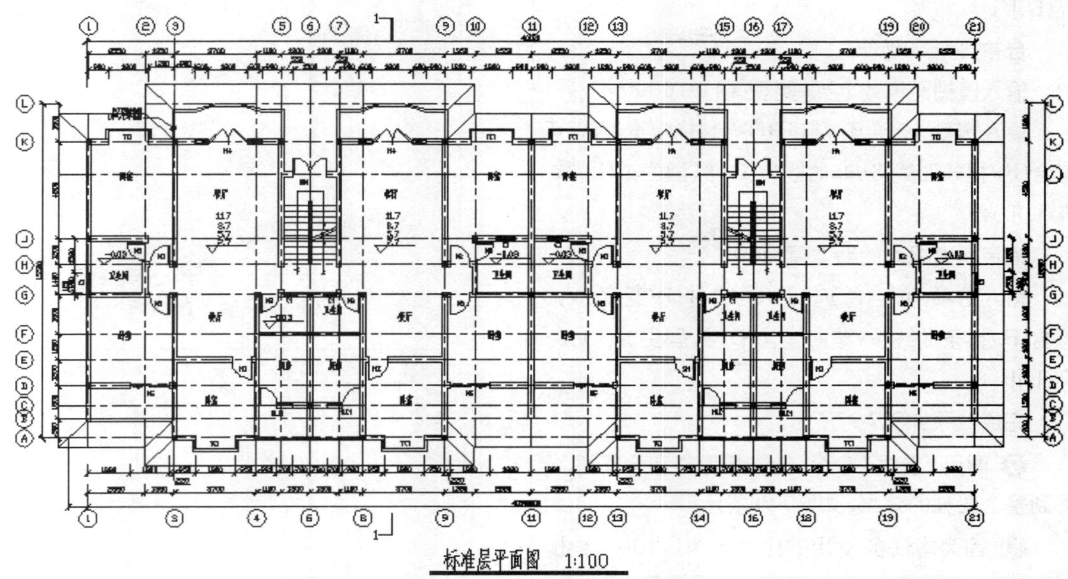

图7-95 标准层平面图绘制完成效果

绘制图框

❻ 将“PUB-TITLE”设置为当前层，在命令行中输入“DI”命令，测量所有图素的最大距离。命令执行过程如下。

命令：dist

指定第一点：

指定第二个点或 [多个点(M)]:

距离 = 49429.0595，XY 平面中的倾角 = 0，与 XY 平面的夹角 = 0

X 增量 = 49429.0595， Y 增量 = 0.0000，Z 增量 = 0.0000

距离 = 27323.2618，XY 平面中的倾角 = 90，与 XY 平面的夹角 = 0

X 增量 = 0.0000， Y 增量 = 27323.2618，Z 增量 = 0.0000

❼ 通过观察可以知道最大距离为49500mm×27400mm，因此选用A3类型的图纸，图幅为59400mm×42000mm。调用“矩形”命令，绘制一个594mm×420mm的矩形，并将其分解，调用“偏移”命令，将图框的周边尺寸分别向内偏移25mm、10mm、10mm、10mm的距离，再调用“圆角”命令，将圆角半径设置为“0”，对图框进行圆角操作，如图7-96所示。

图7-96 编辑矩形

❽ 在菜单栏中选择“修改”>“对象”>“多段线”命令，将内框编辑为多段线，并将多段线的宽度设置为10mm，命令执行过程如下。

命令：pedit

选择多段线或 [多条(M)]：选择多段线或 [多条(M)]：选择多段线或 [多条(M)]：m

选择对象：指定对角点：找到 4 个

是否将直线和圆弧转换为多段线？[是(Y)/否(N)]？<Y>

输入选项 [闭合(C)/打开(O)/合并(J)/宽度(W)/

拟合(F)/样条曲线(S)/非曲线化(D)/线型生成(L)/放弃(U)]: j

合并类型 = 延伸

输入模糊距离或 [合并类型(J)] <0.0000>:

输入选项 [闭合(C)/打开(O)/合并(J)/宽度(W)/拟合(F)/样条曲线(S)/非曲线化(D)/线型生成(L)/放弃(U)]: w

指定所有线段的新宽度: 100

输入选项 [闭合(C)/打开(O)/合并(J)/宽度(W)/拟合(F)/样条曲线(S)/非曲线化(D)/线型生成(L)/放弃(U)]:

完成效果如图7-97所示。

❾ 调用"直线"命令，绘制标题栏和会签栏，得到整个图框的效果，如图7-98所示。

❿ 因为本任务使用的比例尺为1∶100，单击"缩放"按钮，将图框放大100倍，再使用"移动"命令，将图框移动到合适的位置，得到最后的完成效果，如图7-99所示。

图7-97　编辑多段线

图7-98　图框效果

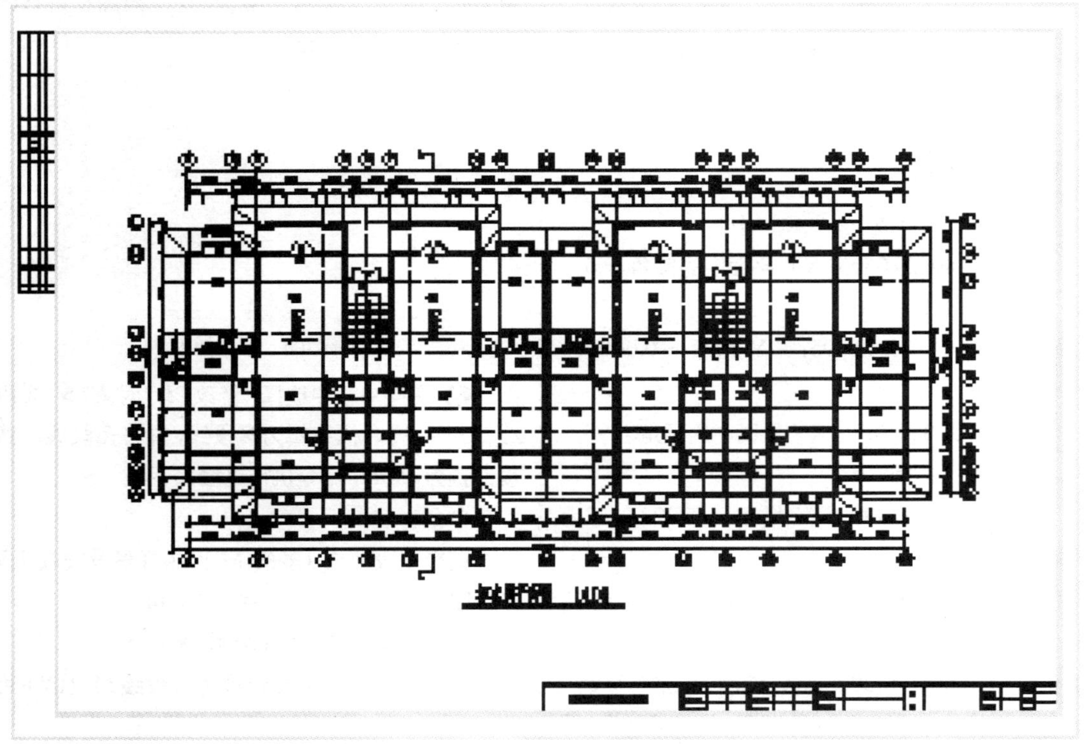

图7-99　最终完成效果

知识点拓展

01 建筑平面图①包含的内容

建筑平面图是建筑施工的主要图样之一，其基本内容包括：

①建筑物的形状、内部布局及朝向、入口、楼梯、窗户等。在一般情况下平面图需要注明房间的名称和编号。

②标明门窗及其过梁的编号、门的开启方向。门窗除了图例外还应编号以进行区分，M表示门，C表示窗，如M1、M2、M3和C1、C2、C3等，同一编号的门窗尺寸、材料、样式都是一样的。

③标明室内的装修做法，包括室内地面、墙面及顶棚的材料及做法。

④首层平面图应标注指北针。

02 创建新图形②

打开 “创建新图形”对话框，在该对话框的“默认设置”选项组中单击“公制”单选按钮，如图7-100所示。

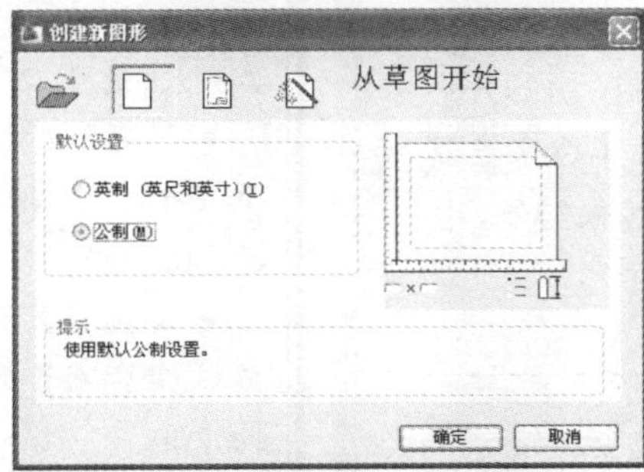

图7-100 “创建新图形”对话框

然后单击“使用向导”按钮，在“选择向导”区域的列表中选择“高级设置”选项，如图7-101所示，单击“确定”按钮，则打开“高级设置”对话框。

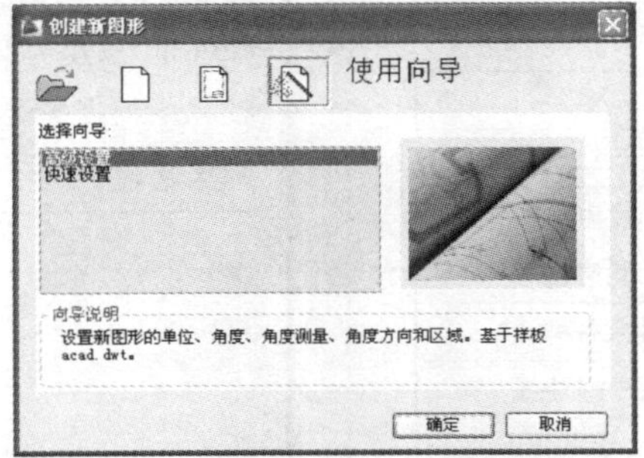

图7-101 “使用向导”中选择“高级设置”选项

①提示

在平面图的绘制过程中，建筑平面图通常采用1:50、1:100、1:200的比例，在本任务中采用1:100的比例进行绘制。

②技巧

启用“创建新图形”有以下几种方法。

- 在命令行中输入字母“NEW”。
- 在菜单栏中依次选择“文件”>“新建”命令。
- 单击工具栏中的“新建”按钮。

②经验

在本任务中使用的是快速设置，参数都是默认的，而在高级设置里，参数需要用户设定。

②易错点

在开始安装使用AutoCAD时，系统变量的默认值为“0”，此时新建图形，不会出现“创建新图形”对话框。如需要此对话框时，在命令行中输入“startup”，按“Enter”键确定，将startup的新值设为“1”，然后再单击“新建”按钮，将会出现“创建新图形”对话框。

按顺序首先是设置单位，在“请选择测量单位”选项组中单击“小数”单选按钮，如图7-102所示。

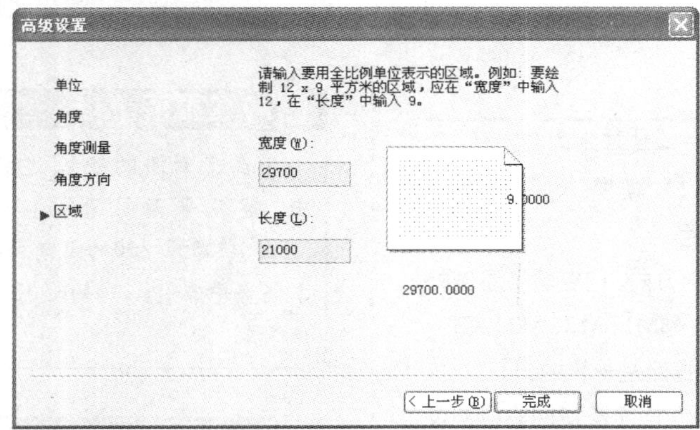

图7-102 “高级设置”对话框的单位设置

继续单击“下一步”按钮，分别进行角度、角度测量、角度方向和图形区域的设置[③]。

③提示

关于角度、角度测量、角度方向和图形区域的设置，具体设置如下。

- 设置单位：将数值精度设为小数点后0位，即“精度”下拉列表中选择“0”选项。
- 设置角度：系统默认方式是十进制，精确到小数点后0位。
- 设置角度测量：系统默认角度测量的起始方向为东。
- 设置角度方向：系统默认的角度测量的方向为逆时针。
- 设置绘图区域：系统默认的是A3图纸，宽度为420mm，长度为297mm。此时根据绘图需要进行图纸尺寸的设置。

03 设置图层、线型和颜色

建筑平面图中的图线应粗细有别、层次分明。承重墙和柱子等主要承重构件的定位轴向由细点画线来表示，图中被剖分的墙、柱的断面轮廓线用粗实线（b）来绘制，门的开启用中粗线来绘制（0.5b），其余的可见轮廓线用细实线来绘制（0.35b），尺寸线、标高符号、定位轴线用细实线来绘制，各种线宽的设置如表7-1所示。

表7-1 各种线宽的设置表

线宽比	线宽设置（mm）					
b	2.0	1.4	1.0	0.7	0.5	0.35
0.5b	1.0	0.7	0.5	0.35	0.25	0.18
0.35b	0.7	0.5	0.35	0.25	0.18	

一般情况下，建筑图中图层的名称不用汉字，而用一些阿拉伯数字或英文缩写来表示，不同颜色代表不用的元素，如表7-2所示。

表7-2 常用图层设定

图层名称	颜色	内容
E-GROUIND	黄色	建筑结构线
E-WINDOW	绿色	虚线、较为密集的线
E-OTHER	青色	轮廓线
E-LINE	白色	其余各种线
PUB-DIM	绿色	尺寸标注线
PUB-BH	绿色	填充
PUB-TEXT	绿色	绿色

04 标高④

标高用于在平面图上标注各楼层地面、门窗洞底、楼梯休息平台、台阶顶面、阳台顶面和室外地坪的相对标高，以表示各部位对于标高的相对高度。

在AutoCAD中，下画线、上画线、度数、±（正负号）、直径等特殊符号的控制符如表7-3所示。

表7-3　特殊符号的控制符

控制符（字母大小写均可）	功能
%%O	打开或关闭文字上画线
%%U	打开或关闭文字下画线
%%D	“°”度的符号
%%P	“±”正负公差符号
%%C	“φ”直径符号

05 剖切符号

剖切符号应符合以下规定。

①剖切的剖切符号应由剖切位置及投射方向线组成，均以粗实线绘制。

②剖切的位置线长度为6~10mm，投射方向线应垂直于剖切位置线，为4~6mm。

③绘制时，剖切的剖切符号不应与其他图线相接触。

④剖视剖切符号的编号宜采用阿拉伯数字，按顺序由左至右、由上至下连续编排，并注写在剖视方向线的端部。

06 标注尺寸⑤

平面图包括外部尺寸和内部尺寸，所标注的尺寸以mm为单位，标高以m为单位。

①外部尺寸：应标注三道尺寸，最里面一道是细部尺寸，标注外墙、门窗洞、窗与墙的尺寸；中间一道是轴尺寸，标注房间的开间与进深尺寸；最外一道是总尺寸，标注房屋的总长、总宽。

②内部尺寸：内部尺寸应标注房屋内墙门窗洞、墙厚、柱子截面、门垛等尺寸，房间长、宽方向的净尺寸；首层平面图还有室外散水、台阶等尺寸。

④注意

根据建筑施工图纸绘制的相关规范，标高的符号要用细实线画图，标高符号为等腰三角形，三角形的直角尖指向要标注的部分，标高符号的长横线上下标写标高的数字，标高的单位为m。

⑤注意

建筑平面图标注尺寸主要分为定位和定量两种，定位尺寸主要是说明建筑构件与定位轴线的距离，定量尺寸则是说明这个建筑构件的大小。一般情况下，建筑平面图主要标注墙体外围的三道尺寸，即总尺寸、轴线（或墙体）尺寸以及门窗详细尺寸，同时内部往往需要标注纵向和横向的墙体厚度、房间净空尺寸以及其他必要尺寸。

实践部分 （2课时）

任务三 绘制住宅标准层平面图

任务背景

现在需要绘制一个建筑标准层平面图，表现出建筑物的平面形状、布局、墙体和柱子的位置、尺寸、楼梯以及门窗的位置，最终效果如图7-103所示。

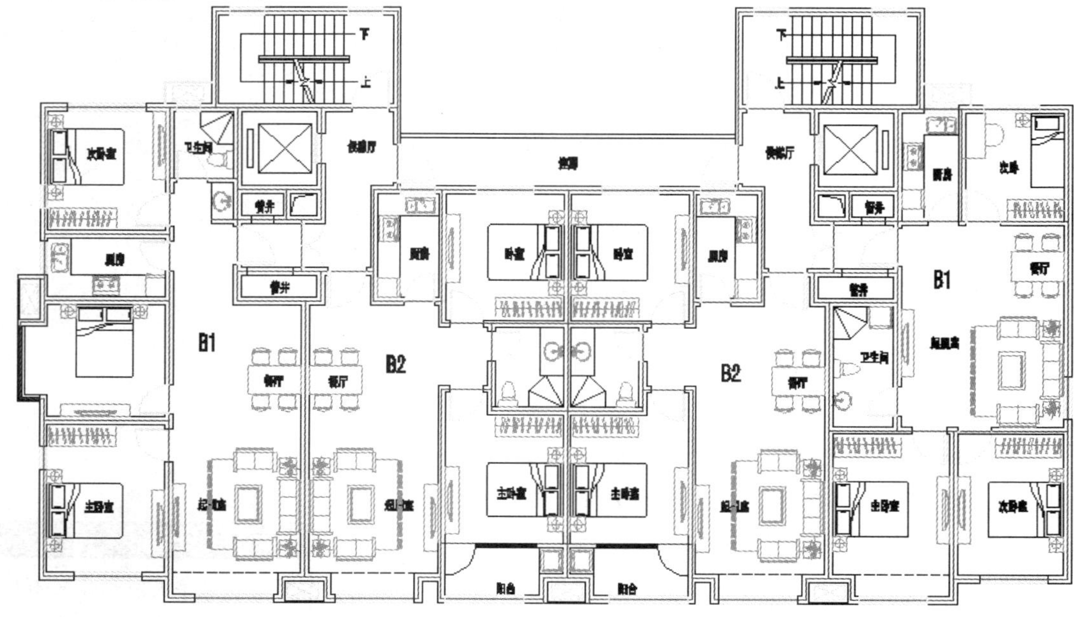

图7-103 住宅标准层平面图

任务要求

运用本章内容绘制一个建筑标准层平面图。

【技术要领】多线、多线编辑、块的制作、插入块。

【解决问题】利用已学知识绘制标准层平面图。

【应用领域】建筑设计、装潢设计。

【素材来源】素材/模块07/任务三/住宅标准层平面图.dwg。

任务分析

建筑平面图是表现建筑平面如何布图的主要依据，包括房间的开间、进深，功能分区的设置，门窗的位置，家具的摆放等各方面的信息。所以在绘制建筑标准层平面图时，需要设计人员先设计好轴线的位置，再进行分区的布置。

主要制作步骤

(1) 设置图形的界限，新建各种图层，设置图层的线型和颜色，如图7-104所示。

(2) 绘制建筑的轴线和轴线标号，根据轴线绘制墙体和门窗，安排房间中的各种家具，如图7-105所示。

(3) 为平面图添加尺寸标注和文字说明，如图7-106所示。

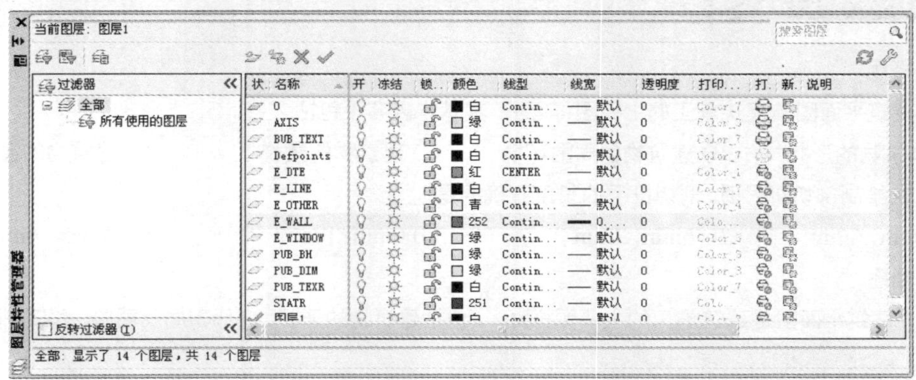

图7-104 “图层特性管理器”对话框

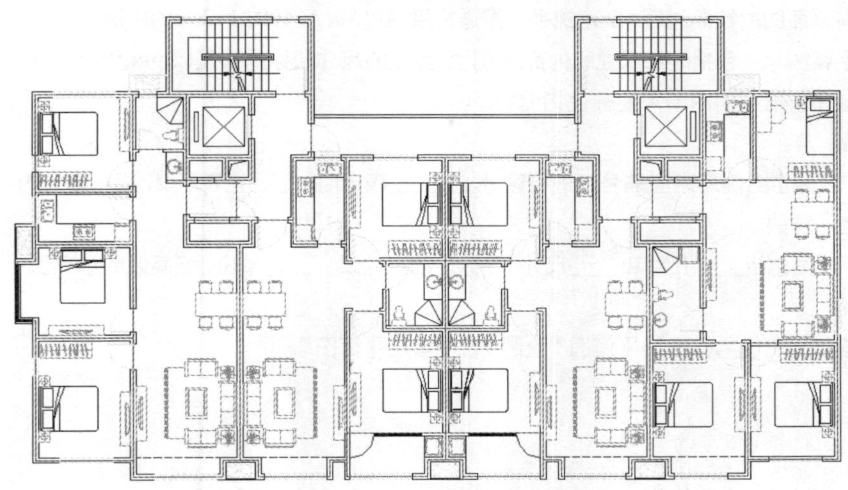

图7-105 绘制墙体、门窗及家具

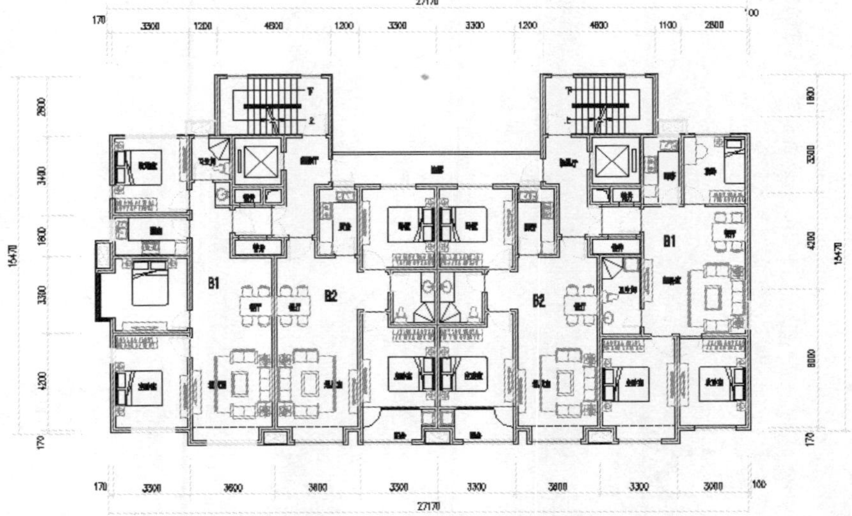

图7-106 添加尺寸标注和文字说明

课后作业

1. 选择题

(1) 建筑平面图是建筑施工的主要图样之一，其基本内容不包括____。

A) 建筑物的形状　B) 建筑物的周围环境　C) 建筑物的楼梯　D) 建筑物的窗户

(2) 在绘制剖切符号时，剖切符号的长度正确的是____。

A) 3mm，6mm　B) 6mm，3mm　C) 6mm，10mm　D) 10mm，6mm

2. 判断题

(1) 建筑平面图是建筑施工的主要图样之一，包括建筑物的形状、内部布局及朝向、入口、楼梯、窗户等。( )

(2) 绘制建筑平面图不需要注明房间的名称和编号。( )

(3) 在平面图的绘制过程中，建筑平面图通常采用1:50、1:100、1:200的比例。( )

(4) 平面图尺寸包括外部尺寸和内部尺寸，所标注的尺寸和标高都是以mm为单位。( )

(5) 对于首层平面图不需要标注指北针。( )

3. 填空题

(1) 门窗除了图例外还应编号以进行区分，______表示门，______表示窗，同一编号的门窗尺寸、材料、样式都是一样的。

(2) 平面图包括____尺寸和____尺寸，所标注的尺寸以____为单位，标高以m为单位。

4. 简答题

根据任务三的“住宅标准层平面图”绘制“住宅首层平面图”。

模块08

住宅楼立面图绘制
——建筑立面图的绘制

● **能力目标**

1．了解建筑立面图包含的内容[01]

2．学会文字标注及尺寸标注的方法

● **专业知识目标**

1．掌握依据平面图绘制立面图的步骤[02]

2．能够按照国家建筑绘图统一标准，采用不同的线型绘制立面图

● **软件知识目标**

1．复习构造线、多线等基本命令

2．掌握尺寸标注的方法

● **课时安排**

4课时（讲课2课时，实践2课时）

任务参考效果图

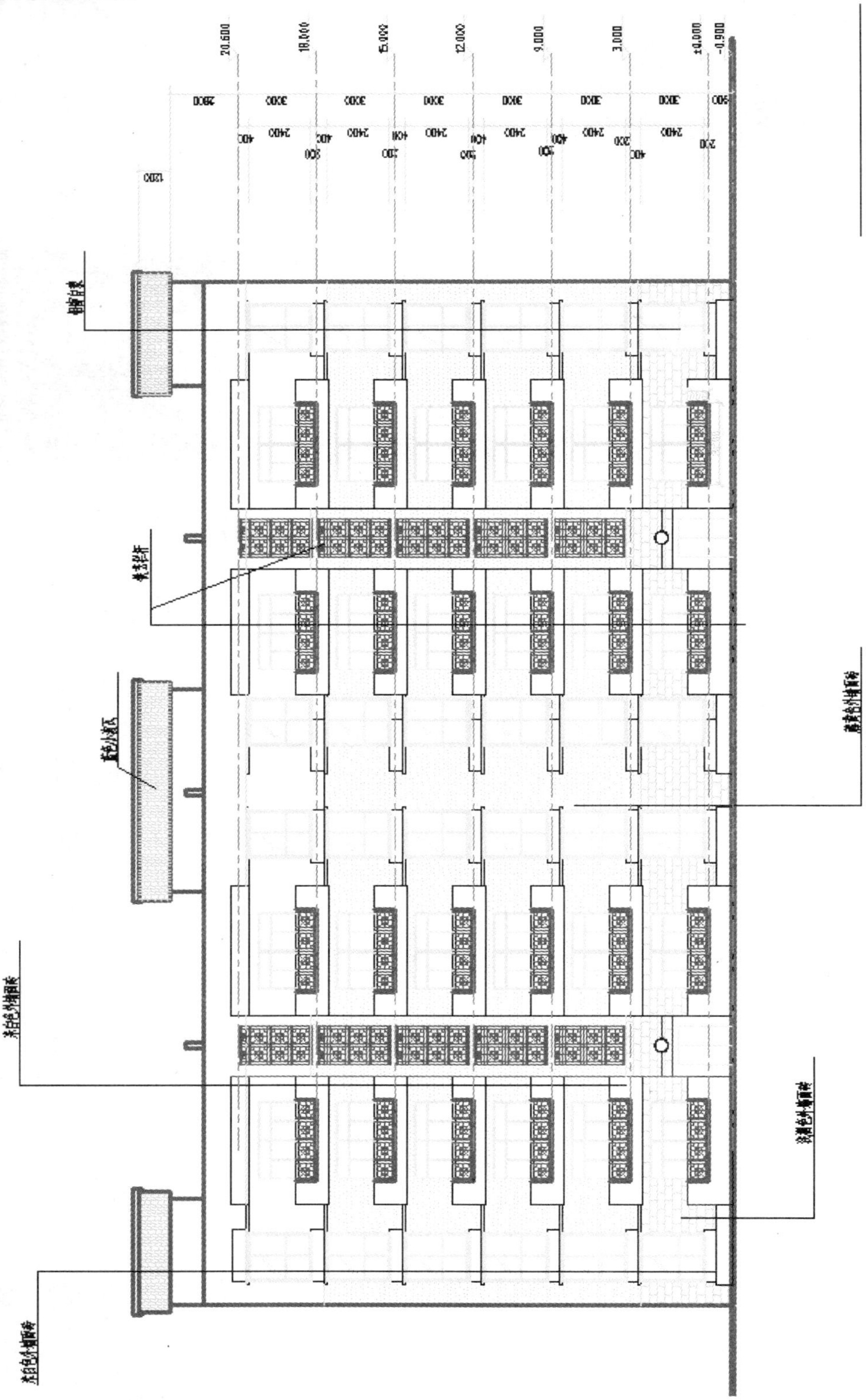

模拟制作任务

任务一 绘制正立面图[03]和侧立面图

任务背景

本任务绘制一个小区多层住宅施工图的正立面效果，通过分析首层平面图、标准层平面图、六层平面图和屋顶平面图，可以看到住宅楼共六层，总高为20.6m，首层层高3.9m，标准层层高为3m，室内外高差为0.9m。本任务首层外墙用浅褐色外墙面砖，标准层外墙以藤黄色外墙砖为主，阳台下方配以米白色外墙面砖，并配以铁艺栏杆，给人以清新、明快的感觉。侧立面图是反映建筑侧立面外墙部分的建筑图，本任务中的侧立面图分东侧立面图和西侧立面图，由于住宅楼具有对称关系，所以只需要绘制一侧的即可。

任务要求

绘制的内容包括建筑物的外形以及门、窗、台阶、雨水管的位置。用标高来标示建筑物的总高、各层的高度、室内外地坪的高度。

标明建筑物外墙所用的材料及装饰面的风格。

标明建筑的朝向，如正立面图、背立面图、左立面图或右立面图。

任务分析

立面图经常使用1:50、1:100、1:200的比例尺来绘制。为使建筑物轮廓突出、层次分明，设计者应该根据国家建筑绘图统一标准，采用不同的线型进行绘制。立面图高度方向的尺寸主要通过标高的形式来表示。[04]

本案例的重点、难点

定位轴线的确定。

了解绘制建筑正立面图、侧立面图的全过程。

【技术要领】构造线、多线编辑、阵列命令、标高。

【解决问题】利用已学的知识根据给定平面图绘制立面图及识读建筑立面图[05]。

【应用领域】建筑设计、家装设计。

【素材来源】素材/模块08/任务一/正立面.dwg。

操作步骤详解

设置正立面图的绘图环境

❶ 打开本书配套随书光盘中模块08的“首层平面图.dwg”文件，并另存为“正立面.dwg”，如图8-1所示。

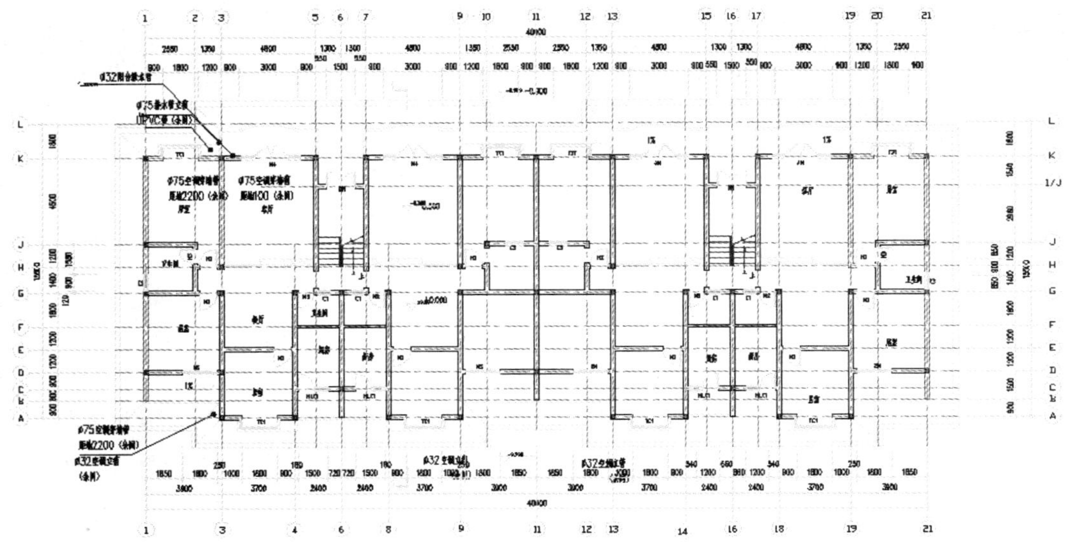

图8-1　首层平面图效果

❷ 将平面图效果中不需要的信息删除，如室内家具、楼梯等，只保留外墙、台阶、外墙上的门窗洞口，如图8-2所示。

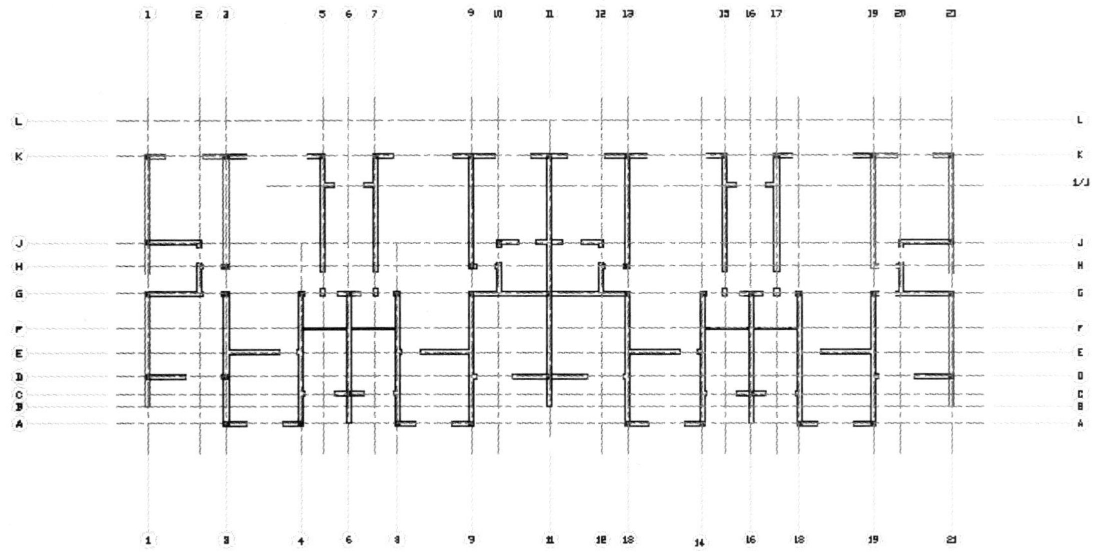

图8-2　删除不需要的信息后的图形效果

❸ 在菜单栏中选择“文件”>“图形实用工具”>“清理”命令，打开图8-3所示的“清理”对话框，单击“全部清理”按钮，将没有赋名的对象清除。

❹ 绘制正立面图时，只需要一个方向的墙体即可，通过首层平面图可以得知，K轴线位置是进入住宅楼的主要通道，在这里可以将除K轴线以外的墙体和轴线都删除，如图8-4所示。

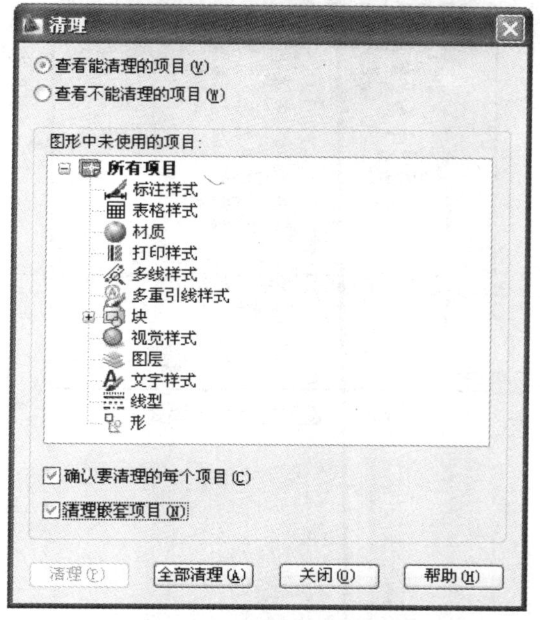

图8-3　清除没有赋名的对象

❺ 在菜单栏中选择“格式”>“图层”命令，打开“图层特性管理器”对话框，单击“新建图层”按钮，输入新的图层名，单击图层对应的“线宽”选项，打开“线宽”对话框，将“E_GROUND”图层的线宽设置为0.5mm，将“E_WALL”图层的线宽设置为0.35mm，将“E_LINE”图层的线宽设置为0.18mm，并将图层颜色按图8-5所示进行设置。

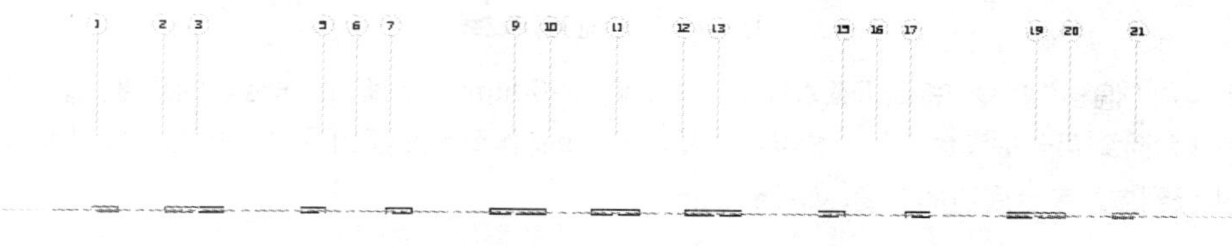

图8-4　删除多余的墙体和轴线

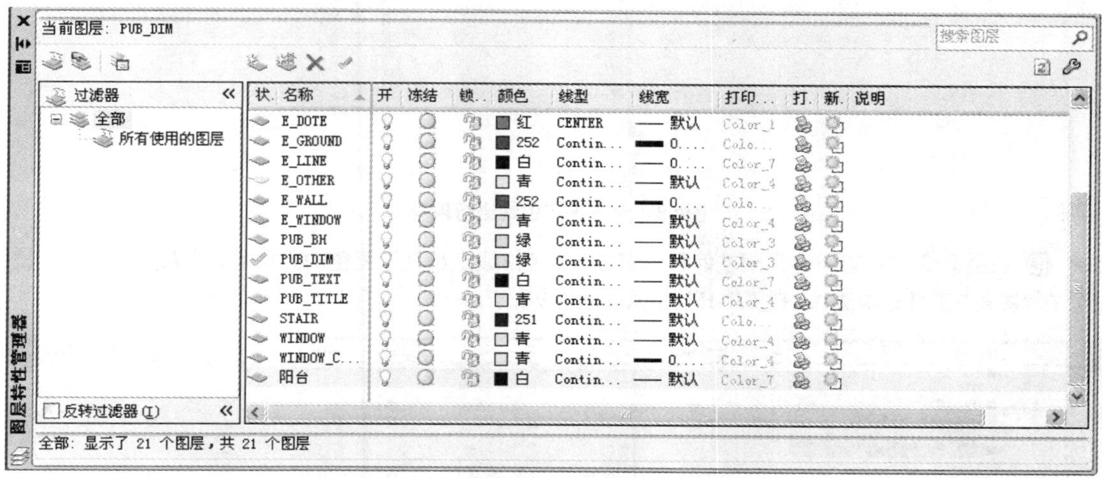

图8-5　设置图层样式

绘制水平和垂直定位线

得到了正立面图的基础平面后，可以通过这个基础平面图来绘制主体立面图的轮廓和纵向位置及尺寸，然后根据建筑的层高定位横向位置和尺寸，来完成立面建筑的基本造型。

❻ 打开“草图设置”对话框，在“对象捕捉模式”选项区中勾选“端点”和“交点”复选框，如图8-6所示。

❼ 将图层“DOTE”设置为当前层，在命令行中输入“xl”（或“xline”），调用“构造线”命令，捕捉墙体的端点，绘制辅助线进行定位，如图8-7所示。

❽ 用相同方法，沿K轴线绘制一条水平方向的定位线。

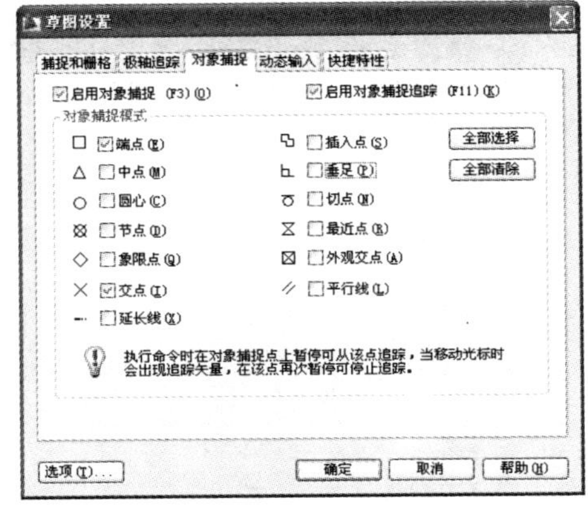

图8-6　设置对象捕捉模式

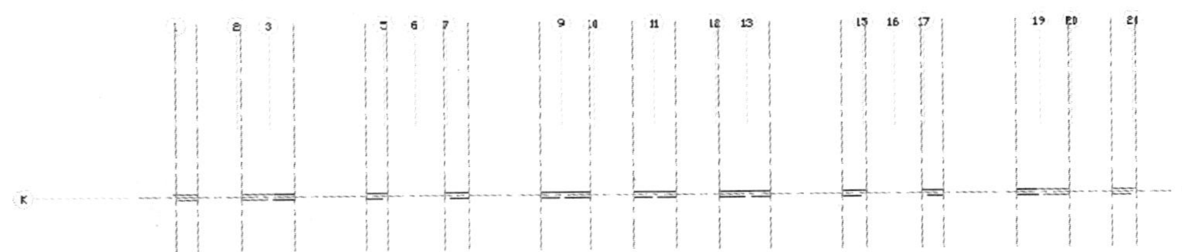

图8-7　绘制垂直定位线

❾ 调用“偏移”命令，将最下面A号轴线向上偏移900mm的距离，制作台阶的高度，输入200mm的距离，制作台阶到第一层窗台底部的高度，输入2400mm制作窗台底部到顶部的高度，输入400mm制作窗台一层挑檐到二层窗台底边的高度，如图8-8所示。

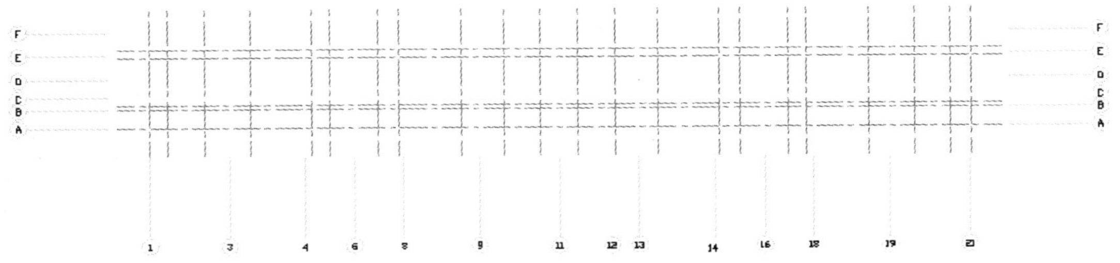

图8-8　对水平定位线进行偏移

❿ 在空命令的状态下选择刚才偏移的定位线，定位线上出现了蓝色的方块点，进入夹点的变换模式，在“图层”工具栏中选择“E_LINE”图层，如图8-9所示。

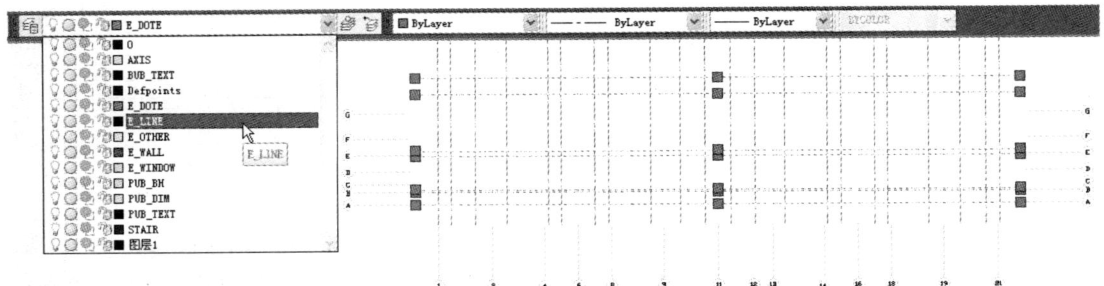

图8-9　夹点编辑操作

⑪ 按“Esc”键退出夹点编辑操作，这样，“E_LINE”图层便完成了转换，如图8-10所示。

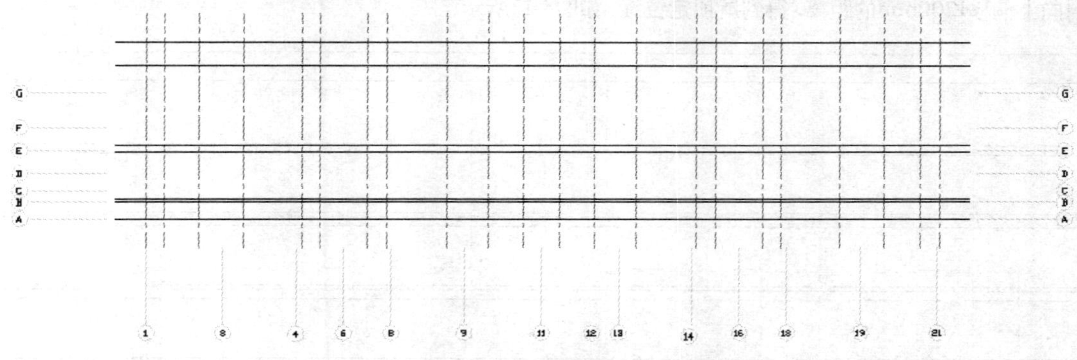

图8-10　转换图层

⑫ 选择图8-10所示的由上至下4条直线，调用“阵列”命令，得到图8-11所示的2～6层的墙体定位线效果，命令执行过程如下。

命令: array 找到 1 个

输入阵列类型 [矩形(R)/路径(PA)/极轴(PO)] <矩形>: r

类型 = 矩形　关联 = 是

为项目数指定对角点或 [基点(B)/角度(A)/计数(C)] <计数>: c

输入行数或 [表达式(E)] <4>: 6

输入列数或 [表达式(E)] <4>: 1

指定对角点以间隔项目或 [间距(S)] <间距>: s

指定行之间的距离或 [表达式(E)] <1>:3000

按“Enter”键接受或 [关联(AS)/基点(B)/行(R)/列(C)/层(L)/退出(X)] <退出>:

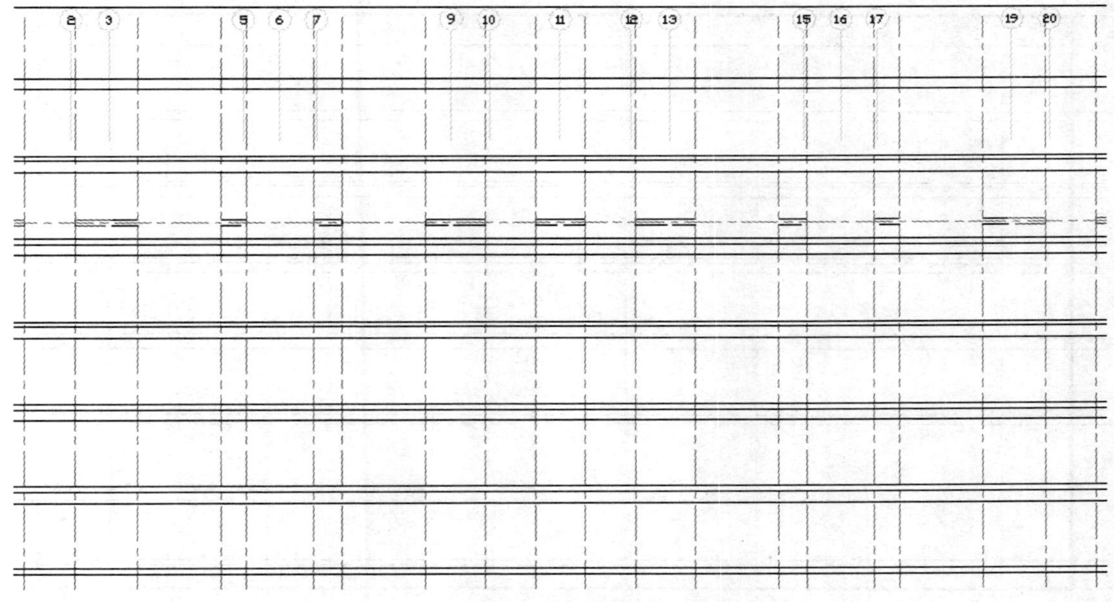

图8-11　2～6层墙体定位线效果

⑬ 调用“偏移”命令，将第六层最上方的定位线向上偏移2600mm，得到顶层定位线，将顶层定位线再向上偏移1200mm的距离，得到屋顶定位线，如图8-12所示。

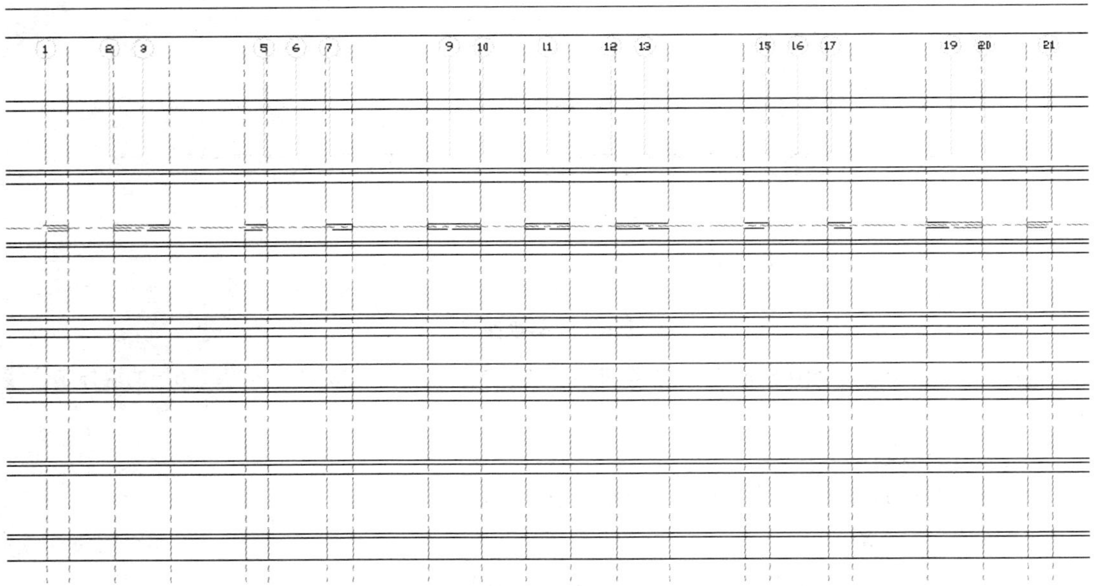

图8-12　水平和垂直定位线的效果

勾画墙体的轮廓

在立面图中，墙体的外轮廓使用较粗的线，内轮廓使用较细的线。

⑭ 设置“E_WALL”层为当前层，调用“直线”命令，沿着墙体的外轮廓线进行勾画，效果如图8-13所示。

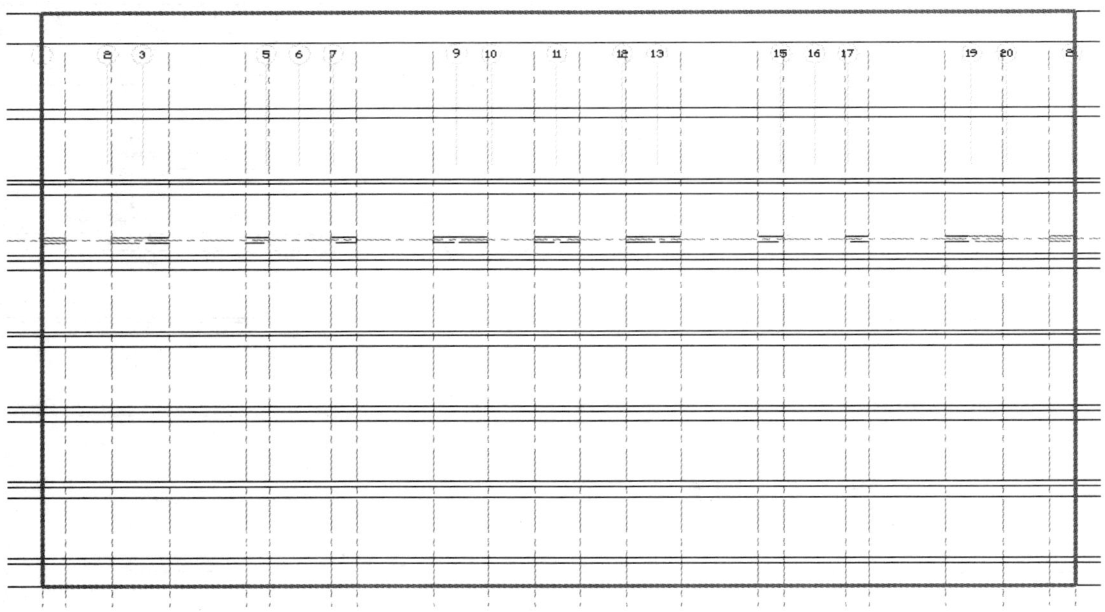

图8-13　绘制墙体的外轮廓

⑮ 将“E_LINE”层设置为当前层，调用“矩形”命令，结合“对象捕捉”工具栏上的“捕捉自”按钮 ，自基点向右偏移800mm的距离，绘制大小为3100mm×600mm的矩形，绘制1～3号轴线间女儿墙的效果，如图8-14所示。

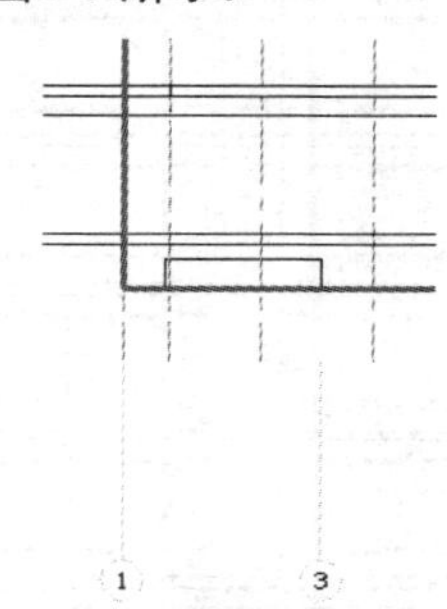

图8-14　绘制矩形

⑯ 调用“直线”命令，结合“对象捕捉”工具栏上的“捕捉自”按钮 ，自基点向右偏移100mm的距离，向水平定位线作垂线，并调用“偏移”命令，将垂线向右偏移2040mm的距离，绘制1～3号轴线铁艺栏杆的区域，如图8-15所示。

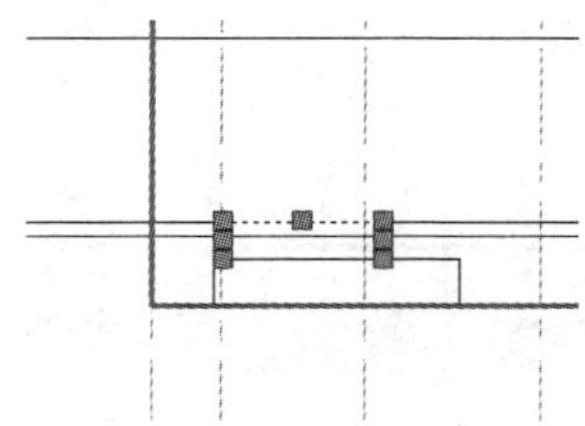

图8-15　绘制铁艺栏杆区域

⑰ 调用“矩形”命令，结合“对象捕捉”工具栏上的“捕捉自”按钮 ，自基点向右偏移800mm的距离，绘制大小为3100mm×100mm的矩形，绘制第二层飘窗底部的效果，如图8-16所示。

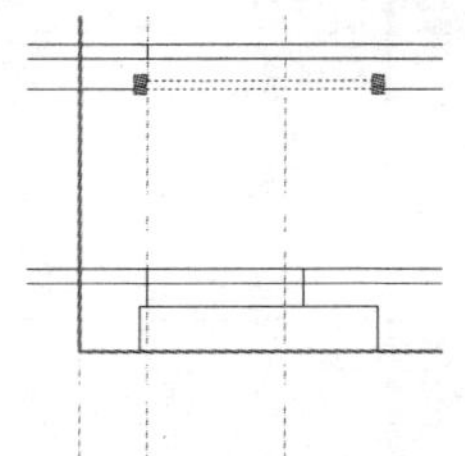

图8-16　绘制第二层飘窗底部效果

⑱ 调用“直线”命令，结合“对象捕捉”工具栏上的“捕捉自”按钮 ，自基点向右偏移100mm的距离，向水平定位线作垂线，并调用“偏移”命令，将垂线向右偏移2040mm的距离，绘制第二层铁艺栏杆的区域，如图8-17所示。

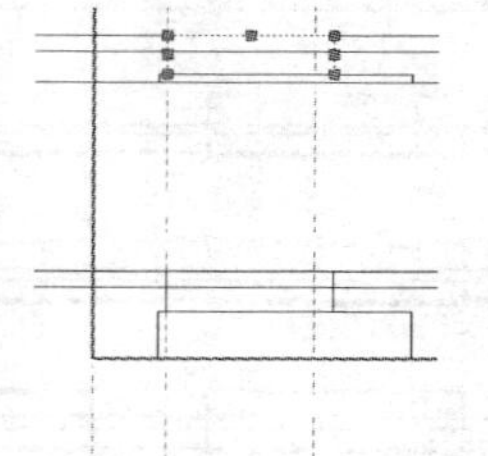

图8-17　绘制第二层铁艺栏杆区域

⑲ 选择上两步中绘制的“第二层飘窗底部”和“第二层铁艺栏杆区域”，调用“阵列”命令，得到图8-18所示的阵列效果，命令执行过程如下。

命令: array 找到 1 个

输入阵列类型 [矩形(R)/路径(PA)/极轴(PO)] <矩形>: r

类型 = 矩形 关联 = 是

为项目数指定对角点或 [基点(B)/角度(A)/计数(C)] <计数>: c

输入行数或 [表达式(E)] <4>: 5

输入列数或 [表达式(E)] <4>: 1

指定对角点以间隔项目或 [间距(S)] <间距>: s

指定行之间的距离或 [表达式(E)] <1>:3000

按“Enter”键接受或 [关联(AS)/基点(B)/行(R)/列(C)/层(L)/退出(X)] <退出>:

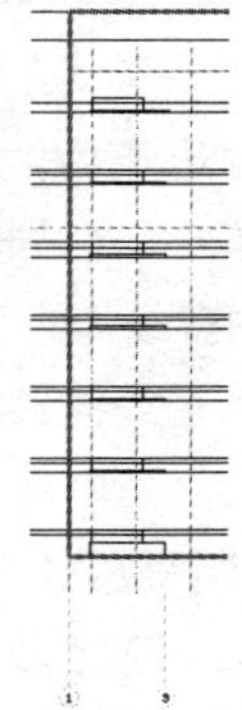

图8-18　阵列得到效果

⑳ 用同样的方法，绘制其他位置的墙体轮廓，并使用“阵列”命令进行阵列复制，得到墙体轮廓制作完成的效果，如图8-19所示。

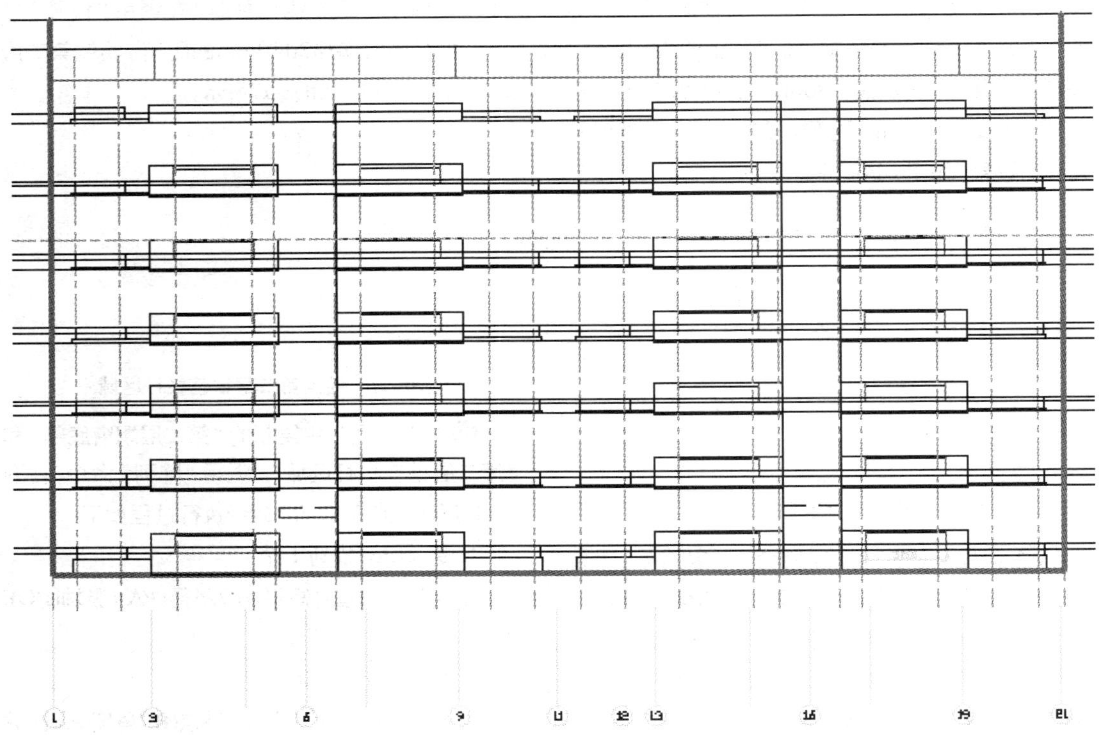

图8-19　墙体轮廓线绘制完成效果

绘制门和窗

在室外建筑立面中，门和窗的制作都比较简单，可以通过“多线”、“偏移”等命令来绘制，本任务所使用的窗户规格为2400mm×1800mm，门的规格为2100mm×1500mm和3200mm×2400mm两种类型。

㉑ 在菜单栏中选择“格式”>“多线样式”命令，打开“多线样式”对话框，单击“新建”按钮，打开“创建新的多线样式”对话框，在“新样式名”文本框中输入多线样式名“WINDOW”，如图8-20所示。

㉒ 单击“继续”按钮，进入“修改多线样式：WINDOW”对话框，将“图元”选项区中的“偏移”参数设置为如图8-21所示。

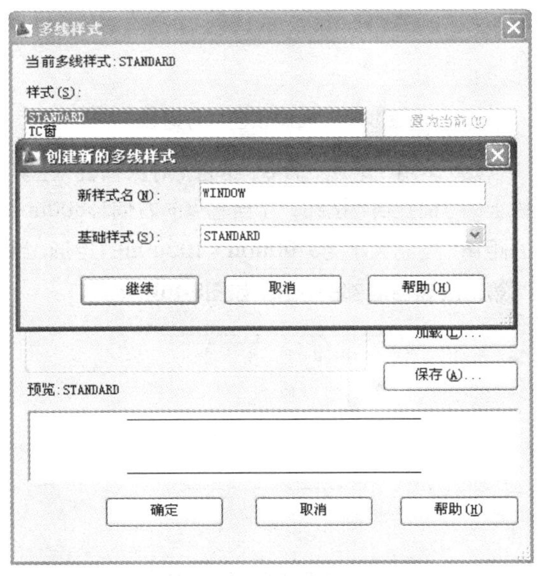

图8-20　建立新样式

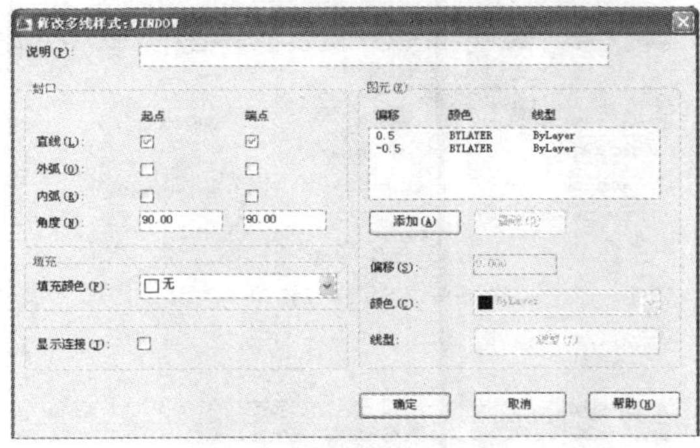

图8-21　设置图元偏移参数

㉓ 将“E_WINDOWS”层设置为当前层，结合“对象捕捉”工具栏上的“捕捉自”按钮，自基点向右偏移60mm的距离，调用“多线”命令，绘制首层窗户的外形，如图8-22所示，命令执行过程如下。

命令: mline

当前设置: 对正 = 上，比例 = 60.00，样式 = STANDARD

指定起点或 [对正(J)/比例(S)/样式(ST)]: st

输入多线样式名或 [?]: window

当前设置: 对正 = 上，比例 = 60.00，样式 = WINDOW

指定起点或 [对正(J)/比例(S)/样式(ST)]: j

输入对正类型 [上(T)/无(Z)/下(B)] <上>: t

当前设置: 对正 = 上，比例 = 60.00，样式 = WINDOW

指定起点或 [对正(J)/比例(S)/样式(ST)]: from 基点<偏移>:　@60, 0

指定下一点或 [放弃(U)]: 1800

指定下一点或 [闭合(C)/放弃(U)]: c

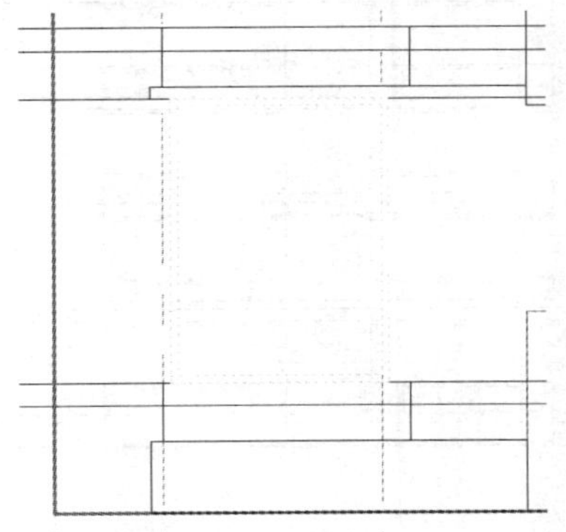

图8-22　绘制窗户的外形

㉔ 调用“多线”命令，结合“对象捕捉”工具栏上的“捕捉自”按钮，自基点向右、向上分别偏移870mm的距离，绘制多线，如图8-23所示。

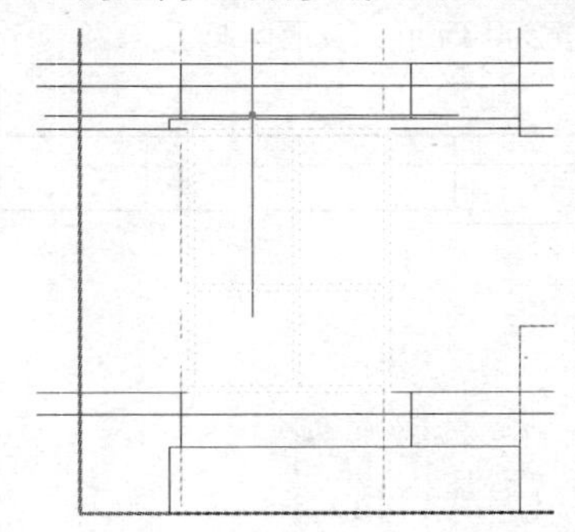

图8-23　绘制窗格

㉕ 在菜单栏中选择“修改”>“对象”>“多线”命令，打开“多线编辑工具”对话框，如图8-24所示。

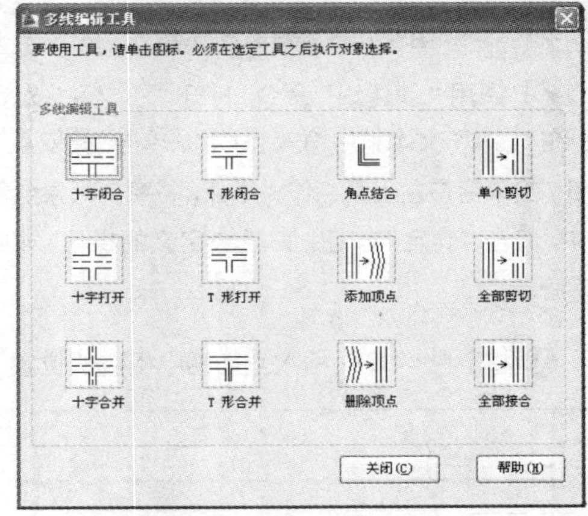

图8-24　“打开多线编辑工具”对话框

㉖ 分别选择“T形合并”和“十字合并”选项，返回到绘图窗口，对多线进行合并操作，图8-25所示为编辑后的效果。

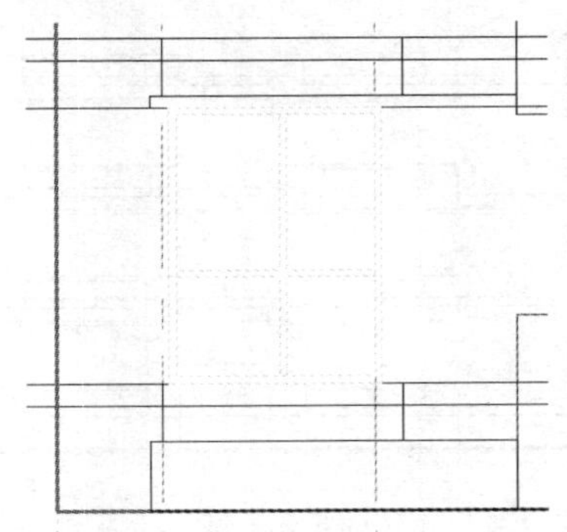

图8-25　编辑多线后的效果

㉗ 由于门窗洞应该选择中实线（0.5b），选用“分解”命令，将多线进行分解操作，选择窗户外侧的线，在“图层”工具栏中选择“WINDOW_CASEMENT”图层（线宽为0.35mm），如图8-26所示。

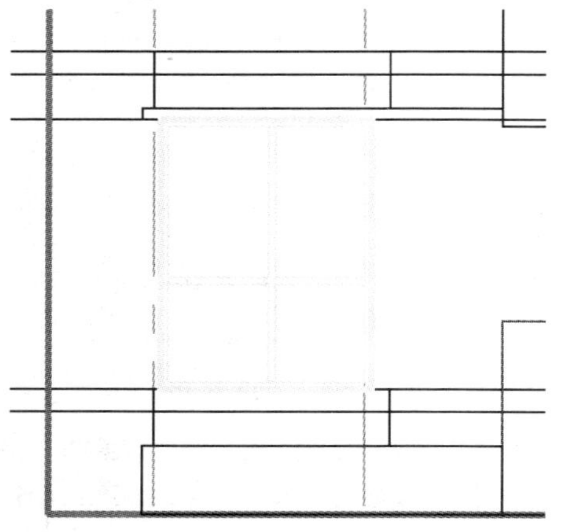

图8-26 将窗洞加宽显示

㉘ 调用“创建块”命令，打开“块定义”对话框，在“名称”文本框中输入“TC1”，单击“拾取点”按钮，拾取窗户左上角点作为基点，将窗户对象全部选中，单击“确定”按钮，完成块定义的操作，如图8-27所示。

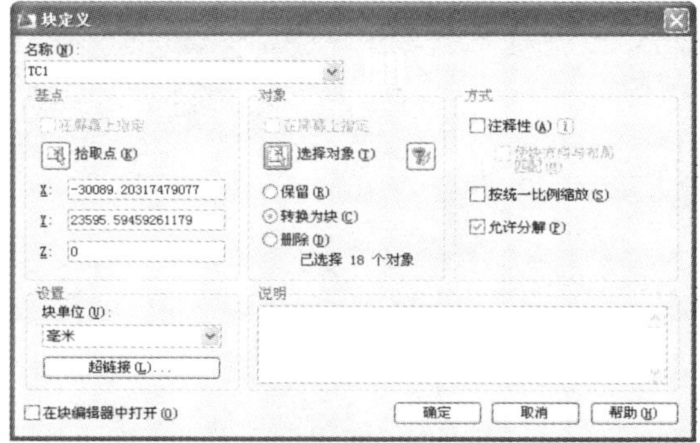

图8-27 “块定义”对话框

㉙ 调用“插入块”命令，打开“插入”对话框，在“名称”下拉列表中选择“TC1”选项，单击“确定”按钮，即可进行插入块的操作，如图8-28所示。

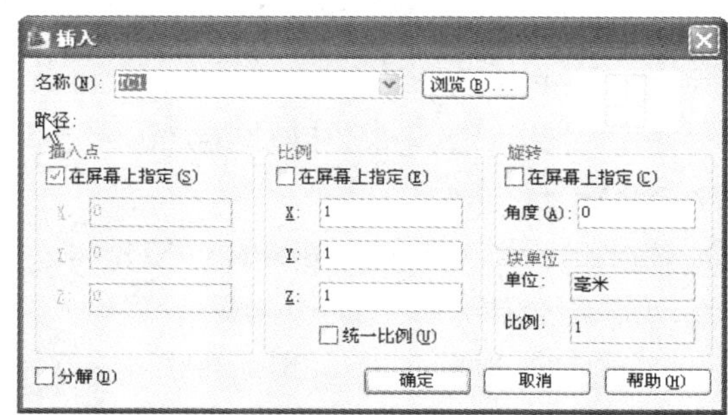

图8-28 “插入”对话框

㉚ 将窗户“TC1”插入立面图中相应的位置，效果如图8-29所示。

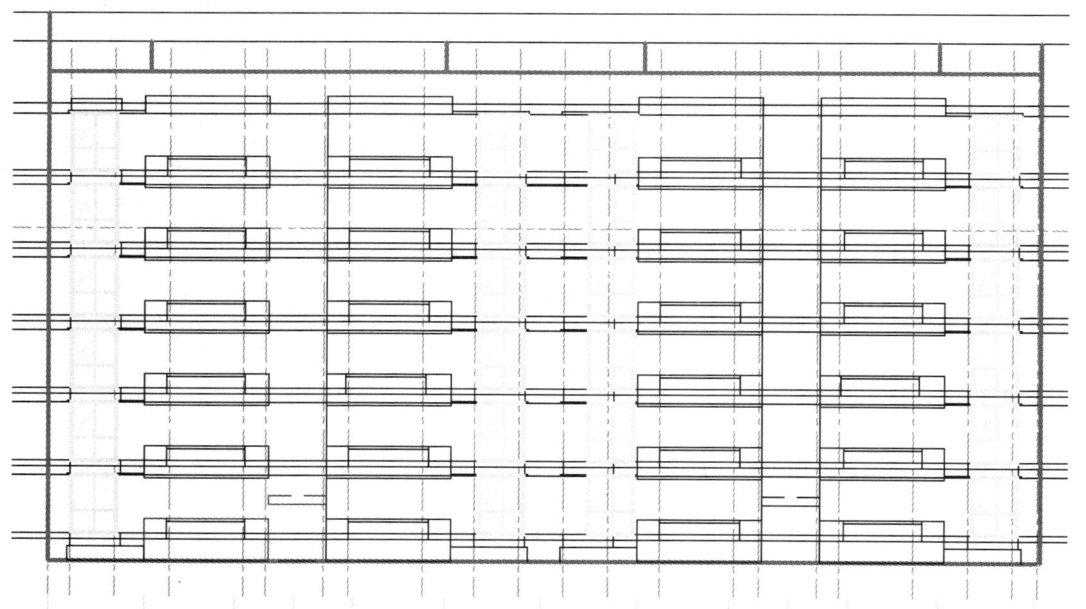

图8-29 将窗户“TC1”插入相应的位置

㉛ 用同样的方法绘制阳台门“M4”（3000mm×2400mm）、楼道门“DM”（2100mm×1500mm），制作成块，并插入图形中相应的位置，得到立面图门和窗的最终效果，如图8-30所示。

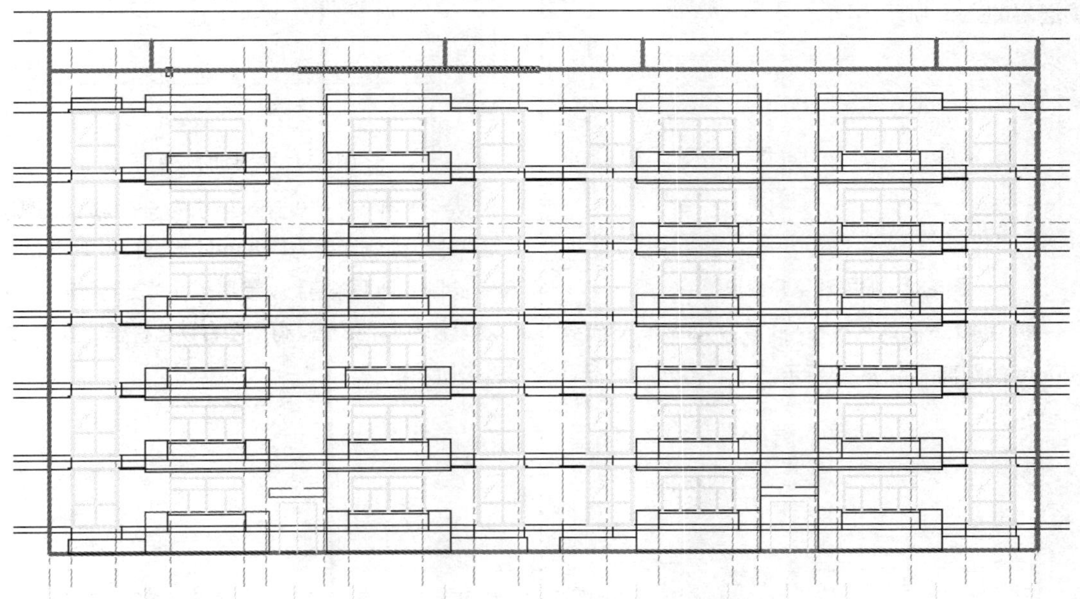

图8-30　立面图门和窗的最终效果

绘制铁艺栏杆

为了楼体的美观，在楼梯间和阳台下方采用的是铁艺栏杆，阳台铁艺栏杆的大小为3200mm×800mm，楼梯间铁艺栏杆的大小为2700mm×1500mm。

㉜ 将图层切换到“E_WALL”层，调用“直线”命令，绘制图8-31所示直线，命令执行过程如下。

命令: line

指定第一点: _from基点: <偏移>:　@920, 0

指定下一点或 [放弃(U)]: 800

指定下一点或 [放弃(U)]: 3200

指定下一点或 [闭合(C)/放弃(U)]:

指定下一点或 [闭合(C)/放弃(U)]:

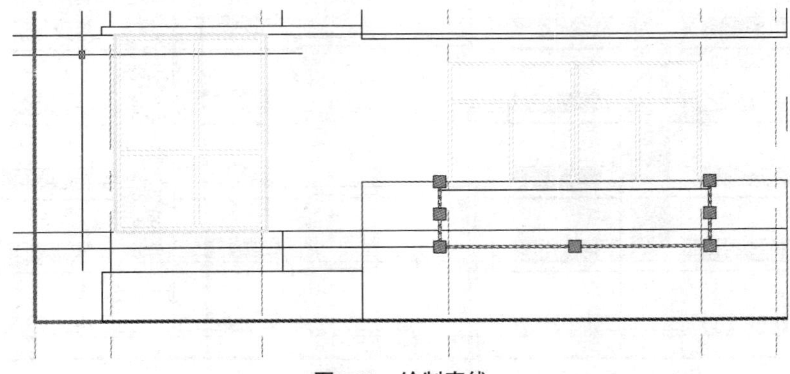

图8-31　绘制直线

㉝ 调用“偏移”命令，将绘制的最右侧边向左依此偏移800mm的距离，并转换到“COLUMN”图层，如图8-32所示。

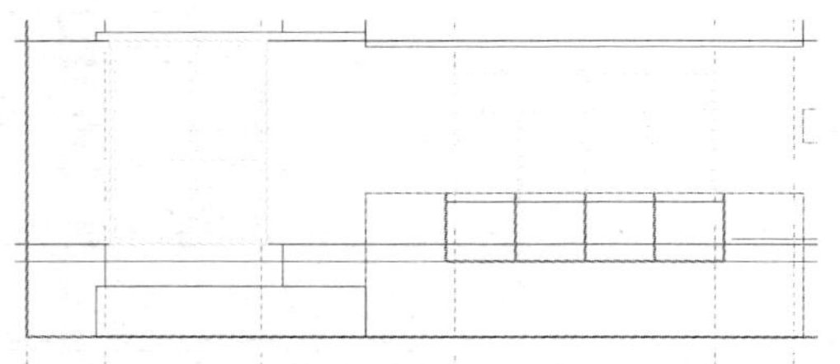

图8-32　偏移对象并转换图层

㉞ 调用“偏移”命令，将各边分别向内偏移100mm的距离，如图8-33所示。

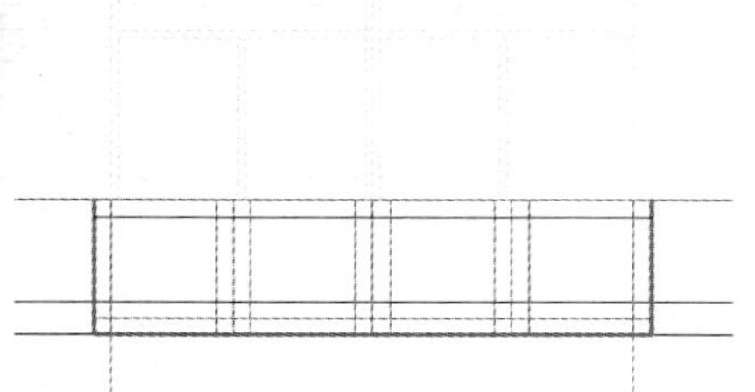

图8-33　偏移操作

㉟ 调用“直线”命令，绘制交叉线，并调用“矩形”命令，捕捉交点，绘制大小为100mm×100mm的矩形，将矩形进行环形阵列，如图8-34所示。

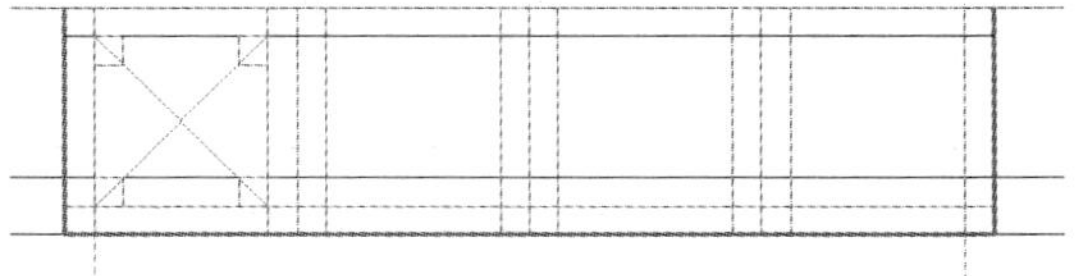

图8-34　对矩形阵列

㊱ 调用“修剪”命令修剪多余的线条，调用“圆”命令绘制半径为150mm的圆，并调用“直线”命令绘制其他两条直线，最后调用“复制”命令，将形状复制到其他位置，得到阳台铁艺栏杆的效果，如图8-35所示。

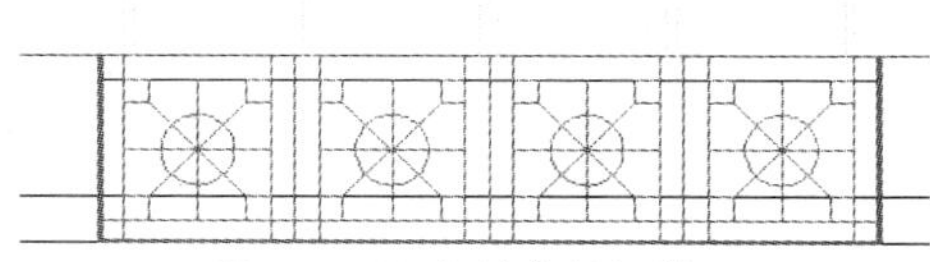

图8-35　阳台铁艺栏杆效果

㊲ 将铁艺栏杆制作成块，插入阳台的其他位置，并用同样的方法绘制楼梯间的铁艺栏杆，效果如图8-36所示。

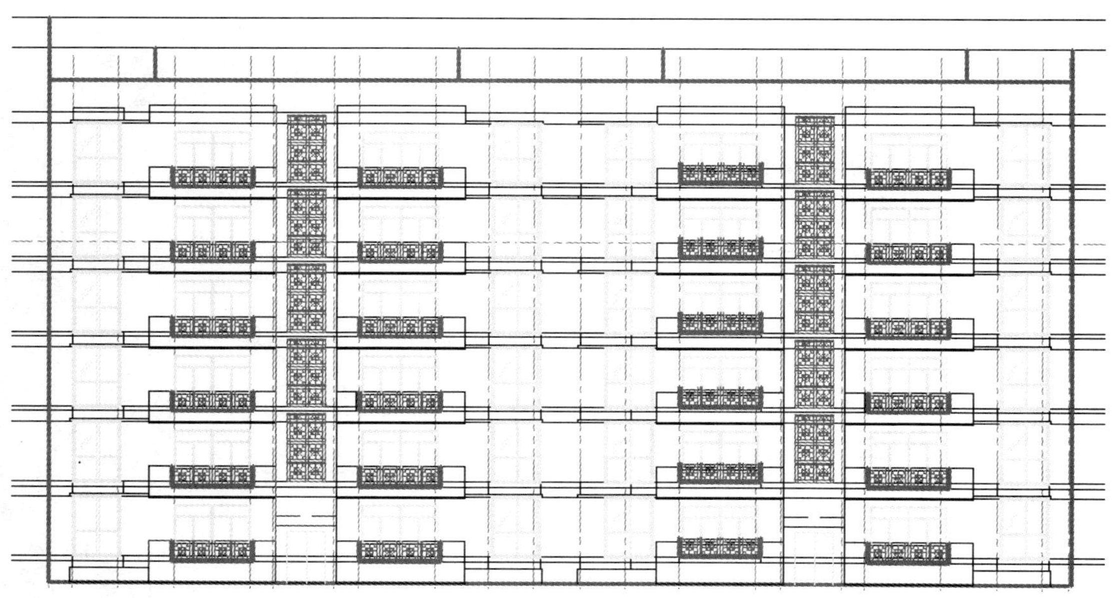

图8-36　铁艺栏杆的效果

绘制屋顶效果

㊳ 切换到"E_WALL"图层，调用"矩形"命令，结合"对象捕捉"工具栏上的"捕捉自"按钮，自基点向左偏移300mm的距离，绘制大小为4740mm×1200mm的矩形，如图8-37所示。

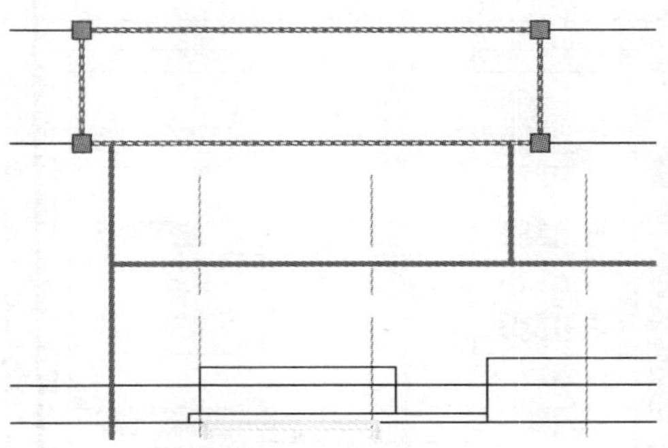

图8-37　绘制矩形

㊴ 调用"直线"命令，结合"对象捕捉"工具栏上的"捕捉自"按钮，自基点向下偏移100mm的距离，绘制直线，制作屋顶的贴瓦部分，效果如图8-38所示，命令执行过程如下。

命令: line
指定第一点: 100
指定下一点或 [放弃(U)]: 00 已在 (-31349.2032, 42695.4527, 0.0000) 创建零长度直线
指定下一点或 [放弃(U)]: 100
指定下一点或 [闭合(C)/放弃(U)]: 300
指定下一点或 [闭合(C)/放弃(U)]: 4940
指定下一点或 [闭合(C)/放弃(U)]: 300
指定下一点或 [闭合(C)/放弃(U)]: 100
指定下一点或 [闭合(C)/放弃(U)]:

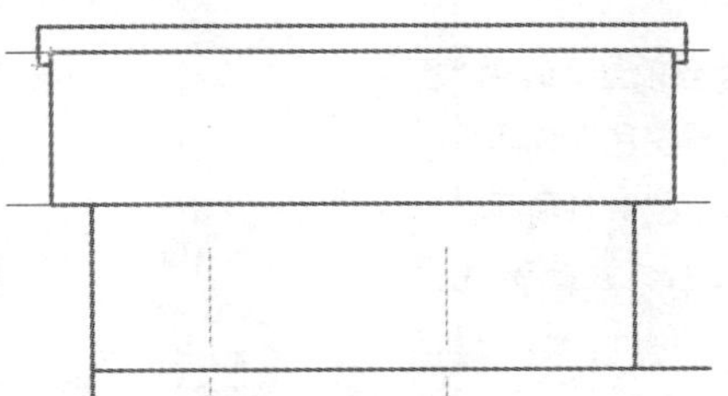

图8-38　绘制屋顶的贴瓦部分

㊵ 用同样的方法，绘制其他位置的屋顶，得到屋顶绘制完成的效果，如图8-39所示。

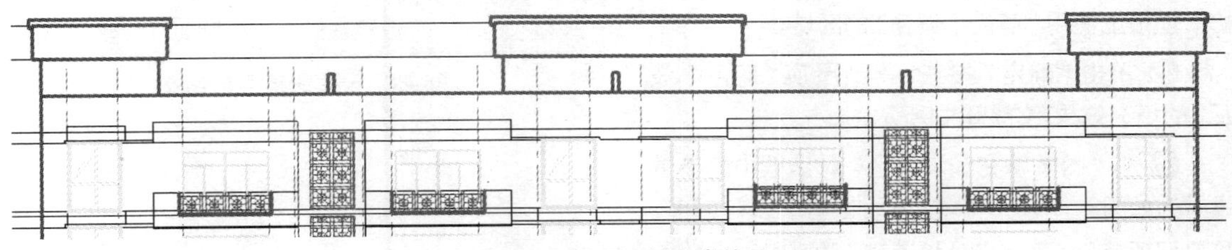

图8-39　屋顶绘制完成效果

㊶ 将图层“E_GROUND”设置为当前层，绘制地平线，并关闭辅助线层，得到立面效果，如图8-40所示。

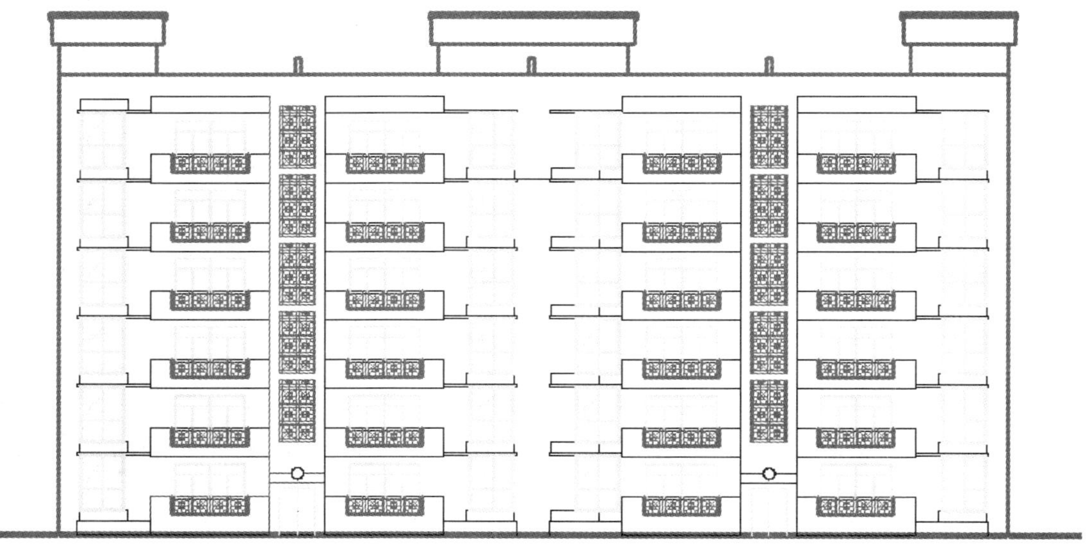

图8-40　绘制地平线并关闭辅助线层

填充区域

可以利用“图案填充”命令来表示墙体的材料，本任务中首层墙体使用的是“浅褐色外墙面砖”，2～5层墙体使用的是“藤黄色外墙面砖”，屋顶使用的是“蓝色小波瓦”，阳台下方外墙使用的是“米白色外墙面砖”。

㊷ 将“PUB_BH”层设置为当前层，调用“图案填充”命令，打开“图案填充和渐变色”对话框，将“图案”和“比例”参数设置为如图8-41所示。

㊸ 单击“添加：拾取点”按钮，在图形中拾取填充区域，单击“确定”按钮，得到图8-42所示的填充效果。

㊹ 将“图案填充和渐变色”对话框中的参数设置为如图8-43所示，单击“添加：拾取点”按钮，拾取屋顶上使用“蓝色小波瓦”的区域。

㊺ 单击“确定”按钮，得到屋顶“蓝色小波瓦”的填充效果，如图8-44所示。

㊻ 将“图案填充和渐变色”对话框中的参数设置为如图8-45所示，单击“添加：拾取点”按钮，拾取屋顶使用“藤黄色外墙面砖”的区域。

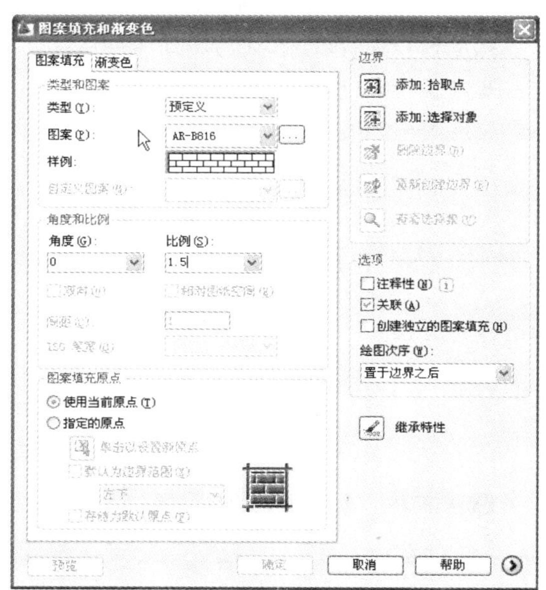

图8-41　设置图案填充参数

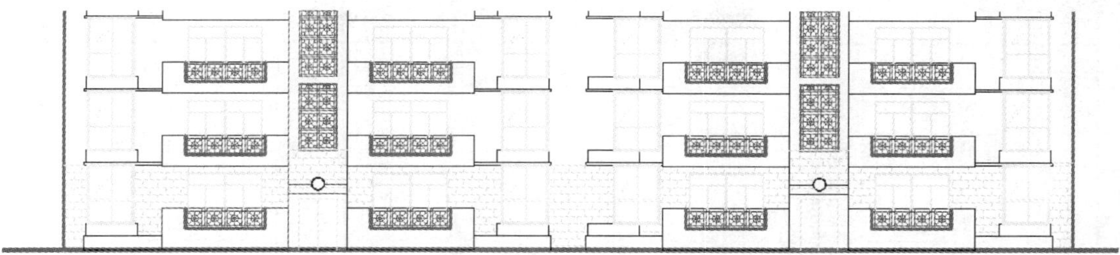

图8-42　图案填充效果

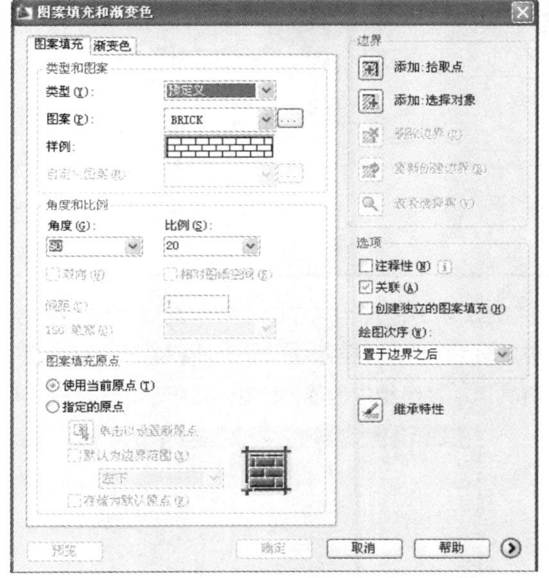

图8-43　设置图案填充参数

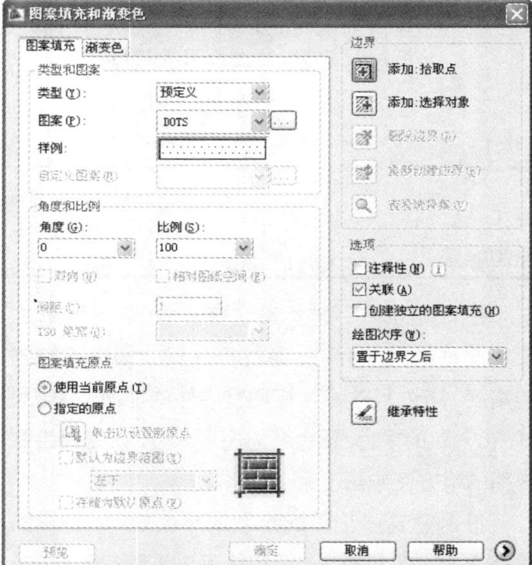

图8-45　设置图案填充参数

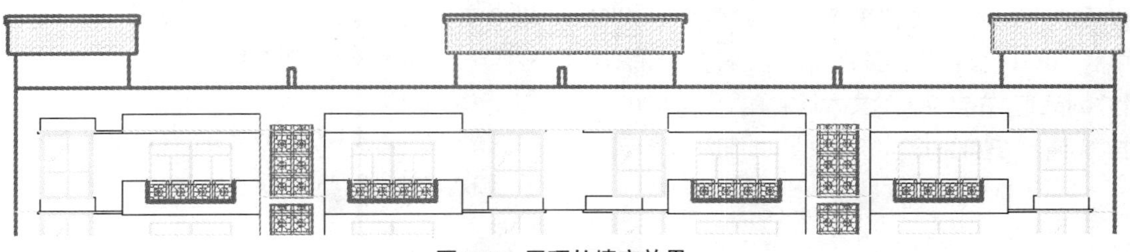

图8-44　屋顶的填充效果

㊼ 单击“确定”按钮，得到“藤黄色外墙面砖”的填充效果，如图8-46所示。

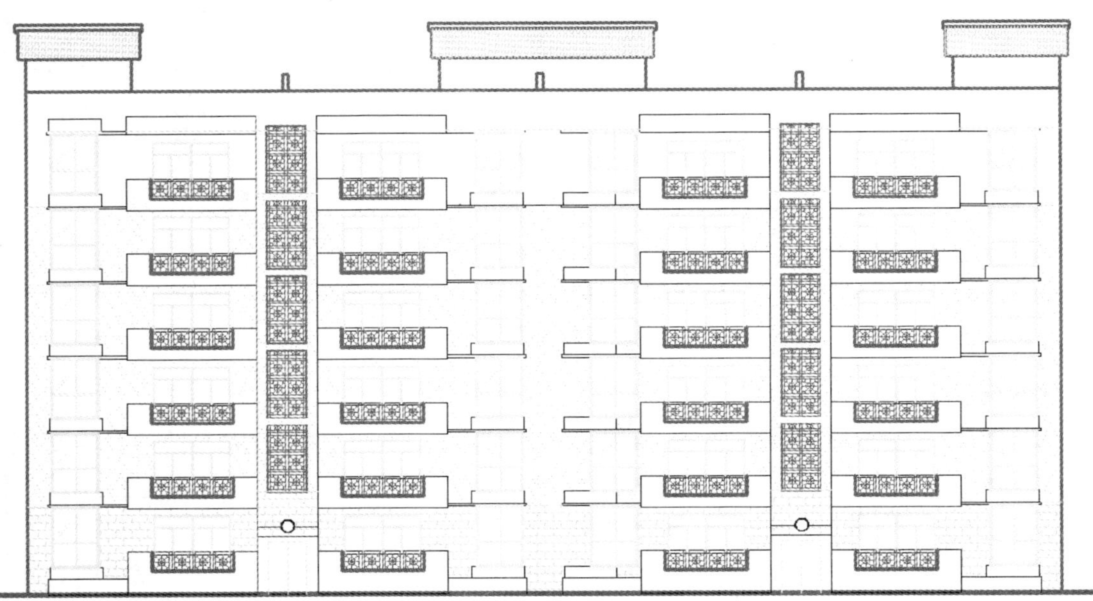

图8-46 外墙面砖的填充效果

标高标注

在立面图中，尺寸标准主要包括标高标注和主要构配件的尺寸标注，通过标高尺寸标注建筑物的高度，通过尺寸标注标明室内外的地面、门窗尺寸、出入口的平台、阳台及总高度尺寸，在需要绘制详图的地方还应画上索引符号。

根据建筑施工图纸绘制的相关规范，标高的符号要用细实线画出，标高符号为等腰三角形。三角形的直角尖要指向要标注的部分，标高符号的长横线的上下注写标高的数字，标高的单位为m。

㊽ 将图层“PUB_DIM”设置为当前图层，将模块07的素材“标准层平面图.dwg”中“块”项目中的“BG1”文件拖到绘图窗口中，打开“编辑属性”对话框，在对话框的文本框中输入“−0.900”，按“Enter”键得到标高符号效果，如图8-47所示。

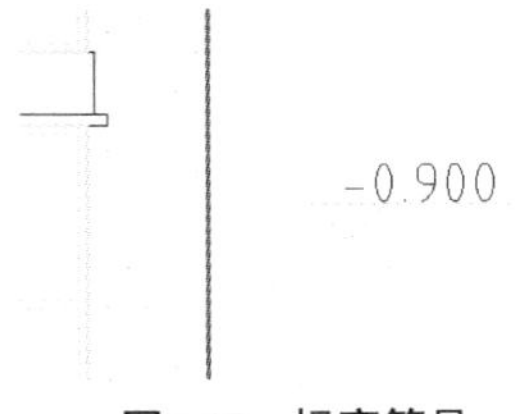

图8-47 标高符号

㊾ 打开图层“DOTE”，将标高符号移动到相应的轴线，调用“插入块”命令，插入其他的块，并将其属性设为相应的值，如图8-48所示。

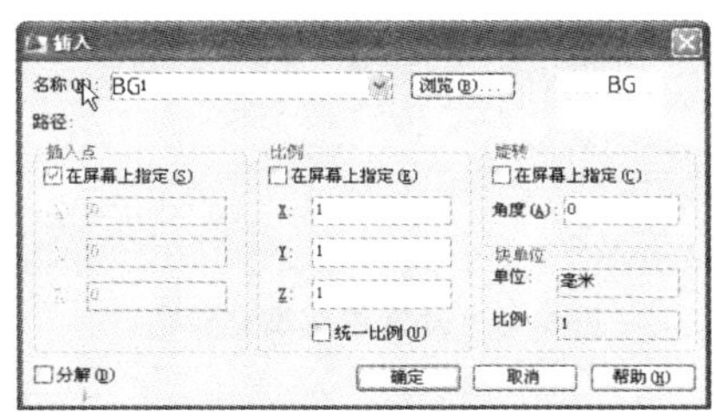

图8-48 “插入”对话框

㊿ 单击“确定”按钮，输入属性值“0.000”，得到插入的标高效果，如图8-49所示。

命令: insert

指定插入点或 [基点(B)/比例(S)/X/Y/Z/旋转(R)]:

输入属性值BG: 0.000

图8-49 插入标高的效果

51 在菜单栏中选择“修改”>“对象”>“属性”>“单个”命令，打开“增强属性编辑器”对话框，将“值”文本框中的参数设置为如图8-50所示。

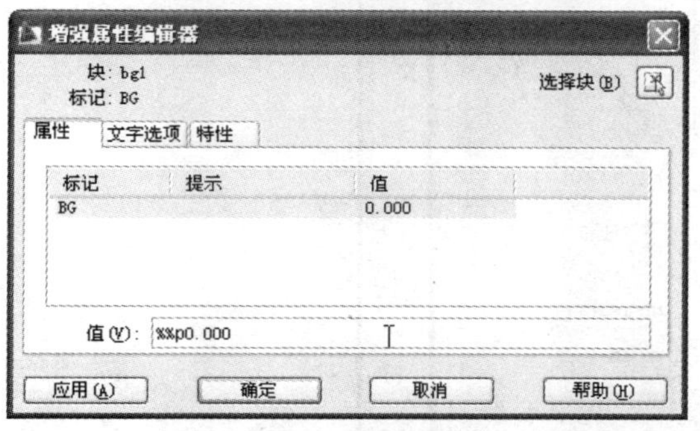

图8-50 设置属性值

52 单击“确定”按钮，可以观察到属性的数值发生了变化，如图8-51所示。

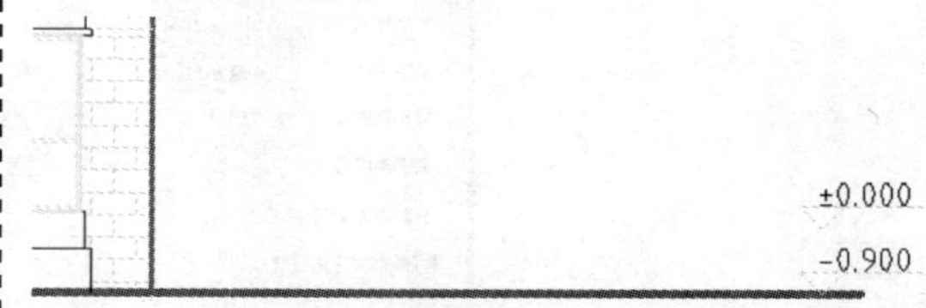

图8-51 修改属性值的效果

53 用同样的方法插入其他标高符号，并修改相应的参数，得到立面图的标高效果，如图8-52所示。

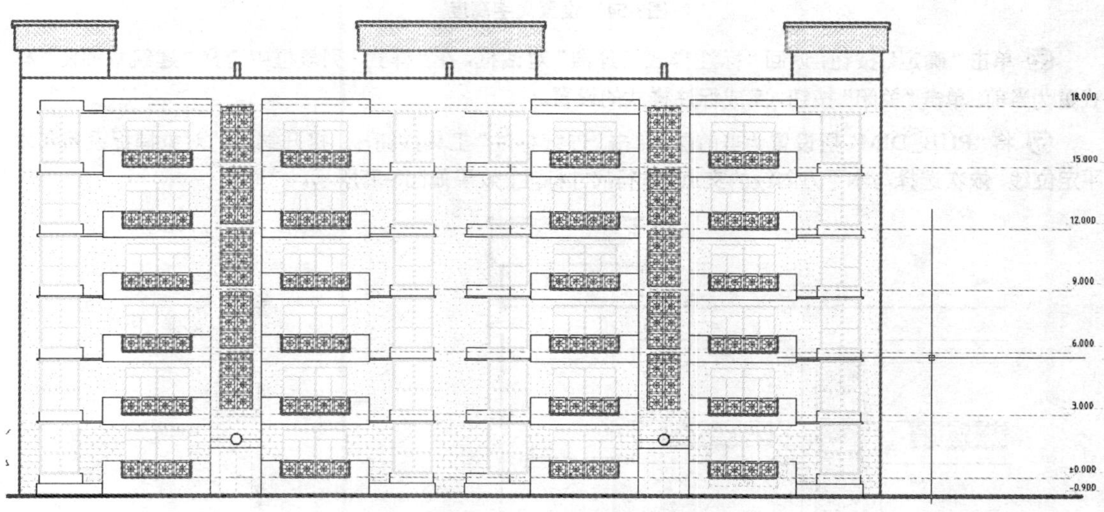

图8-52 室外立面标高效果

标注垂直方向的尺寸

室外建筑立面垂直方向的标注主要包括室内外的地面、门窗尺寸、出入口的平台、阳台及总尺寸。

54 在菜单栏中选择“格式”>“标注样式”命令，打开“标注样式管理器”对话框，单击“新建”按钮，打开“创建新标注样式”对话框，在“新样式名”文本框中输入本图的样式名“建筑立面图”，在“基础样式”下拉列表框中选择“建筑平面图”样式，如图8-53所示。

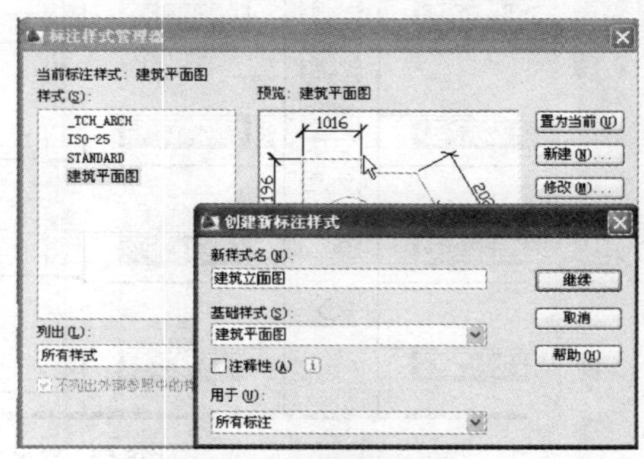

图8-53 创建新标注样式

55 单击“继续”按钮，打开“新建标注样式：建筑立面图”对话框，选择“文字”选项卡，在“文字高度”文本框中输入“5”，如图8-54所示。

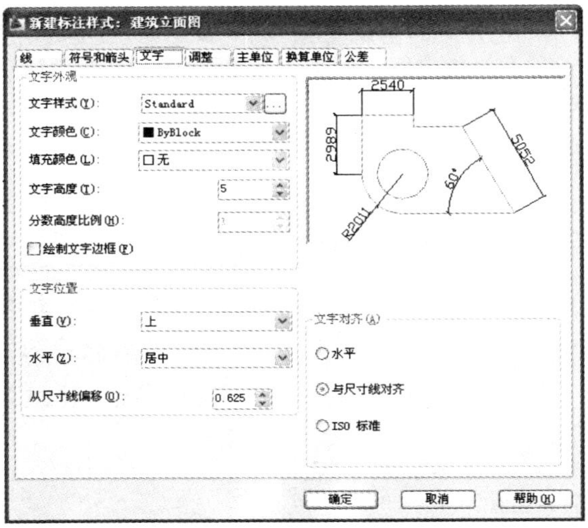

图8-54　设置文字高度

(56) 单击“确定”按钮，返回“标注样式管理器”对话框，在“样式”列表框中选择“建筑立面图”样式置为当前，单击“关闭”按钮，完成标注样式的设置。

(57) 将“PUB_DIM”层设置为当前层，单击“连续标注”工具按钮，打开端点的对象捕捉设置和水平定位线，依次选择与水平方向线的交点，进行尺寸标注，效果如图8-55所示。

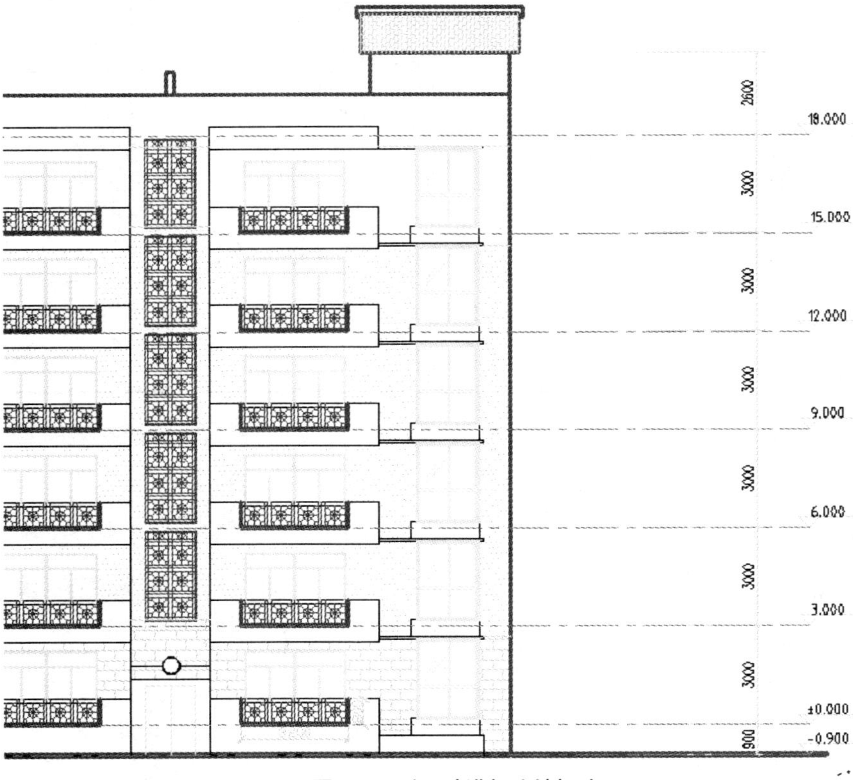

图8-55　对尺寸进行连续标注

(58) 用同样的方法捕捉水平线的交点，标注门窗及阳台的位置，效果如图8-56所示。

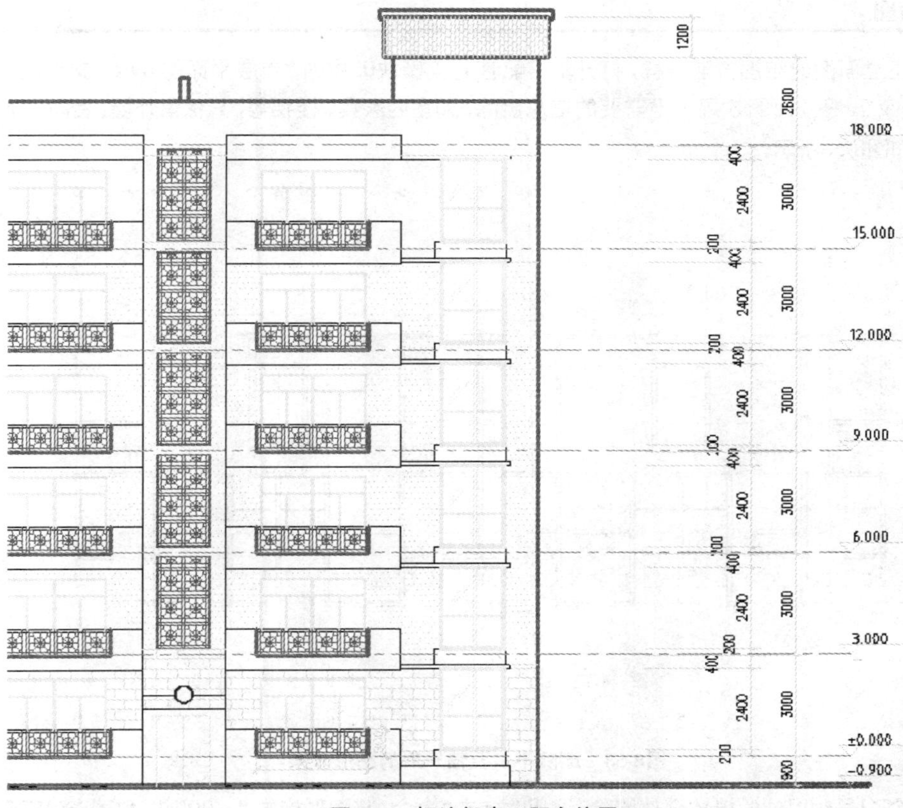

图8-56 标注门窗及阳台位置

59 使用“快速引线”命令对外墙材料进行文字标注，得到正立面图的最终效果，如图8-57所示。

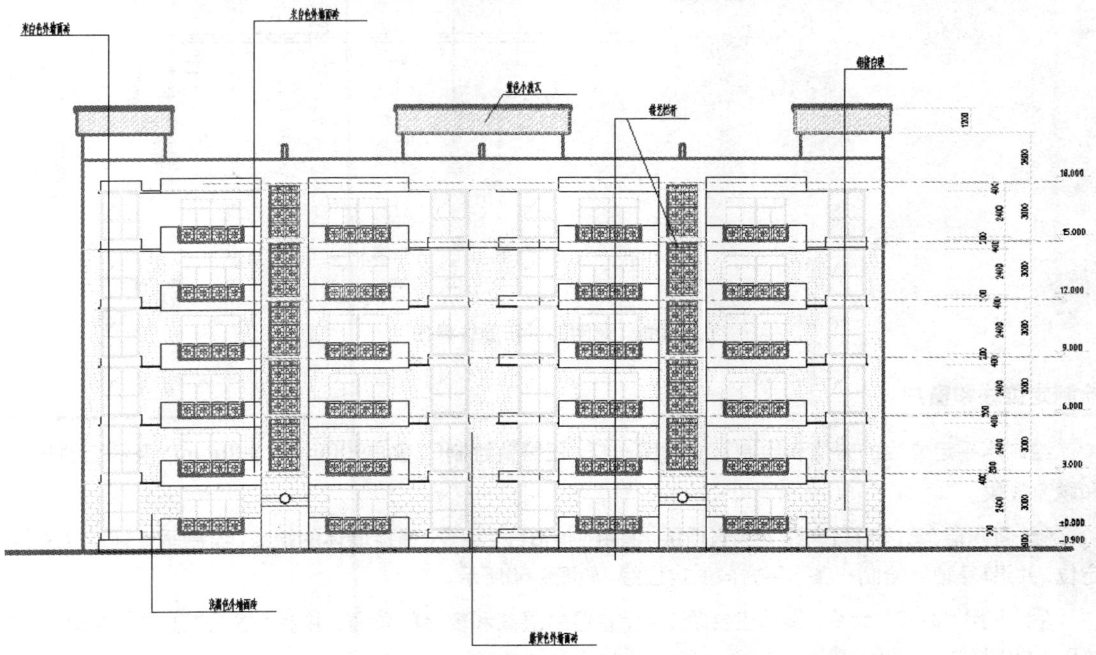

图8-57 对外墙材料进行文字注释

绘制侧立面图

⑥⓪ 与正立面图的绘图方法一样，打开本书配套光盘模块07中的“首层平面图.dwg”文件，并另存为“侧立面.dwg”。将立面图效果中不需要的信息删除，如室内家具、楼梯等，只保留外墙、台阶、外墙上的门窗洞口，如图8-58所示。

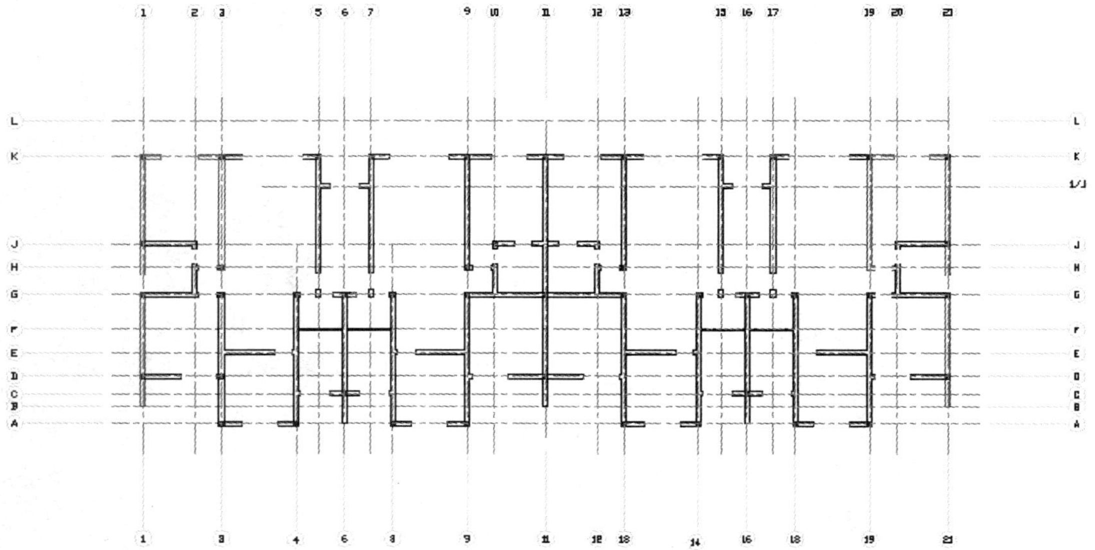

图8-58 删除不需要信息后的图形效果

⑥① 将除了1号轴以外的墙体全部删除，调用“旋转“命令，将图形旋转“−90°”，如图8-59所示。

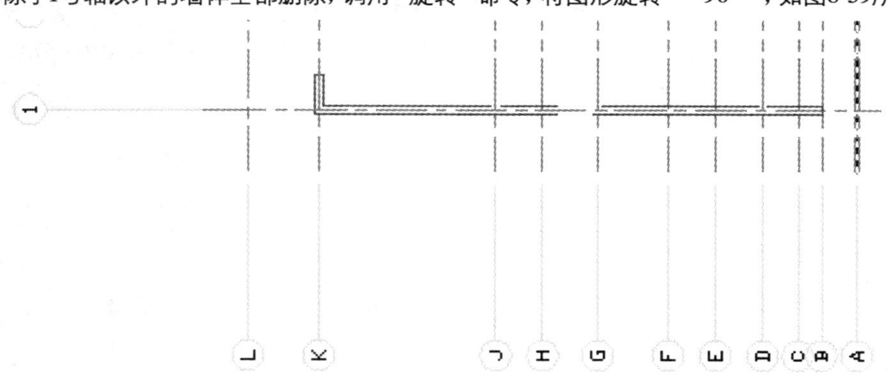

图8-59 对图形进行旋转操作

绘制定位线和窗户

绘制水平定位线的方法和绘制正立面图一样，还需要绘制C2窗户900mm×900mm以及侧面的阳台和飘窗效果。

⑥② 将图层“E_DOTE”设置为当前层，调用“构造线”命令，捕捉墙体的端点，绘制垂直辅助线进行定位，并沿1号轴线绘制一条水平方向的定位线，如图8-60所示。

⑥③ 调用“偏移”命令，偏移出台阶高度、首层的层高和窗台的位置，并在“图层”工具栏中转换到“E_LINE”层，如图8-61所示。

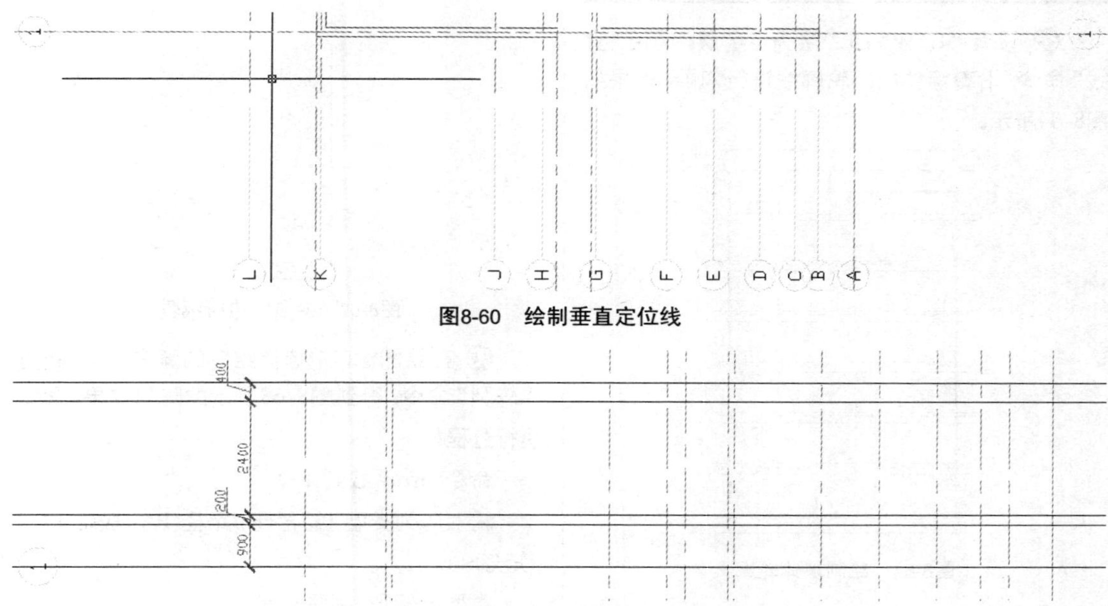

图8-60　绘制垂直定位线

图8-61　偏移第一层的定位线

64 选择图8-61中由上至下4条直线，执行“阵列”命令，完成阵列效果如图8-62所示，命令执行过程如下。

命令: array 找到 1 个

输入阵列类型 [矩形(R)/路径(PA)/极轴(PO)] <矩形>: r

类型 = 矩形　关联 = 是

为项目数指定对角点或 [基点(B)/角度(A)/计数(C)] <计数>: c

输入行数或 [表达式(E)] <4>: 6

输入列数或 [表达式(E)] <4>: 1

指定对角点以间隔项目或 [间距(S)] <间距>: s

指定行之间的距离或 [表达式(E)] <1>:3000

按“Enter”键接受或 [关联(AS)/基点(B)/行(R)/列(C)/层(L)/退出(X)] <退出>:

65 将第六层最上方直线依次向上偏移2600mm和1200mm的距离，得到定位线绘制完成的效果，如图8-63所示。

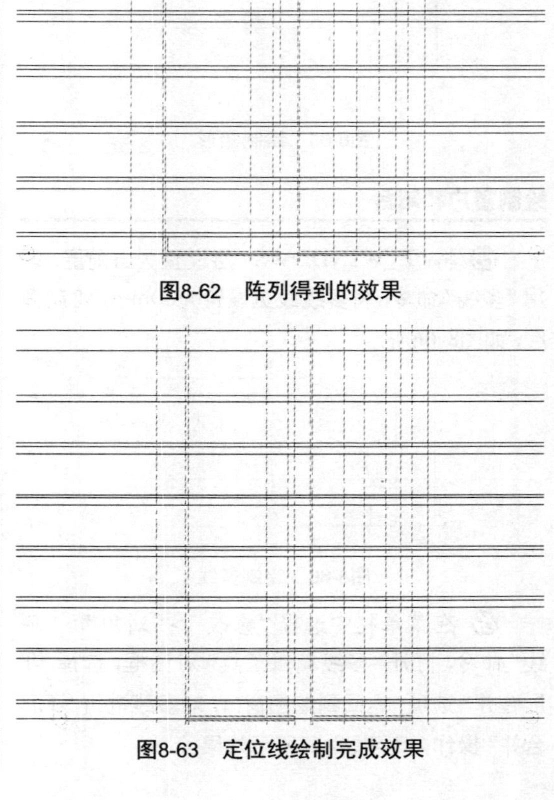

图8-62　阵列得到的效果

图8-63　定位线绘制完成效果

绘制墙体

66 设置“E_WALL”层为当前层，调用“直线”命令，沿着墙体的外轮廓线进行勾画，效果如图8-64所示。

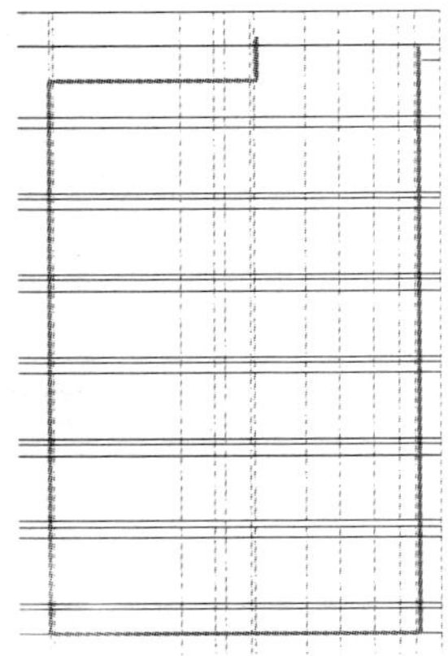

图8-64　绘制墙体轮廓

67 调用“矩形”命令，捕捉端点，绘制大小为600mm×600mm和500mm×500mm的矩形，如图8-65所示。

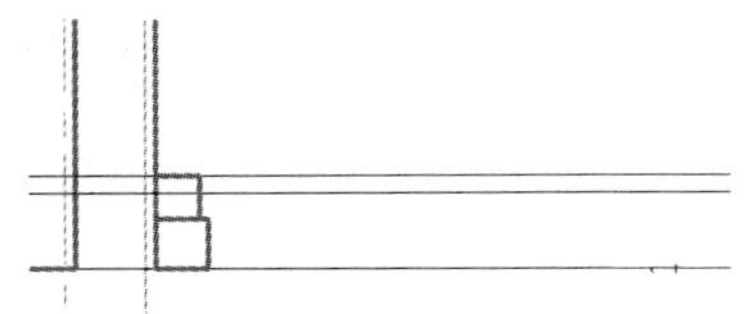

图8-65　绘制矩形

绘制窗户和阳台

68 将“E_WINDOWS”层设置为当前层，调用“多线”命令，将多线线宽设置为60mm，绘制多线，如图8-66所示。

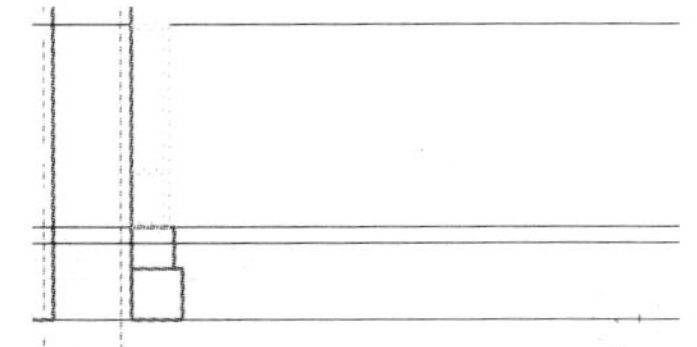

图8-66　绘制多线

69 在菜单栏中选择“修改”>“对象”>“多线”命令，打开“多线编辑工具”对话框，选择“T形合并”选项，返回到绘图窗口，对多线进行“T形合并”操作，得到图8-67所示效果。

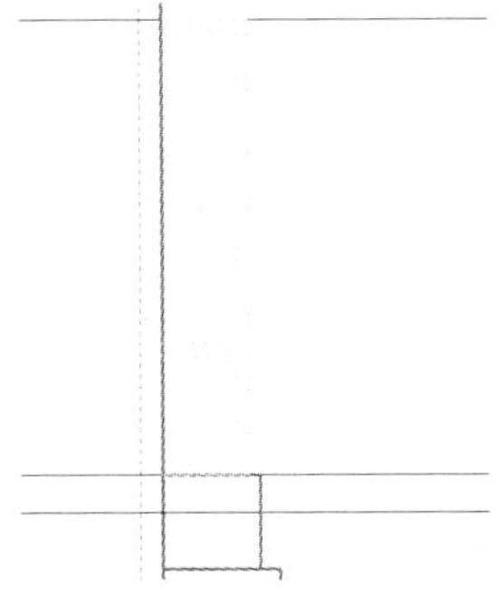

图8-67　对多线进行编辑

70 在绘图窗口中选择绘制的窗户造型，执行“阵列”命令，得到图8-68所示的阵列效果，命令执行过程如下。

命令: array 找到 1 个

输入阵列类型 [矩形(R)/路径(PA)/极轴(PO)] <矩形>: r

类型 = 矩形　关联 = 是

为项目数指定对角点或 [基点(B)/角度(A)/计数(C)] <计数>: c

输入行数或 [表达式(E)] <4>: 6

输入列数或 [表达式(E)] <4>: 1

指定对角点以间隔项目或 [间距(S)] <间距>: s

指定行之间的距离或 [表达式(E)] <1>:3000

按“Enter”键接受或 [关联(AS)/基点(B)/行(R)/列(C)/层(L)/退出(X)] <退出>:

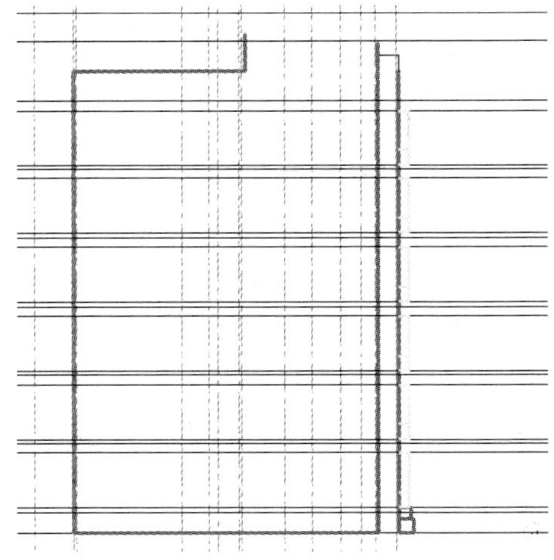

图8-68　窗户的阵列效果

71 调用“镜像”命令，将绘制的窗户及阳台镜像到侧立面的另一侧，如图8-69所示。

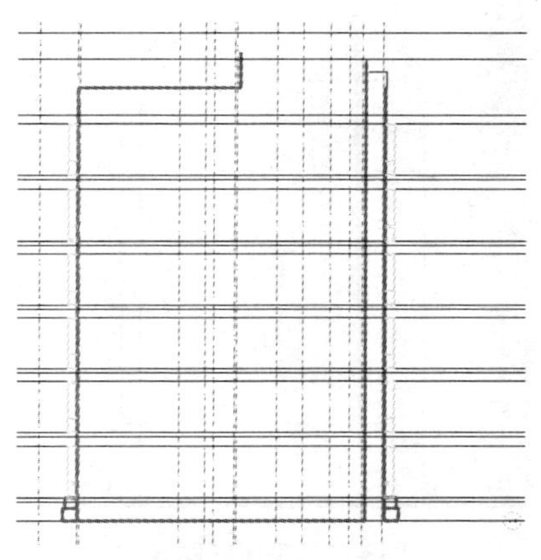

图8-69　镜像效果

(72) 将“E_LINE”层设置为当前层，调用“直线”命令，绘制首层的女儿墙的效果，如图8-70所示。

(73) 用同样的方法绘制其他位置的阳台，得到图8-71所示效果。

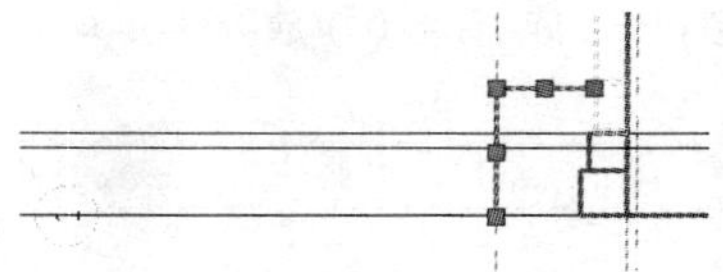

图8-70　绘制首层女儿墙

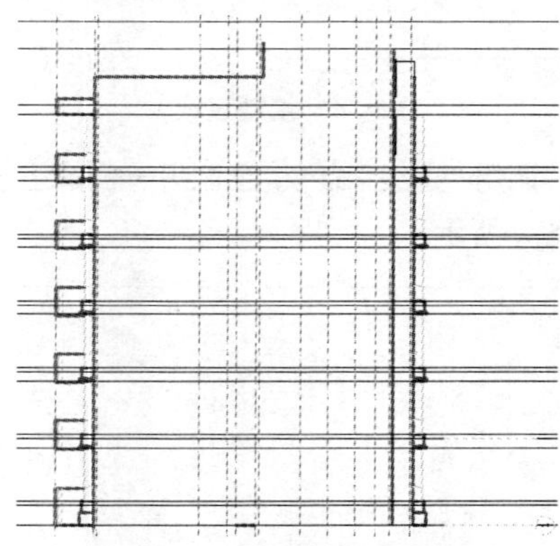

图8-71　绘制其他位置的阳台

(74) 调用“多线”命令，绘制大小为900mm× 900mm的C2窗，如图8-72所示。

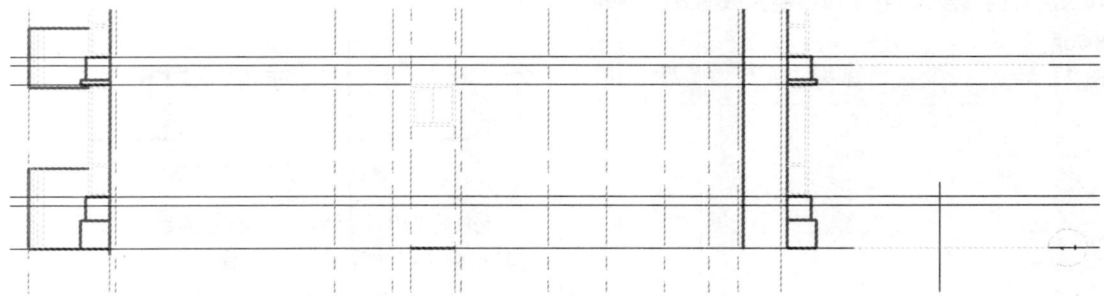

图8-72　绘制C2窗

(75) 调用“阵列”命令，将窗户阵列复制到其他位置，得到窗户制作完成的效果，如图8-73所示。

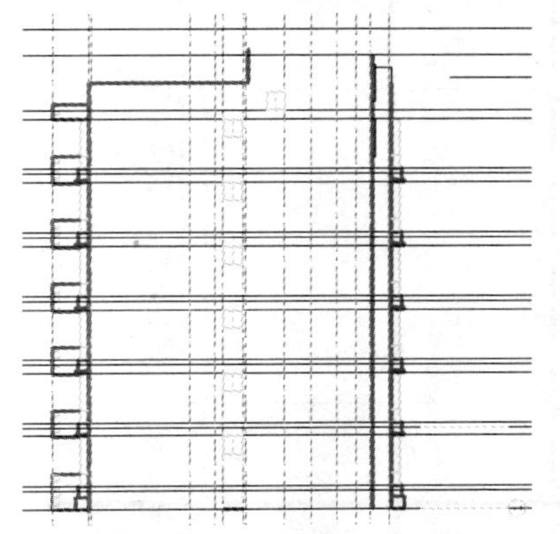

图8-73　窗户绘制完成效果

绘制屋顶

(76) 切换到“E_ROOF”图层，调用“直线”命令，结合“对象捕捉”工具栏上的“捕捉自”按钮，自基点偏移，绘制图8-74所示直线，执行命令如下。

命令: line

指定第一点: from基点: <偏移>: @−650<25

指定下一点或 [放弃(U)]: <正交 开> 170

指定下一点或 [闭合(C)/放弃(U)]: @2770<−65

指定下一点或 [闭合(C)/放弃(U)]: u

指定下一点或 [闭合(C)/放弃(U)]: @2770<25

指定下一点或 [闭合(C)/放弃(U)]: 170

指定下一点或 [闭合(C)/放弃(U)]: c

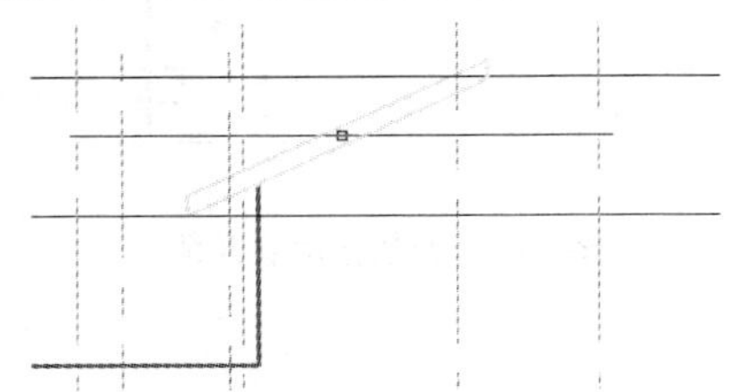

图8-74　绘制直线

77 调用“直线”命令，绘制另一侧的屋顶，效果如图8-75所示。

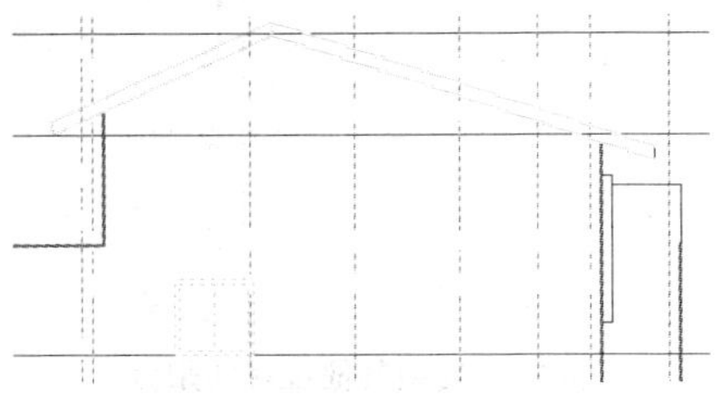

图8-75　绘制另一侧的屋顶

78 绘制一个大小为300mm×300mm的矩形，作为屋脊的顶部，得到屋顶绘制完成的效果，如图8-76所示。

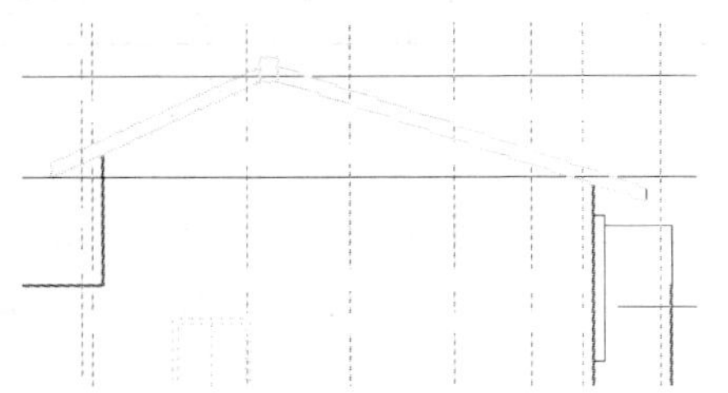

图8-76　屋顶绘制完成效果图

填充区域及尺寸标注

侧立面图的填充和尺寸标注的方法与正立面图相同。

79 将轴线的辅助线图层关闭，调用“修剪”命令，将多余的线剪除，如图8-77所示。

80 将“PUB_BH”层设置为当前层，调用“图案填充”命令，打开“图案填充和渐变色”对话框，对首层墙体使用“浅褐色外墙面砖”、2～5层墙体使用“藤黄色外墙面砖”、屋顶使用“蓝色小瓦波”、阳台下方外墙使用“米白色外墙面砖”进行填充，效果如图8-78所示。

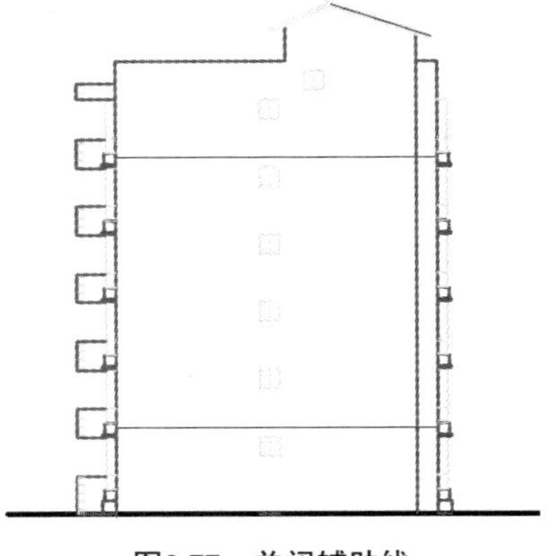

图8-77　关闭辅助线

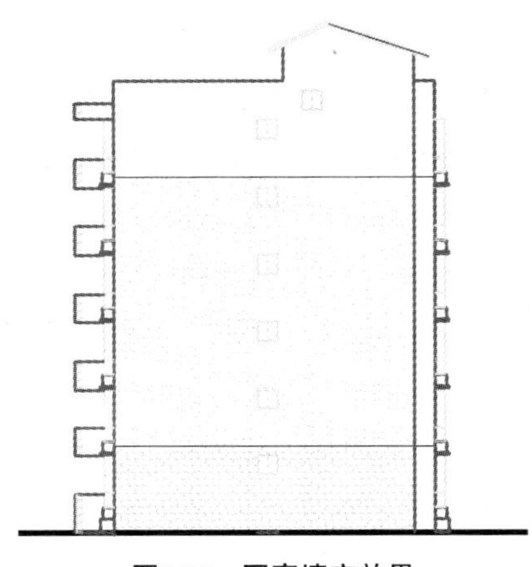

图8-78　图案填充效果

81 将“PUB_DIM”层设置为当前层，在菜单工具栏中选择“插入”>“块”命令，弹出“插入块”面板，浏览选择“BG1”文件，对建筑进行标高操作，如图8-79所示。

图8-79　侧立面图标高效果

82 调入“建筑立面图”的标注样式，对室内外的地面、门窗尺寸、出入口的平台和阳台等尺寸进行标注，如图8-80所示。

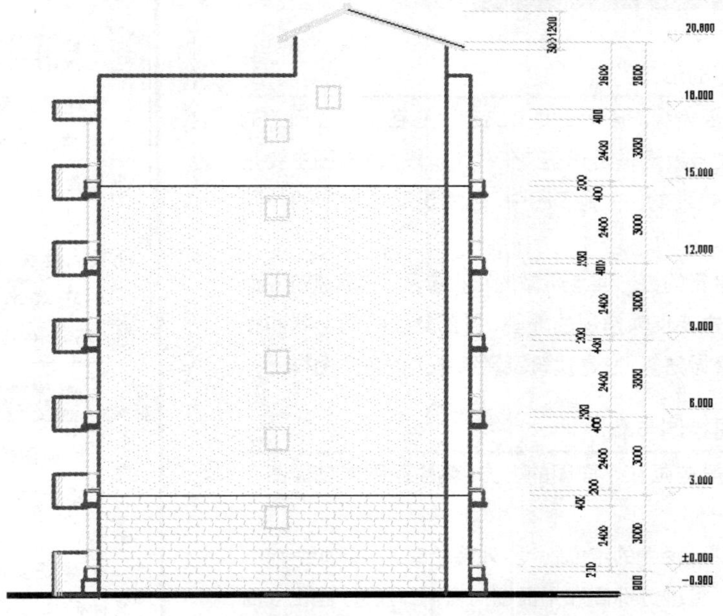

图8-80　标注垂直方向尺寸

83 调用“快速引线”命令对外墙材料进行文字注释，得到侧立面图制作完成的效果，如图8-81所示。

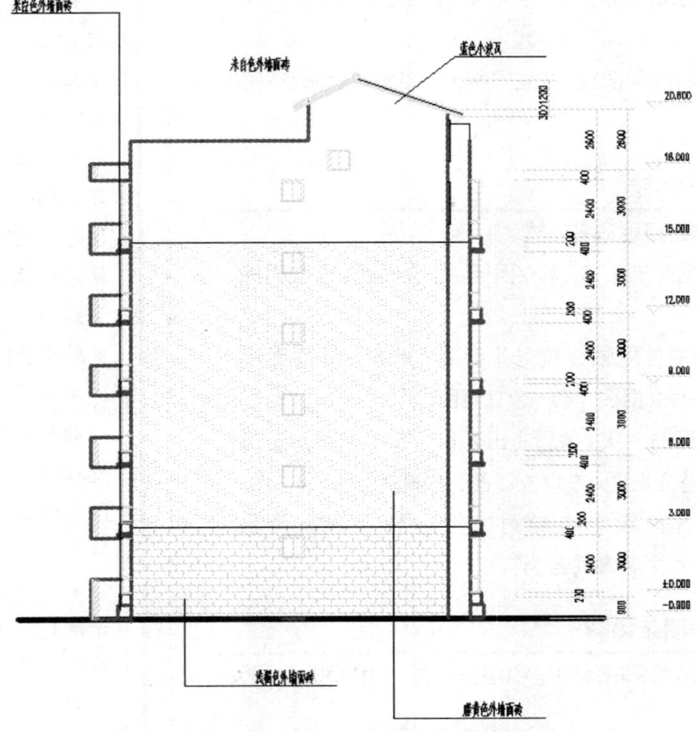

图8-81　侧立面绘制完成效果

知识点拓展

01 建筑立面图的形成[①]

一座建筑物是否美观，很大程度上决定于它在主要立面上的艺术处理，包括造型与装修是否优美。在设计阶段，立面图主要是用来研究这种艺术处理的。在施工图中，它主要反映房屋的外貌和立面装修的做法。

在与房屋立面平行的投影面上所做的正投影图，称为建筑立面图，简称立面图。它主要反映房屋的外貌、各部分配件的形状和相互关系以及立面装修做法等。它是建筑及装饰施工的重要图样。

02 建筑立面图绘制步骤[②]

建筑立面图一般应画在平面图的上方，侧立面图或剖面图可放在所画立面图的一侧。

(1) 画室外地平、两端的定位轴线、外墙轮廓线、屋顶线等。

(2) 根据层高、各种分标高和平面图门窗洞口尺寸，画出立面图中门窗洞、檐口、雨篷、雨水管等细部的外形轮廓。

(3) 画出门扇、墙面分格线、雨水管等细部，对于相同的构造、做法（如门窗立面和开启形式）可以只详细画出其中的一个，其余的只画外轮廓。

(4) 检查无误后加深图线，并注写标高、图名、比例及有关文字说明。

03 建筑立面图命名

建筑立面图一般有3种命名方式。

(1) 按房屋的朝向来命名：南立面图、北立面图、东立面图、西立面图。

(2) 按立面图中首尾轴线编号来命名：如①～⑤立面图、⑤～①立面图、Ⓐ—Ⓖ立面图、Ⓖ—Ⓐ立面图。

(3) 按房屋立面的主次（房屋主出入口所在的墙面为正面）来命名：正立面图、背立面图、左侧立面图、右侧立面图。

三种命名方式各有特点，在绘图时应根据实际情况灵活选用，其中以轴线编号的命名方式最为常用。

04 建筑立面图图示内容

(1) 比例，建筑立面图的比例与平面图一致，常用1:50、1:100、1:200的比例绘制。

①经验

建筑立面图包含的内容。

- 建筑物的外观特征及凹凸变化。
- 建筑物各主要部分的标高及高度关系。
- 建筑立面所选用的材料、色彩和施工要求。

②经验

立面图绘制方法。

- 各种立面图按正投影法绘制。
- 建筑立面图应包括投影课件的建筑外轮廓线和墙面线脚、构配件、墙面做法及必要的尺寸和标高。
- 平面形状曲折的立面图，可绘制展开立面图，展开立面图应在图名后加注“展开”二字。
- 与建筑平面图表示的内容不同，室内立面图应包括投影方向可见的室内轮廓和装修构造、门窗、构配件、墙面做法、固定家具、灯具、必要的尺寸和标高。
- 较简单的对称建筑物或对称构配件，在不影响构造处理和施工的情况下，立面图可绘制一半，同时在对称轴线上画对称符号。
- 外墙表面的分格线应表示清楚。相同的门窗、阳台、檐口装修、构造做法等，可在局部重点表示，绘出完整图形，其余只画轮廓线。

(2) 定位轴线，在立面图中，一般只绘制两端的轴线和轴号，一般与平面图对照确定立面图的观看方向。

(3) 图线，为使立面图外形更清晰，通常用粗实线表示立面图的最外轮廓线，而突出墙面的雨篷、阳台、柱子、窗台、窗楣、台阶、花池等投影线用中粗线画出，地平线用加粗线（粗于标准粗度的1.4倍）画出，其余如门、窗及墙面分格线、落水管以及材料符号引出线、说明引出线等用细实线画出。

(4) 图例，由于比例较小，立面图上的门、窗等构件也可以用图例表示。

(5) 尺寸标准，包括以下三种竖直方向：应标注建筑物的室内外地平、门窗洞口上下口、台阶顶面、雨篷、房檐下口、屋面、墙顶等处的标高，并应在竖直方向标注三道尺寸。

水平方向：立面图水平方向一般不注尺寸，但需要标出立面图最外两端墙的轴线及标号。

其他标注：立面图上可在适当位置用文字标出其装修。

05 识读建筑立面图

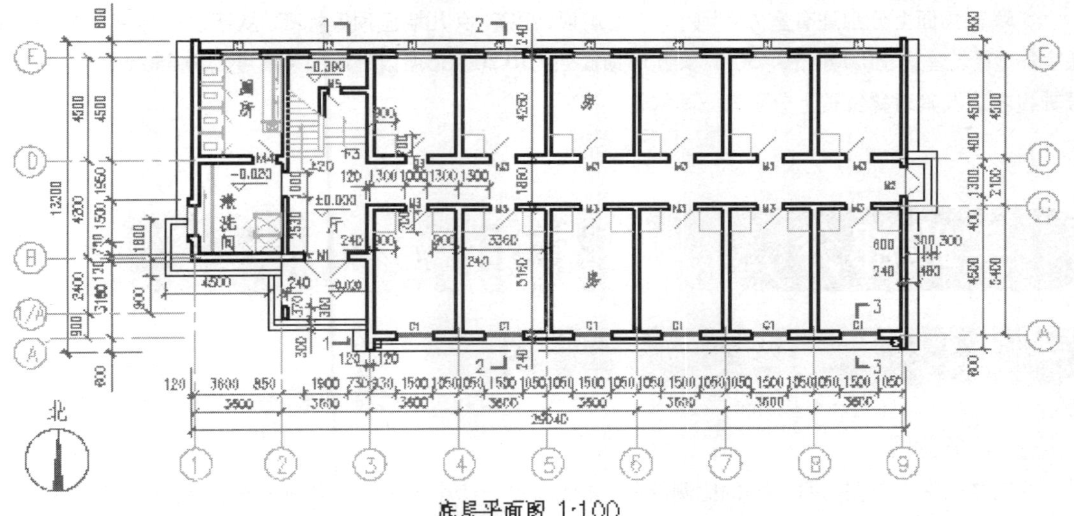

图8-82　建筑平面图

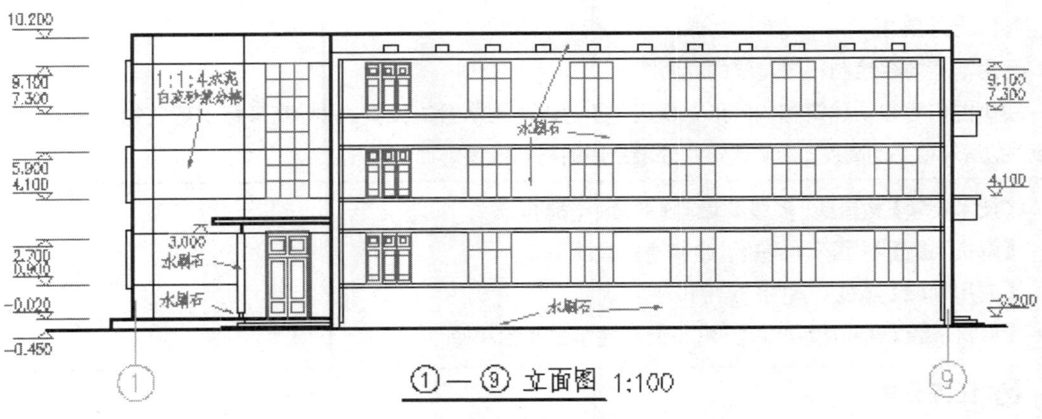

图8-83　建筑立面图

（1）从图8-82和图8-83所示图名或轴线的编号可知该图是表示房屋南向的立面图，南立面是该建筑的主要立面，比例与平面图一样（1:100），以便对照阅读。

（2）从以上两张图中还可看到该房屋的整个外貌形状，也可了解该房屋的屋顶、门窗、雨篷、阳台、台阶、花池及勒脚等细部的形式和位置。如该建筑物为三层，左右不对称，正门在西端、正门上方有一花格窗；东端底层有一台阶，从而必有一出入口，第二、三层有阳台；屋顶女儿墙处有许多孔洞，表示屋面的通风口兼做出水口。

（3）从图中的文字说明可以了解到房屋外墙面装修的做法。如西端外墙为1∶1∶4水泥白灰砂浆粉面及分格；勒脚、门廊柱、窗间墙及女儿墙为水刷石粉面；窗台、窗顶等为白水泥粉面。

（4）该南立面上采用以下多种线型：用粗实线绘制的外轮廓线显示了南立面的总长和总高；用加粗线画出了室外地平线；用中粗线画出了窗洞的形状与分布、女儿墙上方洞的位置、阳台和顶层阳台上的雨篷轮廓等；用细线画出门窗分格线及用料注释线等。

（5）南立面上分别注有室内外地平、门窗洞顶、雨篷、女儿墙压顶等标高。从所注的标高可知，此房屋室外地平比室内±0.000低0.450m，女儿墙顶面处为10.200m，所以外墙的总高度为10.650m。图中紧靠9号轴线左边及其对称位置上分别有一雨水管。

实践部分 （2课时）

任务二 绘制建筑立面图

任务背景

住宅楼的南立面图，用1∶100的比例绘制。本例绘制一个小区多层住宅施工图的南立面效果，住宅楼共6层，总高为20.6m，首层层高3.9m，标准层层高为3m，室内外高差为0.9m。本任务首层外墙用浅褐色外墙面砖，标准层外墙以藤黄色外墙砖为主，阳台下方配以米白色外墙面砖，并配以铁艺栏杆。

任务要求

运用本章内容绘制一张建筑的立面图。

绘制的内容包括建筑物的外形以及门、窗、台阶、雨水管的位置。用标高来标识建筑物的总高、各层的高度、室外地平的高度。标明建筑物外墙所用的材料及装饰面的风格。

【技术要领】构造线、多线编辑、阵列命令、标高。

【解决问题】利用已学的知识绘制建筑立面图。

【应用领域】建筑方案图的绘制。

【素材来源】素材/模块08/任务二/绘制建筑立面图.dwg。

任务分析

依据本章任务一中建筑正立面图的绘图方法，打开本书配套“素材/模块08/任务一/首层平面图.dwg”文件，绘制建筑南立面图。

主要制作步骤

（1）画基准线。

按尺寸画出房屋的横向定位轴线和层高线，注意横向定位轴线与平面图保持一致，画建筑物的外形轮廓线，如图8-84所示。

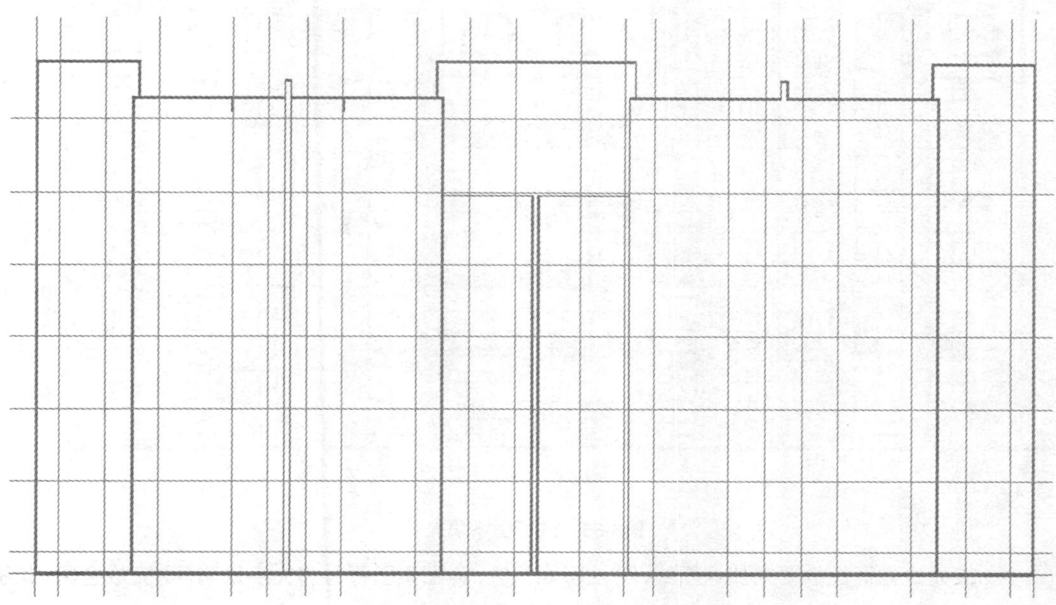

图8-84　绘制定位轴线及外形轮廓

（2）画门窗洞线和细部构造线。

画门窗洞线和阳台、台阶、雨篷、屋顶造型等细部的轮廓线，如图8-85所示。

图8-85　绘制门窗及细部构造

(3) 对外墙体及屋顶区域进行填充操作，如图8-86所示。

图8-86　进行图案填充

(4) 按建筑立面图的要求加深图线，并注标高尺寸、详图索引符号和文字说明等，完成全图，如图8-87所示。

图8-87　最终完成效果

课后作业

1. 选择题

（1） 建筑总平面图中，标注的尺寸及标高一律以________为单位，标注到小数点后两位。

A）米　　B）分米　　C）厘米　　D）毫米

（2） 矩形剖面的建筑物中，某一层楼地面到上一层楼面之间的垂直距离称为________。

A）净高　　B）标高　　C）层高　　D）建筑标高

（3） 我国标准规定，建筑图中的定位轴线采用________表示。

A）细线　　B）粗线　　C）细点画线　　D）虚线

（4） 下列不属于建筑立面图图示内容的是________。

A）室外地面线　　B）建筑物可见的外轮廓线

C）墙面主要构造　　D）走廊的安排

2. 判断题

（1）标高是用来表达建筑各部位（如室内外地面、窗台、楼层、露面等）高度的标注方法。（ ）

（2）建筑平面图中，外部标注三道尺寸，最外面一道是总尺寸，中间一道是轴线尺寸，最里面一道是细部尺寸。（ ）

3. 填空题

（1） 建筑立面图一般有三种命名方式，分别为按房屋的朝向来命名、按立面图中首尾轴线编号来命名、________。

（2） AutoCAD中，在命令行中输入“lweight”，系统变量设置为________时，关闭线宽显示；为“1”时，打开线宽显示。

4. 操作题

按图8-88所示步骤，绘制建筑立面图，完成效果如图所示。

提示：本题中给出了立面图中元素的基本尺寸，其他尺寸可自拟；在本题中，将再次复习建筑立面图绘制中的基本命令，任务虽然简单，作用却不可小视。

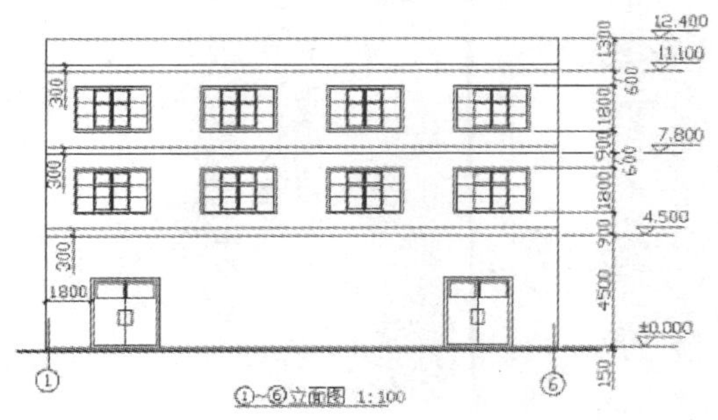

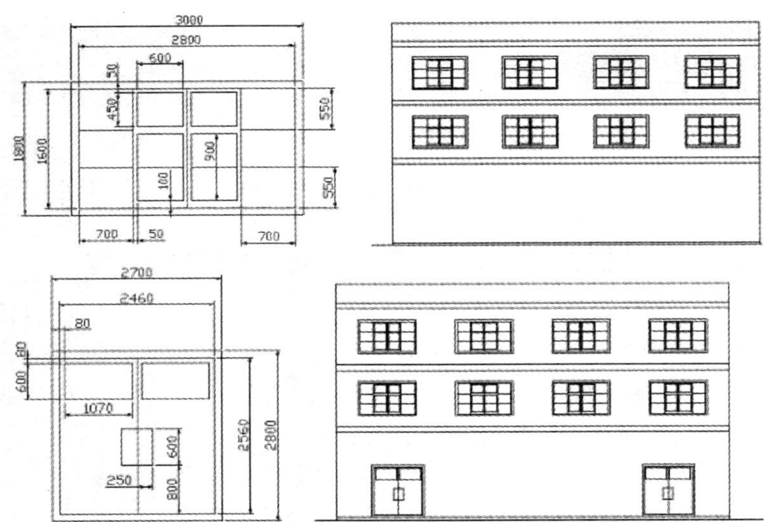

图8-88　建筑立面图完成效果及其步骤

模块 09

住宅楼剖面图绘制

——建筑剖面图的绘制

● 能力目标

1. 了解建筑剖面绘图环境设置的技巧
2. 掌握建筑剖面楼梯的绘制方法
3. 加强综合运用绘图和修改命令的能力

● 专业知识目标

1. 掌握建筑剖面包含的内容
2. 了解建筑在垂直空间的整体结构

● 软件知识目标

1. 熟悉绘图和修改命令的功能
2. 掌握二维绘图命令的使用

● 课时安排

6课时（讲课3课时，实践3课时）

任务参考效果图

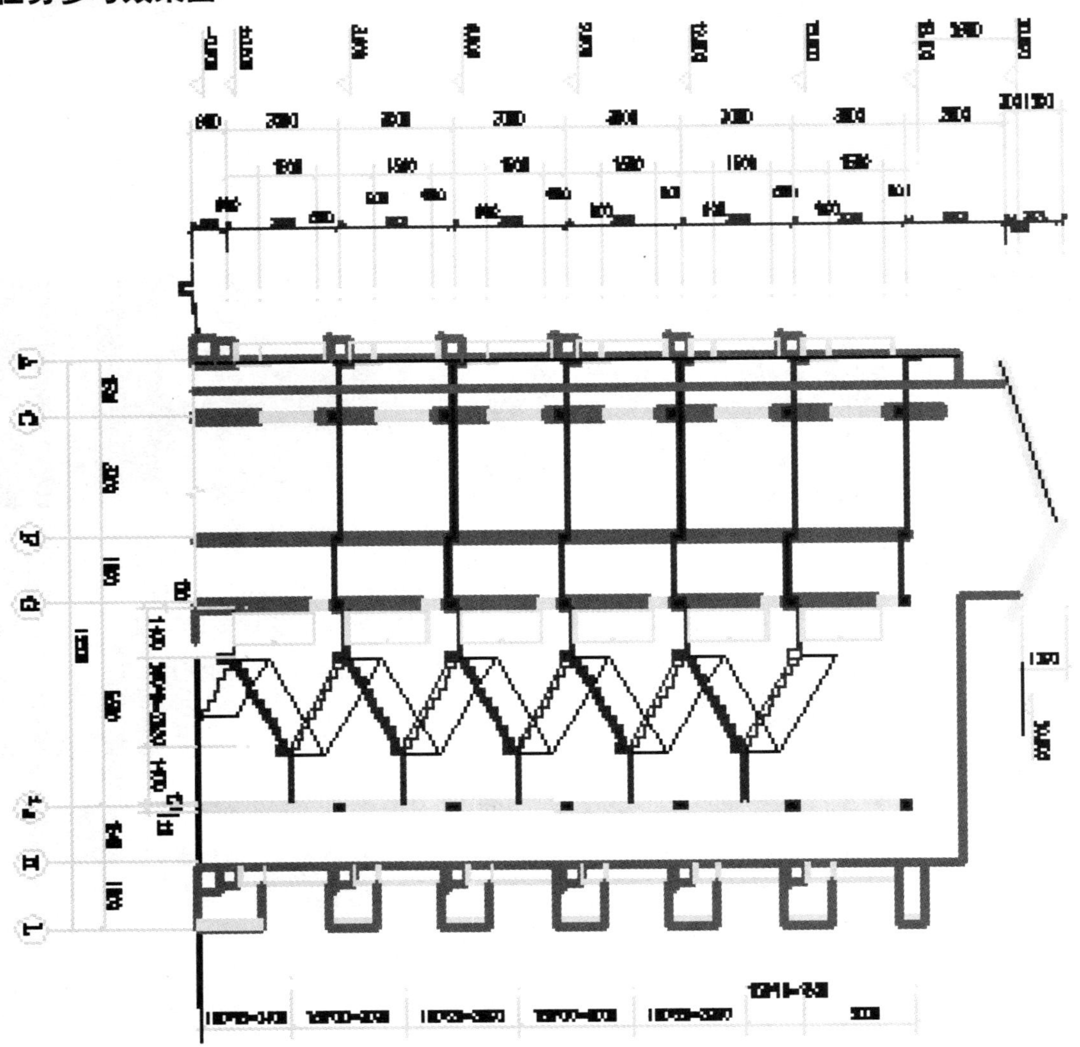

模拟制作任务

任务一　室外建筑剖面图的绘制

任务背景

建筑剖面图用来表示建筑物竖向的构造方式，它表达建筑物的整体概况，主要用来表示建筑物内部垂直方向楼层的分层、垂直空间的建筑结构和构造方式。

任务要求

室外建筑平面图内部结构比较复杂，设计时应符合规范要求，比例协调，图例表达清晰。

任务分析

剖面图相当于用一个或多个垂直于轴向的铅垂平面沿指定的位置将建筑物剖切开，并沿剖切方向进行平行投影得到的平面图。

本案例的重点、难点

绘制正建筑结构。

绘制剖面图楼梯。

【技术要领】定位线、多线、楼梯。

【解决问题】利用已学的知识绘制各种图形。

【应用领域】建筑设计。

【素材来源】素材/模块09/任务一/室外建筑剖面图的效果.dwg。

操作步骤详解

设置绘图环境

由于剖面图是以平面图和立面图为基础生成的，而且都是平行于侧立面的，所以可以打开本书配套光盘模块08中的“侧立面.dwg”进行修改，如图9-1所示。

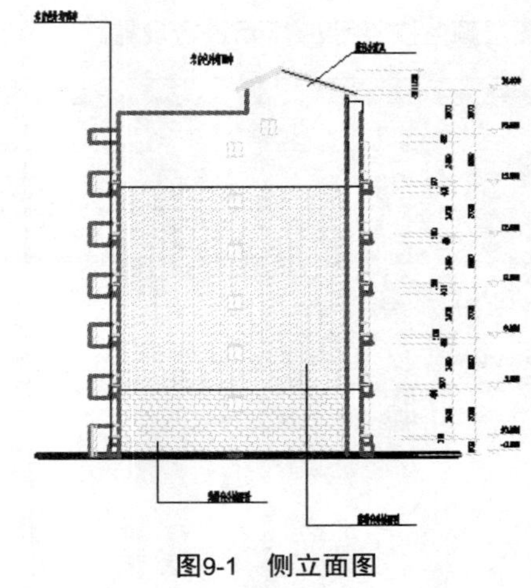

图9-1　侧立面图

结合平面图分析，将要设计的剖面图中没有窗体及阳台洞口，而且剖面图都是以轴线为基础生成墙体的，所以需要修改辅助线。

❶ 将窗户、文字注释、标高等删除，调用“镜像”命令，将形状镜像操作，并将文件另存为“剖面图.dwg”，如图9-2所示。

命令: mirror

选择对象: 指定对角点: 找到 314 个

选择对象: 指定镜像线的第一点: 指定镜像线的第二点: <正交开>

要删除源对象吗? [是(Y)/否(N)] <N>:Y

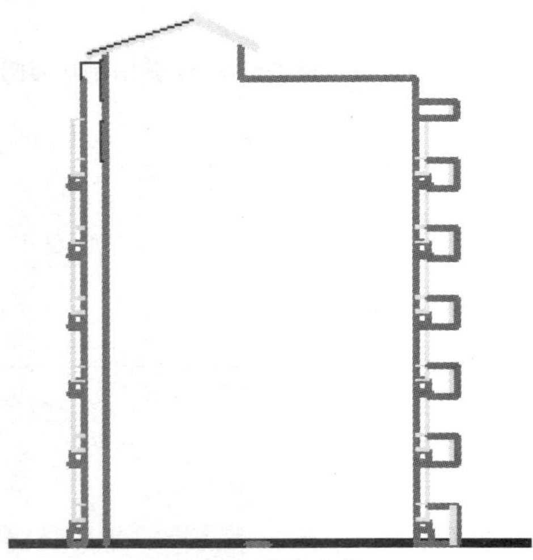

图9-2　修改文件

❷ 在菜单栏中选择“格式”>“图层”命令，打开“图层特性管理器”对话框，单击“新建图层”按钮，新建一个图层并命名为“COLUMN”，然后将图层颜色按照图9-3所示进行设置。

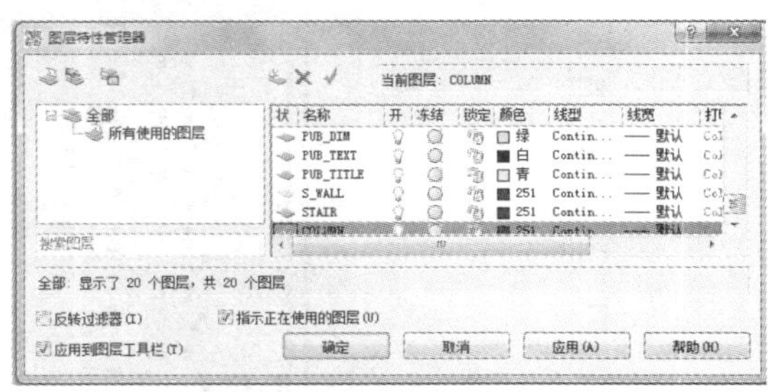

图9-3　创建并命名图层

设置定位线

❸ 通过绘制水平和垂直定位线来确定剖面图中各个构件的位置。

将“DOTE”层设置为当前层，调用“构造线”命令，定位垂直定位线，如图9-4所示。

命令: xline

指定点或 [水平(H)/垂直(V)/角度(A)/二等分(B)/偏移(O)]: v

指定通过点:

指定通过点:

❹ 调用“构造线”命令，在地平线位置单击一点，绘制水平定位线，如图9-5所示。

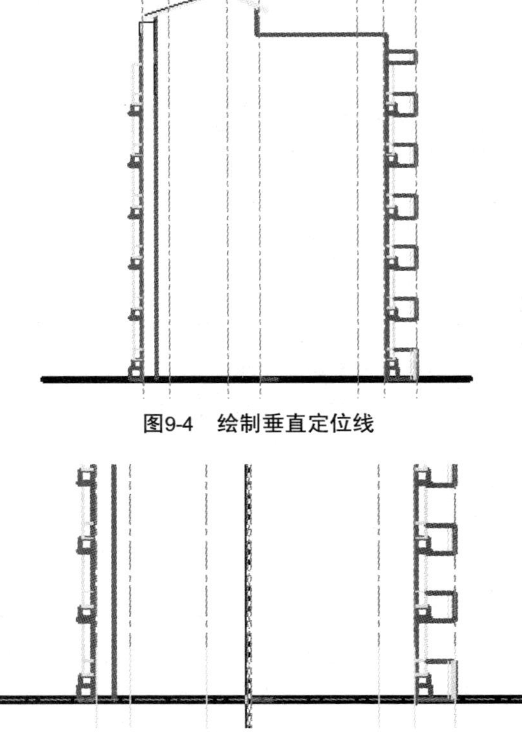

图9-4　绘制垂直定位线

图9-5　绘制水平定位线

❺ 调用“偏移”命令，偏移出室外台阶的高度为900mm，偏移出室内窗户底部的高度为900mm，偏移出窗户顶部的高度为1500mm，偏移出梁的位置为600mm，如图9-6所示。

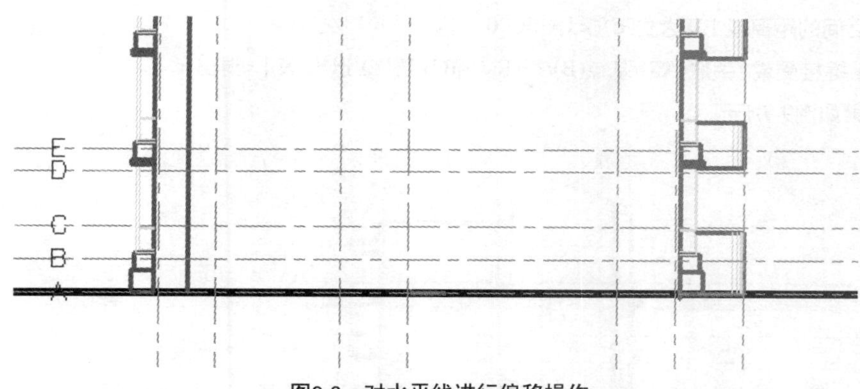

图9-6 对水平线进行偏移操作

命令: offset

当前设置: 删除源=否, 图层=源, OFFSETGAPTYPE=0

指定偏移距离或 [通过(T)/删除(E)/图层(L)] <240.0000>: 900

选择要偏移的对象, 或 [退出(E)/放弃(U)] <退出>:

指定要偏移的那一侧上的点, 或 [退出(E)/多个(M)/放弃(U)] <退出>:

选择要偏移的对象, 或 [退出(E)/放弃(U)] <退出>:

指定要偏移的那一侧上的点, 或 [退出(E)/多个(M)/放弃(U)] <退出>:

选择要偏移的对象, 或 [退出(E)/放弃(U)] <退出>:

命令: offset

当前设置: 删除源=否, 图层=源, OFFSETGAPTYPE=0

指定偏移距离或 [通过(T)/删除(E)/图层(L)] <900.0000>: 1500

选择要偏移的对象, 或 [退出(E)/放弃(U)] <退出>:

指定要偏移的那一侧上的点, 或 [退出(E)/多个(M)/放弃(U)] <退出>:

选择要偏移的对象, 或 [退出(E)/放弃(U)] <退出>:

命令: offset

当前设置: 删除源=否, 图层=源, OFFSETGAPTYPE=0

指定偏移距离或 [通过(T)/删除(E)/图层(L)] <1500.0000>: 600

选择要偏移的对象, 或 [退出(E)/放弃(U)] <退出>:

指定要偏移的那一侧上的点, 或 [退出(E)/多个(M)/放弃(U)] <退出>:

选择要偏移的对象, 或 [退出(E)/放弃(U)] <退出>:

❻ 调用“阵列”命令, 弹出“陈列”对话框, 将陈列参数设置如下。

命令: array 找到 1 个

输入阵列类型 [矩形(R)/路径(PA)/极轴(PO)] <矩形>: r

类型 = 矩形 关联 = 是

为项目数指定对角点或 [基点(B)/角度(A)/计数(C)] <计数>: c

输入行数或 [表达式(E)] <4>: 6

输入列数或 [表达式(E)] <4>: 1

指定对角点以间隔项目或 [间距(S)] <间距>: s

指定行之间的距离或 [表达式(E)] <1>: 3000

按 Enter 键接受或 [关联(AS)/基点(B)/行(R)/列(C)/层(L)/退出(X)] <退出>:

完成效果如图9-7所示。

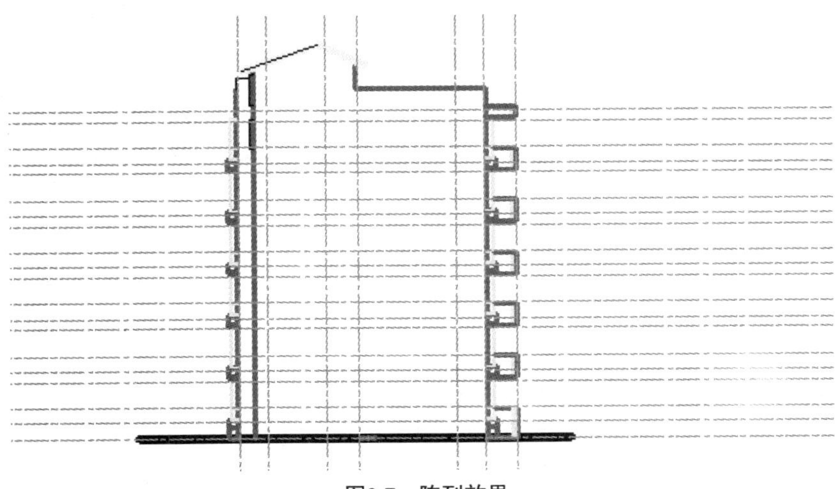

图9-7　阵列效果

❼ 调用“偏移”命令，将最上方的直线偏移2600mm的距离，得到顶层定位线，效果如图9-8所示。

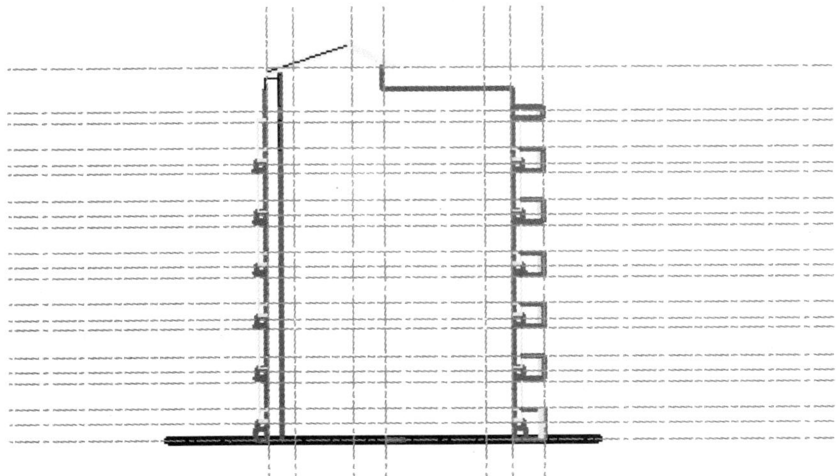

图9-8　定位线完成效果

绘制建筑构件

❽ 在菜单中选择“格式”>“多线样式”命令，打开“多线样式”对话框，单击“新建”按钮，打开“创建新的多线样式”对话框，在“新样式名”文本框中输入多线样式名“WALL”，如图9-9所示。

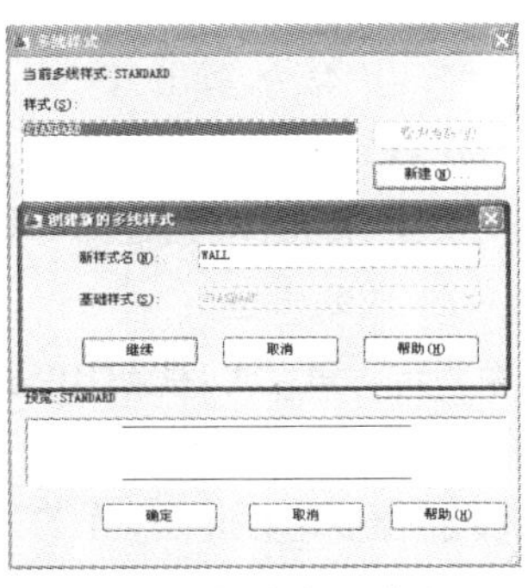

图9-9　创建多线样式

❾ 单击“继续”按钮，打开“新建多线样式：WALL”对话框，设置“封口”方式为“直线”，如图9-10所示。

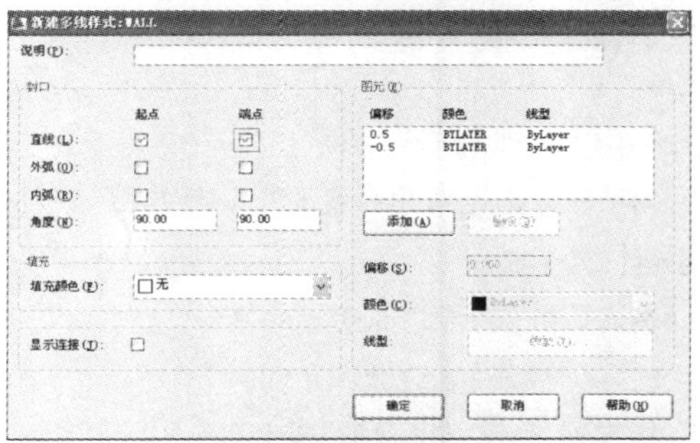

图9-10 设置直线的封口方式

❿ 单击“确定”按钮，并在“多线样式”对话框中选择“WALL”样式，然后单击“置为当前”按钮，应用设置的多线样式，如图9-11所示。

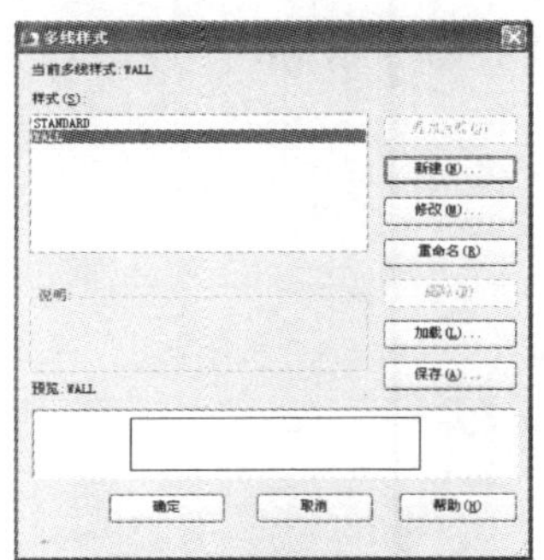

图9-11 应用设置的多线样式

⓫ 将“E-WALL”图层设置为当前层，调用“多线”命令，将多线比例设置为240mm，捕捉地平线和C号轴的交点，绘制多线，如图9-12所示。

命令: mline

当前设置: 对正 = 无，比例 = 60.00，样式 = STANDARD

指定起点或 [对正(J)/比例(S)/样式(ST)]: s

输入多线比例 <60.00>: 240

当前设置: 对正 = 无，比例 = 240.00，样式 = STANDARD

指定起点或 [对正(J)/比例(S)/样式(ST)]: j

输入对正类型 [上(T)/无(Z)/下(B)] <无>: z

当前设置: 对正 = 无，比例 = 240.00，样式 = STANDARD

指定起点或 [对正(J)/比例(S)/样式(ST)]:

指定下一点: 1800

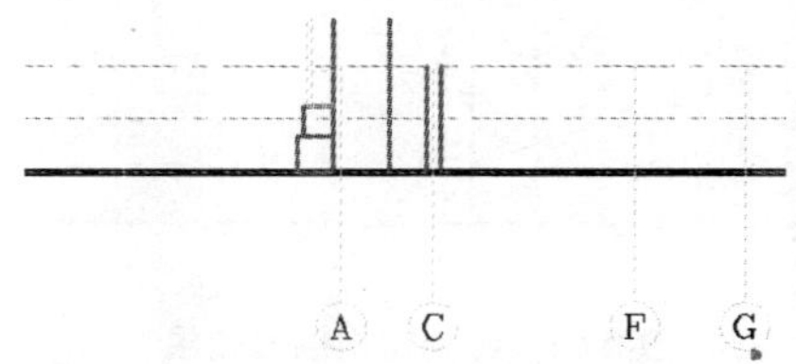

图9-12 绘制多线

⓬ 在菜单栏选择“格式”>“多线样式”命令，打开“多线样式”对话框，然后单击“新建”按钮，弹出“创建新的多线样式”对话框，在“新样式名”文本框中输入多线样式名“WINDOW”。

⓭ 单击“继续”按钮，打开“新建多线样式：WINDOW”对话框，设置“封口”方式为“直线”，如图9-13所示。

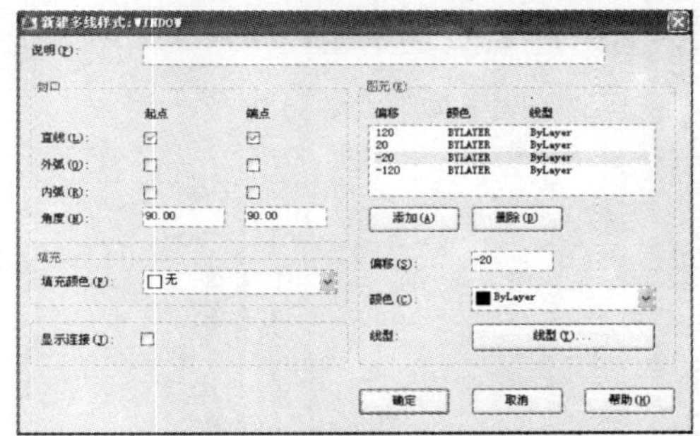

图9-13 设置封口方式

⓮ 将“E-WINDOW”图层设置为当前层，调用“多线”命令，捕捉墙体的中心，绘制窗户的剖面效果，如图9-14所示。

命令: mline

当前设置: 对正 = 无，比例 = 1.00，样式 = WINDOW

指定起点或 [对正(J)/比例(S)/样式(ST)]: S

输入多线比例 <240.00>: 1

当前设置: 对正 = 无，比例 = 1.00，样式 = WINDOW

指定起点或 [对正(J)/比例(S)/样式(ST)]:

指定下一点: 1500

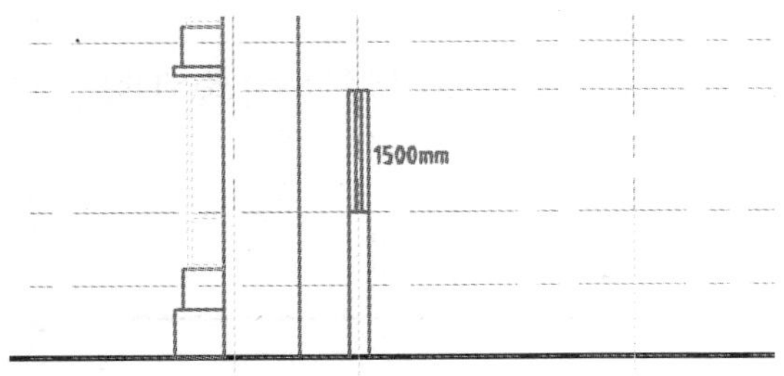

图9-14　绘制窗户剖面效果

⑮ 调用“多线”命令，捕捉窗户的中点，绘制长度为1500mm的多线，如图9-15所示。

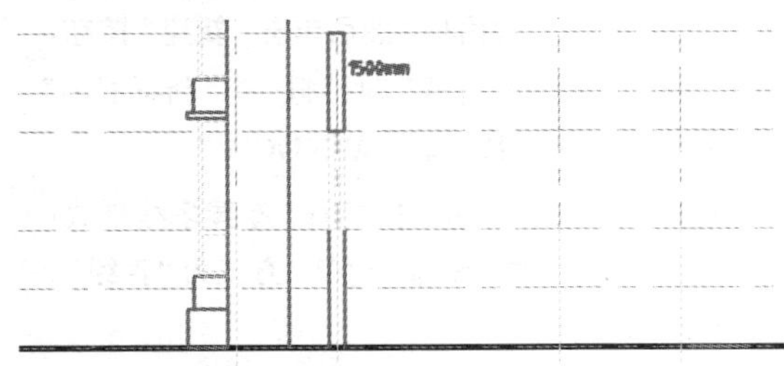

图9-15　绘制墙体多线

⑯ 在绘制窗口中选择高度为1500mm的墙体上的窗户，调用“阵列”命令，命令执行过程如下。

命令: array 找到 1 个

输入阵列类型 [矩形(R)/路径(PA)/极轴(PO)] <矩形>: r

类型 = 矩形　关联 = 是

为项目数指定对角点或 [基点(B)/角度(A)/计数(C)] <计数>: c

输入行数或 [表达式(E)] <4>: 6

输入列数或 [表达式(E)] <4>: 1

指定对角点以间隔项目或 [间距(S)] <间距>: s

指定行之间的距离或 [表达式(E)] <1>: 3000

按 Enter 键接受或 [关联(AS)/基点(B)/行(R)/列(C)/层(L)/退出(X)] <退出>:

完成效果如图9-16所示。

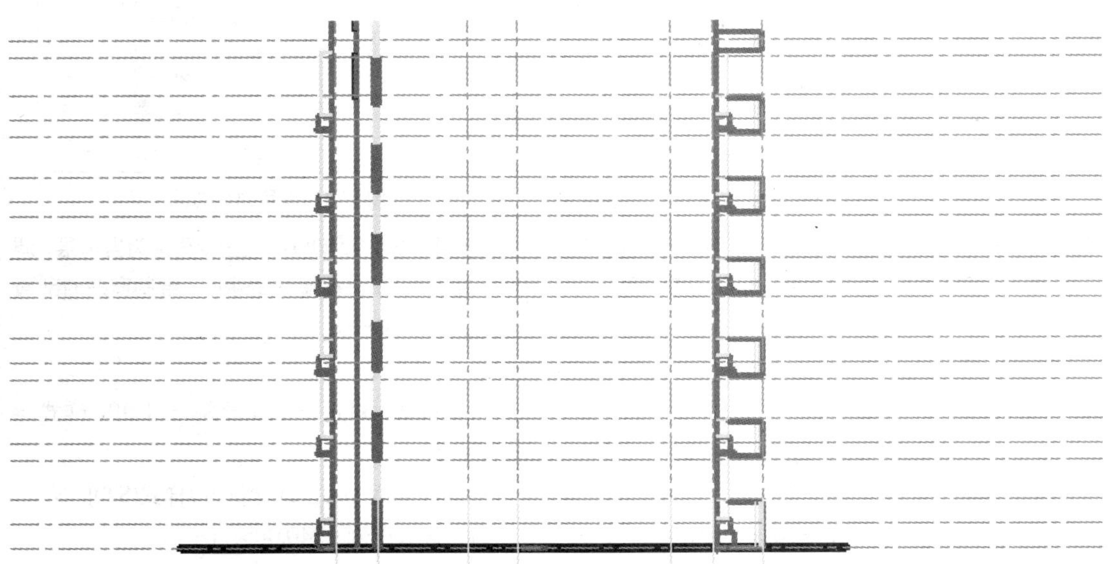

图9-16　阵列得到的效果

⑰ 用同样的方法绘制A轴、F轴、G轴和I/J轴的墙体和窗户，如图9-17所示。

图9-17　绘制垂直方向的墙体和窗户

⑱ 将“COLUMN”图层设置为当前层，调用“多段线”命令，将线宽设置为150mm，绘制室外的地平线，命令执行过程如下。

命令: pline

指定起点:

当前线宽为 0.0000

指定下一个点或 [圆弧(A)/半宽(H)/长度(L)/放弃(U)/宽度(W)]: W

指定起点宽度 <0.0000>: 50

指定端点宽度 <50.0000>: 50

指定下一点或 [圆弧(A)/闭合(C)/半宽(H)/长度(L)/放弃(U)/宽度(W)]: 1800

指定下一点或 [圆弧(A)/闭合(C)/半宽(H)/长度(L)/放弃(U)/宽度(W)]: 300

指定下一点或 [圆弧(A)/闭合(C)/半宽(H)/长度(L)/放弃(U)/宽度(W)]: 250

指定下一点或 [圆弧(A)/闭合(C)/半宽(H)/长度(L)/放弃(U)/宽度(W)]: 300

指定下一点或 [圆弧(A)/闭合(C)/半宽(H)/长度(L)/放弃(U)/宽度(W)]: @1500<15

指定下一点或 [圆弧(A)/闭合(C)/半宽(H)/长度(L)/放弃(U)/宽度(W)]:

完成效果如图9-18所示。

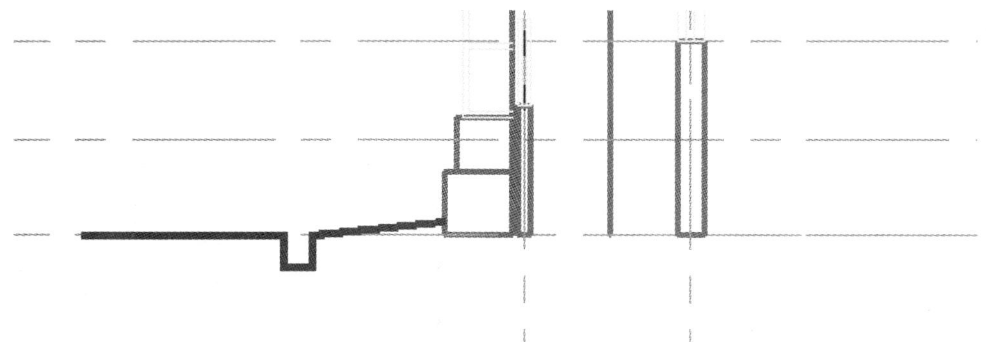

图9-18 绘制室外地平线

⓳ 在命令行中输入“breakline”，调用“折断线”命令，绘制承重柱的折断线效果，如图9-19所示。

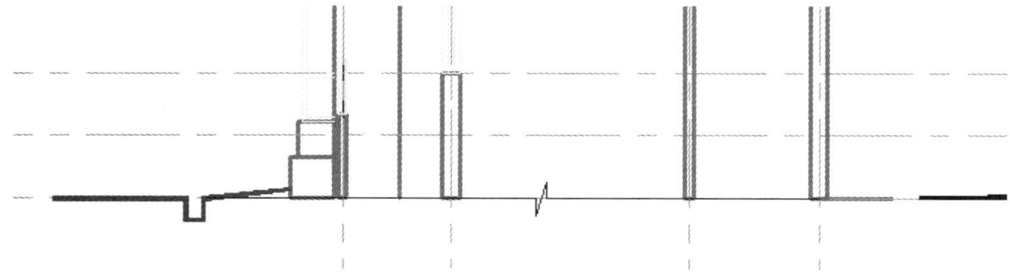

图9-19 绘制折断线

⓴ 调用“多段线”命令，绘制室内地平线效果，如图9-20所示。

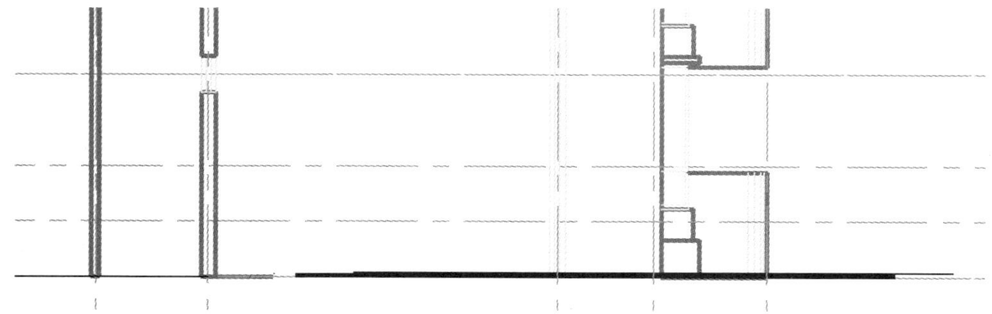

图9-20 绘制室内地平线效果

㉑ 在剖面图中梁用实心块来表示，在菜单栏选择“格式”>“多线样式”命令，打开“多线样式”对话框，单击“新建”按钮，打开“创建新的多线样式”对话框，在“新样式名”文本框中输入多线样式名“COLUMN”。

㉒ 单击“继续”按钮，打开“新建多线样式：WINDOW”对话框，设置“封口”方式为“直线”，在“填充”选项区中将“填充颜色”设置为“黑”。

㉓ 梁布置在有墙体的轴线上，调用“多线”命令，将多线比例设置为120mm，绘制水平方向的梁的效果，如图9-21所示。

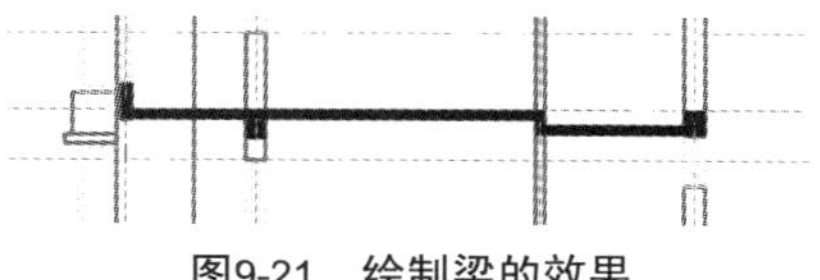

图9-21 绘制梁的效果

㉔ 绘制其他位置的梁，调用“阵列”命令，复制其他位置的梁，得到横向梁构件的效果，如图9-22所示。

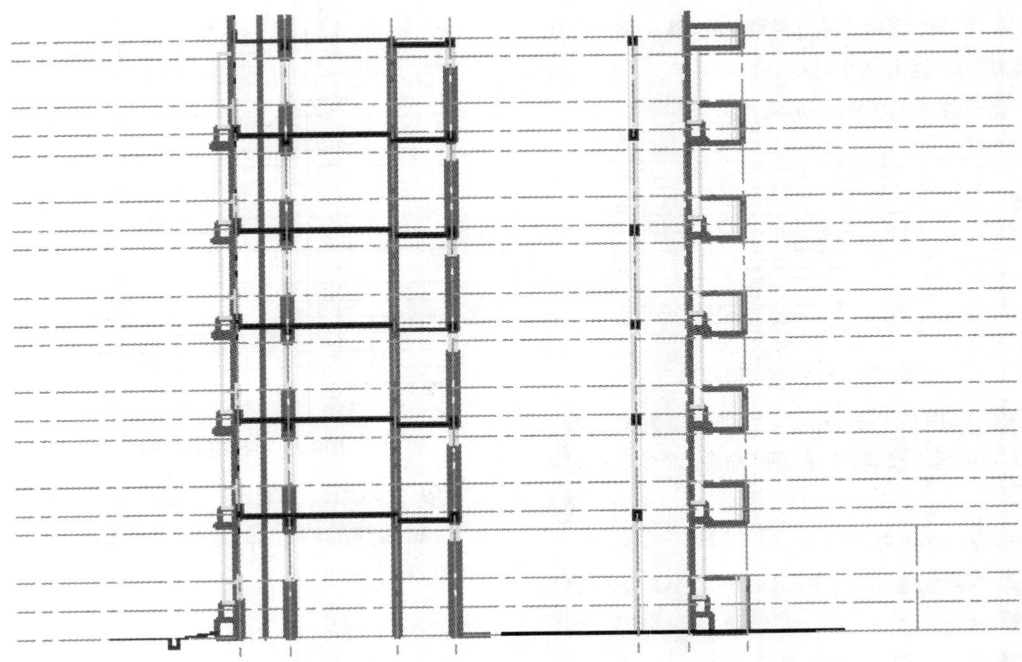

图9-22 梁构件绘制完成的效果

绘制楼梯

㉕ 将“STALR”图层设置为当前层，调用“直线”命令，结合“对象捕捉”工具栏上的“捕捉自”按钮，捕捉交点为基点，绘制水平距离为270mm、垂直距离为150mm的直线，如图9-23所示。

命令: line

指定第一点: _from 基点:

<偏移>: @1520,0

指定下一点或 [放弃(U)]: 270

指定下一点或 [放弃(U)]: 150

指定下一点或 [闭合(C)/放弃(U)]: 270

指定下一点或 [闭合(C)/放弃(U)]: 150

指定下一点或 [闭合(C)/放弃(U)]: 270

指定下一点或 [闭合(C)/放弃(U)]: 150

指定下一点或 [闭合(C)/放弃(U)]: 270

指定下一点或 [闭合(C)/放弃(U)]: 150

指定下一点或 [闭合(C)/放弃(U)]: 270

指定下一点或 [闭合(C)/放弃(U)]: 150

指定下一点或 [闭合(C)/放弃(U)]: 270

指定下一点或 [闭合(C)/放弃(U)]: 150

指定下一点或 [闭合(C)/放弃(U)]:

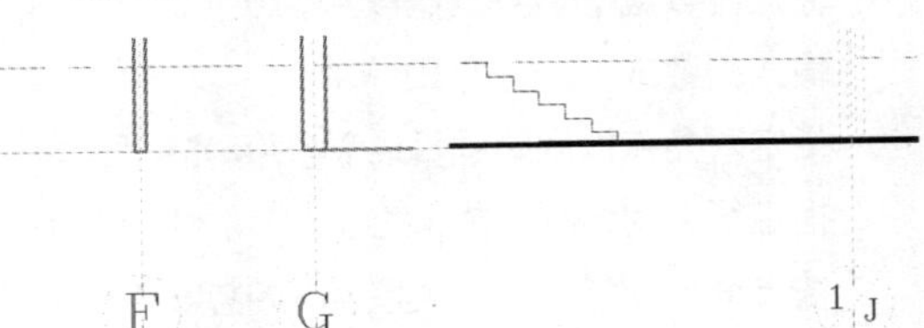

图9-23 绘制上楼台阶

㉖ 将“E_OTHER”图层设置为当前层，调用“直线”命令，绘制一条水平方向长度为6000mm的直线。调用“阵列”命令，命令执行过程如下。

命令: array 找到 1 个

输入阵列类型 [矩形(R)/路径(PA)/极轴(PO)] <矩形>: r

类型 = 矩形 关联 = 是

为项目数指定对角点或 [基点(B)/角度(A)/计数(C)] <计数>: c

输入行数或 [表达式(E)] <4>: 20

输入列数或 [表达式(E)] <4>: 1

指定对角点以间隔项目或 [间距(S)] <间距>: s

指定行之间的距离或 [表达式(E)] <1>: 150

按 Enter 键接受或 [关联(AS)/基点(B)/行(R)/列(C)/层(L)/退出(X)] <退出>:

完成效果如图9-24所示。

图9-24 阵列得到的效果

㉗ 调用“直线”命令，绘制垂直方向长度为5500mm的直线。调用“阵列”命令，命令执行过程如下。

命令: array 找到 1 个

输入阵列类型 [矩形(R)/路径(PA)/极轴(PO)] <矩形>: r

类型 = 矩形 关联 = 是

为项目数指定对角点或 [基点(B)/角度(A)/计数(C)] <计数>: c

输入行数或 [表达式(E)] <4>: 10

输入列数或 [表达式(E)] <4>: 1

指定对角点以间隔项目或 [间距(S)] <间距>: s

指定行之间的距离或 [表达式(E)] <1>: 300

按 Enter 键接受或 [关联(AS)/基点(B)/行(R)/列(C)/层(L)/退出(X)] <退出>:

完成效果如图9-25所示。

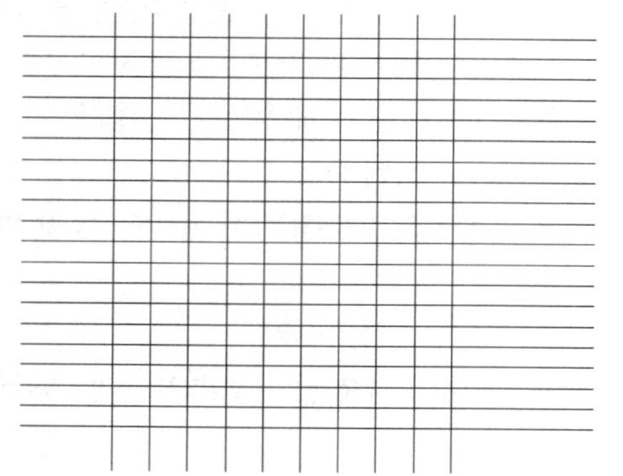

图9-25 阵列得到的效果

㉘ 将图层“STALR”设置为当前层，调用“直线”命令，捕捉交点，将网格的对角单元格进行连接，如图9-26所示。

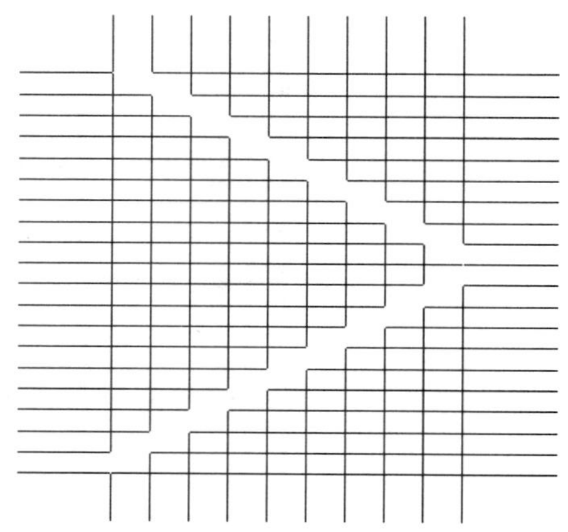

图9-26 绘制楼梯大样

㉙ 关闭“E_OTHER”图层，调用“直线”命令，绘制楼梯的转折部分，得到楼梯效果，如图9-27所示。

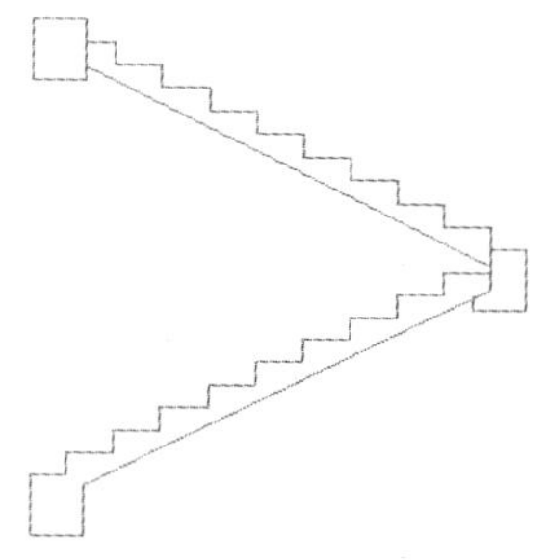

图9-27 绘制楼梯转折部分

㉚ 调用“直线”命令，绘制高度为1000mm的直线，作为楼梯的扶手，并调用“偏移”命令，偏移到合适的位置，如图9-28所示。

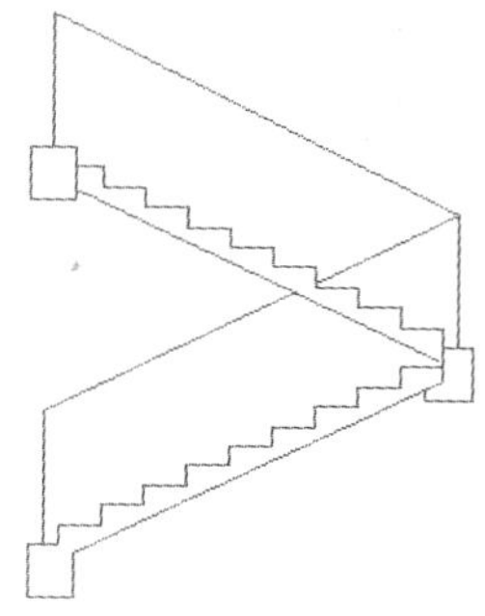

图9-28 绘制楼梯扶手

㉛ 调用“图案填充”命令，打开“图案填充和渐变色”对话框，将填充图案依照图9-29所示进行填充。

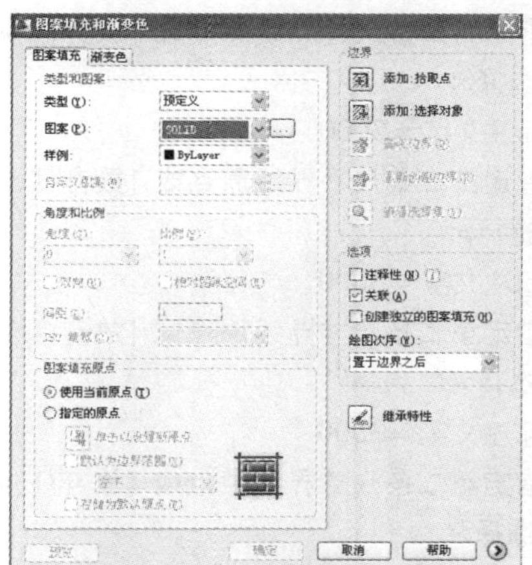

图9-29 绘制楼梯扶手

㉜ 单击“添加：拾取点”按钮，在绘图窗口中拾取下方的楼梯截面，单击“确定”按钮，得到楼梯绘制完成的效果，如图9-30所示。

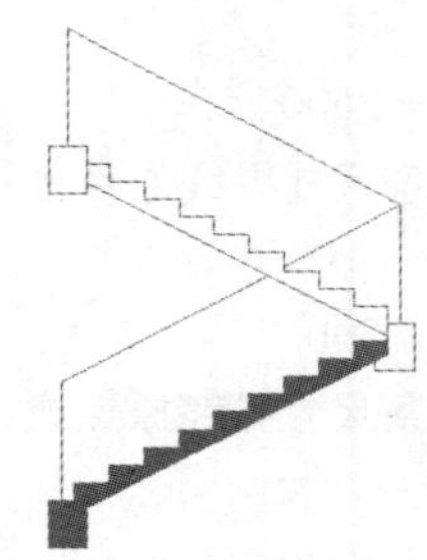

图9-30 绘制楼梯扶手

㉝ 调用“创建块”命令，将楼梯制作为块，并调用“插入块”命令，将楼梯插入到图形中各层的相应位置，如图9-31所示。

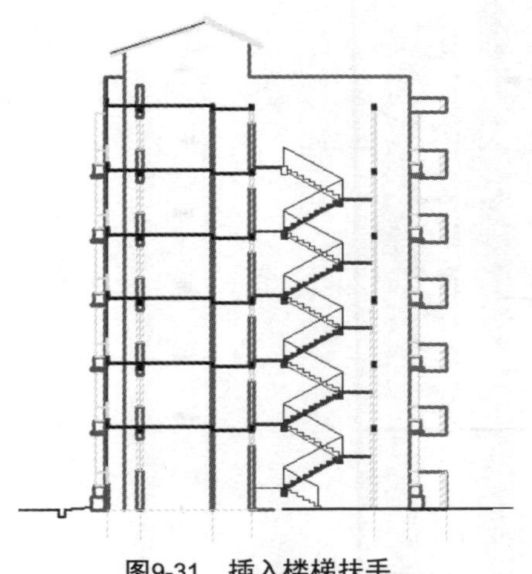

图9-31 插入楼梯扶手

绘制剖面图形中的门

㉞ 将图层“E_WINDOW”设置为当前层，调用“多线”命令，结合“对象捕捉”工具栏上的“捕捉自”按钮，捕捉交点为基点，绘制门的剖切效果图，如图9-32所示。

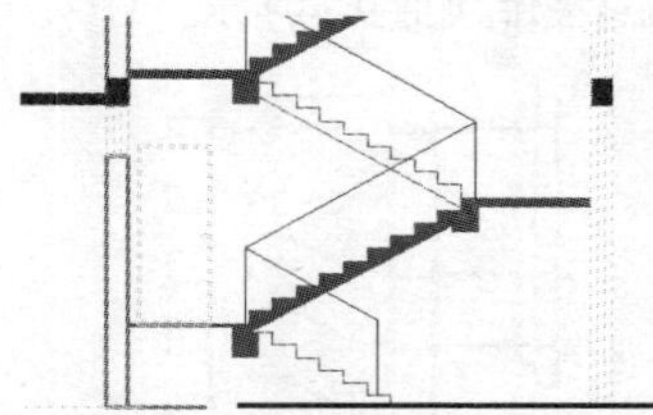

图9-32 绘制门的效果

㉟ 将门选中，调用“阵列”命令，命令执行过程如下。

命令: array 找到 1 个

输入阵列类型 [矩形(R)/路径(PA)/极轴(PO)] <矩形>: r

类型 = 矩形 关联 = 是

为项目数指定对角点或 [基点(B)/角度(A)/计数(C)] <计数>: c

输入行数或 [表达式(E)] <4>: 6

输入列数或 [表达式(E)] <4>: 1

指定对角点以间隔项目或 [间距(S)] <间距>: s

指定行之间的距离或 [表达式(E)] <1>: 3000

按 Enter 键接受或 [关联(AS)/基点(B)/行(R)/列(C)/层(L)/退出(X)] <退出>:

完成效果如图9-33所示。

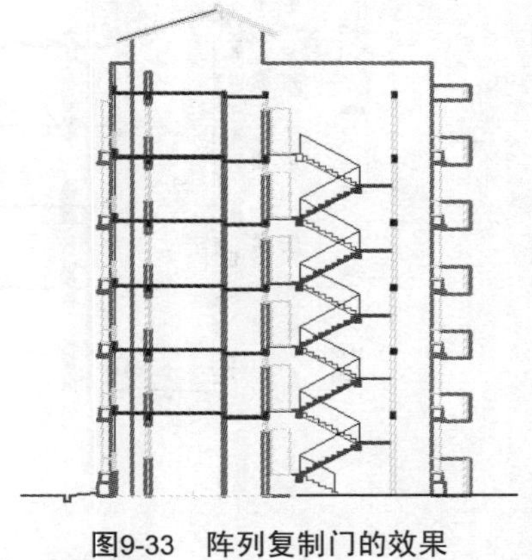

图9-33 阵列复制门的效果

对图形进行尺寸标注

㊱ 将图层“PUB_DIM”设置为当前层，在菜单栏中选择“工具”>“选项板”>“设计中心”命令，打开“设计中心”面板，打开本书配套光盘模块08中的“侧立面.dwg”，在“块”项目中选择“bg1”文件，对建筑进行标高操作，如图9-34所示。

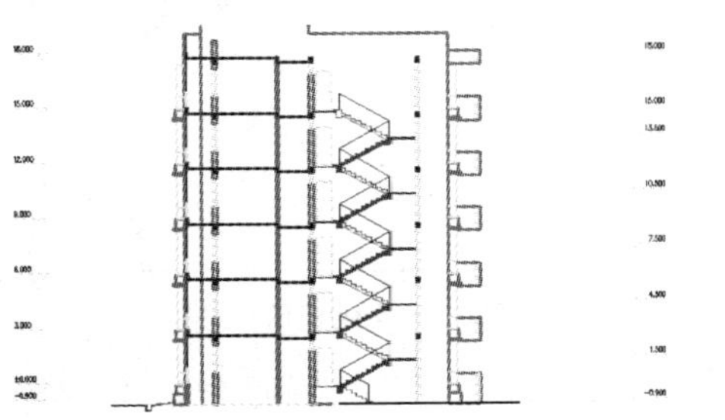

图9-34　对剖面图进行标高

㊲ 在“设计中心”面板中调用标注样式“建筑立面图”，对柱梁厚度与阳台的位置进行标注，命令执行过程如下。

命令: dimlinear

指定第一条尺寸界线原点或 <选择对象>:

指定第二条尺寸界线原点:

指定尺寸线位置或[多行文字(M)/文字(T)/角度(A)/水平(H)/垂直(V)/旋转(R)]:

标注文字 = 900

命令: dimcontinue

指定第二条尺寸界线原点或 [放弃(U)/选择(S)] <选择>:

标注文字 = 3000

指定第二条尺寸界线原点或 [放弃(U)/选择(S)] <选择>:

标注文字 = 3000

指定第二条尺寸界线原点或 [放弃(U)/选择(S)] <选择>:

标注文字 = 3000

指定第二条尺寸界线原点或 [放弃(U)/选择(S)] <选择>:

标注文字 = 3000

指定第二条尺寸界线原点或 [放弃(U)/选择(S)] <选择>:

标注文字 = 3000

指定第二条尺寸界线原点或 [放弃(U)/选择(S)] <选择>:

标注文字 = 2600

指定第二条尺寸界线原点或 [放弃(U)/选择(S)] <选择>:

标注文字 = 300

指定第二条尺寸界线原点或 [放弃(U)/选择(S)] <选择>:

标注文字 = 1200

完成效果如图9-35所示。

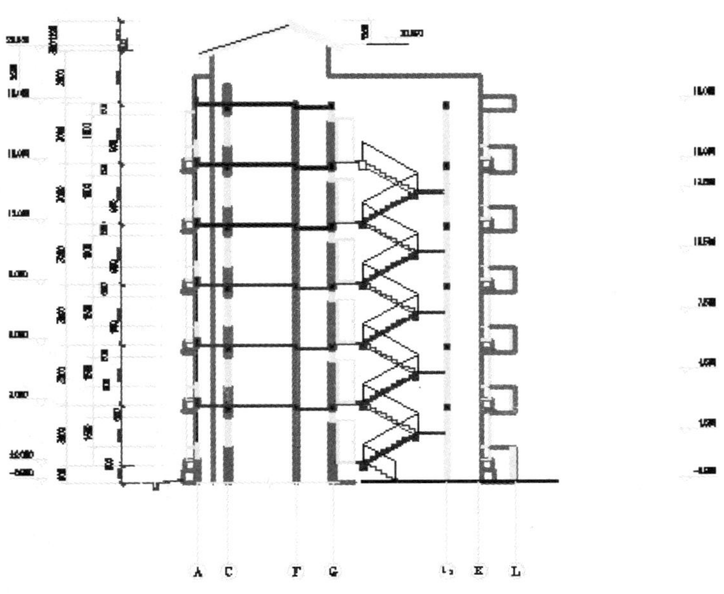

图9-35　标注柱梁厚度及阳台的位置

㊳ 标注楼梯的尺寸和平面尺寸，得到剖面图绘制完成的效果，如图9-36所示。

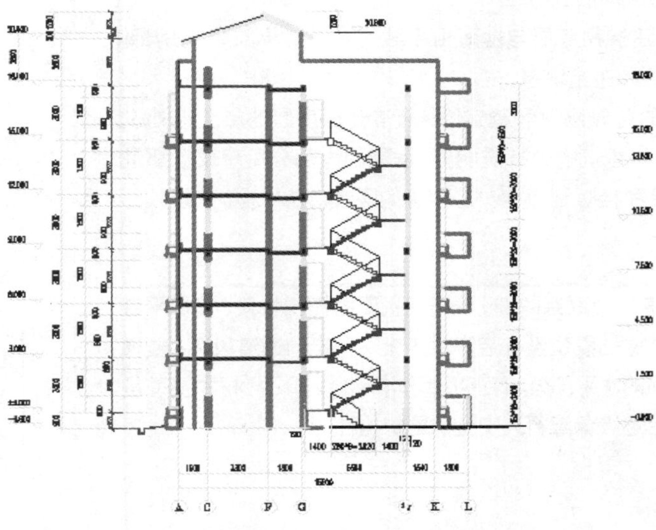

图9-36 剖面图绘制完成效果

知识点拓展

01 绘制室外建筑剖面图①

建筑剖面图展示了建筑的基本构架，与建筑立面图有很大的不同，剖面图主要是反映建筑的框架结构，所以一般选取尽可能多地反映结构信息的截面进行绘制。但剖面图的绘制过程与立面图的绘制过程基本是一致的，也是从底层图形的绘制开始，然后绘制标准层、顶层、屋顶。大多数情况下，剖面图都是不对称的，因此每层都需要分别进行绘制，但相同的层或相似的图形可以通过复制得到，这样可以节省大量的时间。

绘制室外建筑剖面图应注意以下几点。

(1) 剖面图剖切的位置一般选取在内部结构比较复杂或者有变化、有代表性的部位，如楼梯、门厅、出入口等部位的平面。

(2) 标明建筑物各部分的高度，剖面图中用标高尺寸及尺寸线标明建筑总高、室内外地平标高、各层标高、门窗及窗台高度等。

①经验

剖面图中不能详细表达的地方，可以通过索引符号在另外的图中详细说明。

可以通过绘制水平和垂直定位线来确定剖面图中各个构件的位置。

①注意

剖面图中的构件由纵向的墙体构件和横向的地平、楼板、梁、屋顶、窗体等构件组成。横向构件主要由地平线、楼板、梁等构件组成。

剖面图中的图纸要求与平面图基本一致，凡是墙、梁、板等构件的轮廓线用粗实线表示，没有剖切到的部分其他构件的投影线用细实线表示，定位轴线用点画线表示。

在剖面图中应该标出被剖切部分的必要尺寸，包括竖直方向剖切部位的尺寸、横向尺寸和标高。

(3) 标明建筑物主要承重构件的相互关系，各层梁、板的位置及其与墙柱的关系，屋顶的结构形式等。

(4) 地平线是指建筑物底层与地面相接触的水平结构部分，它承受着上部的荷载并均匀地传递给地基。

为了提高建筑物的整体刚度和稳定性，通常会在房屋的层交接处设置梁，与柱相接，以增加建筑物的抗震能力，房屋的大部分负荷载重都是承重在柱梁上，而且梁和楼板还具有一定程度的隔音、防火、防水功能。

②提示

国际标准中规定，住宅楼的楼梯深度不低于4.2m，宽度不低于1.2m，楼梯踏步宽度一般不低于250mm，高度不大于200mm。

02 绘制楼梯[②]

楼梯是各层间垂直交通联系的部分，楼梯主要由楼梯梯段、楼梯平台和栏杆三部分组成。楼梯梯段是设有踏步供人上下行走的通道段落；楼梯平台是连接两梯段之间的水平部分，有正平台和半平台之分；栏杆和扶手是布置在楼梯梯段和平台边缘保障行人安全的围护构件。

实践部分 （3课时）

任务二 住宅底部两层剖面图

任务背景

某设计人员进入新岗位后，总工程师要求他画一张某住宅底部两层剖面图的设计图，如图9-37所示。

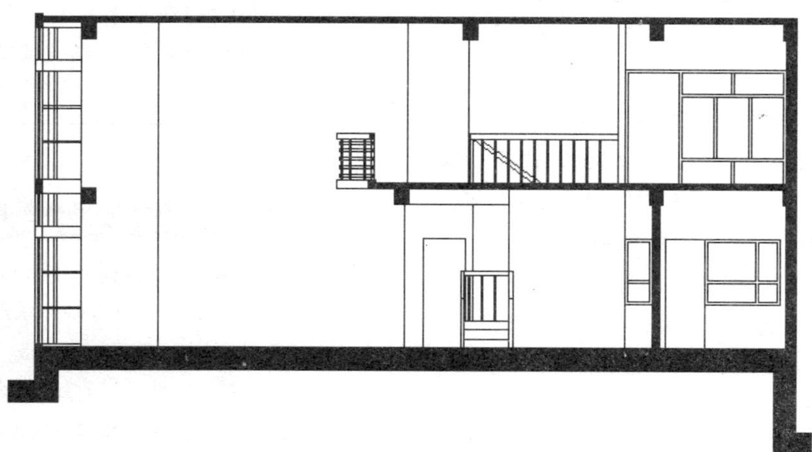

图9-37　住宅底部两层剖面图的最终效果图

任务要求

运用本章内容绘制一张某住宅底部两层剖面图。

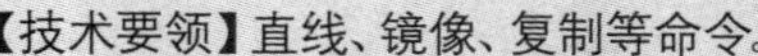

【技术要领】直线、镜像、复制等命令。

【解决问题】利用已学的知识绘制各种图形。

【应用领域】简单图纸的绘制。

【素材来源】素材/模块09/任务二/某住宅底部两层剖面图.dwg。

任务分析

该住宅剖面图的绘制方法，与建筑物平面图的绘制方法相似。但由于它比建筑物平面图更具体，因此，绘制的时候需要注意的细节问题也比较多。

主要制作步骤

(1) 运用“复制”、“偏移”、“矩形”、“移动”绘制楼板地面、墙和实墙线，如图9-38所示；

(2) 运用“图案填充”、“矩形”绘制左侧墙和窗、绘制左侧栏杆、绘制左侧门厅，如图9-39所示和如图9-40所示；

(3) 运用“复制”、“偏移”、“矩形”、“移动”绘制左侧单窗、绘制左侧组合门窗，如图9-41所示。

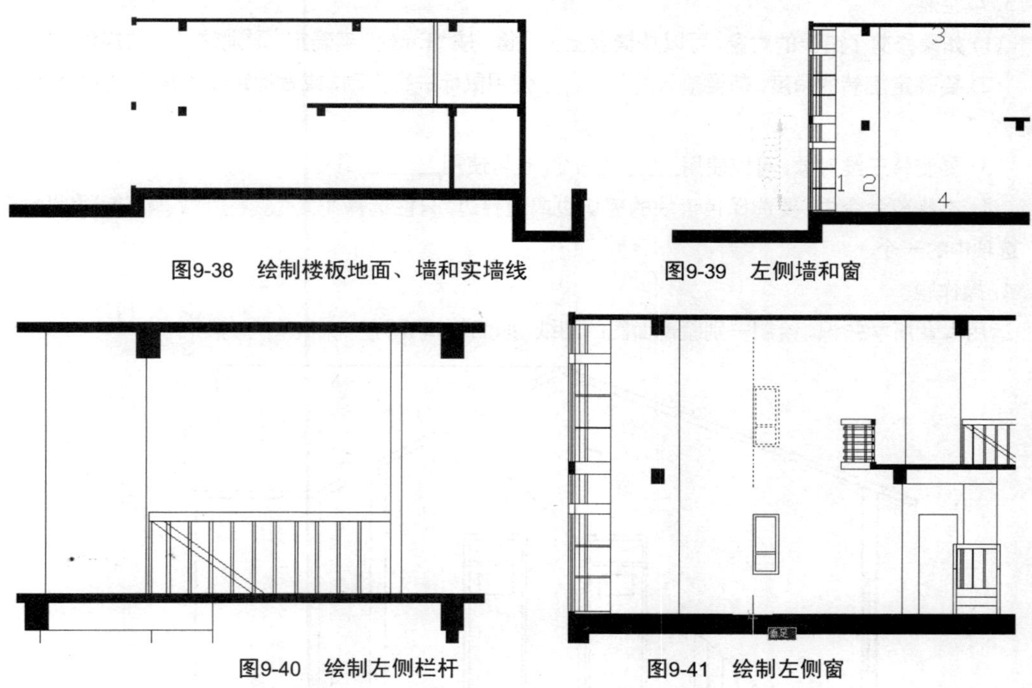

图9-38 绘制楼板地面、墙和实墙线　　图9-39 左侧墙和窗

图9-40 绘制左侧栏杆　　图9-41 绘制左侧窗

课后作业

1. 选择题

(1) 在命令行输入（ ），可以调出“文字样式”对话框。

A) LINETYPE　B) STYLE　C) DIMSTYLE　D) LIMITS

(2) 在命令行输入（ ），可以调出“标注样式管理器”对话框。

A) LINETYPE　B) STYLE　C) DIMSTYLE　D) LIMITS

(3) 在AutoCAD中，多行文字的快捷键是（ ）。

A) T　　B) DT　　C) MT　　D) AT

(4) 在多段线命令中，不可改变对象的（ ）。

A) 长度　　B) 宽度　　C) 半宽　　D) 弧度

2. 判断题

(1) 由于绘制的图形比较大，在绘图区显示不出来，我们可以通过依次单击菜单栏中的“工具”>“重生成”或者“视图”>“缩放”>“范围”命令的方法，将所绘制的图形显示在绘图区内。（ ）

(2) 在AutoCAD 2012中修改了“直线”命令中指定下一点的坐标输入，将原来的绝对坐标改为现在的相对坐标，也就是说，在输入下一点坐标的时候，实际上输入的是相对于上一点的偏移坐标，而不是在图中的实际位置。（ ）

(3) 输入文字之前，应指定文字边框的对角点。（ ）

(4) 多行比例用来控制多行的线型宽度。（ ）

3. 填空题

(1) 如果修剪了错误的对象，可以按键盘上____键，按“Enter”键确定，取消这一步的操作。

(2) 要确定旋转的角度，需要输入________，使用鼠标进行拖动，或者指定参照角度，以便与绝对角度对齐。

(3) 要旋转三维对象，可以使用_______命令，也可使用_______命令。

(4) 在修剪命令中，要选择包含块的剪切边或边界边，只能选择“_________”、“栏选”和“全部选择”选项中的一个。

4. 操作题

运用本章所学知识，绘制一别墅剖面图的图纸，如图9-42所示。

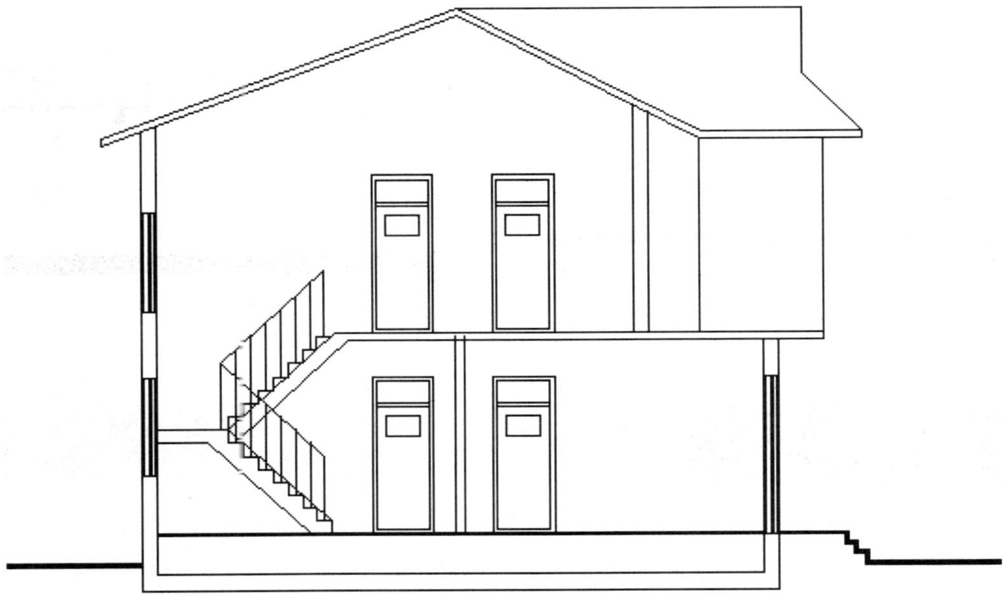

图9-42　别墅剖面最终效果图

模块10

住宅楼总平面图绘制
——建筑总平面图绘制

● 能力目标

1．了解建筑总平面图包括的元素

2．了解建筑总平面图的绘制顺序

● 专业知识目标

1．了解建筑总平面图的绘制过程

2．了解建筑总平面图绘制中的各种比例及参数设置

● 软件知识目标

1．掌握插入光栅图像的方法

2．掌握图层的设定

3．掌握样条曲线的绘制与修改

● 课时安排

4课时（讲课2课时，实践2课时）

任务参考效果图

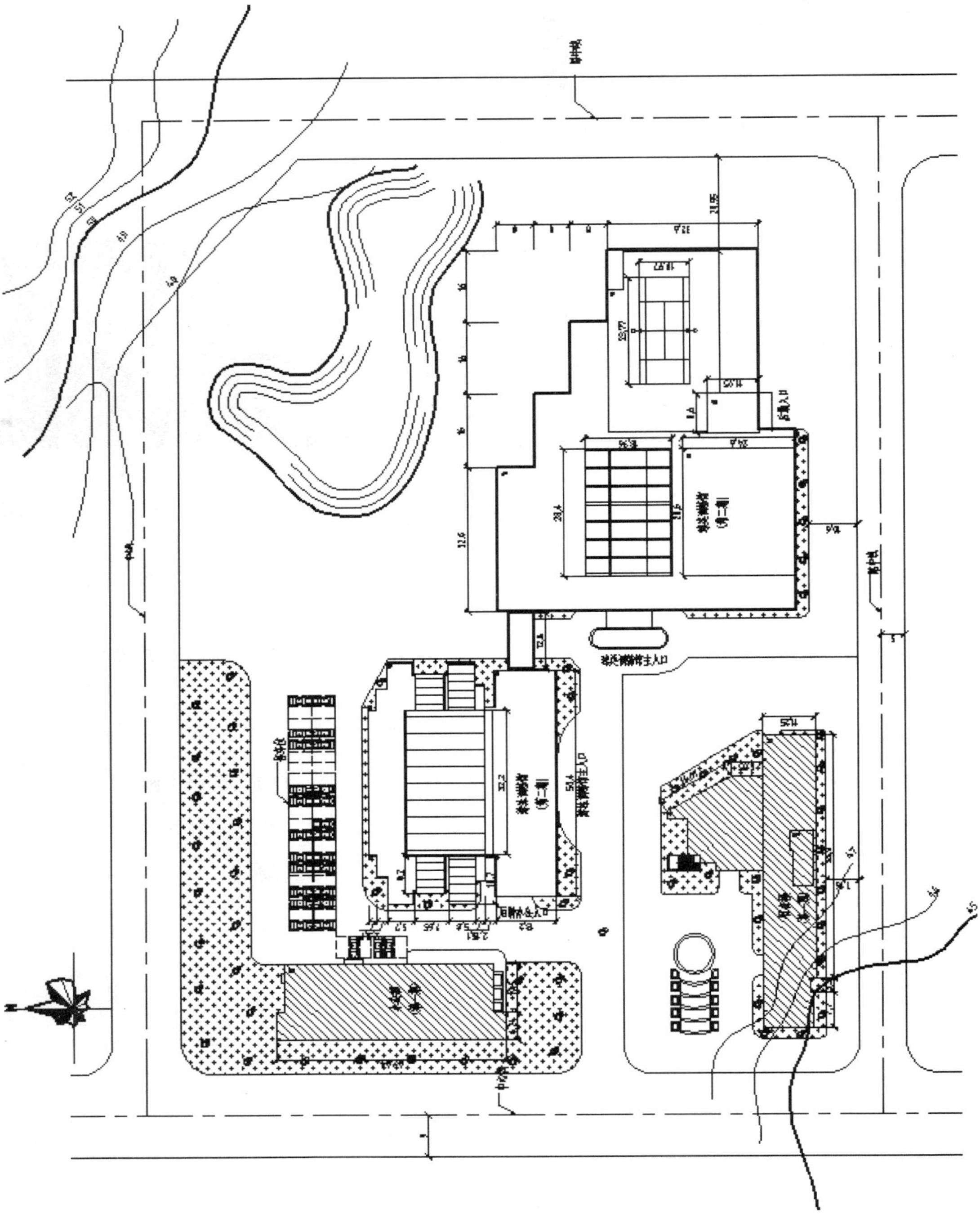

模拟制作任务

任务一 绘制建筑总平面图

任务背景

建筑总平面图属于建筑施工图的一种，是用水平投影的方法和相应的图例将拟建建筑物四周一定范围内的新建、拟建、原建和拆除的建筑物、构筑物同周边的地形概况表现出来。它主要反映建筑基地的形状、地形、地貌、大小，新建建筑物的位置、朝向、占地面积和平面形状以及新建建筑物与原有建筑物、构筑物、道路、绿化等之间的关系。

任务要求

本任务制作某体育中心总平面图，经过实地勘察，基地内已建宿舍楼和办公楼各一栋，拟建游泳训练馆和球类训练馆各一栋，基地四面有路，宿舍楼室外地坪标高为−0.32m，主要出口设计在西面。

任务分析

建筑总平面图中的要素包括地形等高线、原有建筑物轮廓、新建建筑物轮廓、新建建筑物的定位尺寸与标高等，并用指北针或带有指北针的风向频率玫瑰图来表示新建建筑物的朝向及该地区常年的风向频率。

本案例的重点、难点

合理地设置图层及文字样式，并依据制图标准的规定使用不同的线型、线宽。

【技术要领】样条曲线、阵列、图案填充、线性标注。

【解决问题】利用已学的知识绘制各种图形，对图纸进行尺寸、文字标注。

【应用领域】建筑设计、家居设计。

【素材来源】素材/模块10/任务一/绘制建筑总平面图.dwg。

操作步骤详解

设置绘图环境

❶ 启动AutoCAD 2012，在菜单栏中选择“文件”>“新建”命令，创建一个420mm×297mm的绘图界面，如图10-1所示。

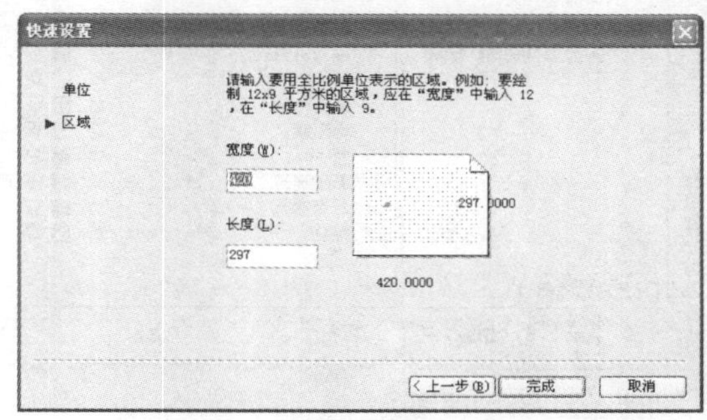

图10-1 设置图纸大小

❷ 设置观察视图范围，让图形界限全部显示，命令执行过程如下所示。

命令: zoom

指定窗口的角点，输入比例因子（nX 或 nXP)，或者[全部(A)/中心(C)/动态(D)/范围(E)/上一个(P)/比例(S)/窗口(W)/对象(O)] <实时>: a

正在重生成模型

❸ 菜单栏中选择“格式”>“单位”命令，打开“图形单位”对话框，在“长度”选项区的“类型”下拉列表中选择“小数”选项，在“精度”下拉列表中选择两位小数，如图10-2所示。

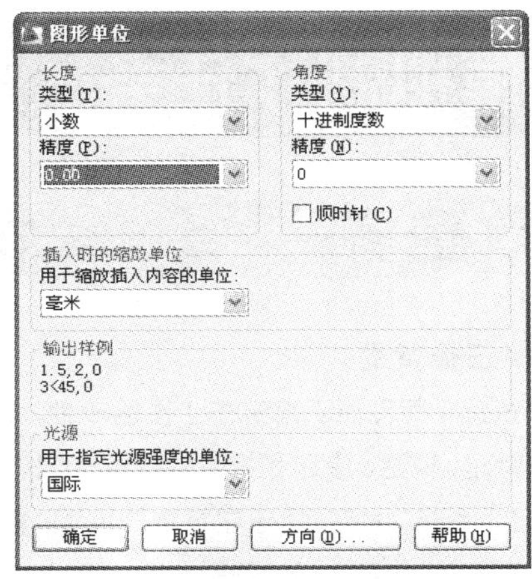

图10-2　设置绘图精度

❹ 在菜单栏中选择“格式” >“图层”命令，打开“图层特性管理器”对话框，单击“新建图层”按钮，将图层设置为如图10-3所示。

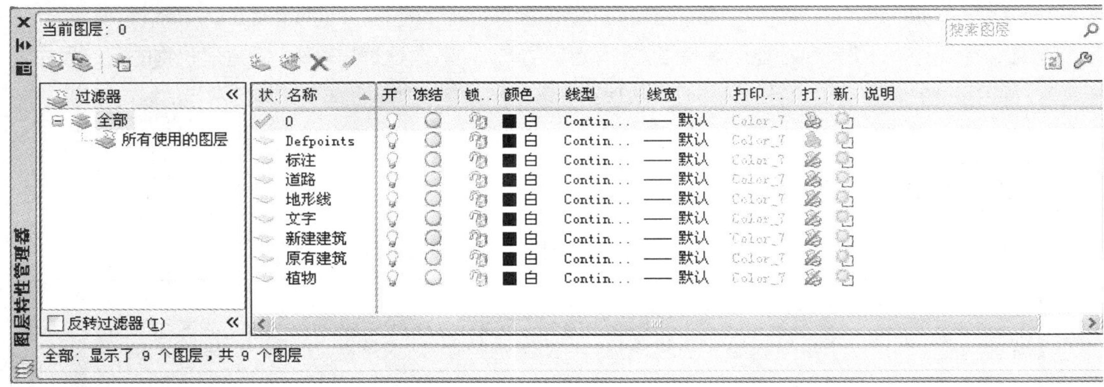

图10-3　创建图层

❺ 单击“新建建筑”图层对应的“线宽”选项，将“新建建筑”图层的线宽设置为0.35mm，如图10-4所示。单击“确定”按钮，完成绘图环境的设置。

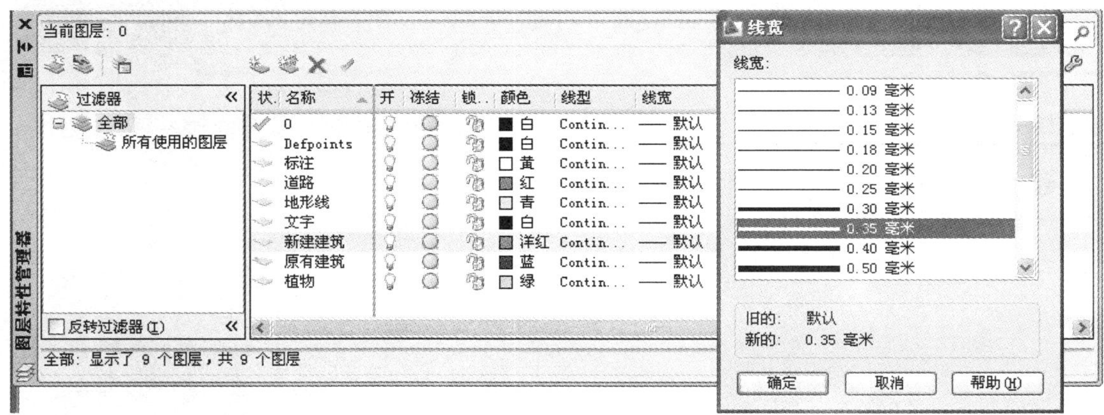

图10-4　设置线宽

输入基本地形图

建筑总平面图应根据当地建设主管部门批准的地形进行设计施工，所以要在绘制建筑总平面图之前输入基本地形图。简单规则的地形图可以直接运用AutoCAD 2012的绘图和编辑命令进行绘制，较为复杂的可以通过绘图仪或者扫描仪将测绘单位提供的地形图直接输入到计算机中，然后将其保存为“BMP”、“JPEG”、“TIF”、“PCX”等图形格式。

❻ 将“辅助线”层设置为当前层，在命令行输入“imageattach”或在菜单栏中选择“插入”>“光栅图像参考”命令，打开“选择图像文件”对话框，选择要参照的文件，如图10-5所示。

❼ 单击“打开”按钮，打开“图像”对话框，如图10-6所示。

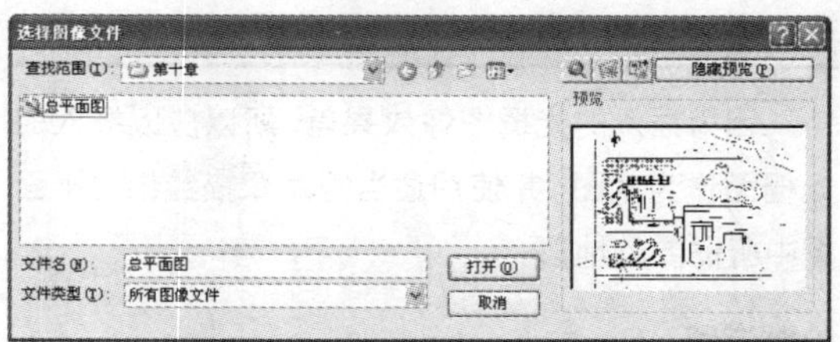

图10-5 “选择图像文件”对话框

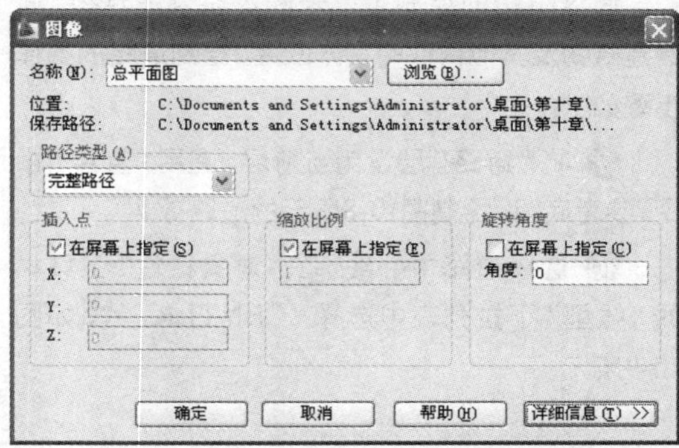

图10-6 “图像”对话框

❽ 在“缩放比例”选项区中，将比例设置为“250”，单击“确定”按钮，在绘图窗口中指定一点，得到插入光栅图像参照效果，如图10-7所示。

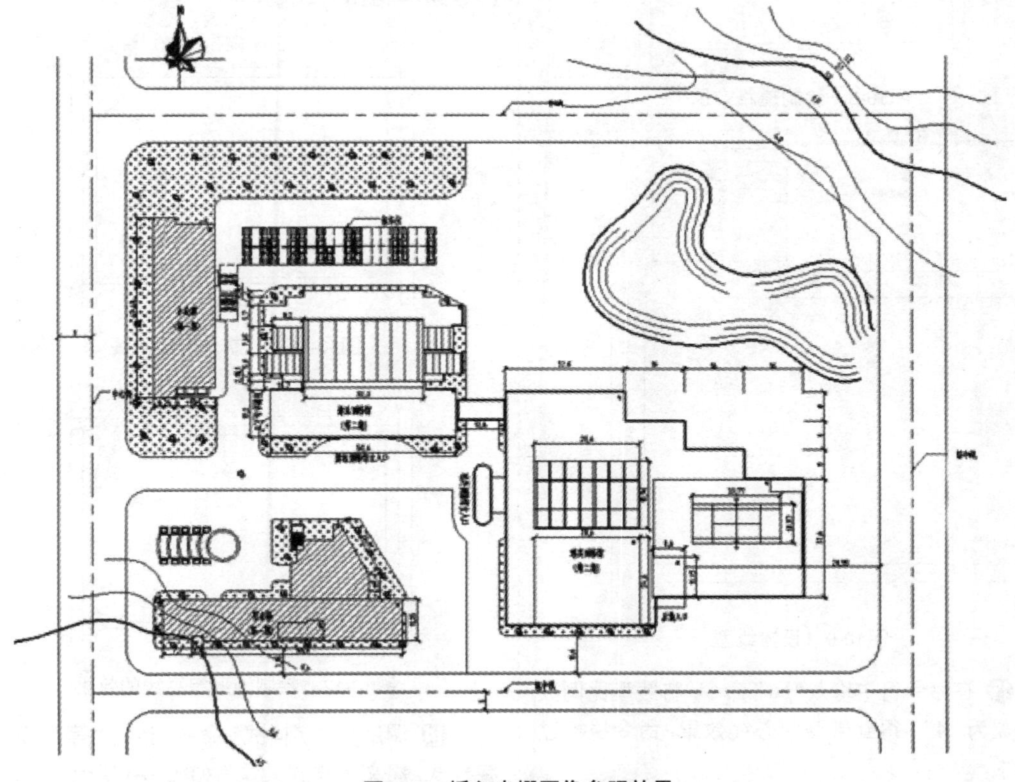

图10-7 插入光栅图像参照效果

绘制基本地形

因为插入的光栅图像效果差，所以应以插入的光栅图作为底图，并使用适当的命令描绘出总平面图中所需要的地形。

绘制道路

通过道路的绘制可以来确定原有建筑物、新建建筑物及其他构件的具体位置。绘制道路的操作步骤如下：

❾ 将“道路”层设为当前层，调用“直线”命令，参考底图，绘制图10-8所示的道路效果。

❿ 选择道路中心线，在“对象特性”工具栏的“线型”下拉列表中选择“CENTER”线，如图10-9所示。

图10-8　绘制道路效果

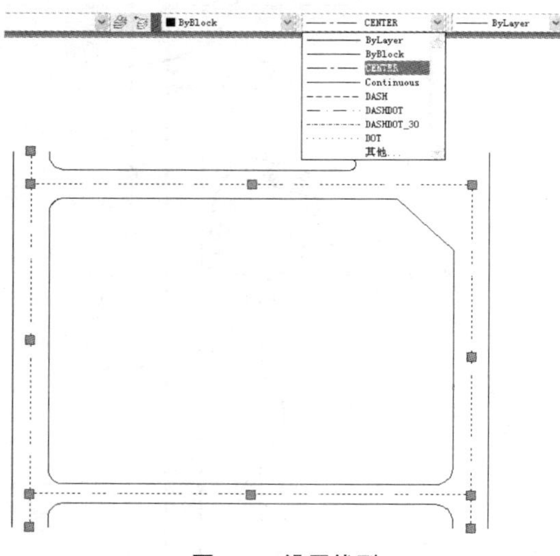

图10-9　设置线型

⓫ 在命令行中输入“lst”命令，将线型比例数值设置为“4”，得到道路中心线效果，命令执行过程如下：

命令：lst

LTSCALE 输入新线型比例因子 <1.0000>: 4

正在重生成模型。

完成效果如图10-10所示。

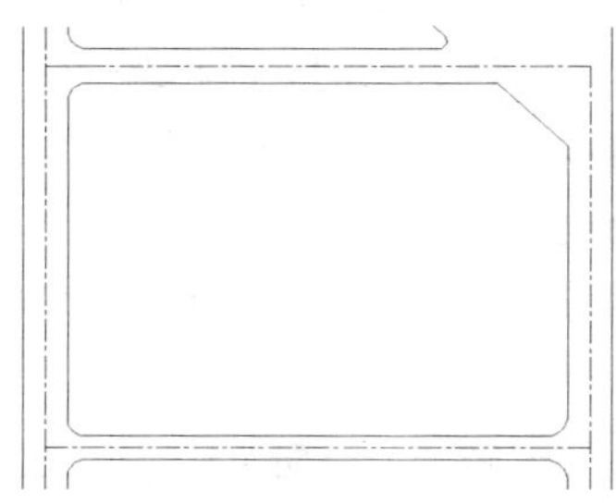

图10-10　设置道路中心线

绘制等高线

建筑平面图中的等高线一般由勘测设计院绘制，建筑设计人员可以进行调用。

⓬ 将“地形线”图层设置为当前层，调用“样条曲线”命令，绘制地形等高线，如图10-11所示。

⓭ 重复执行“样条曲线”命令，得到地形等高线效果，如图10-12所示。

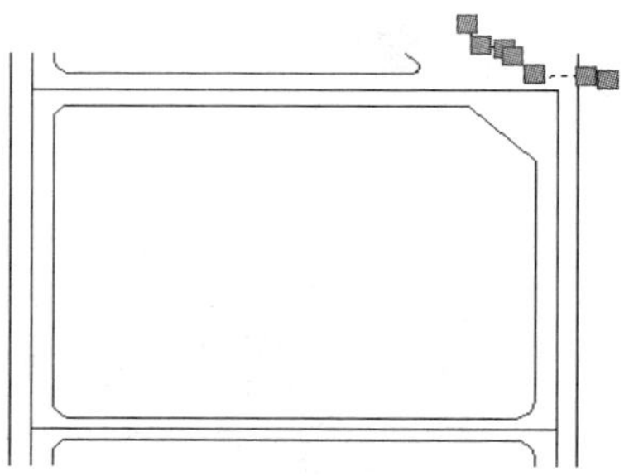

图10-11　绘制地形等高线

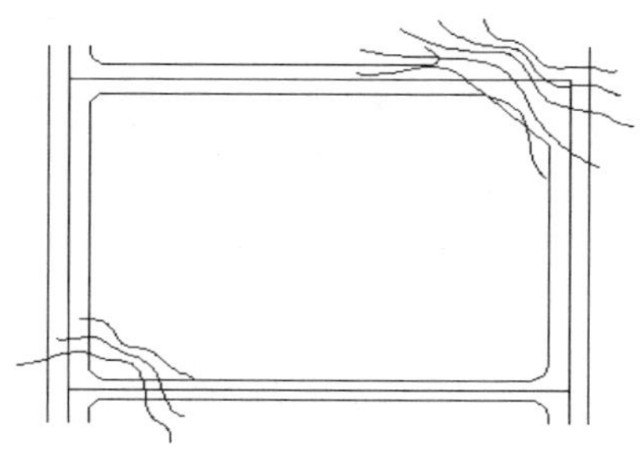

图10-12　绘制地形等高线的效果

⓮ 调用“文字样式”命令，新建“等高线”文字样式，将文字样式设置为如图10-13所示。

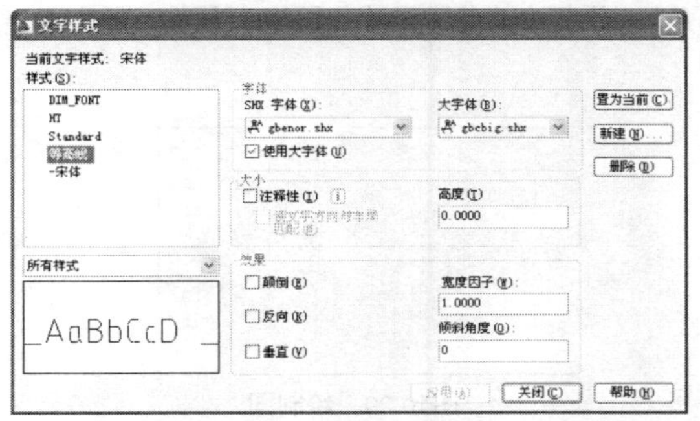

图10-13　设置文字样式

⑮ 选择“等高线”文字样式，单击“置为当前”按钮。调用“单行文字”命令，对地形等高线进行文字标注，效果如10-14所示。

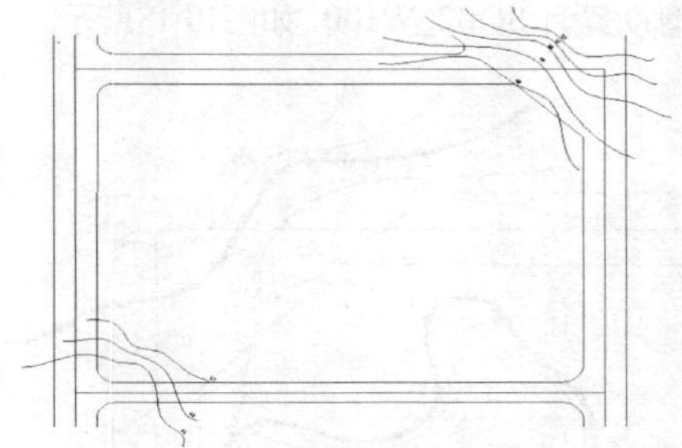

图10-14　对地形等高线进行文字标注

⑯ 为便于观察，可将计曲线（地形等高线中为5或10整倍数的线）加深为中实线。单击要加深的地形等高线，将其选中，在“对象特性”工具栏中，将线宽设置为0.30mm。按Esc键取消选择，得到加宽计曲线的效果，如图10-15所示。

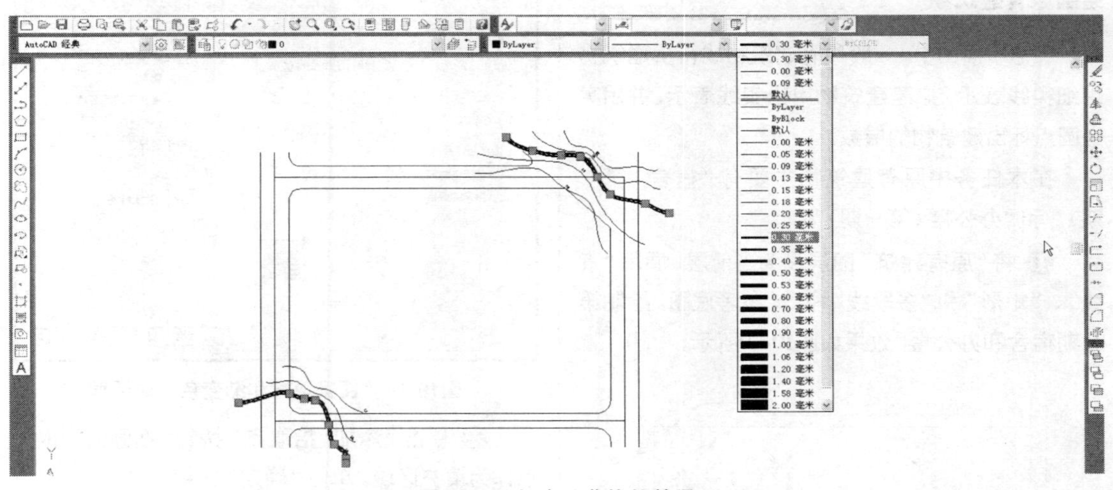

图10-15　加宽计曲线的效果

绘制池塘

⑰ 调用“样条曲线”命令，以底图为参考，绘制图10-16所示的池塘图形效果。

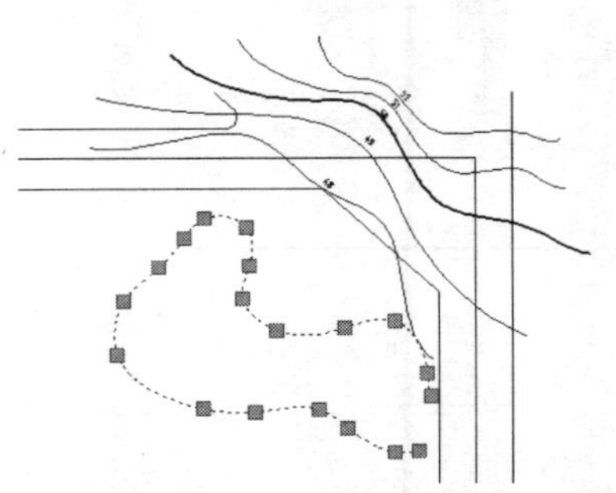

图10-16　绘制池塘效果

⑱ 调用“偏移”命令，向内偏移复制绘制的池塘轮廓线，效果如图10-17所示。

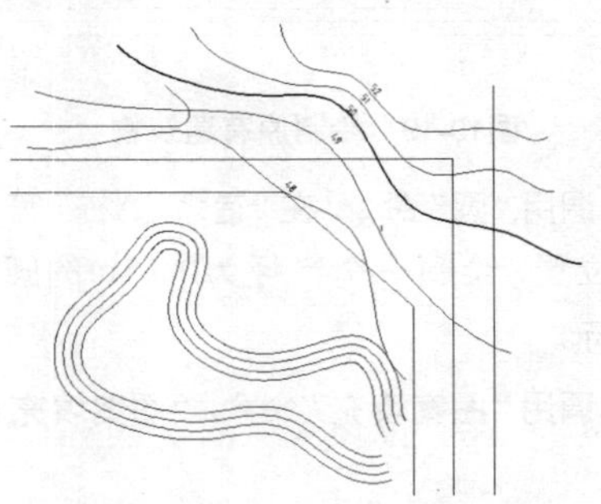

图10-17　复制绘制的池塘轮廓线

⑲ 选择最外侧的轮廓线，在“对象特性”工具栏中将线宽设置为0.3mm，将内侧的3条轮廓线的线型设置为ISO02_W100，如图10-18所示。

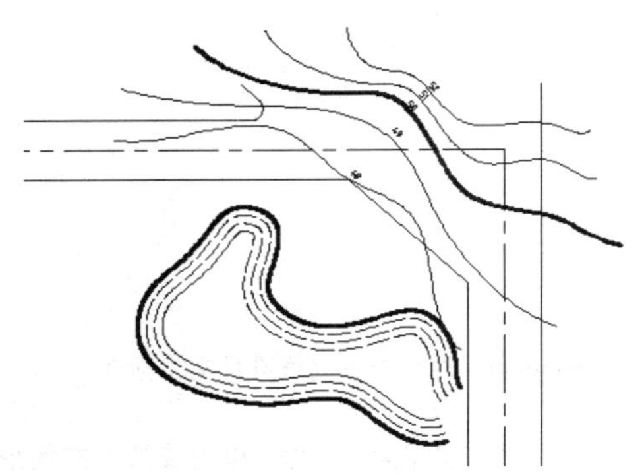

图10-18　修改线宽和线型

绘制原有建筑物

在总平面图中，一般原有建筑物或待拆建筑物用细实线表示，拟建建筑物用粗实线表示，并用实心圆点标出建筑物的层数。

在本任务中原有建筑物主要有“宿舍（第一期）”和“办公楼（第一期）”。

⑳ 将“原有建筑”图层设为当前层，调用“直线”、“矩形”和“多段线”命令，参考底图，绘制第一期宿舍和办公楼，效果如图10-19所示。

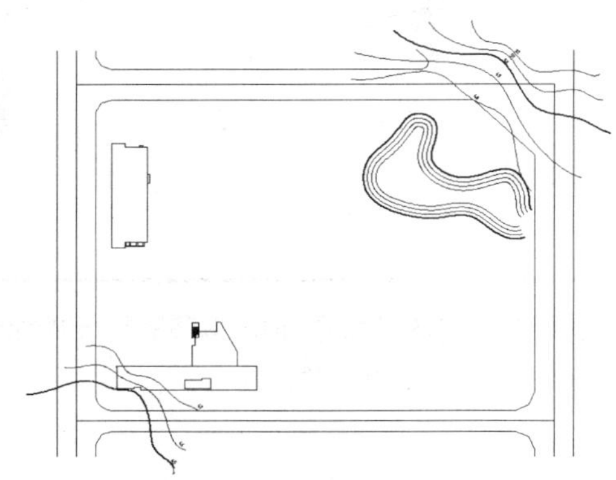

图10-19　绘制原有建筑物

㉑ 调用“圆”命令，在“宿舍（A栋）第一期”右上角位置，绘制一个半径为0.15m的圆，如图10-20所示。

㉒ 调用“图案填充”命令，“图案填充和渐变色”对话框中的参数设置如图10-21所示。

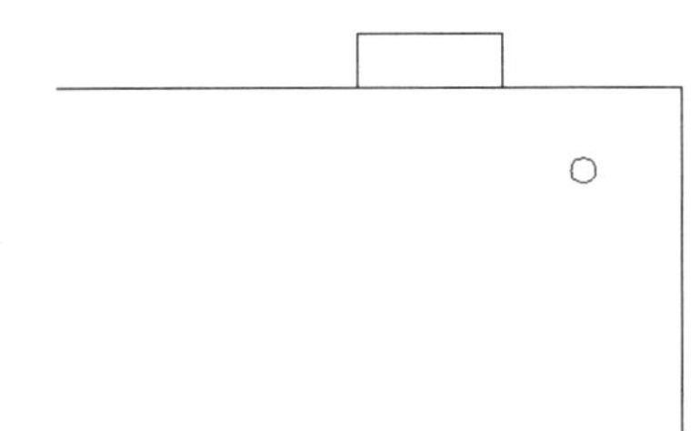

图10-20　绘制圆

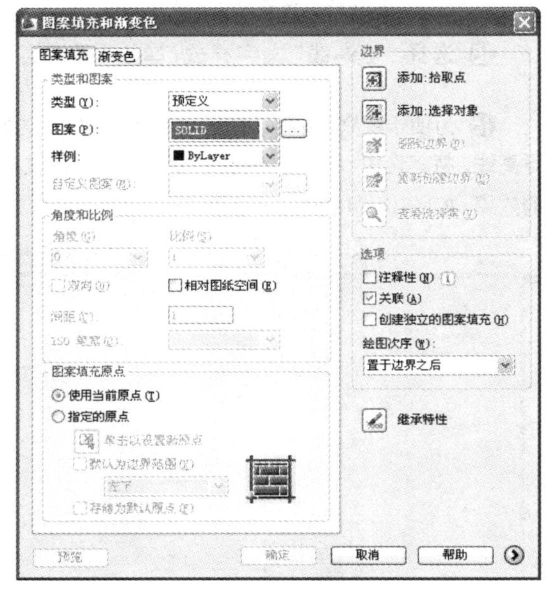

图10-21 “图案填充和渐变色”对话框

㉓ 单击“添加：拾取点”按钮，在圆内拾取一点作为填充区域，单击“确定”按钮。

㉔ “宿舍（第一期）”的建筑层数为4层，局部2层和5层，“办公楼（第一期）”的建筑层数为6层，复制圆后的效果如图10-22所示。

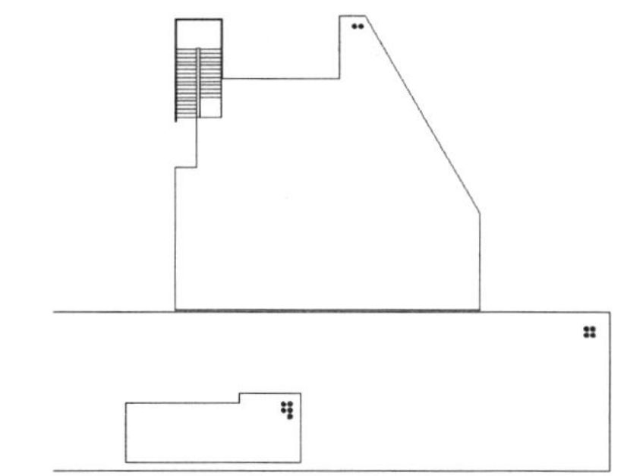

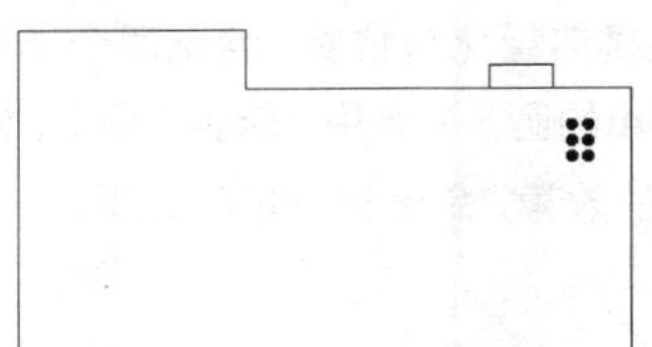

图10-22 绘制建筑物层数

㉕ 调用“图案填充”命令，将“图案填充和渐变色”对话框的参数设置为如图10-23所示。

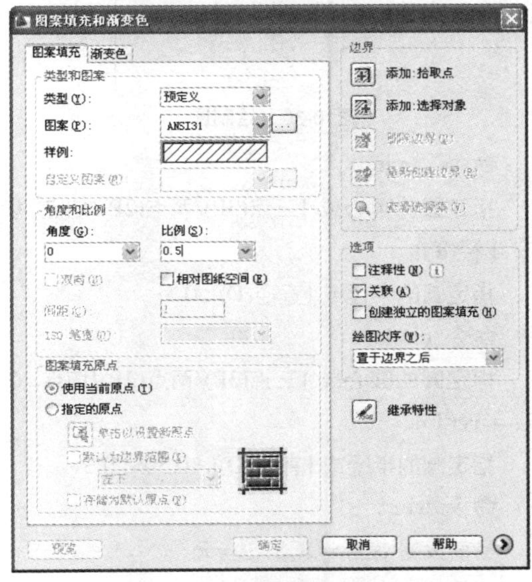

图10-23 设置图案填充参数

㉖ 单击“添加：拾取点”按钮，在原有建筑物“宿舍（第一期）”和“办公楼（第一期）”上拾取填充区域，单击“确定”按钮，得到原有建筑物填充效果，如图10-24所示。

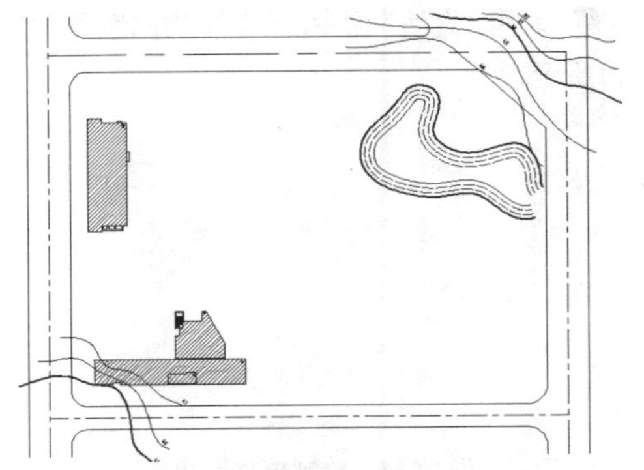

图10-24 原有建筑物填充效果

绘制新建建筑物

在描绘好的地形图上，用粗实线绘制出新建房屋的外形轮廓线。

㉗ 将“新建建筑”图层设置为当前图层，调用“直线”、“矩形”、“多段线”命令，参考底图，绘制第二期游泳训练中心和球类训练中心，效果如图10-25所示。

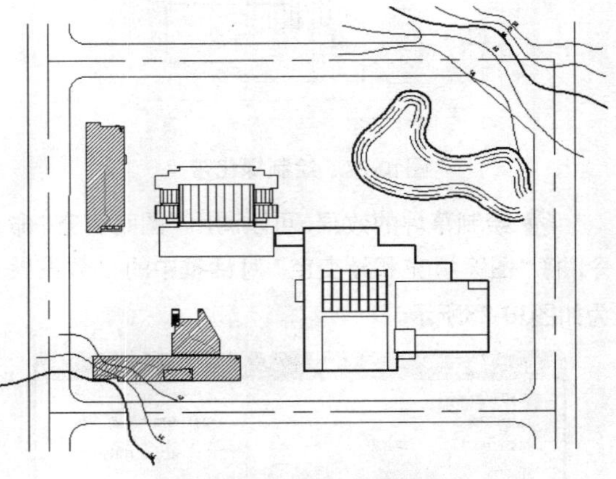

图10-25 绘制新建建筑物

㉘ 调用“圆”命令，并对圆进行图案填充操作，绘制实心圆点并标出新建建筑物的层数。

添加建筑物周边环境

本任务中建筑物周边的环境主要包括停车场、网球场、绿化带等。

㉙ 将“原有建筑”图层设置为当前图层，绘制停车场和网球场的效果，并插入相应的汽车图块，如图10-26所示。

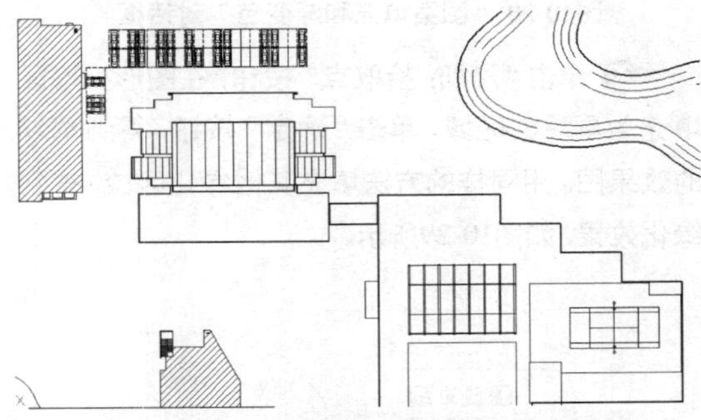

图10-26 绘制停车场和网球场并插入汽车图块

㉚ 将“植物”层设为当前层，调用“直线”、“圆弧”、“圆”等命令，以及使用“复制”、“偏移”等工具，绘制楼前的绿化带，效果如图10-27所示。

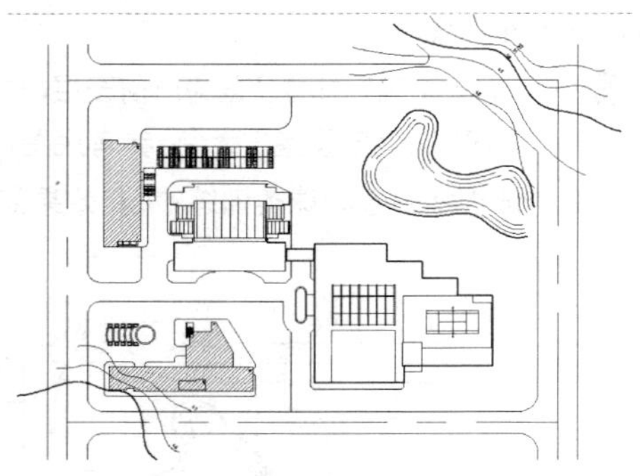

图10-27　绘制绿化带

㉛ 绘制草坪的效果，可以调用“图案填充”命令，将“图案填充和渐变色”对话框中的参数设置为如图10-28所示。

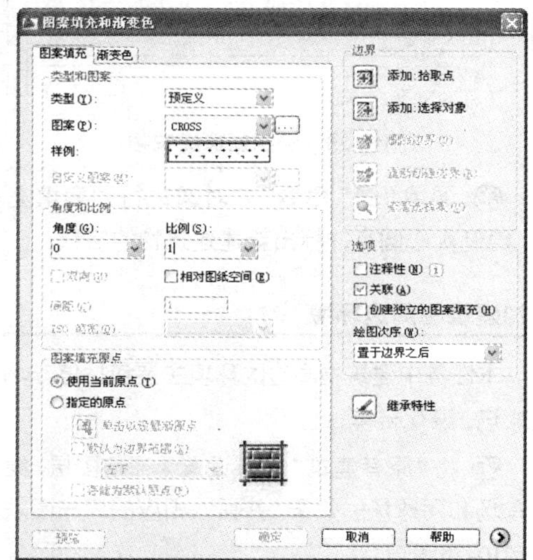

图10-28 “图案填充和渐变色”对话框

㉜ 单击“添加：拾取点”按钮，在图形拾取区填充为草坪的区域，单击“确定”按钮，得到草坪的效果图。用同样的方法填充其他绿化区域，得到绿化效果，如图10-29所示。

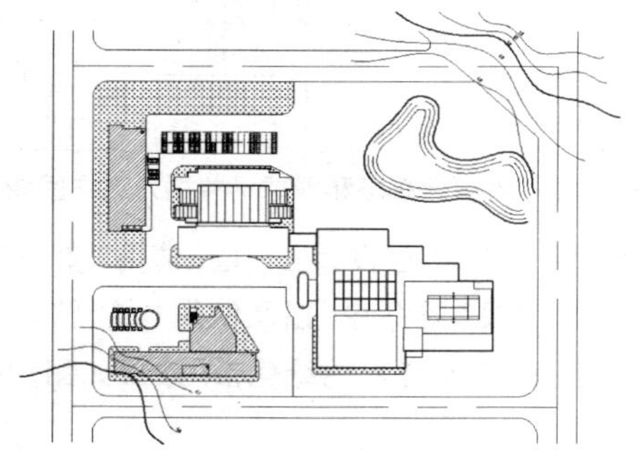

图10-29　填充草坪的效果

㉝ 在楼前绿化带位置，绘制两个半径分别为0.5m和0.3m的圆，并调用“修剪”命令，修剪成图10-30所示的效果。命令执行过程如下。

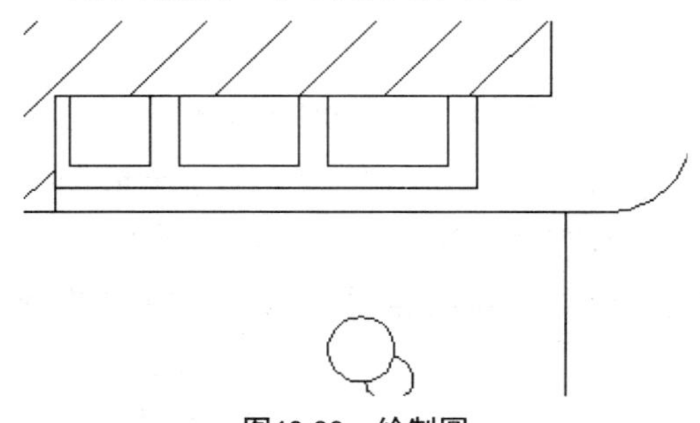

图10-30　绘制圆

命令: circle

指定圆的圆心或 [三点(3P)/两点(2P)/切点、切点、半径(T)]:

指定圆的半径或 [直径(D)]: 0.5

命令: circle

指定圆的圆心或 [三点(3P)/两点(2P)/切点、切点、半径(T)]:

指定圆的半径或 [直径(D)] <0.50>: 0.3

命令: trim

当前设置:投影=UCS，边=无

选择剪切边...

选择对象或 <全部选择>: 指定对角点: 找到 2 个

选择要修剪的对象，或按住 Shift 键选择要延伸的对象，或[栏选(F)/窗交(C)/投影(P)/边(E)/删除(R)/放弃(U)]:

㉞ 调用“直线”命令，绘制植物的造型，如图10-31所示。

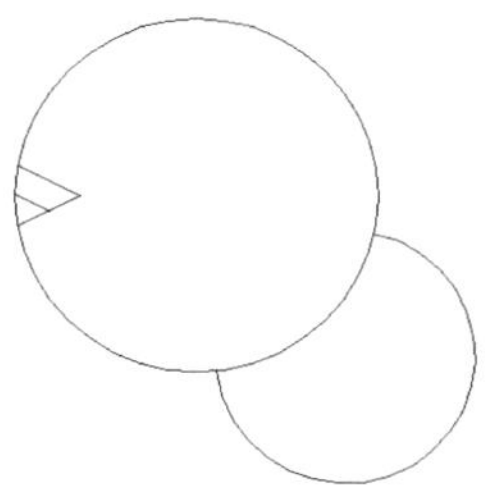

图10-31　绘制植物造型

㉟ 选择㉞中绘制的植物造型为对象，执行“阵列”命令，得到植物造型的阵列效果如图10-32所示，命令执行过程如下。

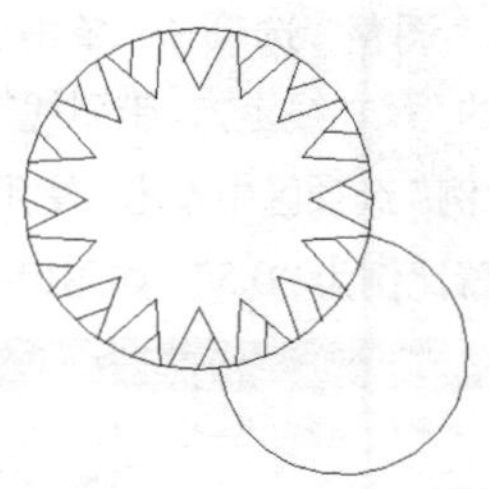

图10-32　大圆阵列效果

命令: array 找到 1 个

输入阵列类型 [矩形(R)/路径(PA)/极轴(PO)] <矩形>: r

类型 = 矩形　关联 = 是

为项目数指定对角点或 [基点(B)/角度(A)/计数(C)] <计数>: c

输入行数或 [表达式(E)] <4>: 6

输入列数或 [表达式(E)] <4>: 1

指定对角点以间隔项目或 [间距(S)] <间距>: s

指定行之间的距离或 [表达式(E)] <1>:3000

按 Enter 键接受或 [关联(AS)/基点(B)/行(R)/列(C)/层(L)/退出(X)] <退出>:

㊱ 对小圆重复以上操作，效果如图10-33所示。

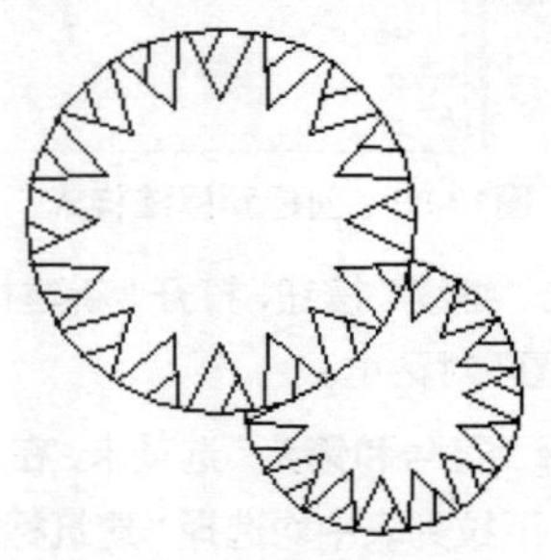

图10-33　两个圆阵列后的效果

㊲ 将制作好的形状复制到绿化带的区域，得到绿化带的制作完成效果图，如图10-34所示。

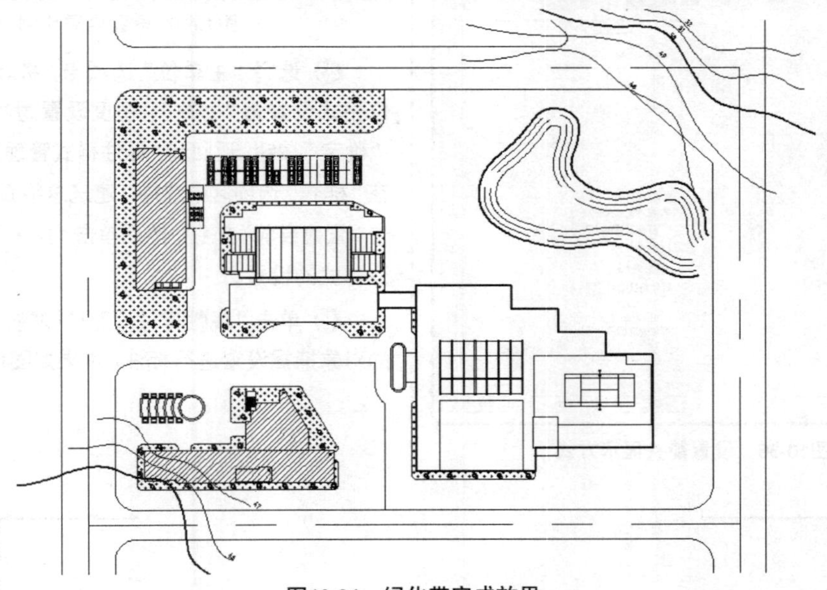

图10-34　绿化带完成效果

尺寸标注、文字说明及绘制风向玫瑰图

在建筑总平面图中需要标注出建筑的总体尺寸和周边建筑的定位尺寸，标注的尺寸单位为m，还需要对相关的内容进行文字说明，并绘制建筑的常年风向。

㊳ 将“标注及文字”图层设置为当前层，在菜单栏中选择“格式”>“标注样式”命令，打开“标注样式管理器”对话框。

㊴ 单击“新建”按钮，打开“创建新标注样式”对话框，在“新样式名”文本框中输入样式名“建筑总平面图”，如图10-35所示。

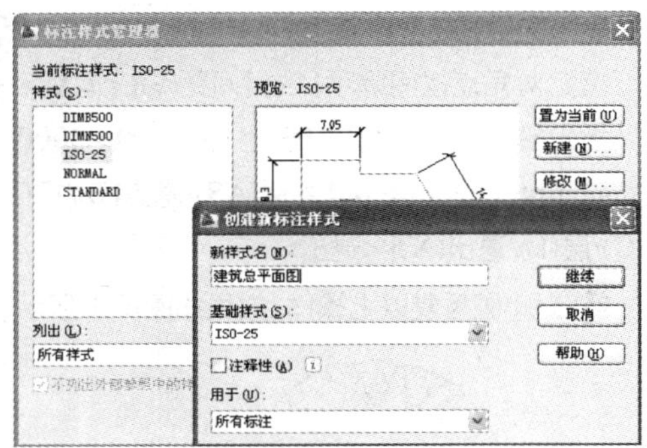

图10-35　创建新标注样式

㊵ 单击“继续”按钮，打开“新建标注样式：建筑总平面图”对话框。

㊶ 选择“符号和箭头”选项卡，在“第一个”和“第二个”下拉列表中均选择“建筑标记”选项，如图10-36所示。

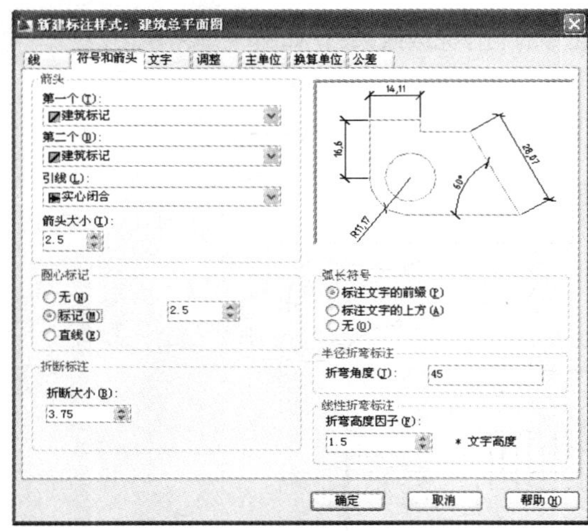

图10-36　设置箭头显示方式

㊷ 选择“调整”选项卡，单击选择“文字位置”选项区中的“尺寸线上方，带引线”单选按钮，在“标注特征比例”选项区中单击“使用全局比例”单选按钮，并设置比例为“0.5”，如图10-37所示。

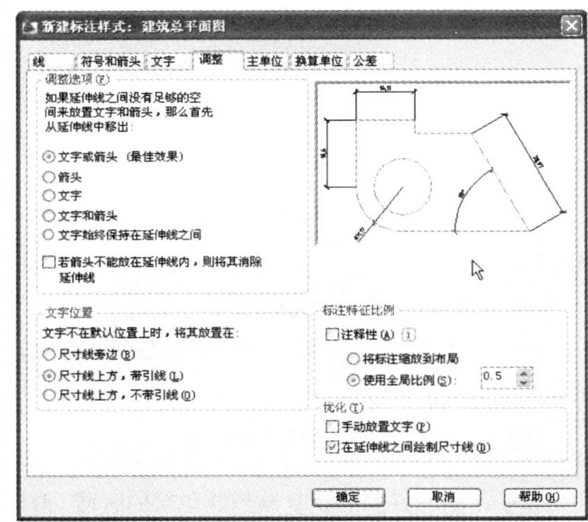

图10-37　设置全局比例

㊸ 选择“主单位”选项卡，将其中标注的单位格式设置为“小数”，精度设置为“0.00”，单击“确定”按钮，返回到“标注样式管理器”对话框，在“样式”选项区中选择“建筑总平面图”样式，单击“置为当前”按钮，然后单击“关闭”按钮完成标注样式的设置。

㊹ 单击“线性标注”工具按钮⊢⊣，打开端点的对象捕捉设置进行标注，效果如图10-38所示。

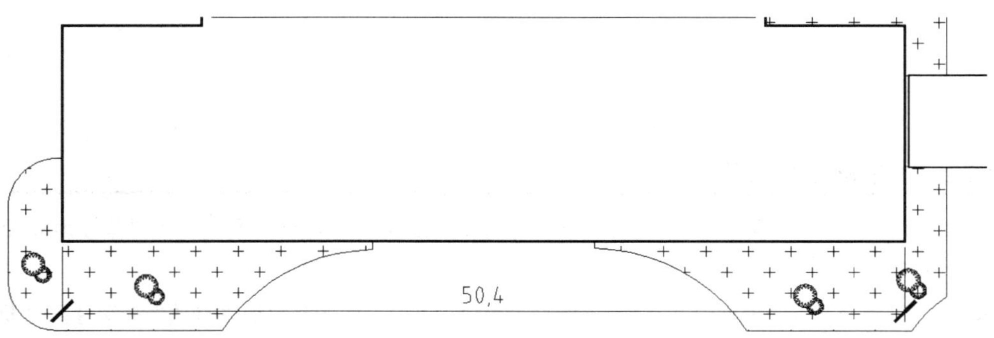

图10-38　进行线性标注

㊺ 单击“连续标注”工具按钮⊢⊢⊣，对上方的距离进行尺寸标注，效果如图10-39所示。

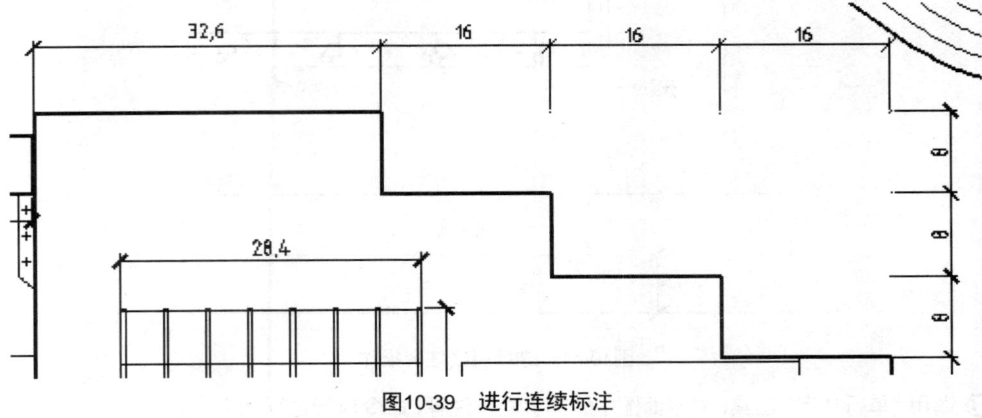

图10-39　进行连续标注

㊻ 用同样的方法标注其他部分尺寸，得到尺寸标注的最终效果如图10-40所示。

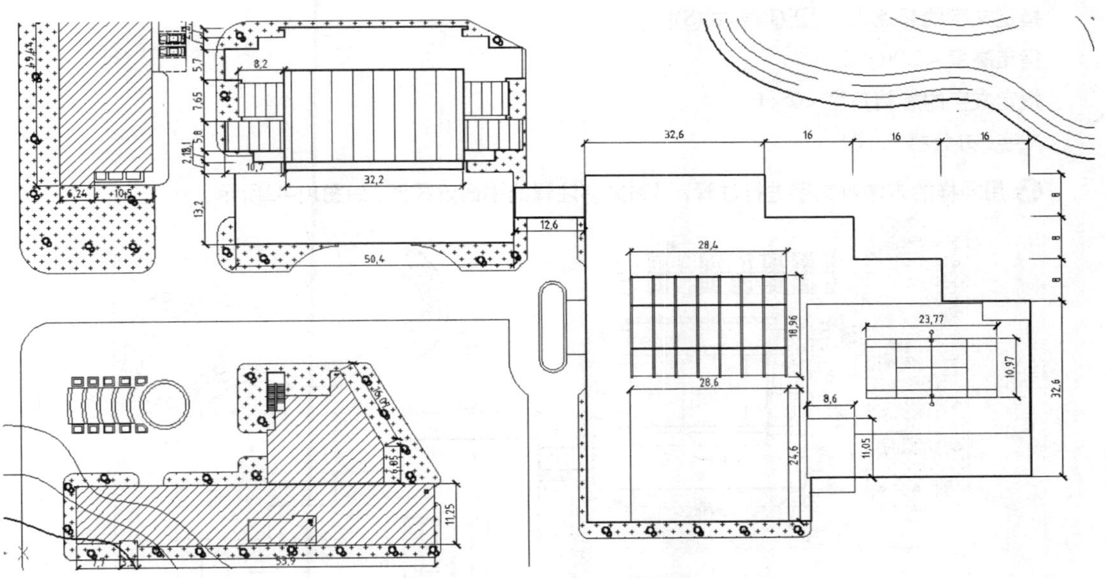

图10-40　尺寸标注完成效果

文字标注的操作步骤如下。

㊼ 将“标注及文字”图层设置为当前图层，调用“快速引线”命令对文字进行注释，如图10-41所示，命令执行过程如下。

命令: qleader

指定第一个引线点或 [设置(S)] <设置>:

指定下一点:

指定下一点: <正交 开>

指定文字宽度 <0>:

输入注释文字的第一行 <多行文字(M)>: 路中线

输入注释文字的第一行:

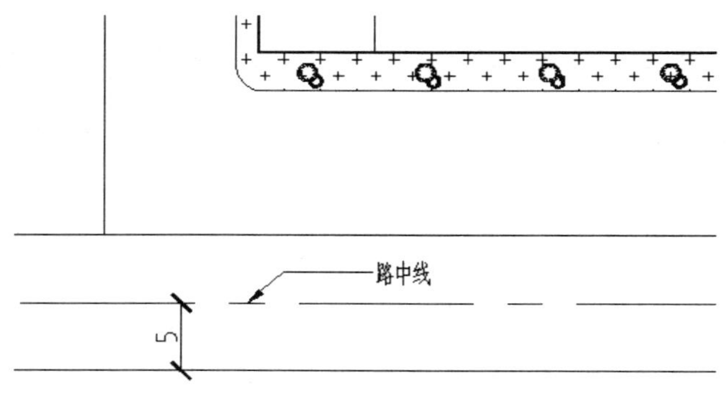

图10-41　进行引线注释操作

㊽ 调用“单行文字”工具，对平面图中的文字进行注释，命令执行过程如下。

命令: text

当前文字样式: “等高线” 文字高度: 2.00 注释性: 否

指定文字的起点或 [对正(J)/样式(S)]:

指定高度 <2.00>: 2

指定文字的旋转角度 <0>: 0

文字：办公楼（一期）

㊾ 用同样的方法对文字进行注释，得到文字注释的平面效果图，如图10-42所示。

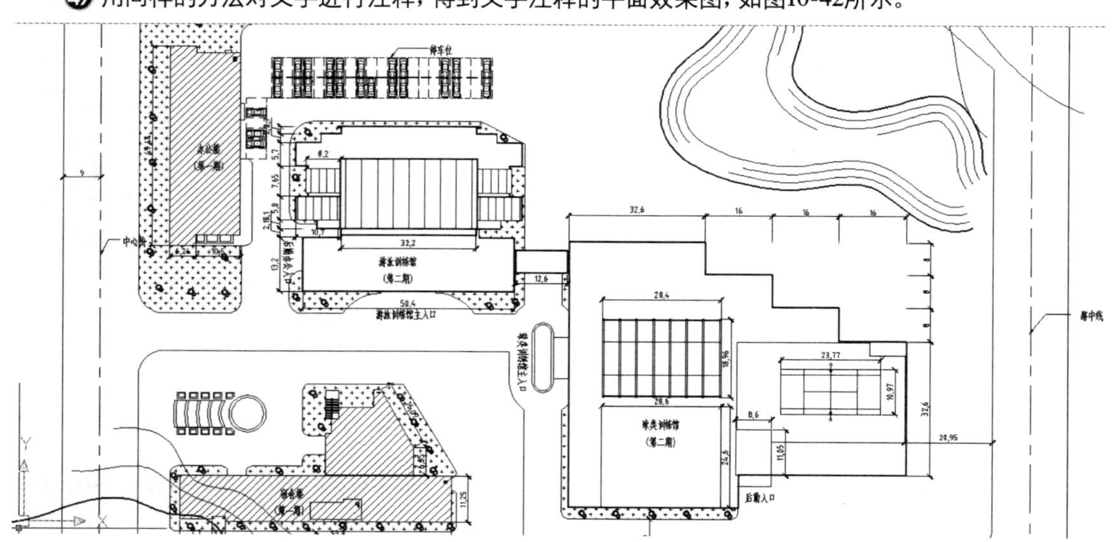

图10-42　文字注释的效果

风向玫瑰图标一般都是根据实际绘图方位来确定的，不同的风向有不同的绘制样式。本任务中绘制一个北向的风向玫瑰效果。

用指北针或带有指北针的风向玫瑰图标表示新建建筑物的朝向和该地区常年风向频率。指北针应按国际标准绘制，风向玫瑰在16个方位线上，用端点与中心的距离表示当地这一风向在一年中发生次数的多少。粗实线表示全年的风向，虚实线表示夏季风向，风向由各方位指向中心，风向最长的为主导风向。绘制风向玫瑰的操作步骤如下。

㊿ 将“风向”图层设置为当前层，调用“直线”命令，绘制一条水平直线。

51 调用“阵列”命令，将“环形阵列”参数设置中的项目总数设为“16”，单击“中心点”后面的按钮▣，选择直线的中心作为阵列中心，单击“接受”按钮完成阵列操作，效果如图10-43所示。

52 打开“草图设置”对话框，在“对象捕捉模式”选项区中勾选“端点”和“延长线”复选框。

53 调用“多段线”命令，绘制四周的直线，调用“图案填充”命令，将“图案填充和渐变色”对话框中的图案设置为“SOLID”，对图案进行填充，效果如图10-44所示。

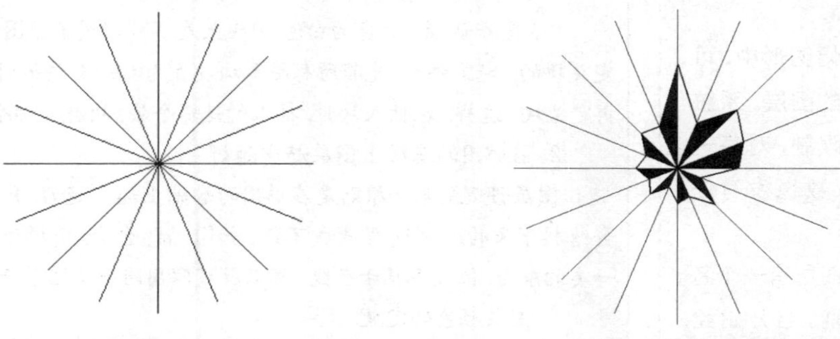

图10-43　阵列效果　　　图10-44　绘制风向并填充

54 对风向玫瑰进行填充操作，进行修剪，并调整大小，移动到总平面图中合适的位置，得到建筑总平面图的完成效果，如图10-45所示。

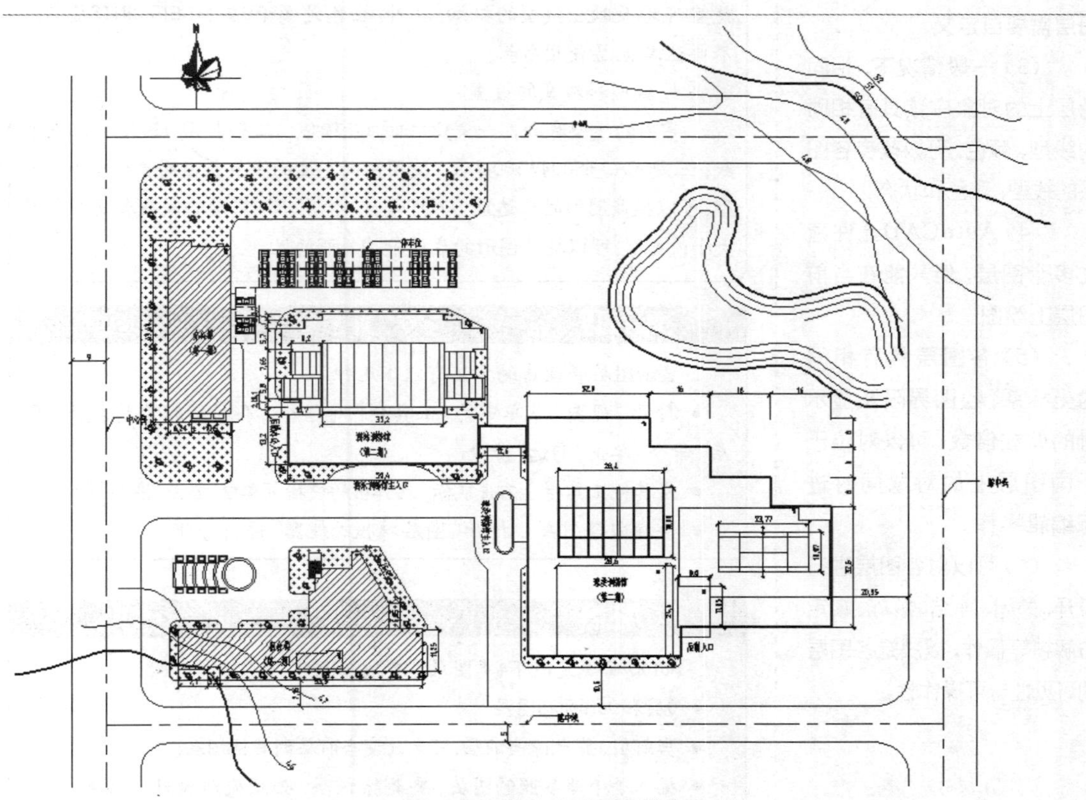

图10-45　建筑总平面完成效果

知识点拓展

01 设置图层①

在AutoCAD 2012中，图层具有以下特点。

（1）在一幅图形中，可指定任意数量的图层。系统对图层数没有限制，对每一图层上的对象数也没有任何限制。

（2）每个图层有一个名称，来加以区别。当开始绘制新图时，AutoCAD自动创建层名为“0”的图层，这是AutoCAD的默认图层，其余图层需要自定义。

（3）一般情况下，相同图层上的对象应该具有相同的线型、颜色。可以改变各图层的线型、颜色和状态。

（4）AutoCAD允许建立多个图层，但只能在当前图层上绘图。

（5）各图层具有相同的坐标系、绘图界限及显示时的缩放倍数。可以对位于不同图层上的对象同时进行编辑操作。

（6）可以对各图层进行打开、关闭、冻结、解冻、锁定与解锁等操作，以决定各图层的可见性与可操作性。

①经验

1. 关于0层的使用

0层是默认层，颜色为白色，0层上是不可以用来画图的，而是用来定义块的。定义块时，先将所有图元均设置为0层（有特殊时除外），然后再定义块，这样，在插入块时，插入的是哪个层，块就是哪个层了。

2. 在够用的基础上图层越少越好

图层设置的第一原则是在够用的基础上越少越好。图层太多，反而会给接下来的绘制过程造成不便，如门、窗、台阶、楼梯等，虽然不是同一类的东西，但又都属于直线，那么就可以用同一个图层来管理。

3. 图层颜色的定义

图层的颜色定义要注意两点，一是不同的图层一般来说要用不同的颜色；二是颜色的选择应该根据打印时线宽的粗细来选择。打印时，线型设置越宽的，该图层就应该选用越亮的颜色，这样可以在屏幕上就直观地反映出线型的粗细。另外，白色是属于0层和DEFPOINTS层的，不要让其他层使用白色。

4. 线型和线宽的设置

常用的线型有3种，一是Continous连续线；二是ACAD_IS002W100,点划线；三是ACAD_IS004W100虚线。使用不同宽度的线条表现对象的大小或类型，可以提高图形的表达能力及可读性。使用不同宽度的线条表现对象的大小或类型，可以提高图形的表达能力及可读性。

①技巧

显示图层管理器的方法有以下几种。

- 打开“视图”菜单中的“工具栏”对话框，在对话框左边找到“图层”命令，单击“勾选”命令。
- 在其他工具栏上右击鼠标，在弹出的快捷菜单中，单击“图层”命令。
- 快捷命令“LA”，打开“图层特性管理器”进行管理。

①注意

AutoCAD规定以下4类图层不能被删除。

- 0层和Defpoints图层。
- 当前层。要删除当前层，可先改变当前层到其他图层。
- 插入了外部参照的图层。要删除该层，必须先删除外部参照。
- 包含了可见图形对象的图层。要删除该层，必须先删除该层中的所有图形对象。

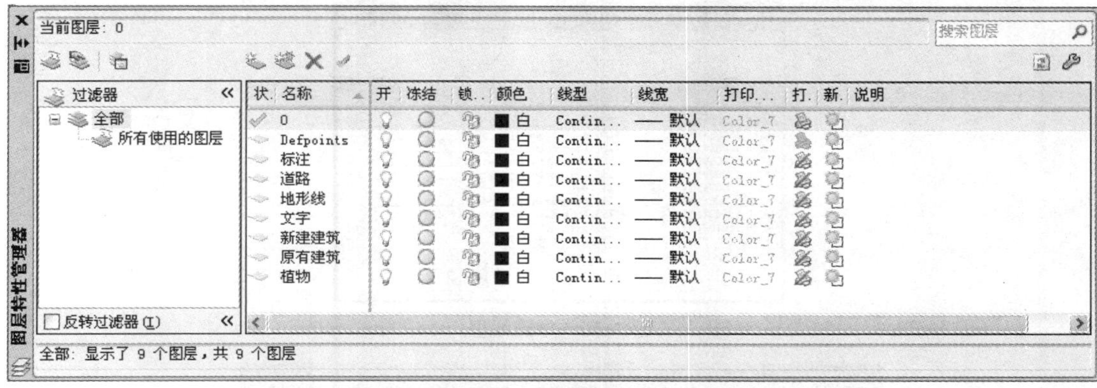

图10-46 设置图层界面

在图10-46所示的对话框中，可以看到所有图层列表、图层的组织结构和各图层的属性和状态。下面就对这个对话框里的选项进行讲解。

①“状态”：用来指示和设置当前图层。双击某个图层状态列图标可以快速设置该图层为当前层。

②“名称”：用于设置图层名称。选中一个图层使其以蓝色高亮显示，单击“名称”特性列的表头，可以让图层按照图层名称进行升序或降序排列。

③“打开/关闭”开关：用于控制图层是否在屏幕上显示，隐藏的图层将不被打印输出。

④“冻结/解冻”开关：用于将长期不需要显示的图层冻结。这样可以提高系统运行速度，减少图形刷新的时间。AutoCAD不会在被冻结的图层上显示、打印或重生成对象。

⑤“锁定/解锁”开关：如果某个图层上的对象只需要显示，不需要选择和编辑，那么可以锁定该图层。

⑥“颜色、线型、线宽”：用于设置图层的颜色、线型及线宽属性，如图10-47、图10-48、图10-49、图10-50、图10-51所示。

图10-47 设置图层颜色

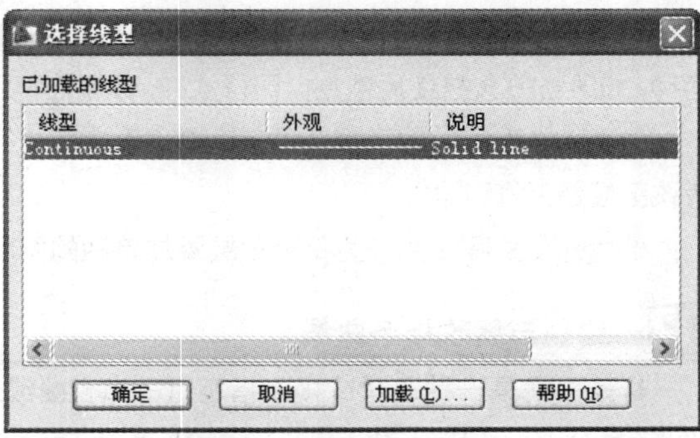

图10-48 设置图层线型

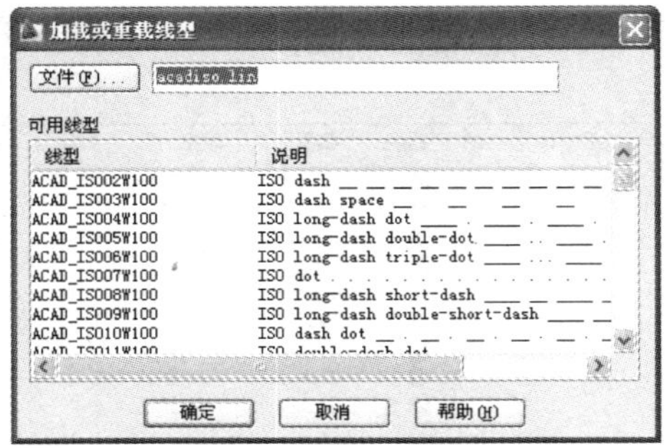

图10-49　加载线型

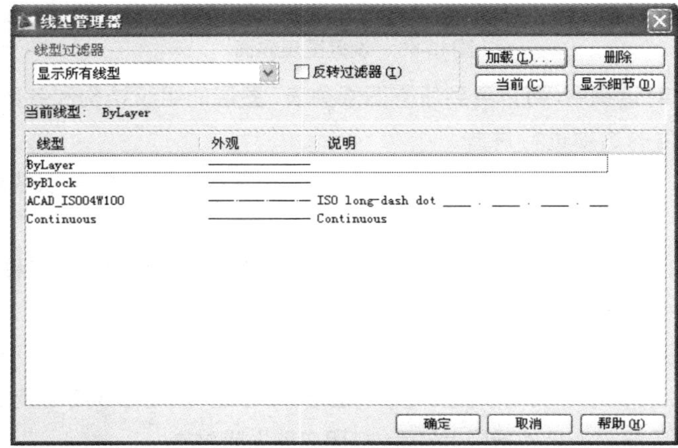

图10-50　设置线型比例

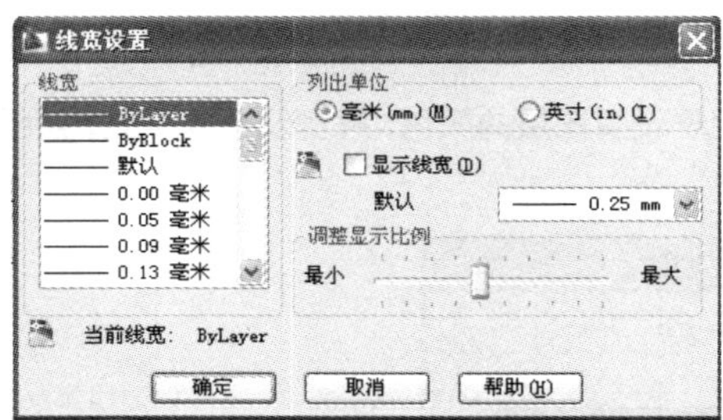

图10-51　设置线宽比例

⑦“打印样式”：用于为每个图层选择不同的打印样式。AutoCAD有颜色打印样式和图层打印样式两种，如果当前文档使用颜色打印样式时，该属性不可用。

⑧“打印开关”：对于那些没有隐藏也没有冻结的可见图层，可以通过单击“打印”特性项来控制打印时该图层是否打印输出。

⑨“图层说明”：用于为每个图层添加单独的解释、说明性文字。

02 绘制与修改样条曲线

样条曲线是一种通过或接近指定点的拟合曲线。在AutoCAD中，其类型是非均匀有理B样条(Non-Uniform Rational Basis Splines, NURBS)曲线，适于表达具有不规则变化曲率半径的曲线。样条曲线是经过或接近一系列给定点的光滑曲线。

spline命令创建的曲线类型称为非一致有理 B 样条曲线(NURBS)。NURBS 曲线在控制点或拟合点之间产生一条平滑的曲线，如图10-52所示。左侧的样条曲线通过拟合点绘制，而右侧的样条曲线通过控制点绘制。

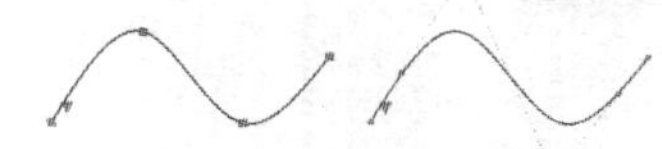

图10-52 NURBS曲线

(1）绘制样条曲线[②]。

样条曲线是通过一系列指定点的光滑曲线。在AutoCAD中，一般通过指定样条曲线的控制点和起点，以及终点的切线方向来绘制样条曲线。在指定控制点和切线方向时，用户可以在绘图区观察样条曲线的动态效果，这样有助于用户绘制出想要的图形。在绘制样条曲线时，还可以改变样条拟合的偏差，以改变样条与指定拟合点的距离。此偏差值越小，样条曲线就越靠近这些点。

在菜单栏中，选择“绘图”→“样条曲线”命令，或单击“样条曲线”按钮，或在命令行中输入“SPLINE”来执行该命令。单击“样条曲线”按钮，命令行提示如下。

命令: spline

指定第一个点或[对象(O)]: //指定样条曲线的起点

指定下一点: //指定样条曲线的第二个控制点

… //指定样条曲线的其他控制点

指定下一点或[闭合(C)/拟合公差(F)] <起点切向>: //按“Enter”键，开始指定切线方向

指定起点切向: //指定样条曲线起点的切线方向

指定端点切向: //指定样条曲线终点的切线方向

(2）修改样条曲线。

在菜单栏中，选择“修改”>“对象”>“样条曲线”命令(SPLINEDIT)，或在“修改II”工具栏中单击“编辑样条曲线”按钮，即可编辑选中的样条曲线。样条曲线编辑命令是一个单对象编辑命令，一次只能编辑一个样条曲线对象。执行该命令并选择需要编辑的样条曲线后，在曲线周围将显示控制点。同时命令行显示如下提示信息。

命令: splinedit

选择样条曲线:

输入选项 [拟合数据(F)/闭合(C)/移动顶点(M)/精度(R)/反转(E)/放弃(U)]:

②技巧

样条曲线绘制命令的启动方法如下。

- 在菜单栏中选择“绘图”>“样条曲线”命令。
- 在“绘图”工具栏上单击“样条曲线”按钮。
- 在命令行中输入或动态输入“SPLINE或SPL”，并按“Enter”键。

②提示

各个选项的含义解释如下。

对象（O）：将二维或三维的二次或三次样条曲线拟合多段线转换为等价的样条曲线，然后删除该多段线。

闭合（C）：将最后一点和第一点重合，并使它们在连接处相切，从而闭合样条曲线。选择该项后，系统会有提示。

拟合公差（F）：修改当前样条曲线的拟合公差。公差用来表示样条曲线拟合所指定的拟合点集时的拟合精度。随着公差的减少，样条曲线和拟合点逐渐接近。公差为0时，样条曲线通过该点。

起点切向：定义样条曲线第一点和终点的切线方向。

实践部分 （2课时）

任务二 绘制建筑总平面图

任务背景

某工厂内已建厂房和宿舍各一栋，拟建厂房和宿舍各一栋，工厂四面有路，厂房室外地坪标高－0.35m，主出入口在西面。

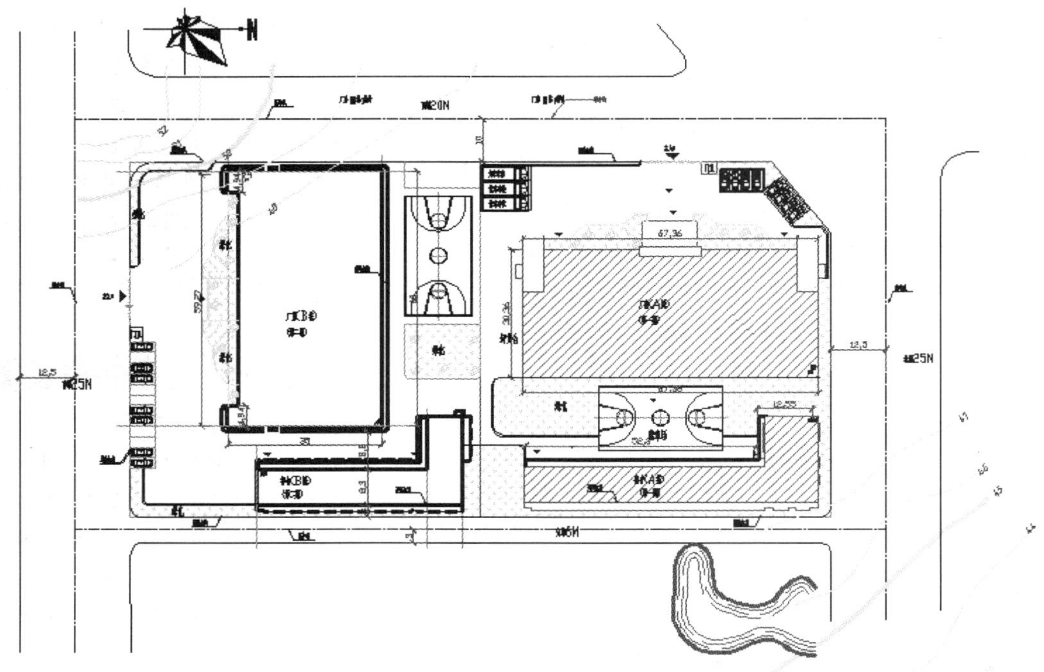

图10-53 平面图的最终效果图

任务要求

运用本章内容绘制图10-53所示平面图。

【技术要领】插入光栅图像、设置图层、绘制样条曲线。

【解决问题】利用已学的知识绘制建筑总平面图。

【应用领域】建筑平面图的绘制。

【素材来源】素材/模块10/任务二/建筑总平面图.dwg。

任务分析

建筑总平面图中应包含的要素有地形等高线、原有建筑轮廓、新建建筑轮廓、建筑周边环境、新建建筑的定位尺寸与标高等。

主要制作步骤

(1) 设置图层。

(2) 插入光栅图像，如图10-54所示。

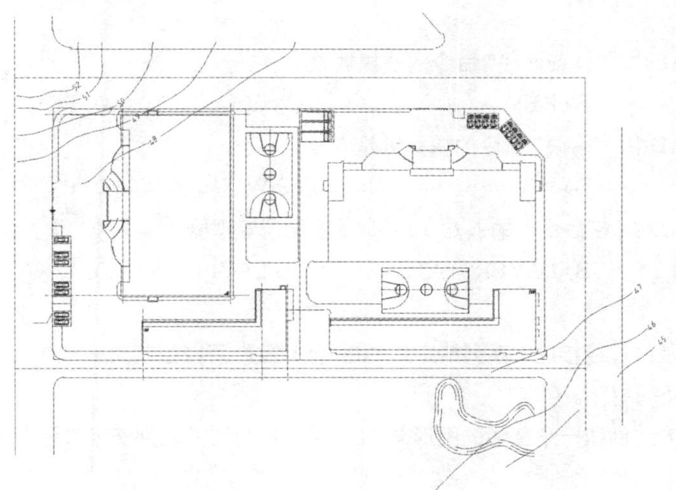

图10-54　平面图的原图

(3) 运用“样条曲线”、“直线”、“多段线”、“圆”等命令，以及“偏移”、“复制”、“修剪”等修改命令，依据底图绘制建筑总平面图。效果如图10-55所示。

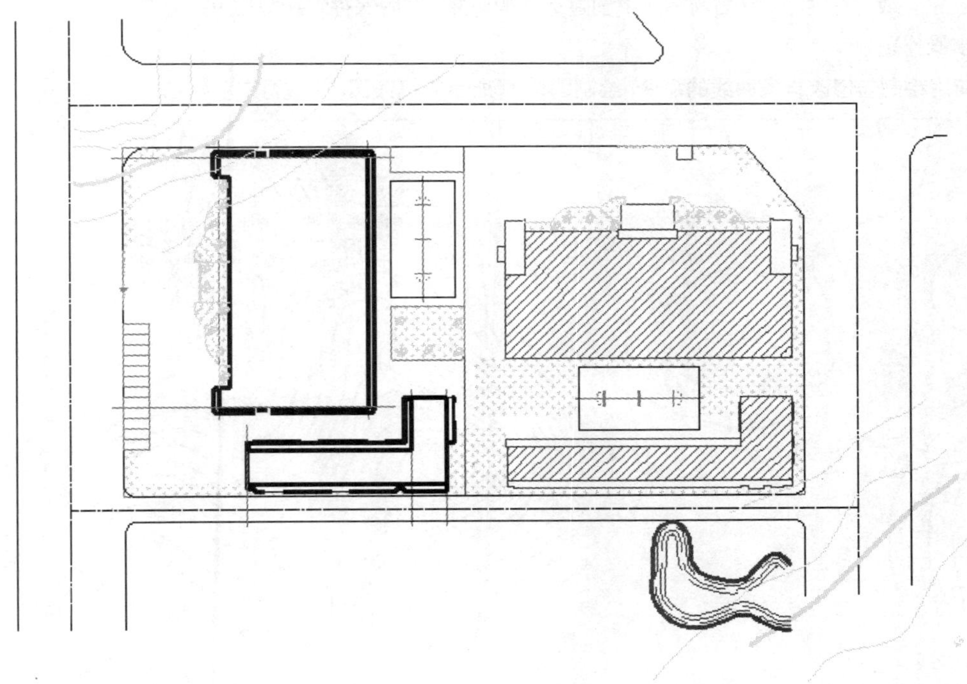

图10-55　建筑总平面图

(4) 添加尺寸标注及文字标注，绘制风向玫瑰图。

课后作业

1. 选择题

(1) 在AutoCAD中，“样条曲线”命令的快捷键是（ ）。

A) SPL　　B) REV　　C) ELL　　D) POL

(2) 在AutoCAD中，“写块”命令的快捷键是（ ）。

A) B　　B) V　　C) W　　D) P

(3) 在AutoCAD中，在命令行输入（ ），可以调出图层管理器。

A) LAYERP　　B) LAYERSTATE　　C) LAYER　　D) LINETYPE

2. 判断题

(1) 样条曲线是经过或接近一系列给定点的锯齿形曲线，可以控制曲线与点的拟合程度。（ ）

(2) 样条曲线不可封闭。（ ）

(3) 使用任一方法创建一个普通的图形文件，它可以作为块插入到任何其他图形文件中。（ ）

3. 填空题

(1) 公差表示样条曲线拟合所指定的拟合点集时的拟合精度。公差越___________，样条曲线与拟合点越接近。

(2) 使用样条曲线编辑器可以拟合数据、___________、移动定点、细化、反转样条曲线。

(3) 有两种创建图形文件的方法：使用___________或___________创建并保存整个图形文件。使用________或_________从当前图形中创建选定的对象，然后保存到新图形中。

4. 操作题

使用绘制与修改样条曲线的命令，绘制图10-56所示等高线图，并进行文字标注。

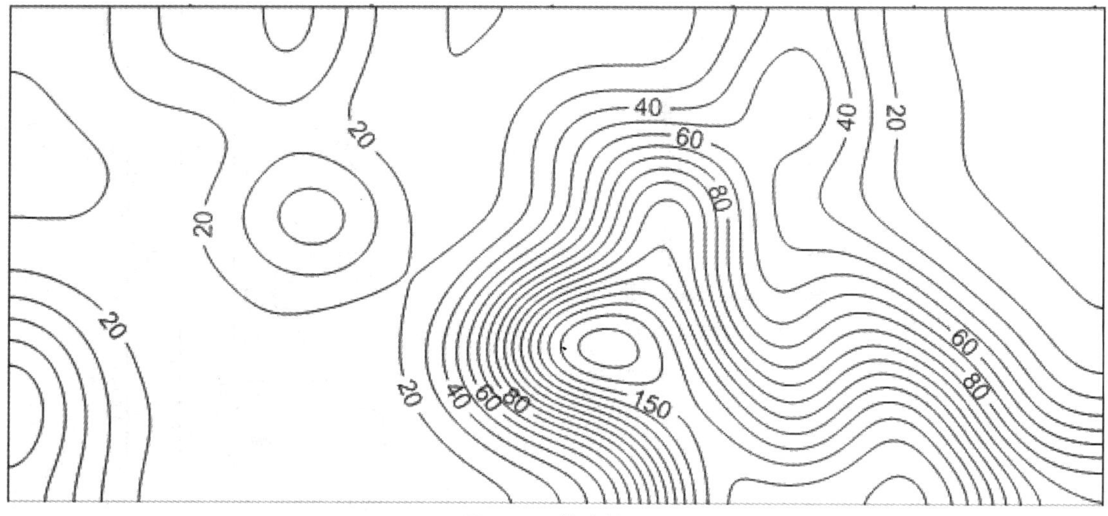

图10-56　等高线图

模块 11

住宅楼模型
——绘制三维图形

● 能力目标

1．能够随意转换视图
2．能够将二维图形转换为三维图形
3．能够为绘制好的模型添加材质

● 软件知识目标

1．掌握视图的设置技巧
2．掌握三维实体建模的基本作图方法
3．掌握材质的添加和渲染方法

● 专业知识目标

了解建筑的基本层高和楼板的厚度

● 课时安排

8课时（讲课4课时，实践4课时）

模拟制作任务

任务一　绘制住宅楼模型

任务背景

室外建筑物是建筑设计最主要的对象，它要求设计者在满足功能需求的同时，对造型进行合理的创意设计。在整个设计的过程中，AutoCAD作为必不可少的设计工具，主要用来建立建筑物的模型。本章将通过绘制一个住宅楼的三维模型，介绍AutoCAD绘制建筑模型的基本概念和绘图技巧，增强三维绘图的能力。

任务要求

结合平面图和立面图，简单绘制一个初级模型，将建筑的凹凸变化、门窗位置等各个元素表示清楚，并将其添加真实材质。

任务分析

建筑三维模型展示了建筑的立体构架，与建筑立面图和剖面图有很大的不同，三维模型主要是反映建筑的立体结构，如图11-1所示。但三维模型的绘制过程与立面图和剖面图的绘制过程基本是一样的，也是从底层图形的绘制开始，然后逐渐往上绘制，最后绘制屋顶。很多情况下三维模型是不对称的，故每个构架都需要分别绘制，但相同的构架或相似的三维模型可以通过复制得到，这样可以节省大量的时间。

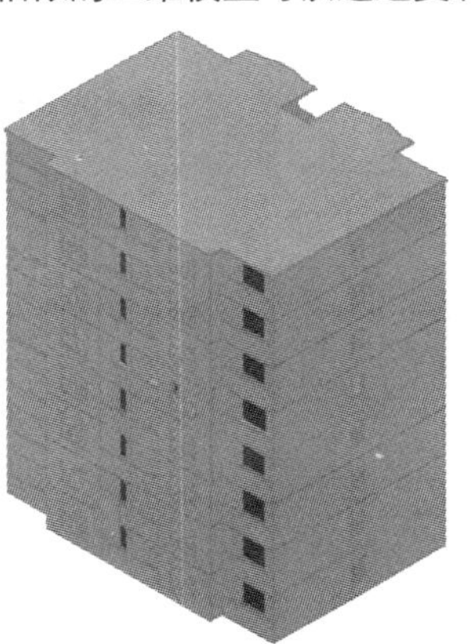

图11-1　建筑物模型效果图

本案例的重点、难点

绘制三维模型和添加材质。

【技术要领】绘图环境的技巧、长方体、差集、制作材质。
【解决问题】利用已有平面图简单绘制三维模型。
【应用领域】建筑设计。
【素材来源】素材/模块11/任务一/住宅楼模型.dwg。

操作步骤详解

整理图纸

❶ 启动AutoCAD 2012，打开本书配套“素材/模块07/任务一/首层平面图.dwg”文件。将墙体图层锁定，删除视图中的其他元素，再将墙体图层解锁，只留其中一个户型的墙体，将剩下的部分分解和修改，依次单击选择“修改”>“对象”>“多段线”命令，将所有的线段转换为多段线，并选择“文件”>“图形实用程序”>“清理”命令，将没有使用的图层删除，完成效果如图11-2所示。

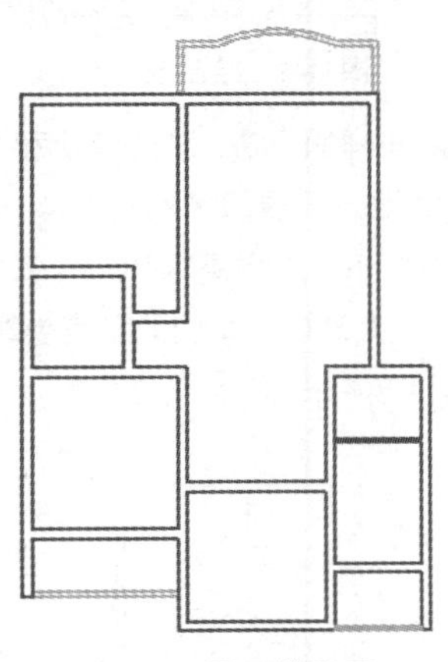

图11-2 平面效果图

❷ 在菜单栏中选择“视图” >“视口” >“新建视口”命令，打开“视口”对话框，在“新名称”文本框内输入“三维视口”，然后在“标准视口” 列表框内选择“四个：相等”选项，再在“设置”下拉列表框内选择“三维”选项，最后在“预览”窗口内选择左上角的视图，将其设置为俯视图，视觉样式选择“二维线框”，将右上角的视图设置为主视，视觉样式选择“二维线框”，将左下角的视图设置为左视图，视觉样式选择“二维线框”，将右下角的视图设置为东南等轴测，视觉样式选择“概念”，单击“确定”按钮，退出“视口”对话框。[01]

❸ 打开“图层特性管理器”面板，在面板内单击“新建图层”按钮，将新建的图层命名为“楼板”，颜色设置为34号色。再新建5个图层：“楼顶”层，颜色设置为102号色；“楼梯”层，颜色设置为洋红；“墙体”层，颜色设置为蓝色；“阳台”层，颜色设置为50号色；“轴线”层，颜色设置为红色。最后单击“确定”按钮完成涂层设置，如图11-3所示。

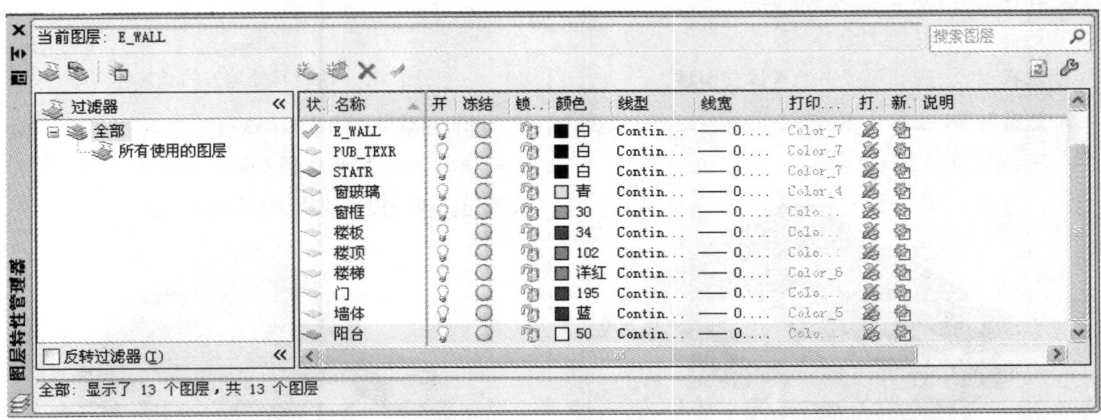

图11-3 图层设置

创建墙体模型

❹ 将“墙体”层设为当前层，再单击“轴线”层前面的黄色灯泡，将其关闭，调用“拉伸”命令，选

择步骤❶编辑成多段线的线段，将其向上拉伸3000mm，命令执行过程如下。

命令: extrude

当前线框密度: ISOLINES=4

选择要拉伸的对象: 指定对角点: 找到 12 个

选择要拉伸的对象: 指定对角点: 找到 2 个，删除 2 个，总计 10 个

指定拉伸的高度或 [方向(D)/路径(P)/倾斜角(T)] <177.0405>: 3000

完成效果如图11-4所示。

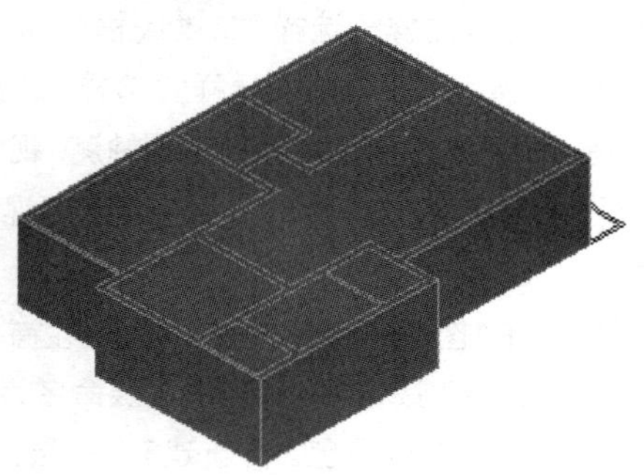

图11-4 拉伸墙体

❺ 在菜单栏中选择“修改”>“实体编辑”>“差集”命令，用墙体外线拉伸成的实体减去里面墙线拉伸成的实体，将模型进行差集操作，差集后的效果如图11-5所示。

命令: subtract

选择要从中减去的实体或面域...

选择对象: 找到 1 个

选择对象: 选择要减去的实体或面域 ..

选择对象: 找到 8 个，总计 8 个

完成效果如图11-5所示。

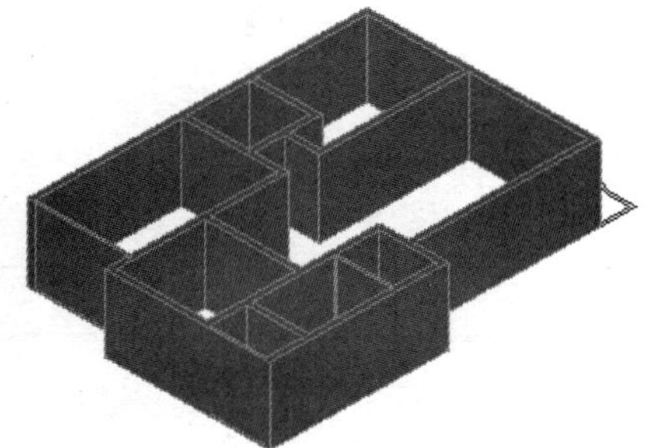

图11-5 差集操作

❻ 调用“长方体”命令，在俯视图上捕捉A点，绘制一个长为1000mm、宽为300mm、高为2000mm的长方体。调用“移动”命令，将刚绘制的长方体向上移动350mm，向左移动275mm，命令执行过程如下。

命令: box

指定第一个角点或 [中心(C)]:

指定其他角点或 [立方体(C)/长度(L)]: @300,1000,2000

完成效果如图11-6所示。

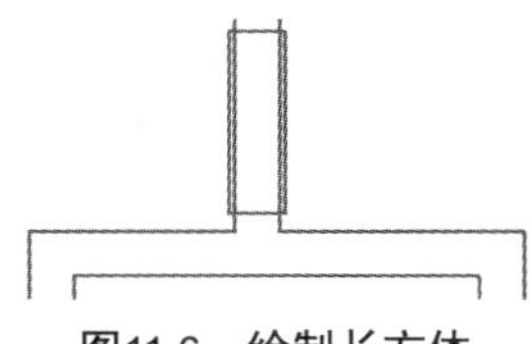

图11-6 绘制长方体

❼ 使用同样的方法，根据模块7的“首层平面图”绘制其他地方代表门窗的长方体，其中卫生间的窗高为1500mm，距地高900mm，其他的窗高为1800mm，距地高500mm，门的高度为2000mm。完成效果如图11-7所示。

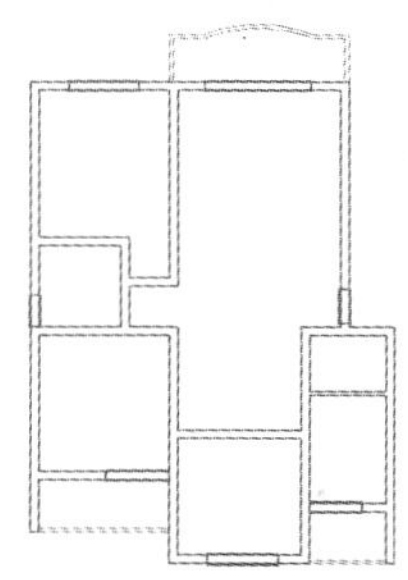

图11-7 绘制其他地方的长方体

❽ 在菜单栏中选择“修改”>“实体编辑”>“差集”命令，用墙体模型减去刚绘制的长方体，修剪出门窗洞口的效果，如图11-8所示。

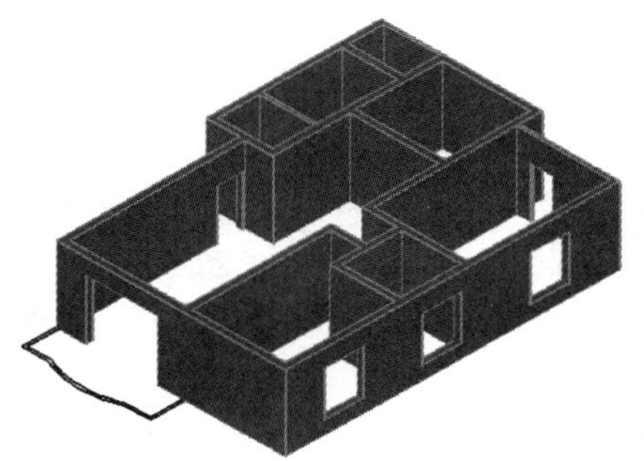

图11-8 门窗洞口

绘制阳台

❾ 将“阳台”图层设为当前层，调用“拉伸”命令，将刚才绘制的两条多段线向上拉伸1200mm，拉伸后的效果如图11-9所示。

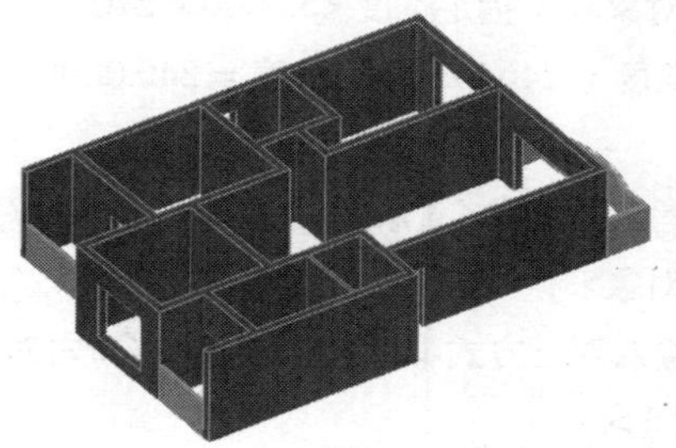

图11-9　拉伸阳台

创建楼梯

❿ 将“楼梯”图层设为当前层，激活左视图，调用“多段线”命令，打开“正交”模式，捕捉A点为起点，先绘制一条长为370mm的直线，再绘制楼梯，楼梯级步高为162mm，宽为280mm，如图11-10所示。

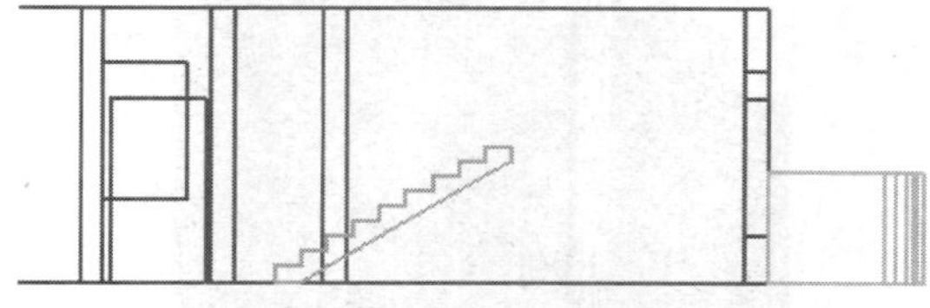

图11-10　绘制楼梯

⓫ 继续调用“多段线”命令，捕捉B点为起点，绘制另一侧的楼梯，楼梯级步高为162mm，宽为280mm，选择菜单栏中的“修改” >“三维操作” >“三维移动”命令，选择刚刚绘制的多段线，将其在Z轴上移动1180mm，如图11-11所示。

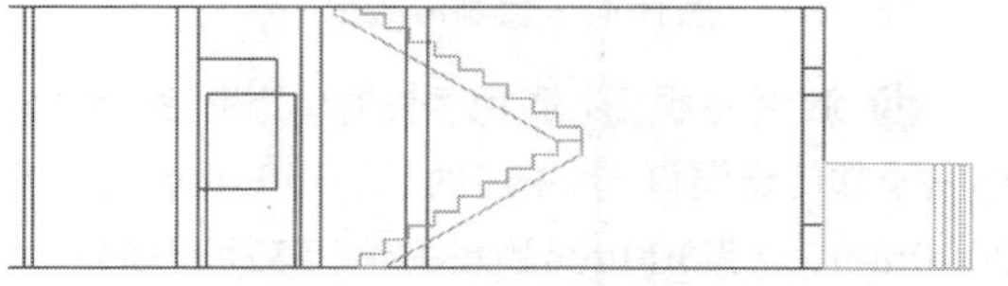

图11-11　绘制另一侧楼梯

⓬ 激活东南等轴测视图，调用“拉伸”命令，将两条多段线拉伸，下面一条多段线的拉伸高度为−1180mm，上面一条多段线的拉伸高度为1180mm，完成效果如图11-12所示。

图11-12　拉伸楼梯

⓭ 激活俯视图，选择除楼梯以外的所有对象，将其沿楼梯中线镜像，调用“长方体”命令，以A点为起点绘制一个长为2360mm、宽为1500mm、高为100mm的长方体，激活左视图，调用“移动”命令，调整刚绘制的长方体的位置，如图11-13所示。

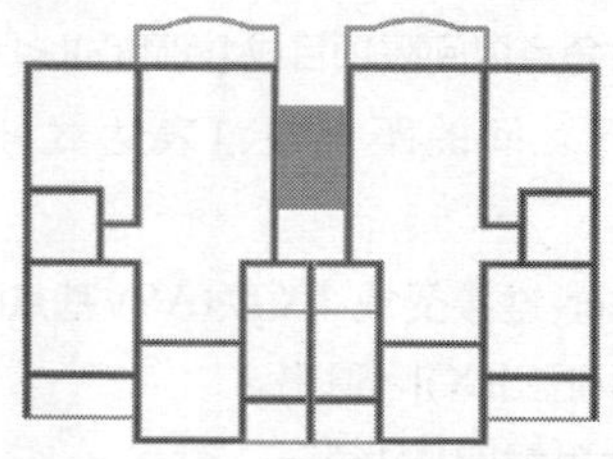

图11-13　绘制楼梯板

创建楼板

⓮ 将“楼板”图层设为当前层，激活俯视图，调用“多段线”命令，沿墙体的外线绘制一条多段线，如图11-14所示。

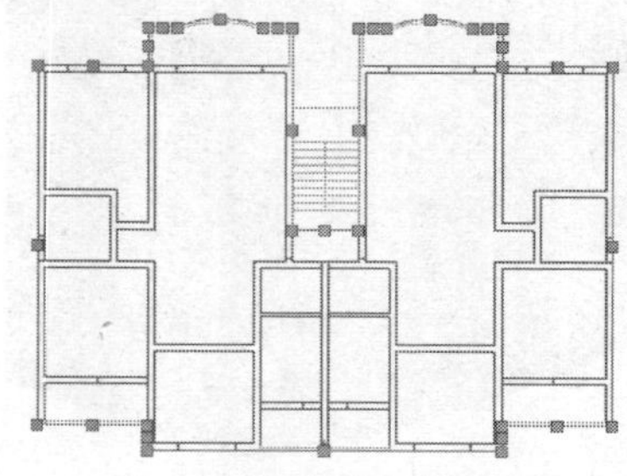

图11-14　绘制多段线

⓯ 调用“拉伸”命令，将刚绘制的多段线沿Y轴的反方向拉伸80mm，效果如图11-15所示。

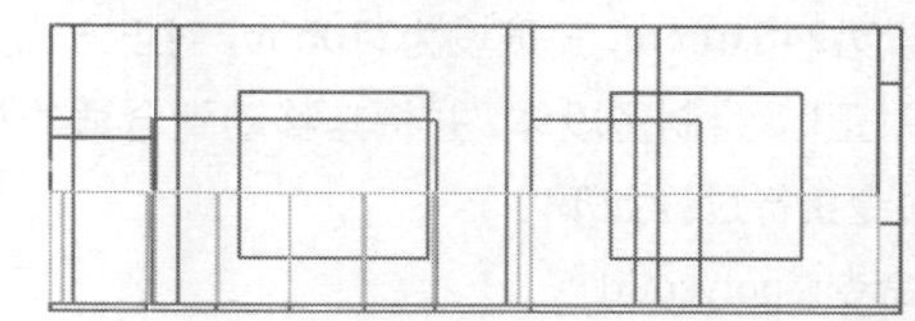

图11-15　拉伸楼板

创建墙体模型

⑯ 激活左视图，将所有对象选中，单击“修改” >“阵列”命令，根据命令行提示设置参数，命令执行过程如下。

命令: array 找到 1 个

输入阵列类型 [矩形(R)/路径(PA)/极轴(PO)] <矩形>: r

类型 = 矩形，关联 = 是

为项目数指定对角点或 [基点(B)/角度(A)/计数(C)] <计数>: c

输入行数或 [表达式(E)] <4>: 8

输入列数或 [表达式(E)] <4>: 1

指定对角点以间隔项目或 [间距(S)] <间距>: s

指定行之间的距离或 [表达式(E)] <1>: 3080

按 Enter 键接受或 [关联(AS)/基点(B)/行(R)/列(C)/层(L)/退出(X)] <退出>:

完成效果如图11-16所示。

图11-16　阵列完成效果

⑰ 将“墙体”层设为当前层，为楼梯北面添加墙体。调用面板中的“多段体”命令，将多段体的高度设为24640mm，宽度设为240mm，对正方式为“左对正”，绘制多段体，并将其移动到合适的位置，命令执行过程如下。

命令: polysolid

高度 = 80.0000，宽度 = 5.0000，对正 = 居中

指定起点或 [对象(O)/高度(H)/宽度(W)/对正(J)] <对象>: h 指定高度 <80.0000>: 24640 高度 = 24640.0000，宽度 = 5.0000，对正 = 居中

指定起点或 [对象(O)/高度(H)/宽度(W)/对正(J)] <对象>: w 指定宽度 <5.0000>: 240

高度 = 24640.0000，宽度 = 240.0000，对正 = 居中

指定起点或 [对象(O)/高度(H)/宽度(W)/对正(J)] <对象>: j

输入对正方式 [左对正(L)/居中(C)/右对正(R)] <左对正>: r

高度 = 24640.0000，宽度 = 240.0000，对正 = 右对齐

指定起点或 [对象(O)/高度(H)/宽度(W)/对正(J)] <对象>:

指定下一个点或 [圆弧(A)/放弃(U)]:

完成效果如图11-17所示。

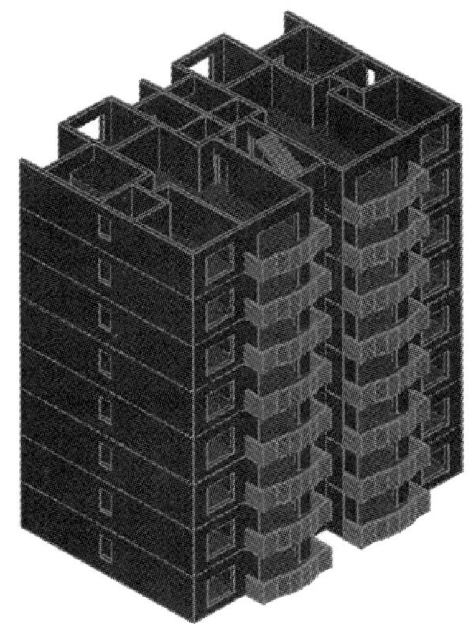

图11-17　绘制多段体

⑱ 激活主视图，调用“长方体”命令，为楼梯间添加门窗洞口，其中门的长为1800mm、宽为2000mm、高为300mm的长方体，移动到墙体的中间位置；捕捉二层楼板的顶点，绘制一个长为1200mm、宽为1500mm、高为300mm的长方体，作为窗洞口，沿X轴向上移动600mm，Y轴移动1200mm，Z轴移动−270mm，移动到合适的位置。完成效果如图11-18所示。

图11-18 绘制长方体

⑲ 选择窗户长方体，调出“阵列”命令，在命令行中设置阵列的参数，然后调用“差集”命令，裁剪出门窗洞口，命令执行过程如下所示。

命令: array 找到 1 个

输入阵列类型 [矩形(R)/路径(PA)/极轴(PO)] <矩形>: r

类型 = 矩形 关联 = 是

为项目数指定对角点或 [基点(B)/角度(A)/计数(C)] <计数>: c

输入行数或 [表达式(E)] <4>: 7

输入列数或 [表达式(E)] <4>: 1

指定对角点以间隔项目或 [间距(S)] <间距>: s

指定行之间的距离或 [表达式(E)] <1>: 3080

按 Enter 键接受或 [关联(AS)/基点(B)/行(R)/列(C)/层(L)/退出(X)] <退出>:

完成效果如图11-19所示。

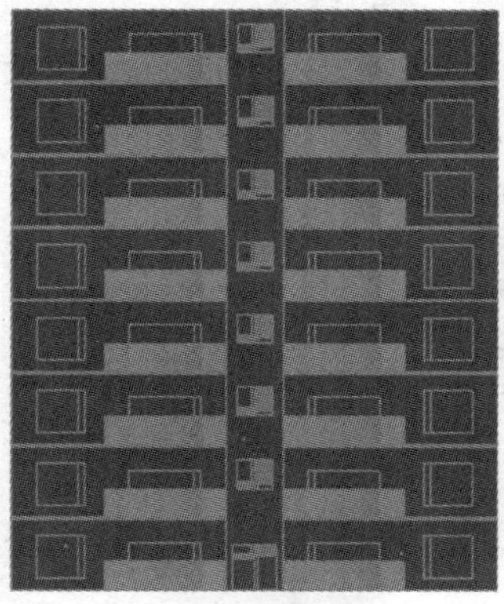
图11-19 阵列效果

创建楼顶

⑳ 将“楼顶”图层设为当前层，激活俯视图，调用“多段线”命令，在俯视图上沿墙体的外线绘制如图11-20所示的多段线。调用“偏移”命令，将多段线向外偏移100mm，完成效果如图11-20所示。

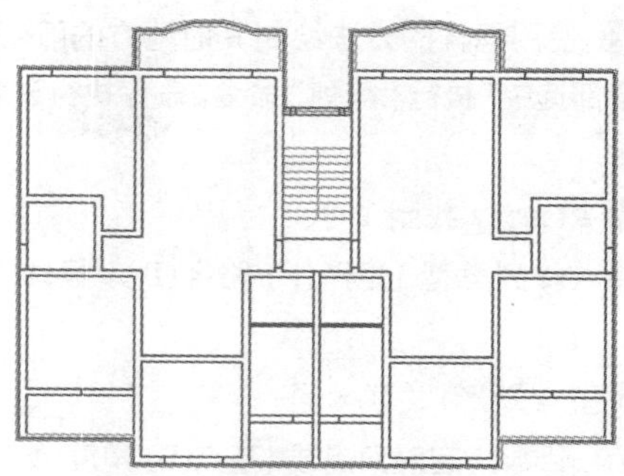
图11-20 绘制楼顶多段线

㉑ 将原来绘制的多段线删除，留下偏移后的多段线，调用“拉伸”命令，将其沿Y轴拉伸100mm；调用“移动”命令，将拉伸后的多段线移至楼体顶部，如图11-21所示。

图11-21 拉伸楼顶

创建门窗

㉒ 楼体的大体轮廓已经创建完成，接着创建门和窗。将“门”图层设置为当前层，激活主视图，调用“长方体”命令，捕捉门的两个对角点，确定其长宽，再输入高度值50mm。激活俯视图，调用“移动”命令，将刚绘制的长方体移至图所示的位置，完成效果如图11-22所示。

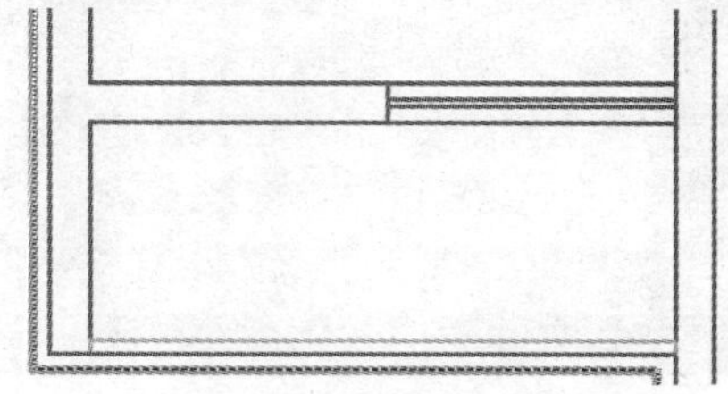
图11-22 绘制长方体

㉓ 使用同样的方法绘制其他地方的门，然后将其全部选中，执行“阵列”命令，命令执行过程如下所示。

命令: array 找到 1 个

输入阵列类型 [矩形(R)/路径(PA)/极轴(PO)] <矩形>: r

类型 = 矩形 关联 = 是

为项目数指定对角点或 [基点(B)/角度(A)/计数(C)] <计数>: c

输入行数或 [表达式(E)] <4>: 8

输入列数或 [表达式(E)] <4>: 1

指定对角点以间隔项目或 [间距(S)] <间距>: s

指定行之间的距离或 [表达式(E)] <1>: 3080

按 Enter 键接受或 [关联(AS)/基点(B)/行(R)/列(C)/层(L)/退出(X)] <退出>:

完成效果如图11-23所示。

图11-23 门的阵列效果

㉔ 调用“长方体”命令，为楼梯间绘制门，同样捕捉门的两个对角点，输入高度值为50mm，移动到合适的位置，完成效果如图11-24所示。

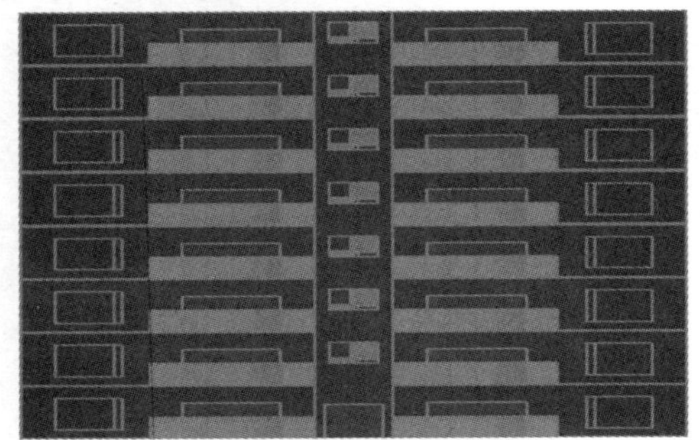

图11-24 绘制楼梯间的门

㉕ 将“窗玻璃”图层设置为当前层，激活主视图，捕捉窗的对角点，确定其长宽，再输入高度值5mm；激活俯视图，调用“移动”命令，将刚绘制的长方体移至如图11-25所示的位置。

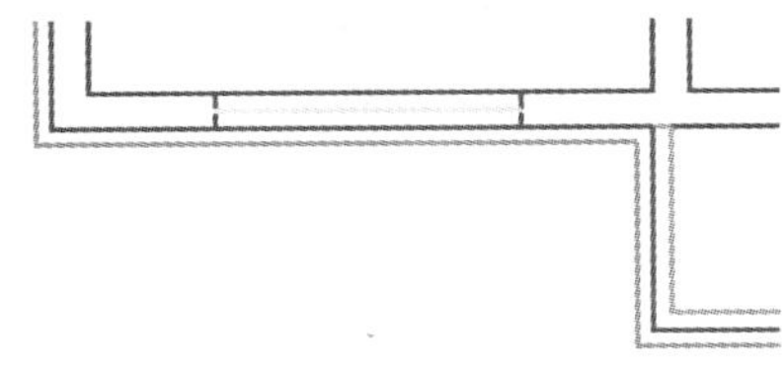

图11-25 绘制窗户

㉖ 将“窗框”图层设置为当前层，激活主视图，调用“矩形”命令，捕捉窗玻璃的两个对角点，绘制一个长为1500mm、宽为1200mm的矩形，调用“偏移”命令，将刚绘制的矩形向内偏移50mm，激活俯视图，将窗框移动到墙体的中心位置，如图11-26所示。

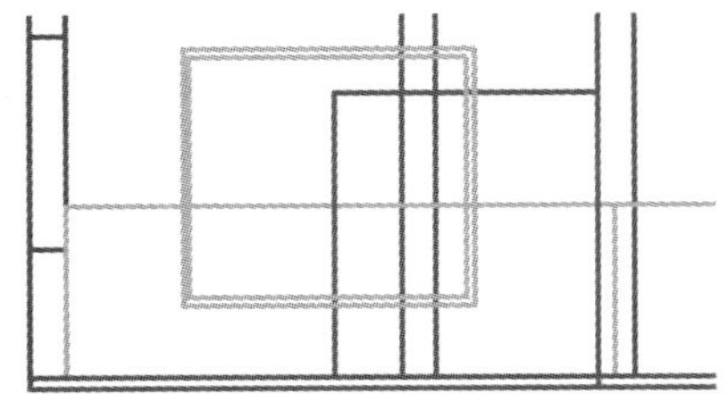

图11-26 绘制矩形并偏移

㉗ 调用“拉伸”命令，将两个矩形拉伸50mm，在面板中选择“差集”命令，用拉伸后外面的矩形减去里面的矩形，完成效果如图11-27所示。

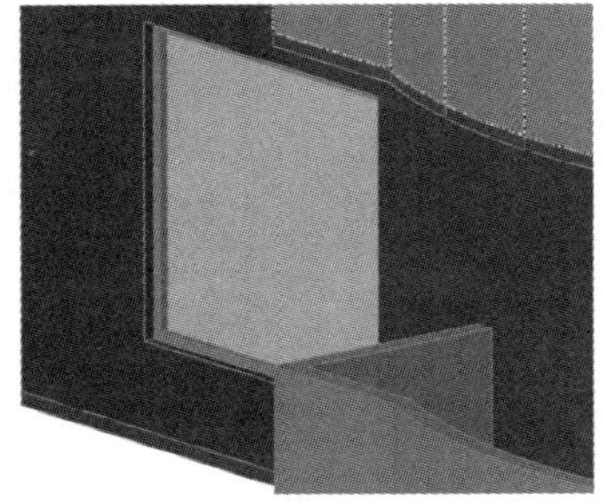

图11-27 绘制窗框

㉘ 调用“长方体”命令，在主视图上绘制两个长方体，一个长为1400mm，宽为50mm，高为50mm；另一个长为50mm，宽为1100mm，高为50mm。调用“移动”命令，调整两个长方体的位置，如图11-28所示。

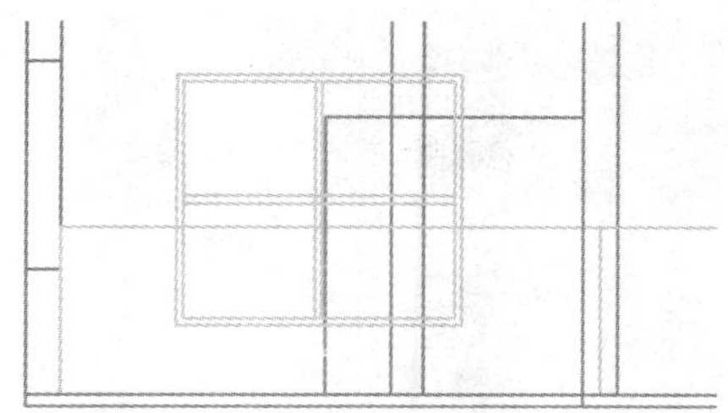

图11-28　绘制窗框分隔栏

㉙ 将此窗户复制到其他的与之大小相同的窗口中，然后调用“阵列”命令，设置参数为8行1列，行偏移距离为3080mm，完成效果如图11-29所示。

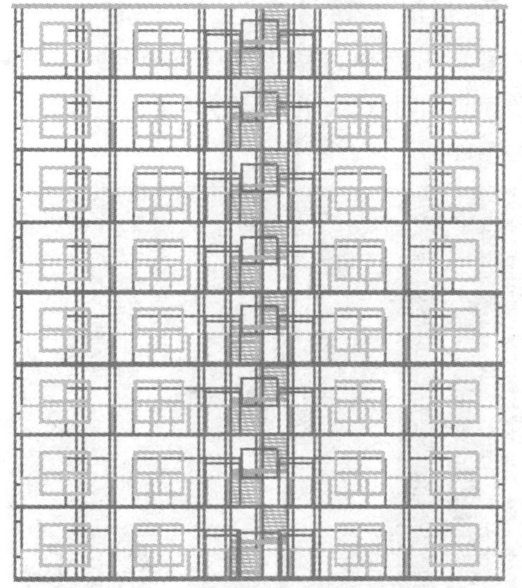

图11-29　复制到其他位置的窗户

㉚ 运用同样的方法为楼梯间绘制窗户，如图11-30所示。

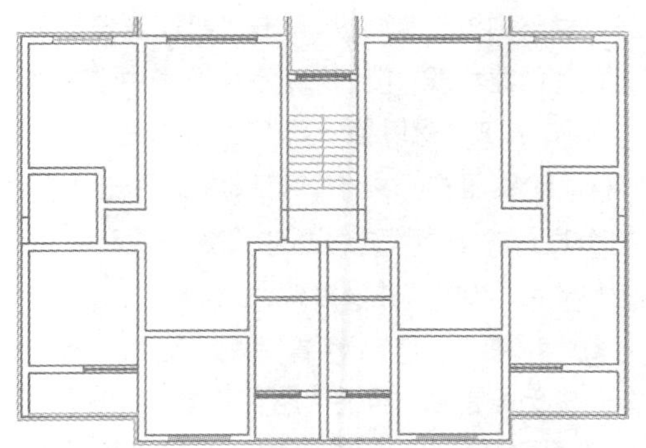

图11-30　绘制楼梯间的窗户

㉛ 选中刚刚绘制的窗户，将其阵列，设置参数为7行1列，行偏移距离为3080mm，完成效果如图11-31所示。

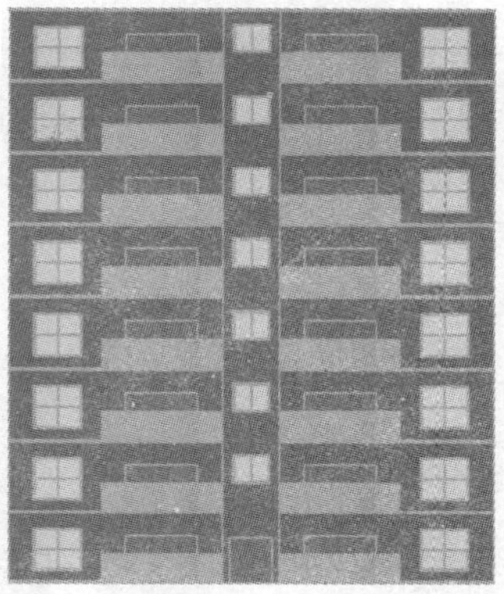

图11-31　阵列效果

㉜ 使用同样的方法，绘制建筑物两个侧面的窗户，完成效果如图11-32所示。

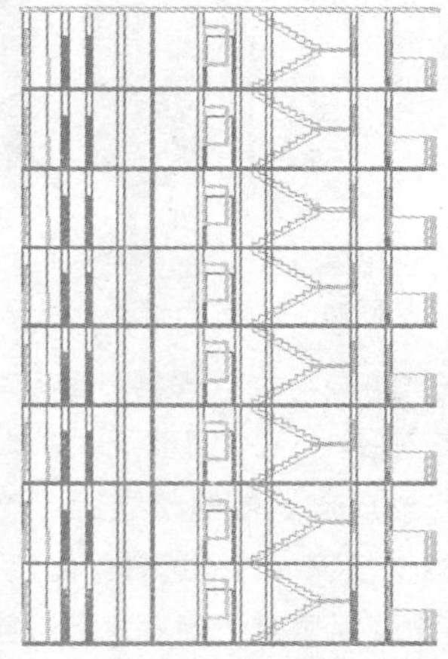

图11-32　绘制侧面窗户

㉝ 住宅楼模型绘制完成的效果如图11-33所示。

图11-33　住宅楼模型制作完成效果

赋予材质

㉞ 单击“渲染”面板上的“材质”控制台，单击“材质浏览器”按钮，打开“材质浏览器”面板，单击“材质浏览器”面板上的“创建材质”按钮，在下拉列表中选择“玻璃”选项，打开“材质编辑器”面板，设置颜色参数为（214，233，255），如图11-34所示。

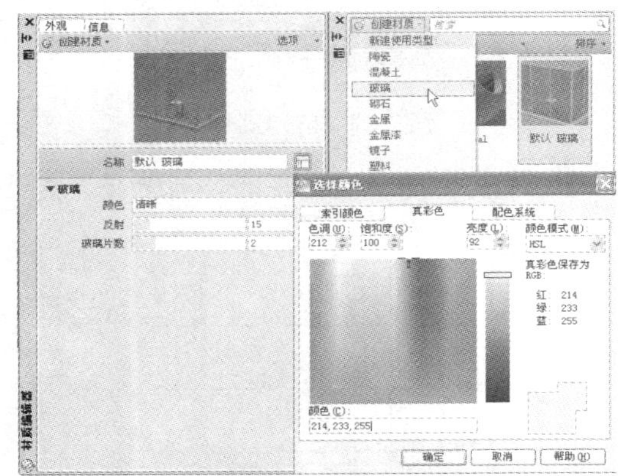

图11-34　选择材质

㉟ 打开“图层特性管理器”面板，将“窗玻璃”层设为当前层，再将“窗玻璃”层以外的图层全部关闭。在材质浏览器的材质上，单击鼠标右键，在弹出的快捷菜单中，选择“指定给当前选择”命令，将玻璃材质赋予到对象上。接着将东南等轴测视图的视觉样式改为“真实”，再将刚才关闭的图层打开，效果如图11-35所示。

图11-35　赋予玻璃材质

㊱ 单击材质控制台上的“材质浏览器”按钮，打开“材质浏览器”面板，单击“材质浏览器”面板上的“创建材质”按钮，在下拉列表中选择“金属漆”选项，打开“材质编辑器”面板，设置颜色为白色，如图11-36所示。

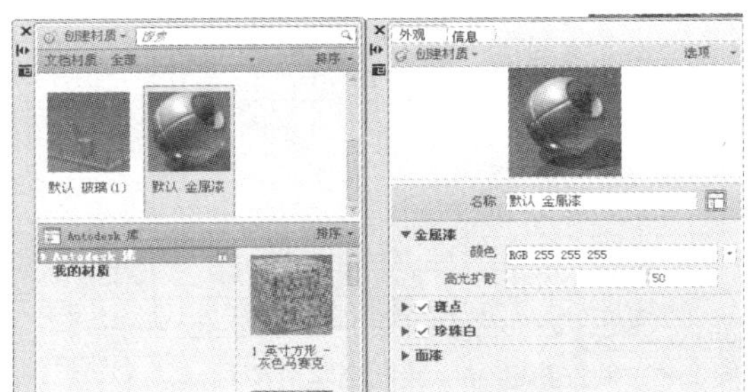

图11-36　制作“金属漆”材质

㊲ 打开“图层特性管理器”面板，将“窗框”层设为当前层，再将“窗框”层以外的图层全部关闭。在材质浏览器的材质上，单击鼠标右键，在弹出的菜单中，选择“指定给当前选择”命令，将窗框材质赋予到对象上，再将刚才关闭的图层打开，效果如图11-37所示。

图11-37　赋予窗框材质

㊳ 单击材质控制台上的“材质浏览器”按钮，打开“材质浏览器”面板，单击“材质浏览器”面板上的“创建材质”按钮，在下拉列表中选择“砌石”选项，打开“材质编辑器”面板，单击图片，打开“材质编辑器打开文件”对话框，选择图11-38所示的图片，在“比例”选项区中设置高度和高度的样例尺寸为“300”，并设置颜色。

㊴ 打开“图层特性管理器”面板，将“墙体”层设为当前层，再将“墙体”层和“阳台”层以外的图层全部关闭。在材质浏览器的材质上，单击鼠标右键，在弹出的菜单中选择“指定给当前选择”命令，将墙体材质赋予到对象上，再将刚才关闭的图层打开。

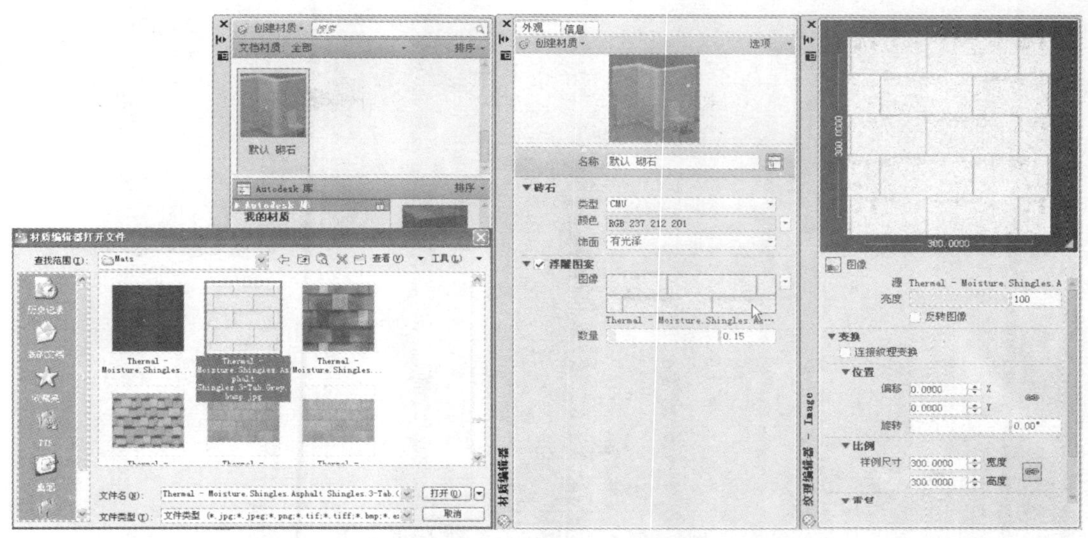

图11-38　创建墙体材质

㊵ 单击材质控制台上的“材质浏览器”按钮，打开“材质浏览器”面板，单击“材质浏览器”面板上的“创建材质”按钮，打开“材质编辑器”面板，在“名称”文本框内输入“楼顶”，为该材质命名，将“颜色”显示窗中的颜色设置为(249, 197, 159)，将此材质赋予楼顶对象，如图11-39所示。

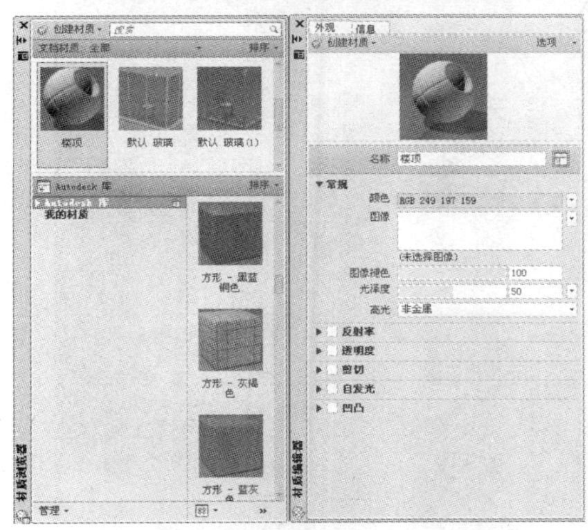

图11-39　设置楼顶材质

㊶ 单击材质控制台上的“材质浏览器”按钮，打开“材质浏览器”面板，单击“材质浏览器”面板上的“创建材质”按钮，在下拉列表中选择“木材”选项，打开“材质编辑器”面板，将此材质赋予门对象，如图11-40所示。

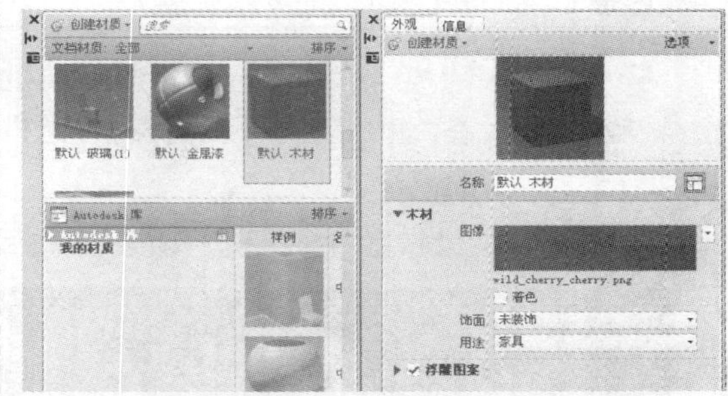

图11-40　设置门的材质

㊷ 打开“创建材质”对话框。在“名称”文本框内输入“楼板”，为该材质命名，单击“确定”按钮，创建一个新材质。将“颜色”显示窗中的颜色设置为(150, 150, 150)，完成楼板材质的设置，并将此材质赋予楼板对象，如图11-41所示。

图11-41　设置楼板材质

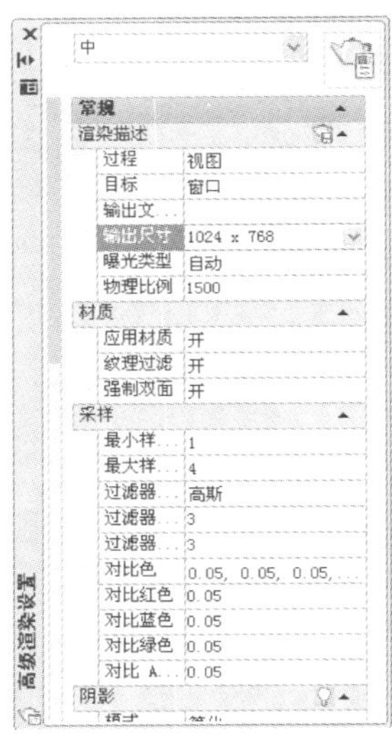

图11-42 “高级渲染设置”对话框

渲染图形

㊸ 材质设置完成，接着对模型进行渲染。单击渲染控制台上的“高级渲染设置”按钮，打开“高级渲染设置”面板。在“输出尺寸”下拉列表框中选择“1024×768”选项，将“过程”设置为“视图”，如图11-42所示。

㊹ 单击“渲染”按钮，对视图进行渲染，完成后的效果如图11-43所示。

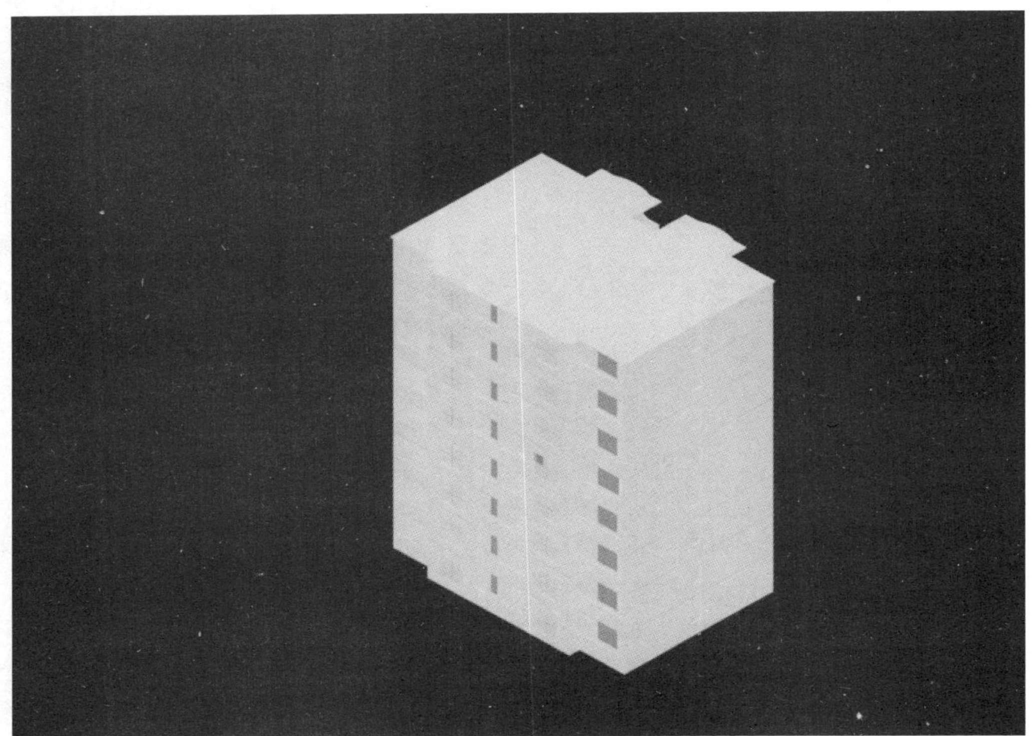

图11-43　渲染完成的建筑效果图

知识点拓展

01 视觉样式

在AutoCAD 2012中，视觉样式类型提供5种默认视觉样式。

（1）二维线框：显示用直线和曲线表示边界的对象，光栅和OLE 对象、线型和线宽均可见。

（2）三维线框：显示用直线和曲线表示边界的对象。

（3）三维隐藏：显示用三维线框表示的对象并隐藏表示后向面的直线。

（4）真实：着色多边形平面间的对象，并使对象的边平滑化，将显示已附着到对象的材质。

（5）概念：着色多边形平面间的对象，并使对象的边平滑化。着色使用古氏面样式，一种冷色和暖色之间的过渡而不是从深色到浅色的过渡。效果缺乏真实感，但是可以更方便地查看模型的细节。

02 拉伸①

拉伸的方式有两种：垂直拉伸，即同时可输入拔模角度;以扫掠的方式拉伸，此时扫掠的轨迹线可以在端点处不和剖面垂直，但不可位于同一平面内。

如创建图11-44 (a)所示的长方形可直接拉伸。选定长方形，输入高度260，按“Enter”键，可输入拔模角度，亦可直接按“Enter”键，则拉伸后的实体如图11-44 (b)所示。

（a）　　　　（b）

图11-44　拉伸长方体

以扫掠方式拉伸实例如下。先利用圆命令“c”产生一个圆；然后输入“UCS”，变换坐标系，将“Y”轴旋转90°；再绘制一条样条曲线(样条曲线起点的切线无须与圆面垂直)。绘制图11-45(a)所示的图形，以选定的轨迹线作为拉伸的路径，如图11-45 (b)所示，选定圆形作为拉伸的对象，样条曲线作为拉伸的轨迹。最终产生如图11-45(c)所示的实体。注意没轨迹线拉伸时，圆面始终垂直于

①技巧

启用拉伸命令的方法有以下几种。

- 在命令行里输入“EXT”。
- 在菜单栏中单击“插入(I)”>“块(B)”命令。

①易错点

拉伸对象的建立：拉伸的对象必须是闭合的，如面域、闭合的多义线和样条曲线、长方形、圆等。

①技巧

拉伸的方向和方式：垂直时，沿Z轴正负方向都可；扫掠时，沿轨迹线方向。

样条曲线上任何一点的切线，如图11-45 (b)所示。

命令： extrude

当前线宽密度：ISOLINES=4

选择对象：指定对角点：找到1个

指定拉伸高度或【路径（P）】：P

选择拉伸路径或【倾斜角】：

轮廓垂直于路径。

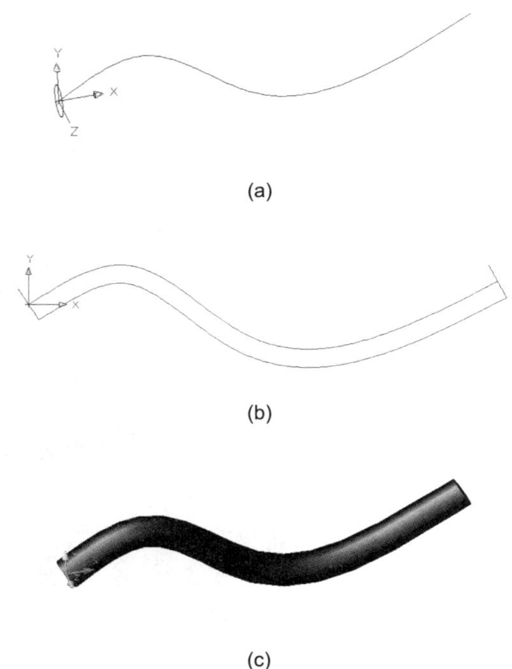

图11-45　路径拉伸实例

03 差集

在三维绘图中，复杂的实体往往不能一次生成，一般都是由相对简单的实体通过布尔运算组合而成的。布尔运算就是对多个三维实体进行求并、差和交的运算，使它们进行组合的过程。

(1) 并集运算[②]可以将多个实体组合生成一个新实体。该运算主要用于将多个相交或相接触的对象组合在一起。

(2) 差集运算[③]可以通过从一个（或多个）实体中减去另一个（或多个）实体而生成一个新的实体。

(3) 交集运算[④]就是将两个或两个以上三维实体的公共部分组合形成一个新的三维实体，而非公共部分被删除。

②技巧

启用并集命令的方法有以下几种。

- 在菜单栏中选择“修改”>“实体编辑”>“并集”命令。
- 在工具栏中单击“并集”命令。
- 在命令行中输入“UNI”(UNION的缩写)。

③技巧

启用差集命令的方法有以下几种。

在菜单栏中选择“修改”>“实体编辑”>“差集”命令。

在工具栏中单击“差集”命令。

在命令行中输入“SU”(SUBTRACT的缩写)。

③提示

此命令是先选择要保留的那个对象，确定后再选择要减去的对象。

④技巧

启用交集命令的方法有以下几种。

- 在菜单栏中选择“修改”>“实体编辑”>“交集”命令。
- 在工具栏中单击“交集”命令。
- 在命令行中输入“IN”(INTERSECT的缩写)。

④提示

此命令使用时必须是两个相交的对象，并且要同时选择这两个对象才能正确运算。

04 渲染⑤

通过选择菜单栏中“视图”>“渲染”>“渲染环境”命令，可以在渲染时为图像增加雾化效果。执行此命令时，系统将打开“渲染环境”对话框，如图11-46所示。在“启用雾化”下拉列表框中选择“开”选项后，可以利用该对话框来设置相关参数，如图11-47所示。

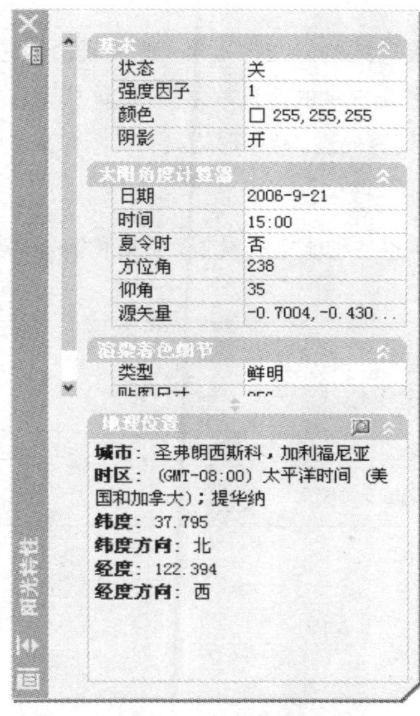

图11-46 “渲染环境”对话框

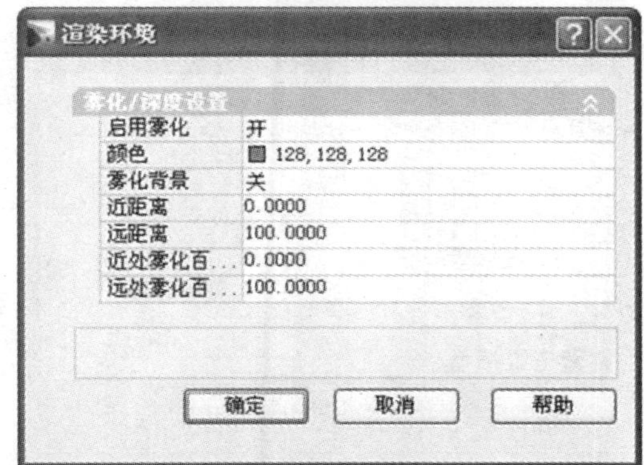

图11-47　雾化设置

⑤注意

消隐和改变视觉样式虽然能够改善三维实体的外观效果，但是与真实的物体还是有一定的差距，这是因为缺少真实的表面纹理、色彩、阴影、灯光等要素。通过给物体赋予材质，为场景布置灯光，然后渲染视图能够使三维图形的显示更加逼真。

⑤技巧

启用渲染命令的方法有以下几种。

- 在菜单栏中单击“视图”>“渲染”命令，然后选择菜单中的各子菜单项。
- 单击“渲染”工具栏中的各个工具。

实践部分 （4课时）

任务二 绘制别墅三维模型

任务背景

在建筑设计后期阶段，往往需要更多的信息，如建筑结构的立体形态，建筑表面颜色、纹理等。在AutoCAD中具有一套完整的三维造型解决方案，可以制作出复杂的建筑效果图。实体模型包括了线、面、体的全部信息，用户可以对三维实体进行打孔、挖槽等布尔运算处理，从而形成具有实际意义的物体模型。

任务要求

本任务是由一个空白图纸开始绘制的，在绘制时注意各种比例的设置，使其和谐、美观、大方，最终效果如图11-48所示。

【技术要领】设置绘图界限、三维的基本操作。

【解决问题】利用已学的内容绘制一个别墅的三维模型。

【应用领域】建筑设计、装潢设计。

【素材来源】素材/模块11/任务二/别墅三维模型.dwg。

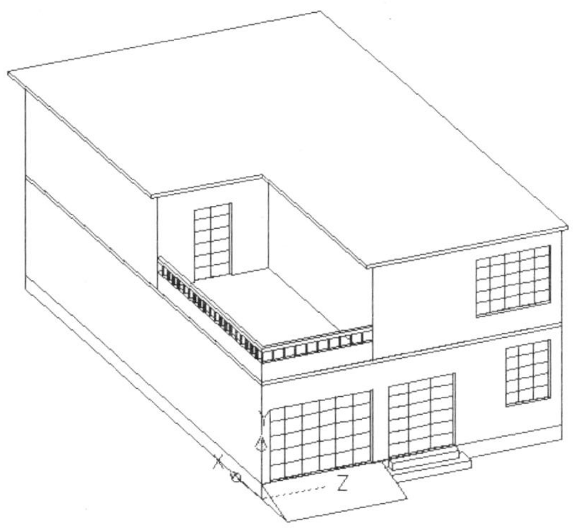

图11-48 别墅三维模型

任务分析

三维模型基本上是根据各个构架由下向上绘制。从三维模型的预览中可以看出整体模型是对称的，因此先绘制模型的一部分，另一部分可通过镜像得到；而对于其中的一部分模型又是不对称的，因此先绘制台基、台阶，再绘制墙体、楼板，然后绘制屋顶，最后绘制细节部分，完成模型的绘制。

主要制作步骤

(1) 设置图形的界限，然后开始绘制三维模型，从绘制别墅的台基和台阶开始，如图11-49 (a) 所示。

(2) 绘制别墅的墙体和楼板，主要用到的是封闭的曲线和拉伸命令，如图11-49 (b) 所示。

(3) 绘制别墅的门窗和阳台、车库入口，主要用到的是封闭的曲线、拉伸和阵列命令，如图11-49 (c) 所示。

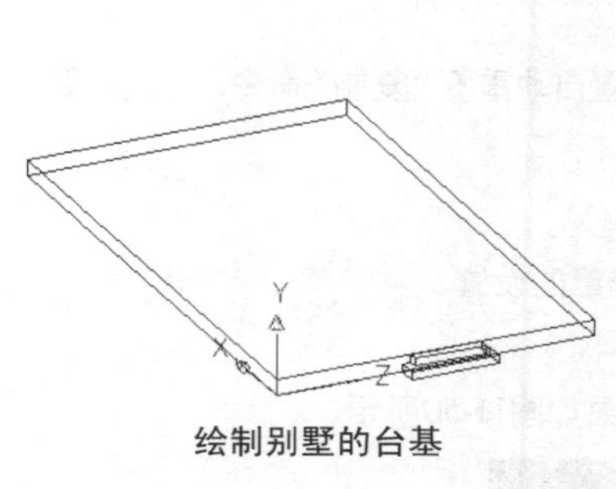

绘制别墅的台基

(a)

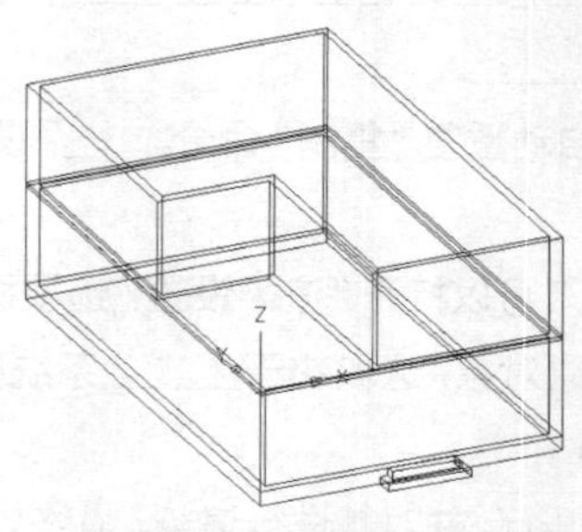

绘制别墅墙体和楼板

(b)

绘制别墅门窗和车库入口

(c)

图11-49 绘制别墅模型

课后作业

1. 选择题

(1) 在键盘上按_____键，可以执行“删除”命令。

A) SHIFT　　B) END　　C) DELETE　　D) CAPSLOCK

(2) “全局比例因子”的值控制____系统变量，该系统变量可以全局修改新建和现有对象的线型比例。

A) LTSCALE　　B) SHADEMODE　　C) FACETRES　　D) CELTSCALE

(3) “当前对象比例”的值控制_____系统变量，该系统变量可设置新建对象的线型比例。

A) LTSCALE　　B) SHADEMODE　　C) FACETRES　　D) CELTSCALE

(4) 视觉样式类型不包括_____。

A) 二维线框　　B) 二维隐藏　　C) 三维线框　　D) 三维隐藏

2. 判断题

(1) 在利用“差集”命令时，一定要先选择体积小的图形，按“Enter”键后再选择体积大的图形，这样才能达到预期的效果。( )

(2) 经典界面只提供“模型”选项卡。( )

(3) 拖动窗口的边可改变其大小。如果窗口中有多个窗格，拖动窗格之间的分隔栏可改变窗格的大小。( )

(4) 锚定是将可固定窗口或选项板附着或固定在绘图区域上侧或下侧。( )

(5) “COPYMODE”控制是否自动重复“复制”命令。( )

(6) “渲染设置”选项板包含渲染器的主要控件，可以从预定义的渲染设置中选择，但不可以进行自定义设置。( )。

(7) 选项板被分为从基本设置到高级设置的若干部分。“基本”部分包含了影响模型的渲染方式、材质和阴影的处理方式以及反走样执行方式的设置。( )

3. 填空题

(1) 要优化绘图区域中的空间，可以关闭选项卡，而使用状态栏上的_____按钮。

(2) 窗口可以是固定、锚定或_____的。

(3) 要显示或隐藏工具栏，请在任意工具栏上单击_______以显示工具栏列表。

(4) 工具栏既可以_____，也可以_____。

(5) “COPYMODE”控制是否自动重复“复制”命令。___：设置自动重复“复制”命令，____：设置创建单个副本的“复制”命令。

(6) 通过在命令行输入“_______”可以打开“渲染设置”选项板。

(7) 拉伸以后，可能删除或保留原对象，这取决于______系统变量的设置。

4. 操作题

运用本章所学知识，绘制一个音乐厅，并对其进行渲染。最终效果如图11-50所示。

图11-50　音乐厅三维效果图

提示：运用多线命令绘制音乐厅的底面封闭曲线，然后将其拉伸；再创建一个长方体，用来裁剪出门的位置；再绘制二层平面，通过路径拉伸进行绘制，如图11-51所示。

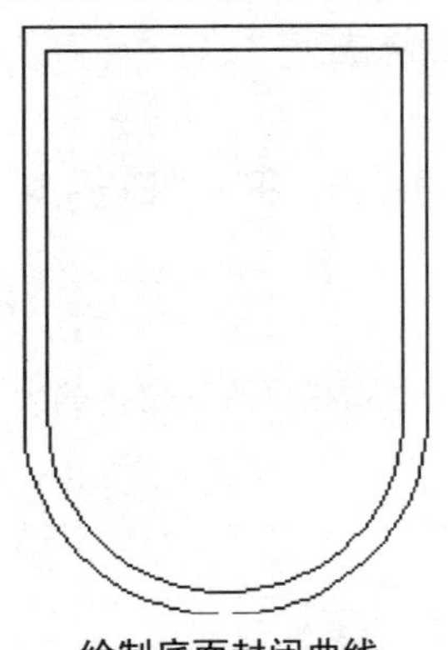

绘制底面封闭曲线

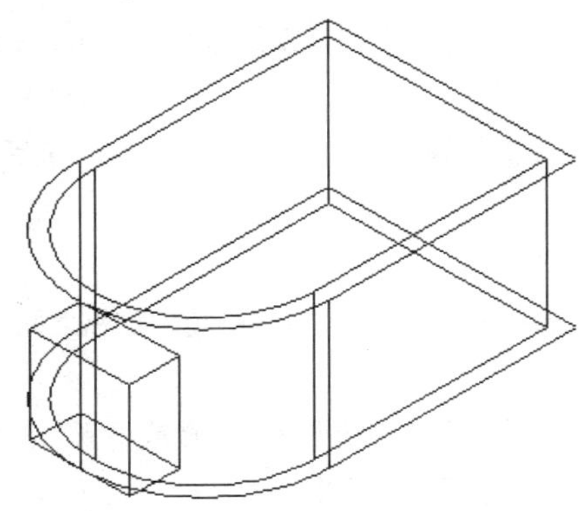

拉伸并裁剪入口

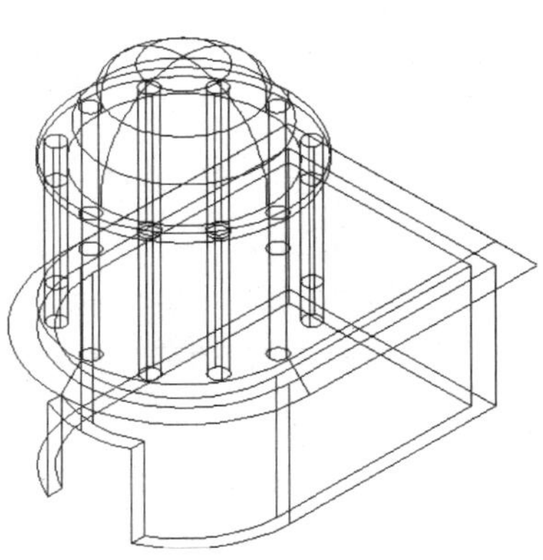

绘制二层模型

图11-51　绘制音乐厅模型

模块12

数据转换与打印输出

● **能力目标**

1．打印机的设置

2．创建图纸布局的方法

● **专业知识目标**

通过设置打印样式、图纸尺寸、打印比例等打印出满意的图样

● **软件知识目标**

1．熟悉打印机设置、布局设置

2．掌握页面设置、打印设置

● **课时安排**

4课时（讲课2课时，实践2课时）

模拟制作任务

任务一　打印输出

任务背景

完成建筑图形的绘制后，将绘制好的图形打印到图纸上，以方便指导工程设计和施工，打印出的图形可以是图形的单一视图，也可以是较复杂的视图排列。

任务要求

根据不同的需要，打印一个或多个视窗，通过选项的设置来决定打印的内容和图纸的布局。

任务分析

建筑图形的输出是整个设计过程的最后一步，即将设计的成果显示在图纸上，通过设置打印样式、打印比例等以打印出满意的图样。

本案例的重点、难点

布局空间单比例出图。

布局空间多比例出图。

【技术要领】布局设置、页面设置。

【解决问题】利用已学的知识打印各种图形。

【应用领域】建筑设计、家装设计。

操作步骤详解

打印过程

❶ 通过"打印"对话框可以很容易地创建一个打印比例，当进入"打印"对话框时，屏幕上将提示用户指定打印参数，如图12-1所示。

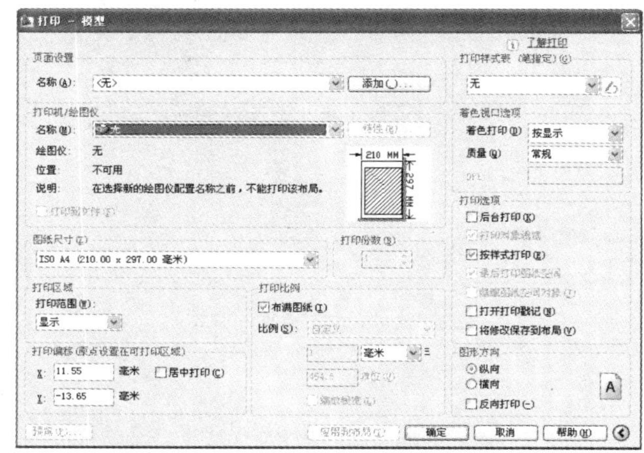

图12-1 "打印"对话框

打印输出

单击“标准”工具栏中的 按钮，弹出“打印”对话框。在“打印”对话框中设置相应的参数即可。

❷ “页面设置”中“名称”选项：用来显示任意已命名的和已保存的页面设置，可以选择一个已命名的页面设置作为当前页面设置的基础，或单击“添加”按钮，添加新的命名页面设置，如图12-2所示。

图12-2 “添加页面设置”对话框

❸ “打印机/绘图仪”组合框：用于配置打印机和打印样式等打印参数，以便打印布局。

“名称”下拉列表用来选择当前的打印设备；“特性”按钮用来查看和修改当前打印机的配置、端口连接、介质和自定义图纸尺寸及修改打印区域等设置，如图12-3所示。

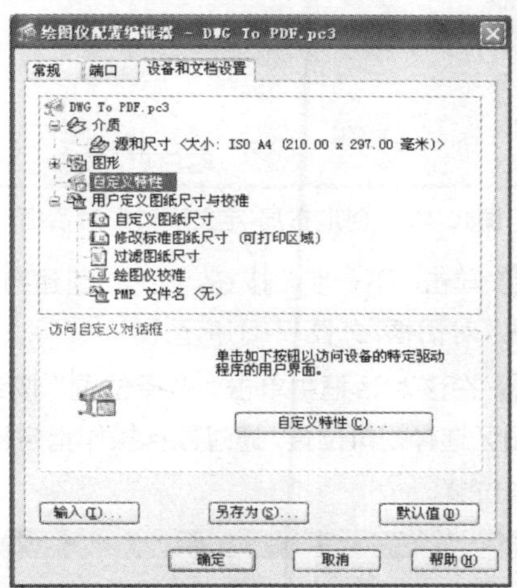

图12-3 “绘图仪配置编辑器”对话框

❹ “打印样式表”组合框：用来指定当前配置于布局或视口的打印样式表。在下拉列表中显示可以打印当前图形或布局的样式表，如果将打印附着于一个布局、模型空间或视口，或者改变打印样式，则应用于该打印样式的所有图形对象都由其控制。单击“编辑”按钮，则弹出“打印样式表编辑器”对话框，如图12-4所示。

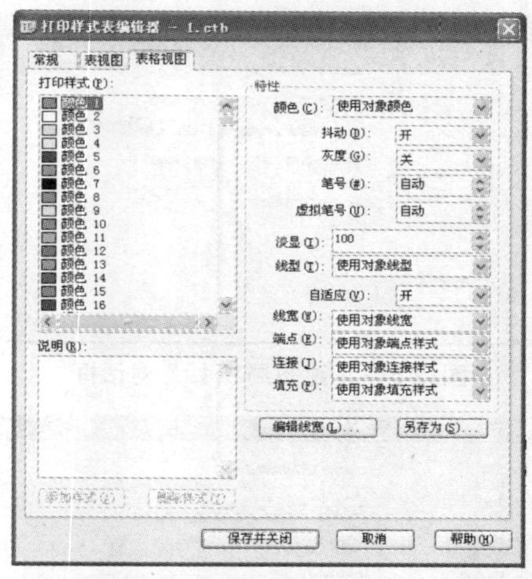

图12-4 “打印样式表编辑器”对话框

❺ “预览”按钮：执行“PREVIEW”命令时，可以在图纸上以打印的方式显示图形。要退出打印预览时，可按“ESC”键，或单击预览页面上的“关闭预览窗口”按钮或单击鼠标右键，然后单击快捷菜单上的“退出”命令。

❻ “着色视口选项”组合框：指定着色和渲染视口的打印方式，并确定它们的分辨率大小和每英寸点数。

❼ “图纸尺寸”组合框：用来指定打印机可用图纸尺寸的大小和单位。

❽ “打印区域”组合框：用来确定图形中要打印的区域，其中“图形界限”选项是使用当前图形界限来定义整个图形的打印区域，常用的是“窗口”选项，直接通过窗口选择指定打印区域。“打印比例”用来指定图形输出的比例。

❾ “打印偏移”组合框：用来指定打印区域相对于图纸的左下角的偏移量。

布局[02]

利用向导创建布局操作步骤如下。

❿ 在菜单栏中选择“工具”>“向导”>“创建布局”命令，弹出“创建布局-开始”对话框，在该对话框中输入新布局名，如图12-5所示。

⓫ 单击“下一步”按钮，打开“创建布局-打印机”对话框，在该对话框中选择合适的打印机类型，如图12-6所示。

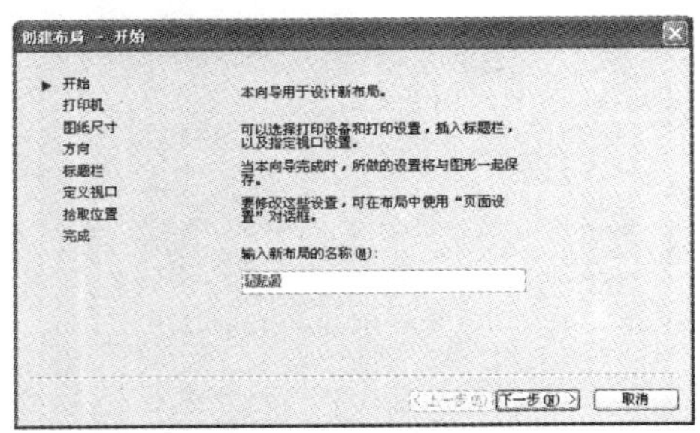

图12-5 “创建布局-开始”对话框

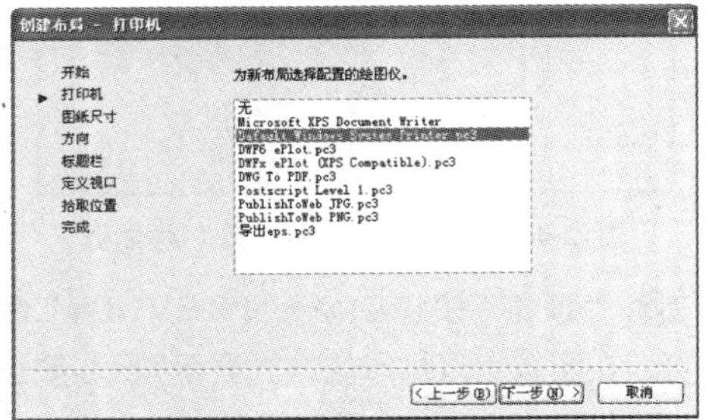

图12-6 “创建布局-打印机”对话框

⑫ 单击“下一步”按钮，打开“创建布局-图纸尺寸”对话框，在该对话框中设置图形尺寸和图形单位，如图12-7所示。

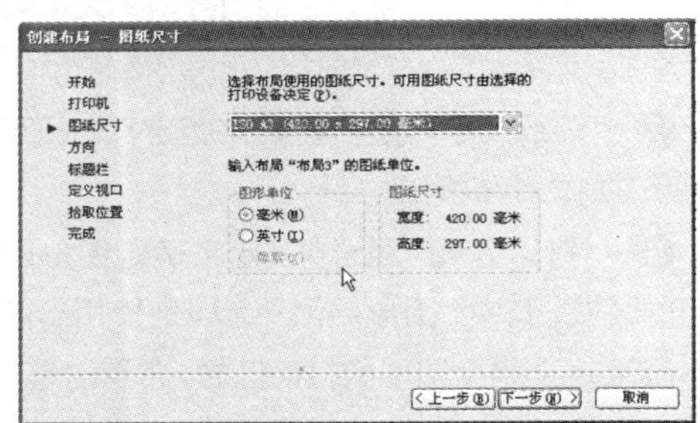

图12-7 “创建布局-图纸尺寸”对话框

⑬ 单击“下一步”按钮，打开“创建布局-方向”对话框，在该对话框中单击选中“纵向”或“横向”按钮，如图12-8所示。

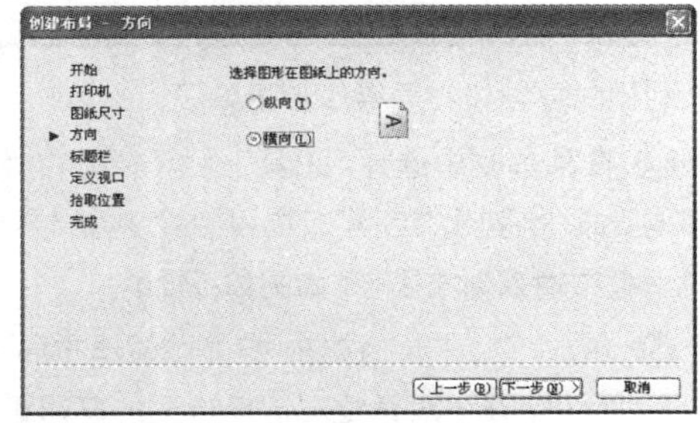

图12-8 “创建布局-方向”对话框

⑭ 单击“下一步”按钮，打开“创建布局-标题栏”对话框，在该对话框中的“路径”列表框中选择需要的标题栏选项，如图12-9所示。

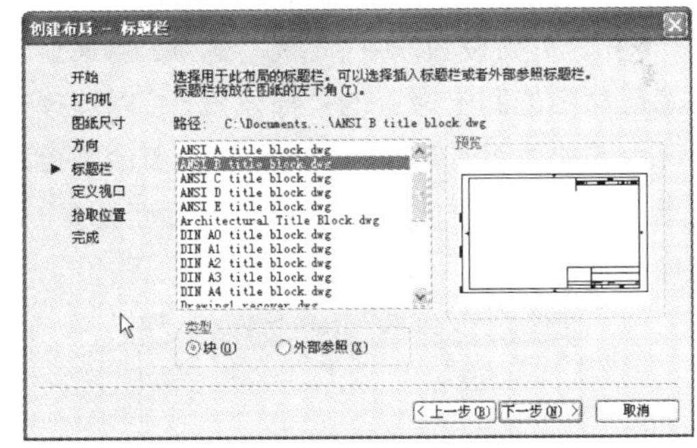

图12-9 “创建布局-标题栏”对话框

⑮ 单击“下一步”按钮，打开“创建布局-定义视口”对话框，在该对话框中选择相应的视口设置和视口比例，如图12-10所示。

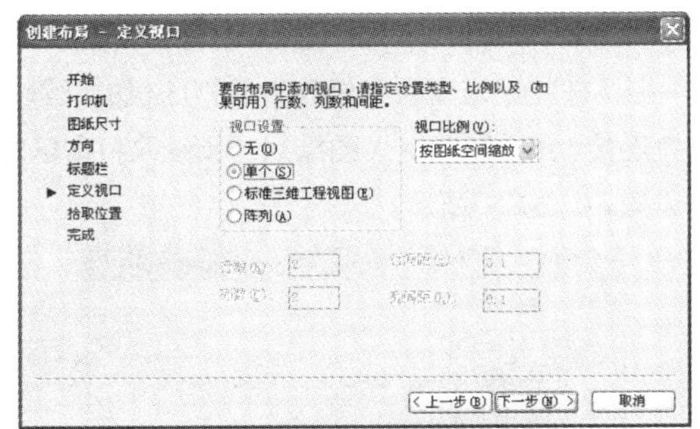

图12-10 “创建布局-定义视口”对话框

⑯ 单击“下一步”按钮，打开“创建布局-拾取位置”对话框，如图12-11所示。

⑰ 在该对话框中单击“选择位置”按钮，进入绘图区选择视口位置，通过鼠标操作指定视口的大小和位置。

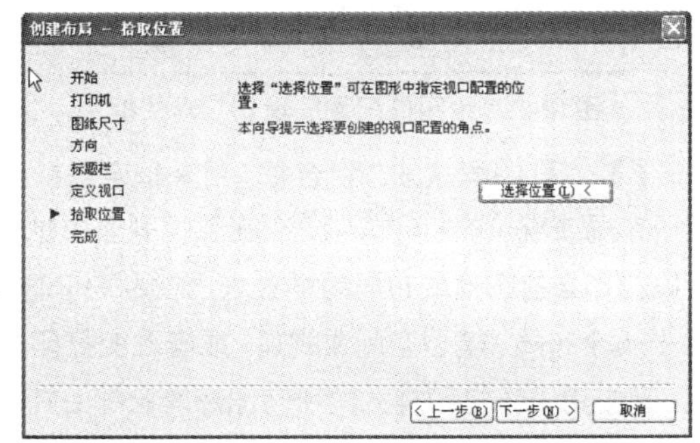

图12-11 “创建布局-拾取位置”对话框

⑱ 单击“下一步”按钮，打开“创建布局-完成”对话框，如图12-12所示，单击“完成”按钮即可创建出新的布局。

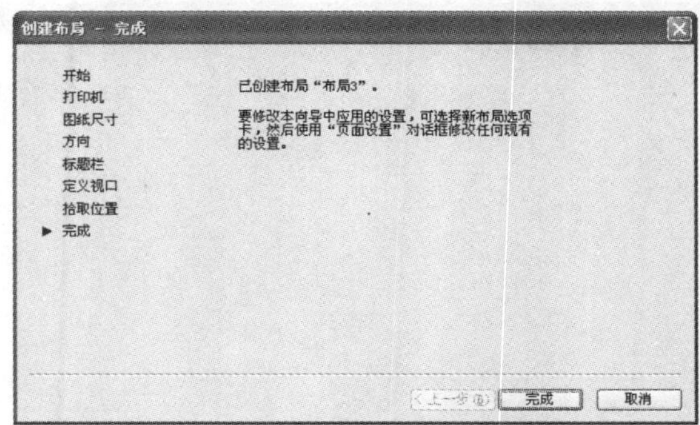

图12-12 “创建布局-完成”对话框

图样空间的打印输出

⑲ 每个布局都有自己的页面设置，单击绘图区下方的“布局 1”标签，进入“布局 1”的图纸空间，单击“标准”工具栏中的按钮，弹出“打印-布局 1”对话框，如图12-13所示，该对话框中的内容与模型空间的页面设置一致，此处不再逐一介绍。

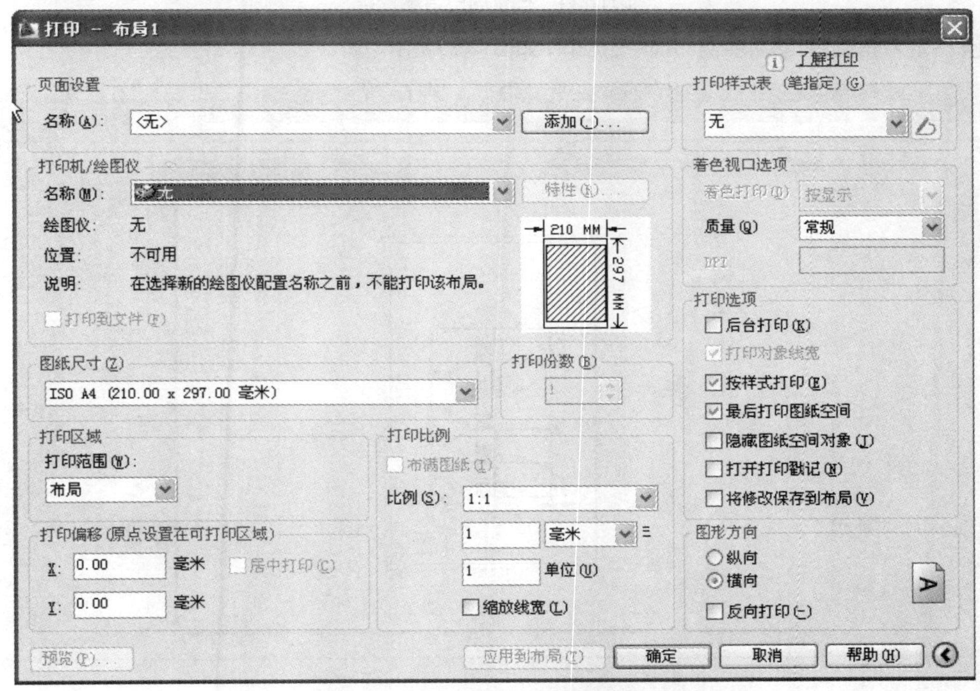

图12-13 “打印-布局 1”对话框

单个视口的打印输出，创建视口的步骤如下。

⑳ 使用图层命令新建一个“视口层”的新图层，并将其设置为当前图层。

㉑ 依次在菜单栏中选择“视图” >“视口” >“一个视口”命令，在当前的布局中捕捉内边框的各个角点，新建一个多边形活动视口，如图12-14所示。

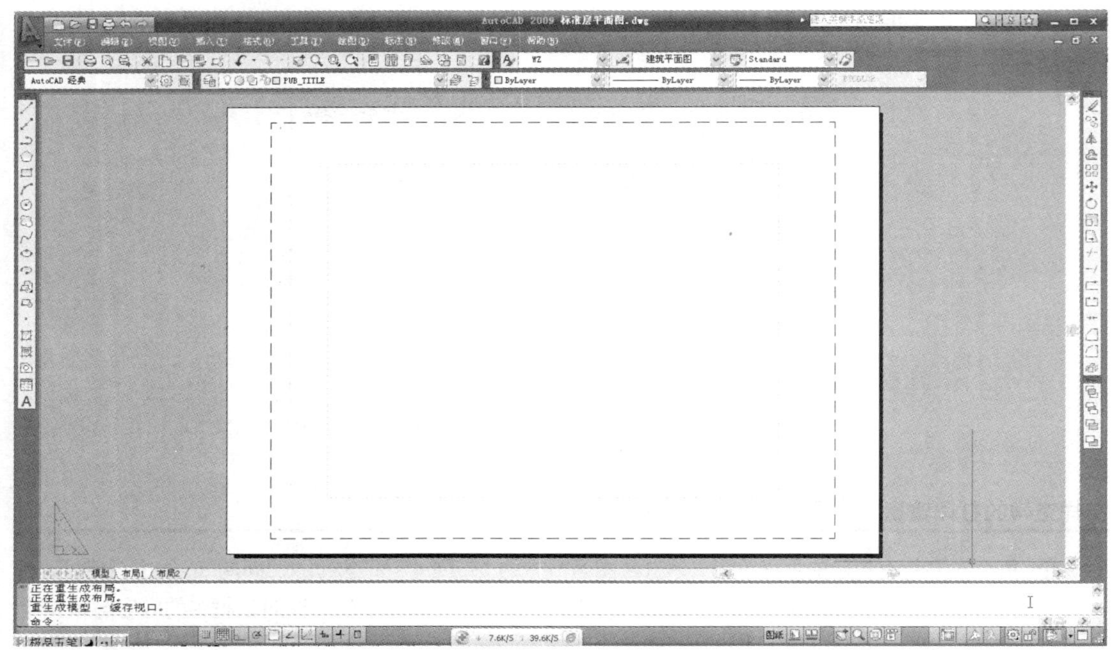

图12-14　在布局中创建视口

㉒ 指定对角点后，即可看到布局中的视口，如图12-15所示。

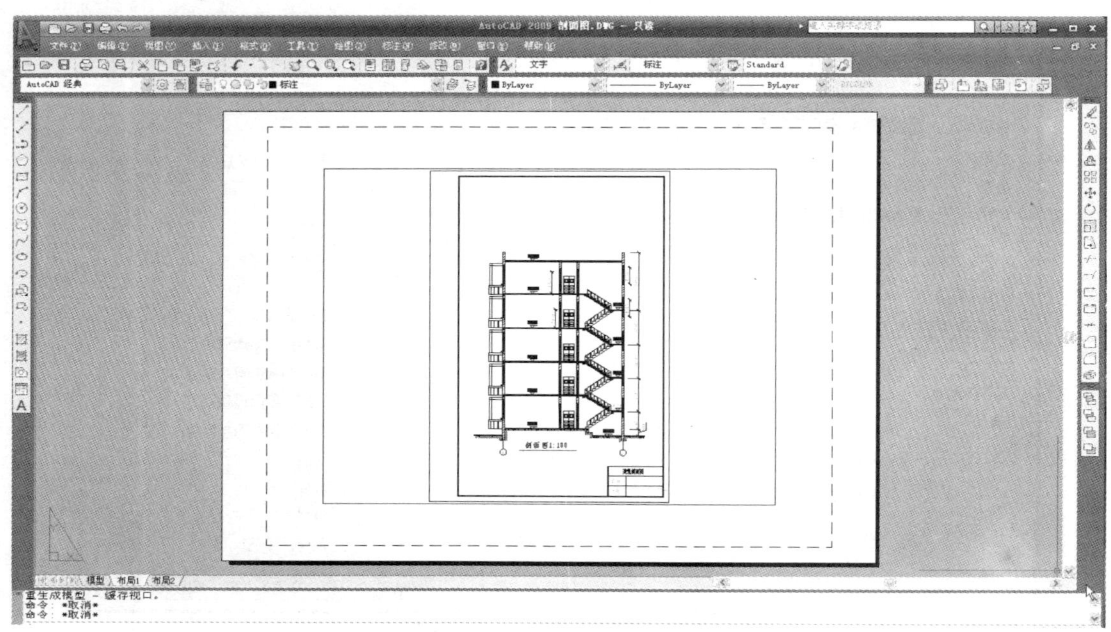

图12-15　在布局中创建一个视口

此时视口还未激活，在命令行输入“mspace”命令，即可看到视口边线框变为粗线状。

㉓ 选择视口边界单击鼠标右键，在“特性”面板中将“标准比例”设置为1:500，结果如图12-16所示。

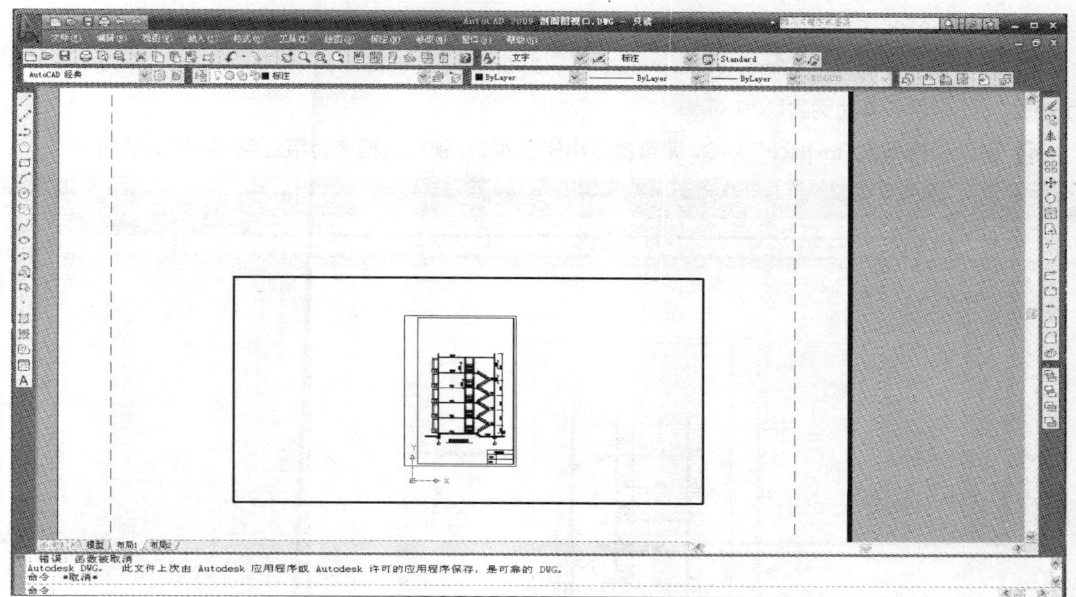

图12-16　改变比例

㉔ 在菜单栏中选择“文件”　＞“打印”命令，弹出“打印-布局 1”对话框，可进行预览和打印。

多个视口的打印输出，具体操作步骤如下。

㉕ 将“视口层”图层设置为当前层。

㉖ 单击“布局 2”选项卡进入布局，在菜单栏中依次选择“视图”→“视口”→“单个视口”命令，再布局指定一个矩形视口。

㉗ 选中视口边框，单击鼠标右键，选择“特性”命令，在“特性”面板中设置“标准比例”为1∶200，结果如图12-17所示。

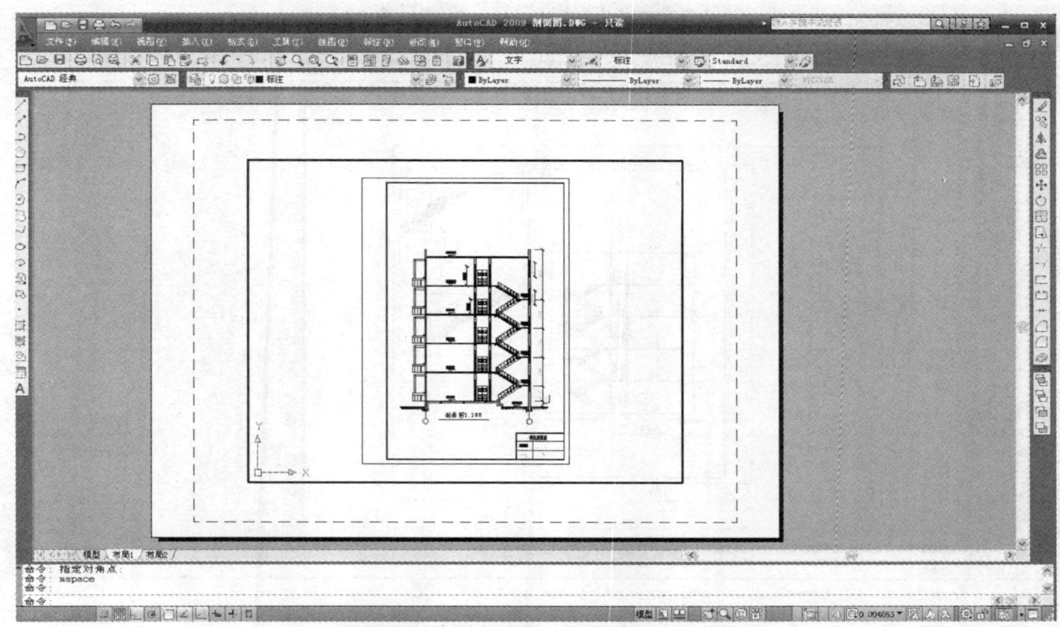

图12-17　设置视口比例为1:200

㉘ 单击“绘图”工具栏中的“矩形”按钮，设置线型颜色为红色，在上面创建的视口中绘制一个小矩形。

㉙ 在菜单栏中依次选择“视图”→“视口”→“对象”命令，选择小矩形，即可看到一个以小红矩形为边框的视口，设置其比例为1∶50。

㉚ 在命令行输入“mspace”命令，即可激活小矩形视口，视口边框变为粗红色，如图12-18所示。

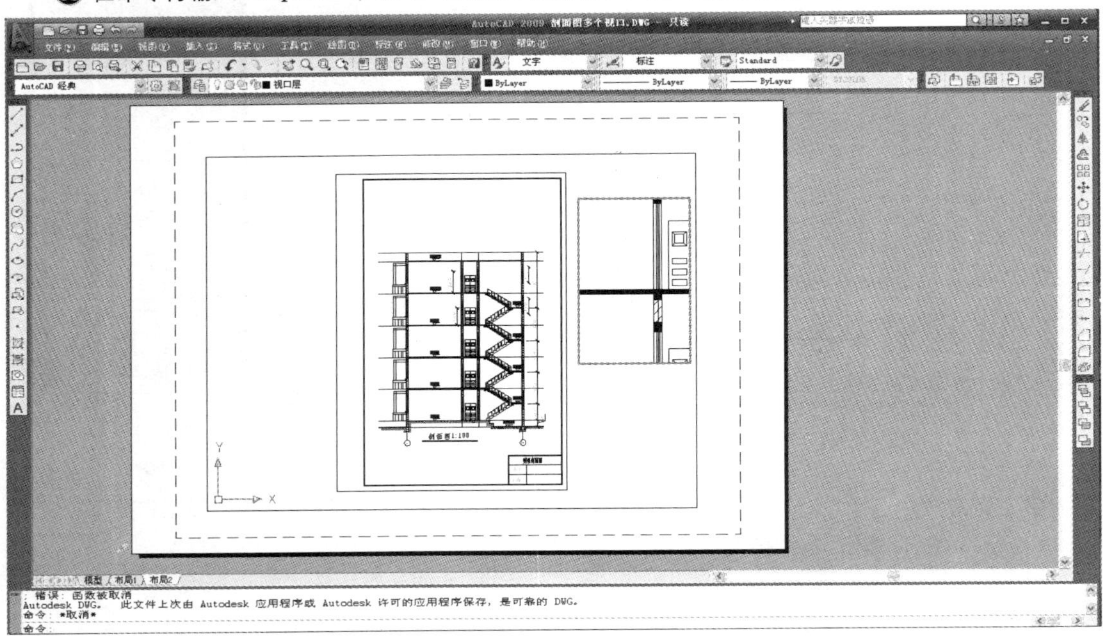

图12-18　在单个视口中再开一个视口

㉛ 单击“标准”工具栏中按钮，单击并按住鼠标左键实时平移红色小矩形视口中的图形对象，结果如图12-19所示。

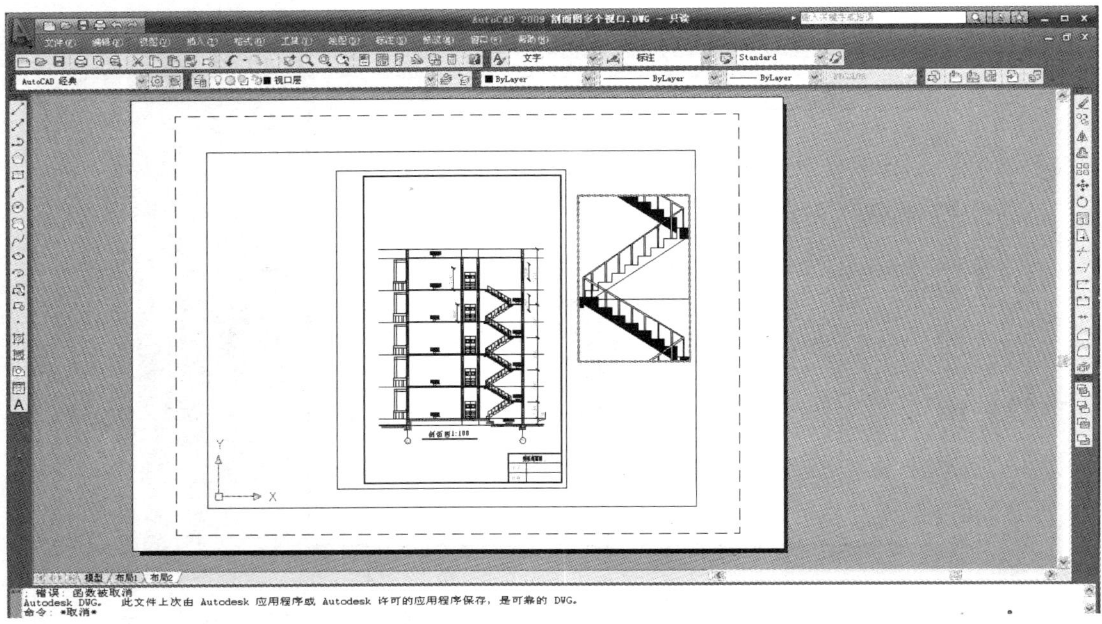

图12-19　在同一布局中的不同比例显示

输入图形

㉜ 单击“插入点”工具栏中的按钮，打开“输入文件”对话框，如图12-20所示。

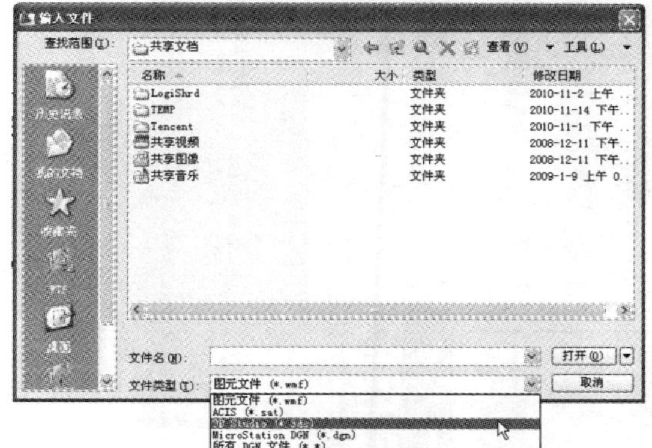

图12-20 “输入文件”对话框

㉝ 在“文件类型”下拉列表中选择好文件类型后，选择对应的文件，单击“打开”按钮即可将图形文件插入到AutoCAD中。

㉞ 如插入图12-21所示的Windows 图元文件，可单击“插入点”工具栏中的按钮，打开“输入文件”对话框。

图12-21 Windows 图元文件

㉟ 在“文件类型”中选择“Windows 图元文件”找到要插入的图片，如图12-22所示。

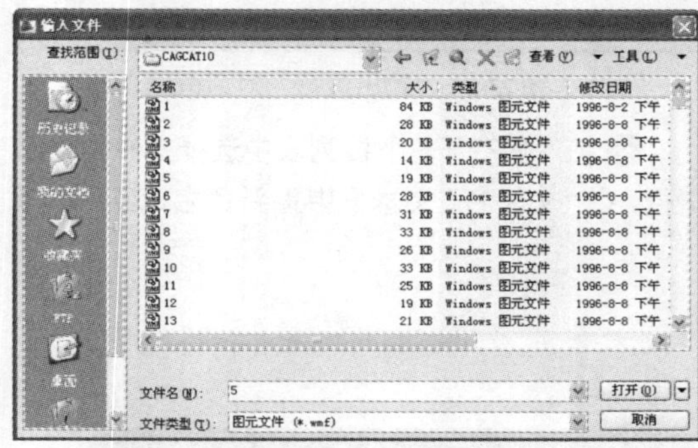

图12-22 选择图元文件

㊱ 单击“打开”按钮，即可将文件导入到AutoCAD中，如图12-23所示。

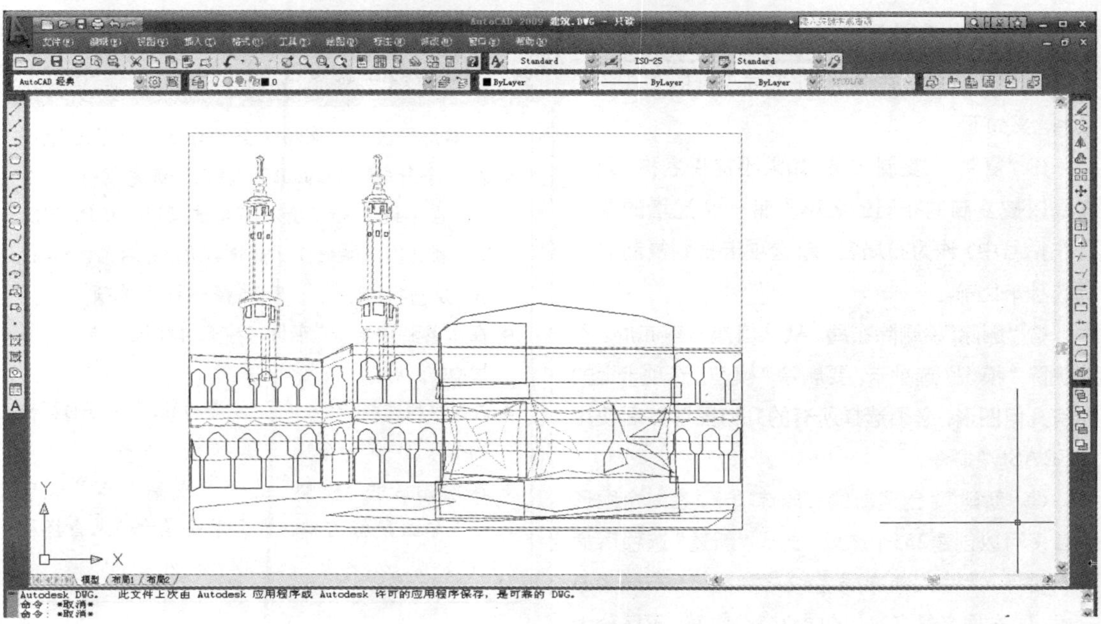

图12-23 插入后的图元文件

输出图形

㊲ 在菜单栏中选择“文件”>“输出”命令，打开“输出数据”对话框，如图12-24所示。

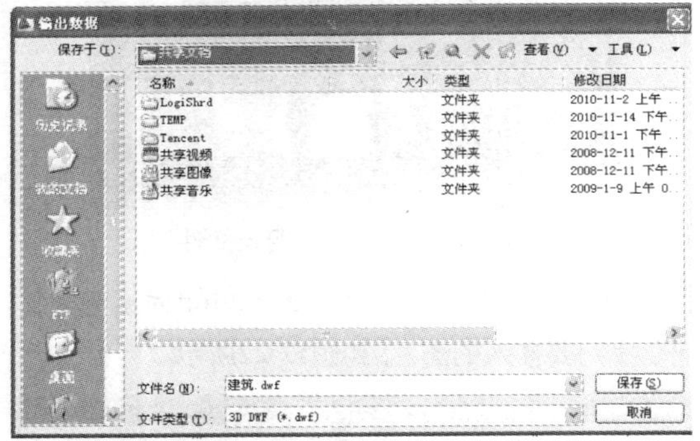

图12-24 “输出数据”对话框

㊳ 在“保存于”下拉列表中选择文件的输出路径，在“文件名”文本框中重新命名，然后选择文件的保存类型，如“图元文件”、“ACIS”、“平板印刷”、“位图”及“块”等，如图12-25所示。

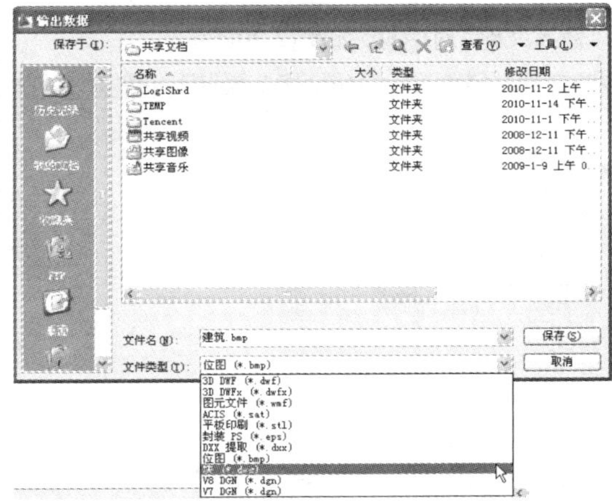

图12-25 “文件类型”下拉列表

㊴ 单击“保存”按钮即可。

知识点拓展

01 创建新布局[①]

功能定义：创建并修改图形布局选项卡。其中各选项的含义如下。

①“复制”：复制布局。如果不提供名称，则新布局以被复制的布局的名称附带一个递增的数字（在括号中）作为布局名。新选项卡插到复制的布局选项卡之前。

②“删除”：删除布局。默认值是当前布局。不能删除“模型”选项卡。要删除“模型”选项卡上的所有几何图形，必须选择所有的几何图形然后使用“ERASE”命令。

③“新建”：创建新的布局选项卡。在单个图形中最多可以创建255个布局。选择“新建”选项后命令行提示：“输入新布局名<布局#>：”。布局名必须唯一。布局名最多可以包含255个字符，不区分大小写。布局选项卡上只显示最前面的31个字符。

①经验

启用样板创建布局命令的方法有以下几种。

- 在命令行输入“layout”。调用“新建布局”命令后，在系统提示“输入布局选项[复制(C)/删除(D)/新建(N)/样板(T)/重命名(R)/另存为(SA)/设置(S)/?]<设置>：”下，选择样板(T)选项。
- 在工具栏中单击“布局”>“来自样板的布局…”按钮 。
- 在菜单栏选择“插入(I)”>“布局(L)”>“来自样板的布局(T)…”命令。
- 在绘图区的“模型”选项卡或某个布局选项卡上单击鼠标右键，然后单击选择“来自样板(T)…”。

④“样板”：基于样板（DWT）、图形（DWG）或图形交换（DXF）文件中现有的布局创建新布局选项卡。

⑤“重命名”：给布局重新命名。要重命名的布局的默认值为当前布局。

⑥“另存为”：将布局另存为图形样板（DWT）文件，而不保存任何未参照的符号表和块定义信息。可以使用该样板在图形中创建新的布局，而不必删除不必要的信息。调用此命令后，命令行提示：“输入要保存到样板的布局<当前>：”。要保存为样板的布局的默认值为上一个当前布局。如果FILEDIA系统变量设为1，则显示“从文件选择样板”对话框，用以指定要在其中保存布局的样板文件。默认的布局样板目录在“选项”对话框中指定，如图12-26所示。

⑦“设置”：设置当前布局。

⑧“列出布局”：列出图形中定义的所有布局。

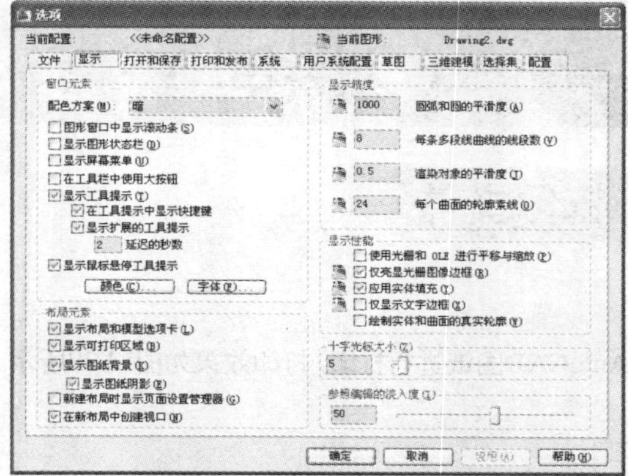

图12-26 “选项”对话框

02 使用样板建布局图

（1）功能定义：基于样板(DWT)、图形(DWG)或图形交换(DXF)文件中现有的布局创建新布局选项卡。

（2）操作步骤如下。

①执行以上任一操作，打开“从文件选择样板”对话框，如图12-27所示。

图12-27 “从文件选择样板”对话框

②从列表中选择图形样板文件，单击“打开”按钮，打开“插入布局”对话框，如图12-28所示。

③在“插入布局”对话框的列表中选择布局样板，单击“确定”按钮，即可实现样板布局的创建。

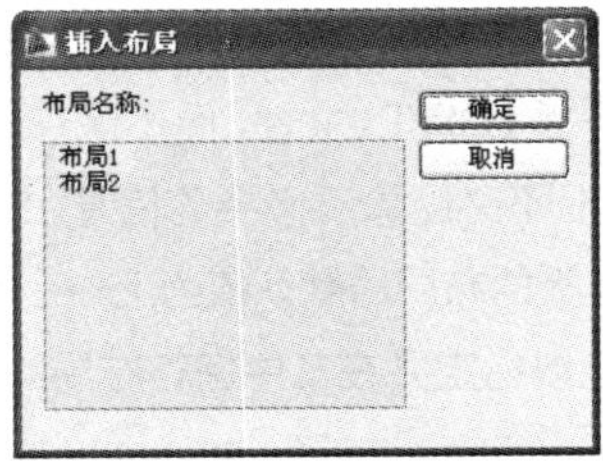

图12-28 “插入布局”对话框

实践部分 （2课时）

任务二 打印文件

任务背景

某设计人员将绘制好的AutoCAD图纸进行打印。打印效果如图12-29所示。

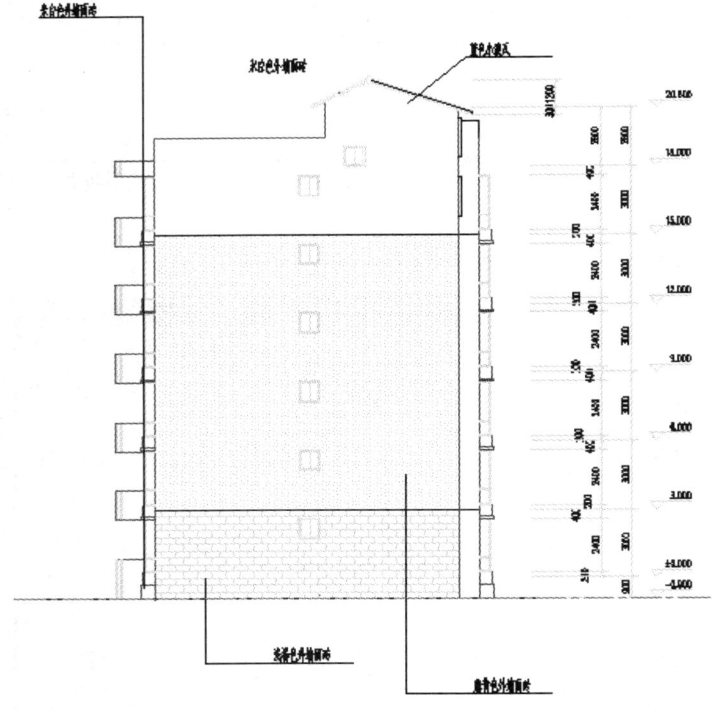

图12-29 打印最终效果

任务要求

运用本章内容打印一张立面图。

【技术要领】布局，页面设置。

【解决问题】利用已学的知识打印各种图纸。

【应用领域】简单图纸的打印。

【素材来源】素材/模块08/任务一/侧立面图.dwg。

任务分析

建筑图形的输出是整个设计过程的最后一步，即将设计的成果显示在图纸上，通过设置打印样式、图纸尺寸、打印比例等打印出满意的图纸。

主要制作步骤

(1) 在菜单栏中选择“文件” ＞“打印”命令，打开“打印”对话框，如图12-30所示。

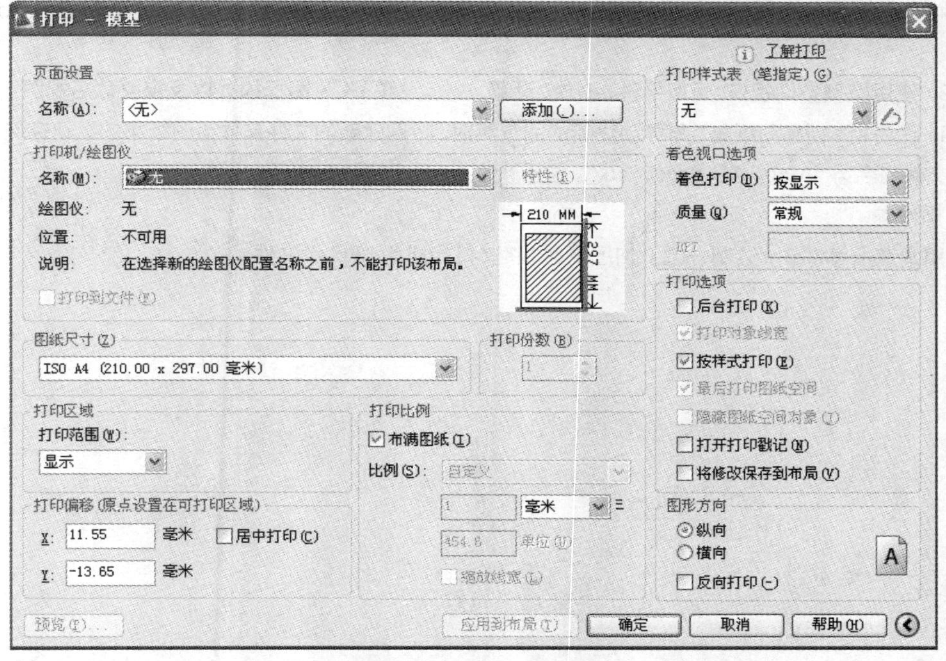

图12-30 “打印”对话框

(2) 对“打印机”、“图纸大小”、“打印范围”等进行设置。

(3) 打印预览，完成打印。

课后作业

1. 选择题

(1) 使用( )命令，可以实现通过多个选项创建一个或多个布局视口。

A) ARCVIEW　　B) VIEW　　C) MVIEW　　D) VPCLIP

(2) 可以使用( )命令重定义布局视口边界。

A) AR　　B) VIEW　　C) MVIEW　　D) VPCLIP

(3) 在“模型”选项卡上，可将绘图区域拆分成一个或多个相邻的( )视图，称为模型空间视口。

A) 矩形　　B) 圆形　　C) 三角形　　D) 多边形

2. 判断题

(1) 注意在各自的图层上创建布局视口很重要。准备打印时，不能关闭图层并打印布局，而不打印布局视口的边界。( )

(2) 使用“对象”选项，可以通过指定点来创建非矩形布局视口。( )

(3) 矩形视口包含两个对象：视口本身和剪裁边界。( )

(4) 在“模型”选项卡上创建的视口充满整个绘图区域并且相互之间重叠。( )

3. 填空题

(1) 通过将在图纸空间中绘制的对象转换为_______，可以创建具有非矩形边界的新视口。

(2) 如果要更改布局视口的形状或大小，可以使用夹点编辑______，就像使用夹点编辑任何其他对象一样。

(3) 使用模型空间视口，可以平移、缩放、设置_______和 UCS 图标模式以及恢复命名视图。

(4) 在使用“创建图纸集”向导创建新的图纸集时，将创建新的文件夹作为图纸集的默认存储位置。这个新文件夹名为“AutoCAD Sheet Sets”，位于“________”文件夹中。

4. 操作题

运用本章所学知识，绘制一幅几何图形，并将其打印成为“PC3”文件。